建筑工程设计 BIM 应用指南
（第二版）

CSCEC Building Information Modeling Guide for Design
（Second Edition）

中建《建筑工程设计 BIM 应用指南》编委会

李云贵　主　编

何关培　邱奎宁　副主编

中国建筑工业出版社

图书在版编目（CIP）数据

建筑工程设计 BIM 应用指南/李云贵主编. —2
版. —北京：中国建筑工业出版社，2017.5
ISBN 978-7-112-20512-7

Ⅰ. ①建… Ⅱ. ①李… Ⅲ. ①建筑设计-计算机
辅助设计-应用软件-指南 Ⅳ.①TU201.4-62

中国版本图书馆 CIP 数据核字（2017）第 048238 号

本指南是中建 BIM 应用的实践总结，共 14 章，包括：基本概念与发展概况、企业 BIM 应用环境、BIM 应用策划、基于 BIM 的协同设计、总图设计 BIM 应用、建筑与装饰设计 BIM 应用、结构设计 BIM 应用、给水排水设计 BIM 应用、暖通空调设计 BIM 应用、电气设计 BIM 应用、绿色建筑设计 BIM 应用、幕墙设计 BIM 应用、建筑经济 BIM 应用以及设计牵头工程总承包 BIM 应用。本指南注重时效性、实用性及企业的特点，可作为企业开展 BIM 技术应用的重要资料。

责任编辑：王砾瑶 范业庶
责任校对：焦 乐 李美娜

建筑工程设计 BIM 应用指南（第二版）

中建《建筑工程设计 BIM 应用指南》编委会

李云贵 主 编

何关培 邱奎宁 副主编

＊

中国建筑工业出版社出版、发行（北京海淀三里河路 9 号）

各地新华书店、建筑书店经销

霸州市顺浩图文科技发展有限公司制版

北京云浩印刷有限责任公司印刷

＊

开本：787×1092 毫米 1/16 印张：26½ 字数：655 千字
2017 年 3 月第二版 2017 年 11 月第三次印刷

定价：**89.00** 元
ISBN 978-7-112-20512-7
（30205）

中建《建筑工程设计 BIM 应用指南》（第二版）
编写指导委员会

主　任：毛志兵
副主任：周文连　李云贵
委　员：魏立志　李　琦　曲宏光　康景文　王　维
　　　　赵中宇　孔令勇

中建《建筑工程设计 BIM 应用指南》（第二版）
编　委　会

主　编：李云贵
副主编：何关培　邱奎宁
编　委：何　波　王轶群　闫永亮　郭海山　韦永斌
　　　　安建民　赵中宇　赵　璨　徐静波　李　括
　　　　陈　勇　白际盟　于红亮　董志峰　吕延超
　　　　陈　鹏　洪嵩然　张　宇　孙金宝　崔　旸
　　　　孟　丹　沈　晨　王德俊　钱　方　方长建
　　　　钟辉智　袁春林　徐　慧　革　非　李　波
　　　　徐建兵　李锦磊　王　维　季如艳　温忠军
　　　　张　菡　司　远　侯　杰　董智超　徐　张
　　　　张　钦　石利军　刘东升　王　晓　冷再品
　　　　付岁红　唐　梅　徐　立　杨　猛　黄勇飞
　　　　任小双　孟　慧　李宇翔　赵　鉴　张拥军
　　　　唐鹏武　项世军　韩瑞端　刘　骋　梁　骁
　　　　刘凌峰　姚　曙　王红云　杨亚静　李　蓓
　　　　王　晖　陈家前　陈晓明　段　进　曾　涛
　　　　罗　兰　曹雨中　刘金樱　刘　石　杨昌中

第二版前言

建筑信息模型（Building Information Modeling，简称 BIM）作为一项新的信息技术，它的提出和发展，对建筑业的科技进步产生了重大影响，已在业界得到了普遍关注，并对其寄予厚望，希望能够通过 BIM 技术的应用促进建筑业的技术升级和生产方式转变。

应用 BIM 技术，可望大幅度提高建筑工程的集成化程度，促进建筑业生产方式的转变，提高投资、设计、施工乃至整个工程生命期的质量和效率，提升科学决策和管理水平。对于投资，有助于业主提升对整个项目的掌控能力和科学管理水平、提高效率、缩短工期、降低投资风险；对于设计，支撑可持续设计、强化设计协同、减少因"错、缺、漏、碰"导致的设计变更，促进设计效率和设计质量的提升；对于施工，支撑工业化建造和绿色施工、优化施工方案，促进工程项目实现精细化管理、提高工程质量、降低成本和安全风险；对于运维，有助于提高资产管理以及物业使用和应急管理水平。

中国建筑股份有限公司（以下简称"中建"）十分重视 BIM 的研究和推广应用，于 2012 年 12 月印发了《关于推进中建 BIM 技术加速发展的若干意见》（中建股科字［2012］677 号，以下简称"若干意见"），标志着从总公司到各子企业，开始统筹规划，全面推进 BIM 技术应用。在"十二五"期间，按照《若干意见》的指导思想和基本原则，中建组织开展了组织机构建设、标准体系建设、人才队伍建设、基础平台建设、集成能力建设、示范工程建设等一系列 BIM 技术研发和推广应用工作，各子企业也积极引进 BIM 并结合单位实际，投入一定的人力、物力，将 BIM 应用于一批示范试点工程及一些代表性工程中。

为充分利用中建全产业链"四位一体"优势，整合全集团 BIM 资源，优化资源配置，协调 BIM 技术发展，提高应用水平和效率，在一批 BIM 示范试点工程应用基础上，在集团层面组织技术人员编写了中建 BIM 企业标准《建筑工程设计BIM 应用指南》和《建筑工程施工 BIM 应用指南》第一版（以下简称"《指南》（第一版)"），于 2014 年 11 月由中国建筑工业出版社出版并在中建内部发行。《指南》（第一版）的出版，起到了良好作用，虽未公开发行，但在业内仍引起了较大反响。

《指南》（第一版）编写组针对"十二五"期间行业 BIM 应用的发展趋势和存在问题，结合企业自身需求，在收集、整理大量国内外资料的基础上，通过总结 BIM 示范工程应用经验，形成《指南》（第一版）。在《指南》（第一版）编写过程中，注重时效性、实用性和中建企业特点，针对 BIM 应用尚处于初始阶段的现实情况，探索了如何将 BIM 技术用得好、用得快的方法，明确了应用 BIM 技术能解决什么技术问题，可用 BIM 软件有哪些、如何用，当前 BIM 应用还存在什么问题、如何解决，以及经验教训等。设计《指南》（第一版）主要内容包括：企业 BIM 应用环境、项目 BIM 应用计划、建筑专业设计 BIM 应用、绿色建筑设计 BIM 应用、结构专业设计 BIM 应用、机电设计 BIM 应用、多专业 BIM 协同应用等。

"十三五"期间，建筑行业发展的环境和形势发生了很大变化，为贯彻十八大以来党中央国务院信息化发展相关精神，落实十八届五中全会"创新、协调、绿色、开放、共享"发展理念，顺应"互联网＋"发展趋势，进一步推动建筑业技术进步和管理升级，助力建筑产业现代化，提高工程建设与管理水平，行业主管部门也从产业政策方面加快了推进 BIM 技术应用步伐。2015 年 6 月 16 日住房城乡建设部发布了《关于推进建筑信息模型应用的指导意见》（建质函［2015］159号），明确了"到 2020 年，建筑行业甲级勘察设计单位以及特级、一级房屋建筑工程施工企业应掌握并实现 BIM 与企业管理系统和其他信息技术的一体化集成应用；以国有资金投资为主的大中型建筑，申报绿色建筑的公共建筑和绿色生态小区的新立项项目的勘察设计、施工、运维维护中，集成应用 BIM 的项目比率要达到 90％。"的发展目标。2016 年 8 月 23 日住房城乡建设部又发布了《2016～2020年建筑业信息化发展纲要》（建质函［2016］183号），提出了"十三五时期，全面提高建筑业信息化水平，着力增强 BIM、大数据、智能化、移动通讯、云计算、物联网等信息技术集成应用能力，建筑业数字化、网络化、智能化取得突破性进展，初步建成一体化行业监管和服务平台，数据资源利用水平和信息服务能力明显提升，形成一批具有较强信息技术创新能力和信息化应用达到国际先进水平的建筑企业及具有关键自主知识产权的建筑业信息技术企业。"的发展目标。旨在通过统筹规划、政策导向、分类指引，进一步提升建筑业整体信息化水平，进一步提升行业 BIM、大数据、智能化、移动通讯、云计算、物联网等信息技术集成应用能力，塑造绿色化、工业化、智能化建筑新业态，促进建筑业转型升级。

面对"十三五"期间行业发展形势和要求，为了进一步贯彻落实国务院和住房城乡建设部有关文件精神，推进 BIM 技术深度应用，我们组织力量编写了中建 BIM 企业标准《建筑工程设计 BIM 应用指南》第二版（以下简称"《指南》（第二版）"）。《指南》（第二版）从总体结构上与第一版保持一致，从企业、项目、专业三个层面详细描述了项目全过程、全专业和各方参与 BIM 应用的业务流程、建模内容、建模方法、模型应用、专业协调、成果交付等具体指导和实践经验，并给出了经过工程项目实践的应用方案。

考虑到当前各专业和不同类型企业应用水平不同，《指南》（第二版）在第一版基础上有所扩展、有所深化。首先，《指南》（第二版）增加了"总图设计 BIM 应用"、"装饰设计 BIM 应用"、"幕墙设计 BIM 应用"、"建筑经济 BIM 应用"等内容。其次，原"机电设计 BIM 应用"细分为"给水排水设计 BIM 应用"、"暖通空调设计 BIM 应用"、"电气设计 BIM 应用"三章。为了响应住房城乡建设部《关于进一步推进工程总承包发展的若干意见》（建市〔2016〕93 号）的精神，增加"设计牵头工程总承包 BIM 应用"一章。此外，其他章节内容也都有所丰富和更新。

中建是国家"十三五"重点研发计划"绿色施工与智慧建造关键技术"项目（项目编号：2016YFC0702100）的承担单位，项目涉及主要科学问题之一就是"建筑工程建造技术从数字化到智能化升级发展问题"，项目将集成应用 BIM、大数据、云计算、物联网等信息技术，开展智慧建造起步研究，引领建造技术向绿色化和智能化方向发展。项目的很多研发人员参与了本书的编写，所以本书也是智慧建造技术研究与应用的成果之一。

本指南是中建 BIM 应用的实践总结，可作为企业开展 BIM 技术应用的辅助资料，鉴于 BIM 技术应用本身还处于探索发展阶段，中建 BIM 应用范围、深度和水平及编者水平所限，可能还有很多不足之处，有些观点和结论也可能片面或有一定的局限性，也不一定能代表行业最高技术水平，期待将来逐渐完善。本指南内容仅供参考，并敬请全国同行批评指正！

Building Information Modeling (BIM) is a new kind of information technology, but it draws attention of the building industry due to its significant impact on the scientific and technological progress of the industry. The application of BIM technology is expected to promote technology upgrading and transformation of production mode of the industry.

The application of BIM technology can greatly enhance integration degree of construction projects, promote transformation of production mode, elevate both quality and efficiency of project investment, design, construction and even the whole life circle and facilitate scientific decision-making and management. BIM technology can assist owner in conducting project control, scientific project management, improving efficiency, shortening construction period and reducing investment risk; BIM technology supports sustainable design, highlights design coordination, so it can prevent design alterations caused by " mistakes, omissions, conflicts and damages" and improve both efficiency and quality of project design; BIM technology supports industrialized and green construction, so it can optimize construction scheme, promote delicacy project management, improve project quality and reduce cost and safety risk; BIM technology can also elevate asset management, property utilization and emergency management level.

China State Construction Engineering Corporation (CSCEC) attaches importance to BIM research and application. It released the Several Opinions on Accelerating BIM development of CSCEC (ZJGKZ [2012] No. 677, hereinafter referred to as the "Several Opinions") in December 2012. Since then, CSCEC and its subsidiaries began to make overall planning to comprehensively promote BIM technology application. Based on the guiding principle and basic principles as stipulated in the Several Opinions, CSCEC had conducted a series of BIM technology R&D and application works with regard to organizational structure building, standard system building, talent team building, foundation platform construction, integration capability building and demonstration project construction during the "12th Five-year Plan" Period. The subsidiaries of CSCEC also actively input manpower and materials to boost the application of BIM technology in a number of demonstration and pilot projects as well as representative projects based on their actual situations.

To fully utilize its "four-in-one" advantage in the whole industrial chain, integrate BIM resources within the group, optimize resource allocation, coordinate BIM technology development and enhance application level and efficiency, CSCEC organized its technical personnel to compile the CSCEC Building Information Modeling Guide for Design and the First Edition of the CSCEC Building Information Modeling Guide for Construction (hereinafter referred to as the First Edition of the Outline,), which were published and distributed in October 2014 by China Architecture & Building Press. The First Edition of the Outline has drawn wide attention in the building industry.

The drafting team of the First Edition of the Outline summarized BIM demonstration project application experiences based on vast domestic and overseas data collected and in consideration of the development trend and existing problems of BIM application during the "12th Five-year Plan" Period as well as the actual demand of CSCEC, and formulated the First Edition of the Outline. In which, the drafting team focused on timeliness, practicability and characteristics of CSCEC, explored ways to use BIM technology better and faster at the initial stage of BIM application, and identified problems to be settled by using BIM technology can settle, available BIM software and way of use, problems found in current BIM technology application the way to settle them and experiences. Main contents of the First Edition of the Outline include BIM application environment of construction enterprises, project BIM application plan, BIM applications in architectural design, green building design, structural design and electro-mechanical design as well as coordinated BIM application of multiple disciplines.

Building industry development environment and trend change greatly during the "13th Five-year Plan" Period. In this context, competent industrial department speeds up formulation of industrial policies on BIM technology application with the aim to implement the information-based development spirit proposed by the Party Central Committee and the State Council at the 18th CPC National Congress, follow through the development concept of "innovation, coordination, green, open and sharing" put forward in the Fifth Plenary Session of the 18th CPC National Congress, adapt to the "internet+" development trend, further promote building industrial technology progress and management upgrading, assist the modernization of the building industry and elevate project construction and management level. On June 16, 2015, the Ministry of Housing and Urban-Rural Development released the Guiding Opinions on Promoting Architectural Information Model Application (JZH [2015] No. 159), identifying the development goal of "by 2020, Class A survey & design companies, super class and first class house construction enterprises shall master and realize integrated application of BIM, enterprise management system and other information technologies, and 90% of state-owned fund medium and large-sized buildings, public buildings applying for green buildings and new ecological residential area projects shall adopt integrated application of BIM technology during survey & design, construction and operation & maintenance." On August 23, 2016, the Ministry of Housing and Urban-Rural Development released the Outline of Information Development of the Building Industry from 2016 to 2020 (JZH [2016] No. 183), identifying the development goal of "comprehensively elevating information level of building industry, enhancing integrated application capability of such information technologies as BIM, big data, intelligent technology, mobile communication, cloud computing and Internet of Things, and making breakthrough in digitalized, network-oriented and intelligent building industry, establishing an integrated industrial supervision and service platform, improving data resource utilization level and information service capability, and cultivating a number of building enterprises with strong technical innovation capability and of international advanced level in information application and information technology enterprises in the building industry with key proprietary intellectual property right". The Outline is designed to elevate overall informatization level of the building industry and integrated application ability of such information technologies as BIM, big data, intelligent technology, mobile communication, cloud computing and Internet of Things, shape a new business type which is green, industrialized and intelligent and promote the transformation and upgrading of the building industry by means of overall planning, policy orientation and classified guidance.

Based on the building industry development trend and requirement during the "13th Five-year Plan" Period, and in order to implement relevant documents issued by the Ministry of Housing and Urban-Rural Development and the State Council, and to promote in-depth application of BIM technology, CSCEC has compiled the Second Edition of the CSCEC Building Information Modeling Guide for Design (hereinafter referred to as the Second Edition of the Outline). The Second Edition of the Outline is basically the same as the first edition in terms of overall structure. It details business procedure, modeling content, modeling method, model application, disciplinary coordination and achievement delivery and practical experiences from three levels: enterprise, project and disciplines, and lists the practical application schemes.

Given that different disciplines and projects of different kinds vary in BIM technology application, the Second Edition of the Outline is an expansion and development of the First Edition. Firstly, the Second Edition adds "BIM application in general drawing design" "BIM application in decoration design" "BIM application in curtain wall design" and "BIM application in building economy". Secondly, the original "BIM application in electro-mechanical design" is further divided into "BIM application in water supply & drainage design", "BIM application in HVAC design" and "BIM application in electrical design". In order to respond to Several Opinions on Further Promoting General Contracting of Engineering (JS [2016] No. 93 issued by the Ministry of Housing and Urban-Rural Development of RR. C., " BIM application in design-guided general contracting of engineering" chapter is added. In addition, contents of other chapters are also added and updated.

CSCEC undertakes the project of " key technologies for green construction and intelligent building", a national key R&D plan during the 13th five-year plan (project No.: 2016YFC0702100). The national project mainly involves " upgrading of architectural engineering construction technology from digitalization to intelligence", which integrates such information technologies as BIM, big data, cloud computing and Internet of Things, conduct initial study on intelligent building, and usher in green and intelligent building technology development direction. Many researchers of the national project also participated in the compilation of this Guide. Therefore, this Guide is part of intelligent building technology research and application results.

The Outline is a summary of the practices of CSCEC in BIM technology application, and can be used as auxiliary information for enterprises in applying BIM technology. Given that BIM technology is still at exploration stage, there might be inadequacies in the Outline, and some opinions and conclusions might be one-sided or limited due to the scope, depth and level of BIM application by CSCEC and restriction of the editors'level. The Outline may not represent the highest industrial technology level and needs improvement in the future. Hence, the Outline is for reference only and we value your suggestions!

第一版前言

建筑信息模型（Building Information Modeling，简称 BIM）是工程项目物理和功能特性的数字化表达，是工程项目有关信息的共享知识资源。BIM 的作用是使工程项目信息在规划、设计、施工和运营维护全过程充分共享、无损传递，使工程技术和管理人员能够对各种建筑信息做出高效、正确的理解和应对，为多方参与的协同工作提供坚实基础，并为建设项目从概念到拆除全生命期中各参与方的决策提供可靠依据。

BIM 的提出和发展，对建筑业的科技进步产生了重大影响。应用 BIM 技术，可望大幅度提高建筑工程的集成化程度，促进建筑业生产方式的转变，提高投资、设计、施工乃至整个工程生命期的质量和效率，提升科学决策和管理水平。对于投资，有助于业主提升对整个项目的掌控能力和科学管理水平、提高效率、缩短工期、降低投资风险；对于设计，支撑绿色建筑设计、强化设计协调、减少因"错、缺、漏、碰"导致的设计变更，促进设计效率和设计质量的提升；对于施工，支撑工业化建造和绿色施工、优化施工方案，促进工程项目实现精细化管理、提高工程质量、降低成本和安全风险；对于运维，有助于提高资产管理和应急管理水平。

BIM 是一种应用于工程设计建造管理的数据化工具，支持项目各种信息的连续应用及实时应用，可以大大提高设计、施工乃至整个工程的质量和效率，显著降低成本。在发达国家和地区，为加速 BIM 的普及应用，相继推出了各具特色的技术政策和措施。美国是 BIM 的发源地，BIM 研究与应用一直处于领先地位，2007 年发布的《美国国家 BIM 标准第一版第一部分》确定的目标是到 2020 年以 BIM 为核心的建筑业信息技术每年为美国节约 2000 亿美元（相当于美国 2008 年建筑业产值的 15%左右）；2011 年英国发布的《政府建筑业战略》为以 BIM 为核心的建筑业信息技术应用设定的目标是减少整体建筑业成本 10%～20%；2012 年澳大利亚发布的《国家 BIM 行动方案》指出，在澳大利亚工程建设行业加快普及应用 BIM 可以提高 6%～9%的生产效率。韩国计划从 2016 年开始实现全部公共设施项目使用 BIM。新加坡计划到 2015 年建筑工程 BIM 应用率达到 80%。

BIM 正在成为继 CAD 之后推动建设行业技术进步和管理创新的一项新技术，将是进一步提升企业核心竞争力的重要手段。BIM 的发展得到了我国政府和行业协会的高度重视，BIM 技术是住房和城乡建设部建筑业"十二五"规划重点推广的新技术之一，国家从"十五"、"十一五"到"十二五"在科技支撑计划中相继启动了 BIM 研究工作，科技部于 2013 年批准成立"建筑信息模型（BIM）产业技术创新战略联盟"。上述工作对我国 BIM 技术研究和应用起到了良好的推动和引导作用。

中国建筑股份有限公司（以下简称"中建"）十分重视 BIM 的研究和推广应用，于 2012 年 12 月印发了《关于推进中建 BIM 技术加速发展的若干意见》（以下简称"若干意见"），标志着从总公司到各子企业，开始统筹规划，全面推进 BIM 技术应用。2013 年是起步年，按照《若干意见》的指导思想和基本原则，中建组织开展了一系列 BIM 技术研发和推广应用工作。各设计企业、工程企业积极引进 BIM 并结合单位实际，投入大量人力、物力将 BIM 应用于一些代表性工程，提升了公司的技术能力与影响力，取得了较好的经济效益和社会效益。

但我们也要看到目前存在的不足。从行业宏观层面上讲，尚未形成完善的 BIM 标准体系，还缺少具有自主知识产权的 BIM 软件支撑，仅在设计和施工领域开展了一定程度的应用，还未能在投资策划、设计、施工和运维全生命期得到较高水平应用；从企业层面上讲，有些企业对 BIM 技术仅停留在一般认识上，尚未进行深入的研究、尝试和应用，对于 BIM 技术理解不深、人才培养不足，造成项目实施环节出现各种各样的问题。

鉴于 BIM 技术应用过程的复杂性，2013 年中建启动了"建筑工程设计 BIM 集成应用研究"研究课题。课题目标是：通过研究、应用和推广 BIM 技术，提升中建工程设计的质量和效率。课题目标成果之一就是《建筑工程设计 BIM 应用指南》（以下简称"指南"）。在中建 BIM 技术委员会的策划指导下，课题组组织编写了本指南。指南作为一份重要的技术资料，将用于指导、推动中建设计企业的 BIM 应用。

在指南编写过程中，注重时效性、实用性和中建企业特点。时效性是针对目前各单位的 BIM 应用尚处于初期阶段，正在摸索如何将 BIM 技术用得好、用得快，通过指南明确：应用 BIM 技术能解决什么技术问题；可用 BIM 软件有哪些、如何用；当前 BIM 应用还存在什么问题、如何解决，以及应用经验和教训等。实用性是指南从三个层面（企业、项目、专业）详细描述了设计全过程（方案设计、初步设计、施工图设计）BIM 应用的业务流程、建模内容、建模方法、模型应用、专业协调、成果交付等具体指导和实践经验，并给出了软件应用方案。本指南更突出中建的企业特点：一方面，充分考虑企业 BIM 应用基础，特别是中建设计企业 BIM 软件基础、企业 CAD 标准，本指南涉及的 BIM 软件及建议的 BIM 软件应用方案，均为目前中建各子企业正在应用的 BIM 软件，或是在行业应用中的主流 BIM 软件；另一方面，也充分考虑中建在行业的技术领先和新技术的引领作用，在指南中创造性地作出一些符合国情的规定，例如，对模型细度和模型内容的规定，没有照搬美国的 LOD 系列规定，而是考虑到我国行业技术政策的具体规定，参照中华人民共和国住房和城乡建设部发布的《建筑工程设计文件编制深度规定》文件的规定，将设计阶段的模型细度分为三级，分别为：方案设计模型、初步设计模型和施工图设计模型，模型细度和内容按照《建筑工程设计文件编制深度规定》的规定给出。同时，将施工阶段 BIM 模型细度也划分为三个等级，分别为：深化设计模型、施工过程模型和竣工交付模型，有关施工 BIM 模型内容将在《建筑工程施工 BIM 应用指南》中介绍。

本指南内容按照设计专业分工组织，以建筑设计、绿色建筑设计、结构设计作为重点，考虑到给水排水、暖通和电气三个专业所应用的 BIM 软件及工作流程相近，将这三个专业合并表达。协同在设计 BIM 应用中占据较高重要性，在本指南中将协同作为独立的一章内容，但考虑到在 CAD 技术应用中的协同基础有限，在本指南中重点阐述了软件应用技术层面的协同，尚未深入到管理层面的协同。

本指南是辅助 BIM 技术应用的参考资料，鉴于 BIM 技术应用刚刚起步，典型案例较少，应用效果总结也不系统。限于作者的水平和时间有限，还有很多不足之处，有些观点和结论也不一定正确，期待将来逐渐完善。

A Building Information Model (BIM) is a digital representation of physical and functional characteristics of a facility and a shared knowledge resource of relevant information. The role of BIM is to make the project information fully sharing and nondestructively in the planning, design, construction and facility maintenance processes. Engineers and managers can make decisions efficiently, and understand and cope all kinds of building information correctly through BIM. BIM lies a solid foundation for participants' cooperative work, and provide involved parties with reliable basis throughout the project's lifespan from conception to demolition.

The appearance and development of BIM has significant influences on the scientific and technological progress of construction industry. BIM applying technology will substantially enhance the integration of construction engineering, bring changes to method of construction industry, improve the quality and efficiency of investment, design, construction and the whole project's lifespan, upgrade the level of scientific decision-making and management. In investment, BIM is conducive to strengthen owners' control over whole project and scientific management, and also helpful to increase efficiency, shorten construction period, lower risk of investment. In design, BIM supports green building design and design coordination, reduces design alterations caused by mistakes, deficiency, leak and collision, raises design efficiency and quality. In construction, BIM enables industrialized production and green construction, optimizes construction scheme, facilitates actualization of engineering project's delicacy management, and increases project's quality while decrease its safety risk. In facility operation and maintenance, BIM is helpful to improve the standard of assets management and emergency management.

BIM is a digital tool applied to construction management, which allows all kinds of project's information being used continuously and timely. It can greatly increase quality and efficiency of the design, construction and even the whole project itself, and remarkably decrease the cost. In developed countries and regions, distinctive technical polices and measures were introduced to accelerate popularization of BIM. The United States is the birthplace of BIM, and also takes the leading position of BIM's research and applying. According to the first part of "The National Building Information Model Standard" version 1 published in 2007, by the year of 2020, through applying BIM-focused information technology, 200 billion dollars per year will be saved, this is equivalent to 15% of US building industry production value in 2008. The United Kingdom published " The government construction strategy" in 2011, the goal is to reduce $10\% - 20\%$ of the industry cost through applying BIM-focused information technologies. In " National Building Information Modeling Initiative" published in 2012, Australia pointed out that production efficiency will be lifted $6\% - 9\%$ by speeding up the popularization and applying BIM. Korea plans to introduce BIM to all public utilities projects from the year 2016. Singapore plans to reach a rate of 80% BIM applying in building industry by 2015.

After CAD, BIM becomes a new technology that pushes building industry technological progress and management innovation and will be an important mean to further enhance the core competitiveness of enterprises. Chinese government and trade association paid high attentions to the development of BIM. It is one of the key technologies in the 12th Five-Year Plan promoted by Ministry Of Housing and Urban-Rural Development. Government started the research of BIM in science and technology support program since the 10th Five-Year Plan, and to the 11th and 12th Five-Year Plan. Ministry of Science and Technology authorized the establishment of BIM Industry Technology Innovation Strategic Alliance in 2013. Foresaid efforts had favorable effect on the promotion and guidance of domestic BIM research and applying.

CHINA STATE CONSTRUCTION ENGINEERING CORPORATION (CSCEC) attaches great importance to research and applying BIM. In December 2102, "SEVERAL OPTIONS ABOUT PROMOTING CSCEC BIM TECHNOLOGY ACCELERATED DEVELOPMENT"(hereinafter referred to as "Options") was published and marked the overall planning and promotion of BIM applying from the parent company to the child enterprises. The year 2013 is a beginning, according to the guiding concepts and basic principles of "Options", CSCEC organized a series of research, promotion and applying works of BIM technology. All design and engineering companies actively introduced BIM to their works, put a lot of manpower and material to apply BIM to some iconic project. Through applying BIM, the technical capacity and influence of CSCEC was improved, and better preferable economic and social benefit was acquired.

However, there are some deficiency in our work. From the macro perspective of the industry, there is not a complete BIM standard system. Lacks of proprietary intellectual property rights BIM software, applying is limited in the field of design and construction, not to mention high-level applying in investment planning, design, construction and operation maintenance. From the perspective of enterprise level, some companies' practice remains on the level of simple understanding, haven't advanced to deep research and applying. Inadequate understanding of BIM, lack of personnel training caused all kinds of problems in project implementation.

Because of the complexity of BIM applying process, CSCEC started a research project "Research on the integrated applying of BIM in building design". The goal of the project is to promote the quality and efficiency of CSCEC's engineering design through research, apply and promote BIM technology. One of achievement of the project is "CSCEC Building Information Modeling Guide for Design". Under the guidance of CSCES BIM Technology Committee, the project team compiled the guide. The guide will be used as an importance technical literature to guide and promote CSCEC design companies' BIM applying.

In the process of compiling, timeliness, practicability and CSCEC's trait were mostly concerned. The reason of paying attention to timeliness is because that the BIM applying in many companies are still in the early stages, the way of how to apply BIM well and efficiently is still unclear. The guide will show clearly how the technical problems can be solved by applying BIM technology and currently available list of BIM software and their briefings, the problems remain in BIM applying, how to solve them, experience and lessons were also included for the same concerning. From the perspective of practicability, the guide particularly described detailed guidance and practical experience of BIM applying workflow, modeling content, modeling method, modeling application, professional coordination in the whole design process (project design, preliminary design, construction document design) on three level of enterprise, project and professional. Application profile of software was also given. The guide emphasizes the trait of CSCEC enterprises: on the one hand, the CSCEC's BIM applying basis, especially the BIM software usage condition of CSCES design companies and company CAD standard, were fully considered. BIM software referred in the guide are all the software currently used by CSCEC, or the mainstream BIM software applied in the industry; on the other hand, some regulations were creatively drafted with concerning of CSCEC's technical leading position and influence. For example, the regulation of level of development (LOD) of model content was not directly copy from correlative LOD regulations from US. In consideration of Chinese industry's specific provision, according to THE DEPTH OF ENGINEERING DESIGN DOCUMENTATION REQUIREMENTS published by PRC Ministry Of Housing and Urban-Rural Department, models in design stage was divided into three level: Conceptual Design Model, Preliminary Design Model and Construction Documents Design Model, fineness and content of the models was give according to the national standard mentioned above. Meanwhile, LOD of BIM model in construction stage was also divided into three level: Detailed Design Model, Construction Process Model and Completion of Delivery Model. The construction BIM model will be introduced in " CSCEC Building Information Modeling Guide for Construction".

The content of guide is organized by professions, especial focus on architectural design, green architectural design and structural design. Considering the similarity of BIM software workflow in Plumbing, HVAC and Electric engineering, these three professions is expressed combined. Collaboration occupy a superior importance in design BIM applying, so it was put into an independent chapter. But considering the fact that collaboration is not widely realized in CAD application, the guide emphasized the collaboration of software, not yet reach the collaboration in management.

This guide is a reference to applying BIM technology. Since theBIM applying has just started on, typical cases are insufficient and the applying effects have not been systemically summarized. Confined by author's time and competency, there is much to improve in the guide. Some viewpoint and conclusion in the guide may not correct, further improvements will be expected.

目 录

第 5 章　总图设计 BIM 应用

第 6 章　建筑与装饰设计 BIM 应用

第 7 章　结构设计 BIM 应用

第 8 章　给水排水设计 BIM 应用

第 9 章 暖通空调设计 BIM 应用

第 10 章　电气设计 BIM 应用

第 11 章　绿色建筑设计 BIM 应用

第 12 章　幕墙设计 BIM 应用

第 13 章　建筑经济 BIM 应用

第 14 章　设计牵头工程总承包 BIM 应用

附录 A　BIM 计划模板

附录 B　典型 BIM 应用

附录 C　BIM 应用流程图符号

参考文献

Table of Contents

Chapter 3   BIM Application Planning

Chapter 4   BIM-based Collaborative Dcesign

Chapter 5　BIM Application in General Drawing Design

Chapter 6　BIM Application in Architectue and Decoration Design

Chapter 8　BIM Application in Water Supply and Drainge Design

Chapter 9　BIM Application in HVAC Design

Chapter 10　BIM Application in Electrical Design

Chapter 11　BIM Application in Green Building Design

Chapter 12　BIM Application in Curtain Wall Design

Chapter 13　BIM Application in Building Economy

Chapter 14   BIM Application in Design-guided Engineering General Contracting

第 1 章
基本概念与发展概况

1.1 概述

近年来，在政府推动、市场需求、企业参与、行业助力和社会关注下，BIM 技术已经成为业界研究和应用的重点，备受关注，业内已经普遍认识到 BIM 技术对建筑业技术升级和生产方式变革的作用和意义。

BIM 技术通过建立数字化的 BIM 模型，涵盖与项目相关的大量信息，服务于建设项目的设计、施工、运营整个生命期，为提高生产效率、保证工程质量、节约成本、缩短工期等发挥出巨大的作用。BIM 的作用具体体现在如下几个方面：

1. 通过 BIM 技术应用可实现建筑全生命期的信息共享

过去，工程技术人员主要依靠符号文字形式表达的蓝图进行项目建设和运营管理，这种工作方式的信息共享效率较低，也间接导致管理的粗放化。BIM 技术能够有力地支持建筑项目信息在设计、施工和运行维护全过程的充分交换和共享，促进建筑全生命期管理效益的提升。应用 BIM 技术可以使建设项目的所有参与方（包括政府主管部门、业主、设计团队、施工单位、建筑运营部门等），在项目从概念产生到拆除的整个生命期内都能够在模型中操作信息和在信息中操作模型，进行协同工作。

2. BIM 是实现可持续设计的有效工具

BIM 技术有力地支持建筑安全、美观、舒适、经济等目标的实现。通过节能、节水、节地、节材、环境保护等多方面的分析和模拟，进而容易做到建筑全生命期全方位可预测、可控制。例如，利用 BIM 技术，可以将设计结果自动导入建筑节能分析软件中进行能耗分析，或导入虚拟施工软件进行施工虚拟，避免技术人员花费很大气力在节能分析软件或施工模拟软件中重新建立模型。又如，利用 BIM 技术，不仅可以直观地展示设计结果，而且可以直观地展示施工细节，进而对施工过程进行仿真，增加施工过程的可控性。

3. BIM 技术应用促进建筑业生产方式的改变

BIM 技术能够有力地支持设计与施工一体化，减少建设工程"错、缺、漏、碰"现象的发生，从而可以减少建筑全生命期的浪费，带来显著的经济和社会效益。英国机场管理局利用 BIM 技术削减希思罗 5 号航站楼 10％的建造费用。美国斯坦福大学整合设施工程中心（CIFE）根据 32 个项目总结了使用 BIM 技术的以下优势：消除 40％预算外更改；

造价估算控制在 3％精确度范围内；造价估算耗费的时间缩短 80％；通过发现和解决冲突，将合同价格降低 10％；项目工期缩短 7％，及早实现投资回报。

4. BIM 技术应用促进建筑行业工业化发展

我国建造水平与发达国家相比还有较大的差距，其中一个主要原因是建筑工业化水平较低。制造业的生产效率和质量在近半个世纪得到突飞猛进的发展，生产成本大大降低，其中一个非常重要的因素就是以三维设计为核心的 PDM（Product Data Management 产品数据管理）技术的普及应用。建设项目本质上都是工业化制造和现场施工安装结合的产物，提高工业化制造在建设项目中的比例，是建筑行业工业化的发展方向和目标。工业化建造至少要经过设计制图、工厂制造、运输储存、现场装配等主要环节，其中任何一个环节出现问题都会导致工期延误和成本上升，例如：图纸不准确导致现场无法装配，需要装配的部件没有及时到达现场等。BIM 技术不仅为建筑行业工业化解决了信息创建、管理、传递的问题，而且 BIM 三维模型、装配模拟、采购制造运输存放安装的全程跟踪等手段为工业化建造的普及提供了技术保障。同时，工业化还为自动化生产加工奠定了基础，自动化不但能够提高产品质量和效率，而且利用 BIM 模型数据和数控机床的自动集成，还能完成通过传统的"二维图纸-深化图纸-加工制造"流程很难完成的下料工作。BIM 技术的推广应用将大大推动和加快建筑行业工业化进程。

5. BIM 技术应用可把建筑产业链紧密联系起来提高整个行业的竞争力

建设工程项目的产业链包括业主、勘察、设计、施工、项目管理、监理、造价、部品、材料、设备等，一般项目都有数十个参与方，大型项目的参与方可以达到几百个甚至更多。二维图纸作为产业链成员之间传递沟通信息的载体已经使用了几百年，其弊端也随着项目复杂性和市场竞争的日益加大变得越来越明显。打通产业链的一个技术关键是信息共享，BIM 就是全球建筑行业专家同仁为解决上述挑战而进行探索研究的成果。

当前，我国的 BIM 应用还处于普及应用的初期阶段，但是认识并发展 BIM、实现行业的信息化升级转型已成必然趋势。本章基于编者的当前实践，给出 BIM 相关概念描述，以及发展状况介绍，供读者参考。

1.2 基本概念

1.2.1 建筑信息模型

国内外很多规范都给出了 BIM 的术语定义，很多专家给出自己对 BIM 的理解，很多资源库如维基百科、百度百科等也给出了相关信息、定义或描述，可谓百花齐放，这里不一一叙述。目前，较为权威的定义是国家标准《建筑信息模型应用统一标准》和《建筑信息模型施工应用标准》给出的 BIM（Building Information Modeling, Building Information Model）定义：**"在建设工程及设施全生命期内，对其物理和功能特性进行数字化表达，并依此设计、施工、运营的过程和结果的总称。简称模型。"**

这个定义包含两层含义：

（1）建设工程及其设施的物理和功能特性的数字化表达，在全生命期内提供共享的信息资源，并为各种决策提供基础信息；

（2）BIM 的创建、使用和管理过程，即模型的应用。

智慧建造国际（buildingSMART International，bSI）认为 BIM 包含三个层面的含义，美国 2015 年颁布的国家 BIM 标准《National BIM Standard-United States Version 3》（NBIMS）中也采用了这个定义：

（1）建筑信息模型应用（Building Information Modeling）：生成建筑信息并将其应用于建筑的设计、施工以及运营等生命期阶段的商业过程，允许相关方借助于不同技术平台的互操作性，同时访问相同的信息。

（2）建筑信息模型（Building Information Model）：设施的物理和功能特性的数字化表达，可以用作设施的相关参与方共享的信息知识源，成为包括策划等在内的设施全生命期的可靠的决策基础。

（3）建筑信息管理（Building Information Management）：通过利用数字模型中的信息对商业过程进行组织和控制，目的是提高资产全生命期信息共享的效果，其优势包括集中而直观的沟通、方案的早期比选、支持可持续性发展、提升设计效果和效率、实现多专业集成、提升现场控制能力、促进竣工资料完备性等。

对比上述两者的 BIM 术语定义，中国标准把智慧建造国际定义的 BIM 第三层含义"建筑信息管理"纳入到了模型应用中。

1.2.2　模型细度

当前，"模型细度"、"模型粒度"、"模型颗粒度"、"模型精度"、"模型精细度"等，很多类似的术语在使用。在有的语境里，这些术语表达相同、相近的概念；在有的语境里，又有差别，分别表达不同含义，且有时组合使用。编者认为，本质上这个术语是为了表达不同建筑系统在不同阶段的模型元素特征，提出这个术语的目的如下：

（1）使模型创建者可以清楚建模的目标；

（2）模型应用者清楚模型的详尽程度和可用程度；

（3）使工程建设项目的各参与方在描述 BIM 模型应当包含的内容以及模型的详细程度时，能够使用共同的语言和相同的等级划分规范；

（4）用于确定 BIM 模型的阶段成果、表达用户需求以及在合同中规定业主的具体交付要求。

综合各种资料来看，国家标准《建筑信息模型施工应用标准》（报批稿）给出的"模型细度"（level of development，LOD）定义更具概括性，且易于理解和使用，其定义是：**"模型元素组织及其几何信息、非几何信息的详细程度。"**这个定义参考了美国总承包商协会（The Associated General Contractors of America-AGC）BIMForum 的细度规范（Level of Development Specification）定义，另外也采用了其最新推荐使用的英文及缩写。

早期（2008 年）在美国建筑师协会 BIM 规范中，LOD 是 Level of Detail 的缩写，现在（2016 年）美国 BIMForum 模型细度规范中，推荐使用 Level of Development。在美国 BIMForum 协会的细度规范中这样阐述 Level of Development 与 Level of Detail 的区别：Level of Detail 本质上表示模型元素中包含细节的程度，而 Level of Development 则表示元素的几何特征及相关信息被接受的程度，即，项目组成员在使用模型时，对其包含的信息的可依赖程度。从本质上讲，Level of Detail 可被看作输入元素的信息，而 Level of Development 则是可信赖的输出。一般可理解为，Level of Detail 关注的是模型中包括的元素和信息，而 Level of Development 关注的是模型中可用的元素和信息。

模型细度表达模型详细程度的方法，可应用于设计、施工、运营维护等项目各阶段，美国的模型细度规范对应给出了模型细度等级的概念，即被广泛使用的 LOD 100、LOD 200、LOD 300、LOD 350、LOD 400、LOD 500。为便于沟通和交流，国家标准《建筑信息模型施工应用标准》（报批稿）提出的模型细度等级代码与美国 BIMForum 协会的细度规范保持一致，便于沟通交流，如表 1-1 所示。需要注意的是：

（1）两国相关技术政策不同，其模型细度内容要求是有差异的。例如：国家标准《建筑信息模型施工应用标准》规定的模型细度内容对应国内规范和实践要求，给出了深化设计模型（LOD350）、施工过程模型（LOD400）和竣工验收模型（LOD500）的具体规定。

（2）虽然工程阶段有先后，模型细度等级代号有数字上大小和递进，但各模型细度等级之间没有严格一致和包含的关系，例如：竣工模型也不是要包含全部施工过程模型内容。

模型细度的等级代号 表 1-1

名称	代号	形成阶段	备　注
概念设计模型	LOD100	概念设计阶段	与《建筑工程设计文件编制深度规定》所要求的方案设计深度相对应。模型元素仅需表现对应建筑实体的基本形状及总体尺寸，无需表现细节特征及内部组成；构件所包含的信息应包括面积、高度、体积等基本信息，并可加入必要的语义信息
初步设计模型	LOD200	初步设计阶段	与《建筑工程设计文件编制深度规定》所要求的初步设计深度相对应。模型元素应表现对应的建筑实体的主要几何特征及关键尺寸，无需表现细节特征及内部组成等；构件所包含的信息应包括构件的主要尺寸、安装尺寸、类型、规格及其他关键参数和信息等
施工图设计模型	LOD300	施工图设计阶段	与《建筑工程设计文件编制深度规定》所要求的施工图设计深度相对应。模型元素应表现对应的建筑实体的详细几何特征及精确尺寸，应表现必要的细部特征及内部组成；构件应包含在项目后续阶段（如施工算量、材料统计、造价分析等应用）需要使用的详细信息，包括：构件的规格类型参数、主要技术指标、主要性能参数及技术要求等
深化设计模型	LOD350	深化设计阶段	与施工深化设计需求对应。模型应包含加工、安装所需要的详细信息，以满足施工现场的信息沟通和协调，为施工专业协调和技术交底提供支持，为工程采购提供支持
施工过程模型	LOD400	施工实施阶段	与施工过程管理需求对应。模型应包含施工临时设施、辅助结构、施工机械、进度、造价、质量安全、绿色环保等信息，以满足施工进度、成本、质量安全、绿色环保管理需求
竣工验收模型	LOD500	竣工验收	与工程竣工验收需求对应。模型应包含（或链接）相应分部、分项工程的竣工验收资料

住房和城乡建设部于 2016 年颁布了最新的《建筑工程设计文件编制深度规定》。该规定按照方案设计、初步设计和施工图设计三个阶段，详尽描述了建筑、结构、电气、给水排水、暖通等专业的交付内容及深度规范，这也是目前企业制定本企业设计深度规范的基本依据。

本指南依据 BIM 应用的特点，结合国内外 BIM 应用的成功经验，并参照《建筑工程设计文件编制深度规定》和《建筑信息模型施工应用标准》，以及工程深化设计、施工管理、竣工验收、运维管理等的需求，提出适合设计、施工和运维阶段应用的 BIM 模型细度规范。具体工程项目合同中的 BIM 交付条款，也可参考本指南。工程招投标阶段的模型细度，可参考施工图设计阶段或招标文件要求的模型细度规定，并为模型增加适合的商务信息。

BIM 模型细度规范应遵循"适度"的原则，包括三个方面内容：模型表达细度、模型信息含量、模型构件范围。同时，在能够满足 BIM 应用需求的基础上应尽量简化模型。适度创建模型非常重要，模型过于简单，将不能支持 BIM 的相关应用需求；模型创建得过于精细，超出应用需求，不仅带来无效劳动，还会出现因模型规模庞大而造成软件运行效率下降等问题。

本指南给出的模型细度要求仅是一般规定，具体项目的模型细度要求应当根据项目实施的实际要求而定。例如：对于建筑物的内墙饰面，在方案设计模型细度就能满足其设计表达要求时，不应机械地根据上述模型细度等级的定义，为其指定施工图设计细度等级的建模要求；对于某些对基础有特殊要求或地质构造复杂、基础施工周期较长的项目，一般在初步设计阶段就要求结构专业的基础设计达到施工图设计阶段的深度要求，在这种情况下，要为结构专业的基础设计指定施工图设计模型细度的建模要求，而不应根据细度等级定义，将其确定为初步设计模型细度。

1.2.3　建筑信息模型元素

BIM 模型由与工程实物或概念相对应的构件、部件、部品、设备、零件等基本元素组成，往往建模过程就是这些基本元素的"拼装"过程。"建筑构件"、"BIM 对象"、"族"等都用于描述这个基本元素，但显然这些术语具有局限性，也易混淆。例如："族"是 Autodesk Revit 软件实现的一种技术方式，仅限软件内使用，不是一个通用概念；"BIM 对象"掺和了软件开发中的面向对象概念，不一定适合工程技术人员理解和使用；"建筑构件"一般是建筑和结构专业元素，如果把设备、管线、部品、部件也叫"构件"不符合行业习惯。

国家标准《建筑信息模型施工应用标准》（报批稿）中给出的"建筑信息模型元素"（BIM element）定义更具概括性，且易于理解和使用，其定义是：**"建筑信息模型的基本组成单元。简称模型元素。"**模型元素与工程项目的实际构件、部件（如梁、板、柱、门、窗、墙、设备、管线、管件等），以及建造过程、资源等组成模型的各种内容对应。

1.3　我国 BIM 技术、标准、政策研究和发展概况

1.3.1　BIM 技术研究情况

中国 BIM 技术研究是从 IFC 标准研究和应用开始的。1998 年国内专业人员开始接触和研究 IFC 标准，2000 年 IAI（the International Alliance for Interoperability 国际互操作联盟，buildingSMART 组织的前身）开始与我国政府有关部门、科研组织（中国建筑科

学研究院）进行接触。使我们全面了解了 IAI 的目标、组织规程、IFC 标准应用等问题。

1. 早期研究

对 IFC 标准的早期（2001～2004 年）研究和应用之一就是在国家 863 计划中，通过扩展 IFC 标准形成了《数字社区信息表达与交换标准》。在此研究项目中，基于 IFC 标准制定了一个计算机可识别的社区数据表达与交换的标准，提供社区信息的表达以及可使社区信息进行交换的必要机制和定义。此项目的另一个收获就是，探索了 IFC 标准实际工程应用问题，以及根据我国建筑行业的实际情况进行必要扩充的方法。

2. "十五"期间

在国家"十五"科技攻关项目中，设立了"基于国际标准 IFC 的建筑设计及施工管理系统研究"课题。此课题的重要研究成果包括：全文翻译了 IFC 标准，为后期的国家标准等同采用打下基础；开发了基于 IFC 标准的建筑结构 CAD 软件系统，以及基于 IFC 的建筑工程 4D 施工管理系统。在"基于 IFC 标准的建筑结构 CAD 软件系统"研发中，深入探索了已有 CAD 系统借助商业软件和自主开发这两种主要 BIM 软件集成模式，为直至今日的国产软件改造和系统集成打下坚实基础。在"基于 IFC 的建筑工程 4D 施工管理系统"研发中，探索了通过 WBS 编码集成 3D 模型、工程资源、进度管理，形成 4D 可视化动态管理系统的方法，此系统在"广州珠江新城西塔工程"、"青岛海湾大桥工程"等重大工程中得到应用。

3. "十一五"期间

在国家"十一五"科技支撑计划项目中，通过"现代建筑设计施工一体化关键技术研究"课题，研发了建筑工程协同设计集成系统、数字工地集成控制系统和设计与施工一体化信息共享系统，进而实现了设计与施工两个阶段的信息共享，同时集成和改造了现有的专业 CAD 软件和管理软件。课题 BIM 相关研究成果包括：建筑施工管理 IFC 数据描述标准、基于 IFC、IDM、IFD 的信息共享和交换技术、基于 IFC 标准的建筑信息模型数据集成与交换引擎装置和方法等。

在国家"十一五"科技支撑计划滚动支持项目"建筑业信息化关键技术研究与应用"中，设立了"基于 BIM 技术的下一代建筑工程应用软件研究"课题。课题形成了诸多BIM 技术相关成果，包括：基于 BIM 技术的建筑设计软件系统、基于 BIM 技术的建筑成本预测软件系统、基于 BIM 技术的建筑节能软件系统、基于 BIM 技术的建筑施工优化软件系统、基于 BIM 技术的建筑工程安全分析软件系统、基于 BIM 技术的建筑工程耐久性评估软件系统、基于 BIM 技术的建筑工程信息资源利用软件系统。

2006-2009 年，我国参与了欧盟"Europe INNOVA"项目，应用 IFC 标准，完成了基于性能的建造标准与实际业务过程的集成，以促进行业的技术创新和可持续发展。

4. "十二五"期间

国家"十二五"科技支撑计划"建筑工程绿色建造关键技术研究与示范"项目中设立了"城镇住宅建设 BIM 技术研究及产业化应用示范"课题，建立了基于 BIM 的绿色施工信息化监测、模拟、评估管理平台，实现了住宅建设的建筑信息化技术开发与应用。

此外，涉及 BIM 技术研究的课题还包括：国家"十二五"科技支撑计划"建筑行业设计服务共性技术集成平台研究与应用"项目"基于 BIM 服务建筑工程设计的共性平台技术研究"课题、"绿色住宅产品化开发数字技术研究和应用"课题、"基于 BIM 的规划设计软件开发"课题等。

5. "十三五"期间

"十三五"期间，国家对 BIM 技术研究和应用支持力度更多，也更加深入，例如：

（1）"基于 BIM 的预制装配建筑体系应用技术"项目，研究内容包括：研发预制装配建筑产业化全过程的自主 BIM 平台关键技术；研发装配式建筑分析设计软件与预制构件数据库；研发基于 BIM 模型的预制装配式建筑部件计算机辅助加工（CAM）技术及生产管理系统；研发基于 BIM 的空间钢结构预拼装理论技术和自动监控系统；研发基于 BIM 模型和物联网的预制装配式建筑运输、智能虚拟安装技术与施工现场管理平台。

（2）"绿色施工与智慧建造关键技术"项目，研究内容包括：研究基于 BIM 技术的信息化绿色施工技术，建设基于物联网和分布式计算技术的绿色施工监控管理平台；研究 BIM 与物联网、移动通讯、智能化等信息技术在绿色施工与智慧建造中的集成应用技术及标准体系。

1.3.2　BIM 标准编制情况

中国 BIM 标准必须要考虑的行业现状。首先，中国有自成体系的语言、工程标准和规范；其次，中国有相当数量符合上述工程标准和规范的专业应用软件，离开这些软件，各类企业就没法正常工作。当前，没有一个软件或这一家公司的软件能够满足项目生命周期过程中的所有需求，技术上短期内不可能出现一批可以代替上述所有专业应用软件的其他 BIM 软件，无论是经济上还是技术上，建筑业企业都没有能力短期内更换所有专业应用软件。

住房和城乡建设部 2012 年 1 月 17 日《关于印发 2012 年工程建设标准规范制订修订计划的通知》（建标［2012］5 号）和 2013 年 1 月 14 日《关于印发 2013 年工程建设标准规范制订修订计划的通知》（建标［2013］6 号）两个通知中，共发布了 6 项 BIM 国家标准制订项目，分别是：《建筑工程信息模型应用统一标准》、《建筑工程信息模型存储标准》、《建筑工程信息模型编码标准》、《建筑工程设计信息模型交付标准》、《制造工业工程设计信息模型应用标准》和《建筑工程施工信息模型应用标准》。这两个工程建设标准规范制订修订计划宣告了中国 BIM 标准制定工作的正式启动。这六个标准分为三个层次：

（1）统一标准：《建筑信息模型应用统一标准》GB/T 51212—2016，自 2017 年 7 月 1 日起实施；

（2）基础标准：《建筑信息模型存储标准》、《建筑信息模型分类和编码标准》；

（3）执行标准：《建筑信息模型设计交付标准》、《建筑信息模型施工应用标准》、《制造工业工程设计信息模型应用标准》。其中，《建筑信息模型施工应用标准》已经完成编制并通过审查，等待主管部门批复。

为做好 BIM 标准编制前期工作，2012 年 2 月 29 日在北京组织召开了 BIM 标准研讨会。来自业主、政府主管部门、科研院所、规划设计单位、施工单位、软件厂商、咨询服务等单位的共计 200 余名代表参加了此次研讨会。在《建筑信息模型应用统一标准》的编制过程中，通过发起成立"中国 BIM 发展联盟"，发布《中国 BIM 标准研究项目实施计划》、《中国 BIM 标准研究项目申请指南》，邀请行业内相关软件厂商、设计院、施工单位、科研院所等近百家单位参与标准研究项目/课题/子课题的研究。

BIM 标准编制的基本思路是"BIM 技术、BIM 标准、BIM 软件同步发展"，以中国建筑工程专业应用软件与 BIM 技术紧密结合为基础，开展专业 BIM 技术和标准的课题研究，用 BIM 技术和方法改造专业软件。中国 BIM 标准的研究重点主要集中在以下三个方面：

（1）信息共享能力是 BIM 的基础，涉及信息内容、格式、交换、集成和存储；

（2）协同工作能力是 BIM 的应用过程，涉及流程优化、辅助决策，体现与传统方式的不同；

（3）专业任务能力是 BIM 的目标，通过专业标准提升专业软件，提升完成专业任务的效率、效果，同时降低付出的成本。

1.3.3 BIM 技术政策研究和制定情况

我国正在进行着世界上最大规模的建设，有必要着力推进 BIM 技术的应用，以便促进我国建筑工程技术的更新换代和管理水平的提升。BIM 技术是一项新技术，其发展与应用需要政府的引导，以提升 BIM 应用效果、规范 BIM 应用行为。我国的主要推进 BIM 技术应用政策有：

（1）《2011～2015 年建筑业信息化发展纲要》

住房城乡建设部在 2011 年 5 月发布了《2011～2015 年建筑业信息化发展纲要》，在《纲要》全文中，9 次提到 BIM 技术，把 BIM 作为支撑行业产业升级的核心技术重点发展。《纲要》中设定"加快 BIM、基于网络的协同工作等新技术在工程中的应用"总体目标，对于勘察设计类企业的企业信息化建设，以"推动基于 BIM 技术的协同设计系统建设与应用"为具体目标，对于专项信息技术应用，以"加快推广 BIM、协同设计、4D 项目管理等技术在勘察设计、施工和工程项目管理中的应用，改进传统的生产与管理模式"为具体目标。对于勘察设计类企业，BIM 技术应用和发展重点是："推进 BIM 技术、基于网络的协同工作技术应用，提升和完善企业综合管理平台"；"研究发展基于 BIM 技术的集成设计系统，逐步实现建筑、结构、水暖电等专业的信息共享及协同"。对于专项信息技术应用，BIM 技术发展重点是："设计阶段：探索研究基于 BIM 技术的三维设计技术"；"施工阶段：在施工阶段开展 BIM 技术的研究与应用，推进 BIM 技术从设计阶段向施工阶段的应用延伸"；"研究基于 BIM 技术的 4D 项目管理信息系统在大型复杂工程施工过程中的应用，实现对建筑工程有效的可视化管理"。

（2）《勘察设计和施工 BIM 发展对策研究》

住房城乡建设部质量安全监管司于 2012 年启动了勘察设计和施工 BIM 发展对策研究课题，针对我国特有的国情和行业特点，参考发达国家和地区 BIM 技术研究与应用经验，提出了我国在勘察设计与施工领域的 BIM 技术应用技术政策、BIM 发展模式与技术路线、近期应开展的主要工作等建议。

（3）《关于推进建筑信息模型应用的指导意见》

"十二五"期间，建筑行业发展的环境和形势发生了很大变化，为贯彻十八大以来党中央国务院信息化发展相关精神，落实十八届五中全会"创新、协调、绿色、开放、共享"发展理念，顺应"互联网＋"发展趋势，进一步推动建筑业技术进步和管理升级，助力建筑产业现代化，提高工程建设与管理水平，行业主管部门也从产业政策方面加快了推进 BIM 技术应用步伐。2015 年 6 月 16 日住房城乡建设部发布了《关于推进建筑信息模型应用的指导意见》（建质函［2015］159 号），明确了"到 2020 年，建筑行业甲级勘察设计单位以及特级、一级房屋建筑工程施工企业应掌握并实现 BIM 与企业管理系统和其他信息技术的一体化集成应用；以国有资金投资为主的大中型建筑，申报绿色建筑的公共建筑和绿色生态小区的新立项项目的勘察设计、施工、运维维护中，集成应用 BIM 的项目比率要达到 90％"的发展目标。

（4）《2016～2020 年建筑业信息化发展纲要》

2016 年 8 月 23 日住房城乡建设部发布了《2016～2020 年建筑业信息化发展纲要》（建质函［2016］183 号），提出了"十三五时期，全面提高建筑业信息化水平，着力增强 BIM、大数据、智能化、移动通讯、云计算、物联网等信息技术集成应用能力，建筑业数字化、网络化、智能化取得突破性进展，初步建成一体化行业监管和服务平台，数据资源利用水平和信息服务能力明显提升，形成一批具有较强信息技术创新能力和信息化应用达到国际先进水平的建筑企业及具有关键自主知识产权的建筑业信息技术企业。"发展目标。旨在通过统筹规划、政策导向、分类指引，进一步提升建筑业整体信息化水平，进一步提升行业 BIM、大数据、智能化、移动通讯、云计算、物联网等信息技术集成应用能力，塑造绿色化、工业化、智能化建筑新业态，促进建筑业转型升级。

（5）地方推进 BIM 应用政策

各地方也在积极推进 BIM 技术应用，部分地方 BIM 技术政策如表 1-2 所示。

部分省市推进 BIM 应用相关政策文件清单 表 1-2

序号	政策发布部门	政策名称	时间
1	北京市质量技术监督局、北京市规划委员会	《民用建筑信息模型设计标准》	2014 年 2 月 26 日发布，2014 年 9 月 1 日实施
2	天津市城乡建设委员会	"关于发布《天津市民用建筑信息模型（BIM）设计技术导则》的通知"（津建科［2016］290 号）	2016 年 5 月 31 日
3	上海市住房和城乡建设管理委员会	"关于在本市推进建筑信息模型技术应用的指导意见"（沪府办发［2014］58 号）	2014 年 10 月 29 日
4	上海市住房和城乡建设管理委员会	"关于发布《上海市建筑信息模型技术应用指南（2015 版）》的通知"（沪建管［2015］336 号）	2015 年 5 月 14 日
5	上海市建筑信息模型技术应用推广联席会议办公室	"关于印发《上海市推进建筑信息模型技术应用三年行动计划（2015～2017）》的通知"（沪建应联办［2015］1 号）	2015 年 7 月 1 日
6	上海市建筑信息模型技术应用推广联席会议办公室	"关于在本市开展建筑信息模型技术应用试点工作的通知"（沪建应联办［2015］3 号）	2015 年 7 月 31 日
7	上海市建筑信息模型技术应用推广联席会议办公室	"关于发布《上海市建筑信息模型技术应用咨询服务招标示范文本（2015 版）》、《上海市建筑信息模型技术应用咨询服务合同示范文本（2015 版）》的通知"，（沪建应联办［2015］4 号）	2015 年 8 月 25 日
8	上海市住房和城乡建设管理委员会	"关于本市保障性住房项目实施建筑信息模型技术应用的通知"（沪建建管［2016］250 号）	2016 年 4 月 5 日

续表

序号	政策发布部门	政策名称	时间
9	重庆市城乡建设委员会	"关于加快推进建筑信息模型（BIM）技术应用的意见"（渝建发[2016]28号）	2016年4月14日
10	重庆市住房和城乡建设厅	"关于下达重庆市建筑信息模型（BIM）应用技术体系建设任务的通知"（渝建[2016]284号）	2016年7月1日
11	黑龙江省住房和城乡建设厅	"关于推进我省建筑信息模型应用的指导意见"（黑建设[2016]1号）	2016年3月14日
12	湖南省人民政府办公厅	"关于开展建筑信息模型应用工作的指导意见"（湘政办发[2016]7号）	2016年1月14日
13	湖南省住房和城乡建设厅	"关于在建设领域全面应用BIM技术的通知"（湘建设[2016]146号）	2016年8月25日
14	浙江省住房和城乡建设厅	"关于印发《浙江省建筑信息模型（BIM）技术应用导则》的通知"（建设发[2016]163号）	2016年4月26日
15	广东省住房和城乡建设厅	"关于开展建筑信息模型BIM技术推广应用工作的通知"（粤建科函[2014]1652号）	2014年9月3日
16	广西壮族自治区住房和城乡建设厅	"关于印发广西推进建筑信息模型应用的工作实施方案的通知"（桂建标[2016]2号）	2016年1月12日
17	云南省住房和城乡建设厅	"关于推进建筑信息模型技术应用的实施意见"（云建设[2016]298号）	2016年5月26日
18	深圳市住房和建设局	《深圳市工程设计行业BIM应用发展指引》	2013年5月16日
19	深圳市发展和改革委员会	"关于推进深圳市建筑信息模型（BIM）应用的若干意见"（发[2014]22号）	2014年4月1日
20	深圳市建筑工务署	"深圳市建筑工务署政府公共工程BIM应用实施纲要"和《深圳市建筑工务署BIM实施管理标准》	2015年5月4日
21	沈阳市城乡建设委员会	"关于印发《推进沈阳市建筑信息模型技术应用的工作方案》的通知"（沈建发[2016]27号）	2016年2月19日
22	济南市城乡建设委员会	"关于加快推进建筑信息模型（BIM）技术应用的意见"（济建设字[2016]6号）	2016年6月29日
23	徐州市审计局	"在全市审计机关推进建筑信息模型技术应用的指导意见"	2016年8月5日

1.4 我国设计与施工领域 BIM 技术应用概况

1.4.1 调查研究

BIM 技术自从 21 世纪初引入国内，得到我国建筑行业的普遍关注和快速发展。那么我国设计与施工领域 BIM 技术应用情况如何，这需要广泛的调查研究。

2015 年 6 月 16 日，住房城乡建设部印发了《关于推进建筑信息模型应用的指导意见》（建质函 [2015] 159 号，以下简称《指导意见》），《指导意见》提出如下两条发展目标：

（1）到 2020 年末，建筑行业甲级勘察、设计单位以及特级、一级房屋建筑工程施工企业应掌握并实现 BIM 与企业管理系统和其他信息技术的一体化集成应用。

（2）到 2020 年末，以下新立项项目勘察设计、施工、运营维护中，集成应用 BIM 的项目比率达到 90%：以国有资金投资为主的大中型建筑；申报绿色建筑的公共建筑和绿色生态示范小区。

为全面掌握各地各类企业 BIM 技术研究与应用进展状况，把握未来 BIM 发展方向，受住房城乡建设部质量安全监管司委托，中国建筑业协会工程建设质量管理分会组织开展了"工程建设领域 BIM 应用调研"工作。调研工作从 2016 年 7 月开始到 11 月结束，调研的主要内容是《指导意见》贯彻落实情况，以及行业 BIM 应用情况。调研对象的主体是国内部分甲级设计企业（回收调研问卷 285 份）和特级、一级施工企业（回收调研问卷 500 份）。调研结果从一方面能反映当前我国设计和施工领域 BIM 技术应用情况，现摘录部分调研结果。

1.4.2　工程设计领域 BIM 技术应用概况

调查显示，70% 左右的受访企业了解《指导意见》的具体内容，并针对《指导意见》采取了相应措施。主要调研情况如下：

（1）关于《指导意见》要求的企业 BIM 应用基础准备工作完成情况，调查显示，"BIM 应用发展规划"是完成度最高的准备工作，其次是"BIM 应用软硬件环境"，有 39% 和 36% 的企业已经完成。完成度最低的准备工作是"适合 BIM 应用的工作管理模式"，只有 9% 的企业已经完成。

（2）84% 的企业完成和正在进行 BIM 应用人才培养，说明企业对 BIM 人才培养的重视程度还是很高的。

（3）企业级专业 BIM 构件库建设工作有待加强，大部分企业还在进行中，还有近一半的企业未开始准备工作。

（4）勘察企业 BIM 推广应用需要加大力度，调查显示，70% 左右的企业还没开展勘察 BIM 应用；只有 10% 左右的企业应用情况比较好，而这类企业仅 50% 以上项目开展了 BIM 应用。工程勘察目前可以使用的 BIM 软件，无论是功能满足度，还是应用效益都还处于比较低的状态。

（5）有关设计企业工作重点的执行情况，调查显示，"设计模型建立"和"模拟分析与方案优化"是已经在实际项目中开展最多的工作，有 46% 和 49% 的企业认为"设计模型建立"应用效果和软件功能满足度已经达到较好和很好，三分之一左右样本企业认为"分析与优化"和"设计成果审核"的应用效益和功能满足度能达到较好和很好；"投资策划与规划"是开展最少的工作，有 44% 的企业已经开展过该项应用，其中认为"投资策划与规划"能达到较高水平的不足 20%。至少还有 32% 的企业完全没有开展过任何设计 BIM 应用。

（6）有关工程总承包企业工作重点的执行情况，调查显示，75% 左右的企业还没开展设计牵头的总承包 BIM 应用，只有 10% 左右的企业半数以上项目开展了 BIM 总承包应用，其中"设计控制"应用比例最高，只有 15% 企业认为"设计控制"和"竣工模型交付"两项工作对工程总承包 BIM 应用效果和功能的满足度能达到较好和很好程度，其余各项应用点的满意度均低于 10%。

（7）关于各类人员 BIM 技能培训和项目 BIM 应用，调查显示，截至 2016 年 6 月 30 日的统计结果，累计培训 50 人以上的企业约占 20%。其中，约 10% 企业累计培训 200 人以上，10% 企业累计培训人数在 101～200 人，这些企业的 BIM 应用已经形成规模，达到了一定普及程度。累计 50 个项目以上应用 BIM 的企业约占 10%，累计 11～50 个项目应用 BIM 的企业约占 30%。

（8）关于 BIM 应用过程中主要碰到哪些风险或问题，调查显示，最大的技术风险是"软件不成熟、硬件不支持"，最大的经济风险是"投入产出比不高"，最大的管理风险是"项目管理和 BIM 应用没有融合、与现实脱节"，最大的信息安全是"BIM 模型项目信息泄漏"，最大的人力资源风险是"人才匮乏、能力不高"。

1.4.3 工程施工领域 BIM 技术应用概况

调查显示，42% 的施工企业了解《指导意见》的具体内容，51% 的施工企业听说过但不了解《指导意见》具体内容。44% 的施工企业已经对《指导意见》采取相应措施。主要调研情况如下：

（1）关于企业 BIM 应用基础准备工作完成情况，调查显示，"BIM 发展应用规划"是完成度最高的准备工作，其次是"BIM 应用软硬件环境"，有 39% 和 26% 的企业已经完成。完成度较低的准备工作分别是"适合 BIM 应用的工作管理模式"、"BIM 应用标准流程"、"BIM 应用人才培养"和"企业级各专业构件库"，只有 15%、14%、14% 和 9% 的企业已经完成。

（2）关于 BIM 应用工作重点，调查显示，有 22% 工程项目将 BIM 技术用于"施工模型建立"和"施工过程管理"，是在实际项目中应用最多的工作重点；有 34% 的企业还没开始或未填报。"交付竣工模型"是开展最少的，已经开展过该项应用的企业不到一半（47%）。

（3）关于"BIM 应用效果"的调查，调查显示，企业认为应用效果较好和很好的工作是施工模型建立（42%）、专业协调（34）和细化设计（32%）。

（4）关于对"现有软件对该项工作的功能满足程度"调查，调查显示，企业认为软件功能较好和很好的 BIM 软件是施工模型创建软件（43%）、专业协调软件（37%）和深化设计软件（36%）。

（5）关于开展设计控制、进度控制、成本控制、质量安全管理和协调管理等各项 BIM 应用的工程占企业所有工程项目的比例问题，调查显示，有一半以上工程开展上述各项 BIM 应用的企业在 13%～21%，有 10% 以上项目开展上述各项 BIM 应用的企业不到 50%，还有一半以上的企业没有反馈。

（6）对现有 BIM 软件功能满意度问题，调查显示，认为对软件功能和应用效果非常满意的企业不到 10%，认为基本不满意和应用效果不大或一般的企业超过 60%。说明施工 BIM 应用软件还有较大的发展空间。

（7）关于企业累计培训各类 BIM 应用人员和应用 BIM 项目数量，调查显示，累计培训超过 100 人的企业占比为 23.6%，不同程度应用 BIM 的项目超过 10 个的企业占比为 17.6%，应用 BIM 项目在 50 个以上的企业数量还比较少，只有 2.8%。这说明在"十三五"期间推进施工企业 BIM 普及应用的任务还任重道远。

（8）关于 BIM 应用过程中的风险问题，调查显示，最大的技术风险是"软件不成熟、硬件不支持"，最大的经济风险是"投入产出比不高、一次投入大、获益周期长"，最大的管理风险是"项目管理和 BIM 应用没有融合、与现实脱节"，最大的人力资源风险是"人才匮乏、能力不高"。这与对设计企业的统计结果基本一致。

1.4.4　我国推进 BIM 技术普及应用的问题和建议

全国各地各类企业都在积极引进 BIM 技术并结合实际需求，投入人力、物力将 BIM 技术应用于各类项目中，完成了大量实际工程的 BIM 应用，提升了企业的技术实力和行业竞争力，取得了较好的经济、环保和社会效益。但我们也要看到有些企业对 BIM 技术仍停留在浮光掠影、片面甚至错误的认识上，尚未进行深入研究、尝试和应用，对于 BIM 技术认识不清、理解不深、人才培养不足，造成项目实施环节出现问题。在推进 BIM 技术应用与发展中需特别关注下列几个问题。

1. 认识问题

（1）BIM 认识。要正确认识 BIM 的理念、作用和价值。BIM 作为一项新的信息技术，它的提出和发展，对建筑业的科技进步产生了重大影响。应用 BIM 技术，可望大幅度提高工程项目的集成化程度，促进建筑业生产方式的转变，提高投资、设计、施工乃至整个工程生命期的质量和效率，提升科学决策和管理水平。但对于一个具体的企业或工程项目，在应用 BIM 技术时，一定要明确应用 BIM 的目的，避免"忽悠"和"被忽悠"。应针对企业或项目的特点，搞清楚 BIM 对企业或项目有什么价值、哪些价值是目前能实现的、哪些价值暂时实现的条件还不具备、需要采取哪些措施和应对策略才能实现 BIM 的价值等问题。

（2）领导态度。领导是推进 BIM 应用和实现 BIM 应用目标的关键。来自国内外的调研结论一致表明，推进 BIM 应用的最大障碍来源于企业领导是否决定采纳 BIM，企业领导作为经验丰富的行家，他们可能习惯性地以某种特定的方式做事，因此在接受新技术并带来一定改变的过程中可能会犹疑不决，企业领导更关注采用 BIM 付出的成本及其付出是否合理。特别是在 BIM 应用初期，需要经费购买软件和硬件，需要人员和时间去培训学习，而这些资源都掌握在领导手中，没有领导的支持和重视是无法实现的。建议企业领导对待 BIM 技术应用的态度应该是"第一等不得、第二急不得"，避免两个极端，等 BIM 技术发展成熟以后开始应用，会被行业淘汰的，而应用 BIM 从学习到掌握需要一个过程，不会一蹴而就，不能急于求成，需要不忘初心，持续前行。

2. 标准问题

（1）数据标准。推进 BIM 技术深度应用和普及应用，我们面临两个关键问题，一是统一的数据格式和存储规则，二是统一的分类和编码体系。数据格式是 BIM 模型共享的基础，更涉及信息安全问题，我们国家没有自己的数据格式，只能采用国际标准或国外软件企业的标准。建立自己的数据格式与自主产权平台和软件密切相关，需要国家组织和支持。分类和编码标准是实现项目全生命期应用的关键之一，虽然我国在组织编制，但各条块"诸侯割据"现象严重，目前没有看到"统一"的曙光，即使我们企业内部也没有做到。美国有 Omiclass，英国有 Uniclass，我国是否应该有自己的编码体系，对此问题的进一步研究十分迫切和重要。

（2）企业标准。目前有六本 BIM 国标在编制中，大家对国标的编制进展和发布十分关注，但存在的问题是对企业标准和项目标准的重视不够。国标注重的是原则性、系统性、科学性，而作为企业或项目，还应注重针对性、实用性和时效性。在企业或项目 BIM 应用标准中，应明确面临的问题是什么、现阶段应用 BIM 能够做什么、应用 BIM 对原工作流程有什么影响、有什么 BIM 软硬件工具可用、如何用、应注意什么等问题。

3. 软件问题

（1）应用软件。企业和项目的 BIM 实施，重要的是 BIM 应用软件。没有软件支持，BIM 的作用是无法得以实现的。BIM 软件问题严峻，需要特别关注。目前的 BIM 软件市场主要被几家国际大型软件开发商所占领，如 Autodesk、Bentley、Trimble 等公司。国内的 BIM 软件还在发展中，如广联达、PKPM、鸿业等，虽然在专业功能和符合国情等方面具有优势，但因研发投入和规模等局限，软件的功能、技术水平和市场竞争力等方面还有很大差距，需要扶持发展。

（2）平台软件。BIM 应用平台是支撑企业级和项目级全员协同应用 BIM 的基础，目前虽然有些软件公司在研发和推广 BIM 应用平台，但其功能与工程需求差距甚大，软件公司的长处是 IT，其短处是专业，而工程单位的长处是专业，短处是 IT，工程单位组建软件公司研发 BIM 应用平台不现实，如何充分利用软件公司和工程单位的长处，是可以考虑的，但由于涉及全员协同以及投资和回报的预期，这不仅仅是技术问题，更多的还是管理和商务问题。

4. 应用问题

（1）人才培养。BIM 人才不足或者说从业人员 BIM 应用能力不足，以及 BIM 人才流失严重是勘察设计和施工企业面临的共性问题，其中前者是行业层面的问题，而后者是企业层面的问题。从 BIM 应用人才培养的角度可以把从业人员分为三大类，第一类是企业、项目、专业等各级决策和管理人员，第二类是有 BIM 应用经验的一线生产人员，第三类是没有 BIM 应用经验的一线生产人员。其中不同企业类型、不同专业和岗位以及具有不同 BIM 应用经历的从业人员，结合本身工作职责所需要掌握的 BIM 应用能力是不一样的，需要有针对性分别进行培训。此外，对未来从业人员的 BIM 应用能力培养要引起足够重视，BIM 技术需要尽快融入建筑业相关专业学生的培养计划。

（2）应用组织。企业设立专门 BIM 团队（简称 BIM 中心）负责 BIM 应用，其他专业人员继续用原有方式完成工作，可以作为 BIM 应用起步阶段的一种选择，随着大部分从业人员掌握 BIM 应用，以及学校普及 BIM 应用教育以后，BIM 中心的作用也将随之消失。另一方面，企业 BIM 普及应用将会出现对 BIM 有关 IT、大数据、云计算、物联网等方面人才和能力的需求，会对 BIM 应用组织产生影响和提出新的要求。

（3）资源利用。在推进 BIM 技术普及应用过程中，应重视资源利用效率问题。推进 BIM 应用需要各方面的资源投入，包括人力、财力和基础设施等。从行业和企业角度出发，如何减少重复投入，减少低水平重复，提高资源利用效率，这是各级领导面临的一个实际问题。此外，数据资源利用已成为信息技术发展的一个新问题，在"互联网＋"环境下，谁有大数据，谁就占据了巨大的优势。对于经验积累型的建筑业，大数据的重要性更为突出。工程项目数据是建筑行业和企业大数据的核心内容，BIM 技术的推广应用为项目数据的采集和管理奠定了良好基础。BIM 数据的积累是研究和应用建筑业大数据的基础，也是智慧城市建设的基础。据不完全统计，目前每年参加 BIM 大赛的 BIM 应用成果超过 1000 项，仅仅中建一个企业就已经有 2000 多个项目在不同程度上应用了 BIM 技术，而且还在不断增加，将这些 BIM 模型数据有效管理并利用起来刻不容缓。

5. 管理问题

（1）行业管理。BIM 的作用是使工程项目信息在规划、设计、施工和运营维护全过程充分共享、无损传递。设计和施工两个阶段是 BIM 应用的重点，BIM 模型的主要信息都是在这两个阶段产生的，但在目前的行业管理框架下，设计和施工是隔离的，如何实现设计与施工阶段的信息共享，是目前业界 BIM 应用面临的一个难题。应大力推进工程总承包模式，在法律法规上消除设计与施工的"孤岛现象"和"沟通隔离"，使其成为工程项目建设的"统一体"，同时，在行政上还要解决"为什么要把 BIM 模型交给施工方"和"因模型错误产生的后果谁负责"两个问题。

（2）法律地位。在现阶段，BIM 模型还没有法律地位，用 BIM 进行设计后，还要将模型转化成 2D 施工图，提交审查和存档也要施工图，导致设计人员额外增加了工作量，这是目前设计单位推进 BIM 应用的主要法律障碍。应尽快研究基于 BIM 模型的成果提交、审查和存档问题，在法律上给 BIM 技术普及应用铺平道路。

（3）信息安全。在"互联网＋"环境下，信息安全已经成为推进信息技术应用中需要关注的头等大事。习近平总书记在 2016 年 4 月 19 日主持召开网络安全和信息化工作座谈会并发表重要讲话，指出："信息资源日益成为重要生产要素和社会财富，信息掌握的多寡已成为国家软实力和竞争力的重要标志，没有网络安全就没有国家安全。"BIM 技术应用涉及国家安全问题，国家重大工程的全部信息都在 BIM 模型中，一旦被敌方获得和利用，后果不堪设想。美国国家 BIM 标准把 BIM 应用的最高级别定义为"国土安全"。在云计算和云存储技术不断发展的今天，一定要重视 BIM 模型的存储安全问题，如 Autodesk 的 BIM360 用的是美国亚马逊云平台，一旦应用了 BIM360，工程信息的安全如何保证，这是一个重大问题。

综上所述，在当前和今后相当一段时间内，我国建筑业推进 BIM 技术普及应用都不可避免地存在上述问题，需要全行业共同努力去逐步解决。

第 2 章
企业 BIM 应用环境

2.1 概述

当前设计企业的 IT 应用环境大多是为满足二维工程设计而建立的，主要是支持基于二维图纸的信息表达。在这种应用环境中，设计信息常由点、线、标注等符号化信息组成，信息之间是离散且非关联的，需要通过手工方式来建立图纸与相关信息之间的关联。这种应用环境下，信息的组织和管理是一种结构化程度不高的管理模式。

不同于传统的二维设计，基于 BIM 的工程设计需要特定的应用环境。BIM 提供的是一种数字化的统一建筑信息模型表达方式，通常由三维模型及其关联关系等语义信息组成，信息是完整统一的，具有内在的关联性。这种表达方式利用数据之间的关联关系，建立并实现信息的组织和管理，其本质是一种结构化程度较高的管理模式。

设计企业 BIM 应用过程中，为了实现设计资源的共享、重用和规模化生产，需要明确企业 BIM 应用模式，并定义和规范企业实施的 IT 基础条件，建立与 BIM 应用配套的人员组织结构，以及以 BIM 模型为核心的资源管理方法等。

基于不同的 BIM 应用模式，设计企业 BIM 应用环境一般包括三方面内容：

1. 人员组织管理

一般是指设计企业中与 BIM 应用相关，以及受 BIM 应用影响的组织模式和人员配备。

2. IT 环境

一般是指企业 BIM 应用所需的软硬件技术条件，如 BIM 应用所需的各类 BIM 软件工具、桌面计算机和服务器、网络环境及配置等。

3. 资源环境

一般是指企业在 BIM 应用过程中，积累并经过标准化处理形成的支持 BIM 应用并可重复利用的信息内容总称，也包括与资源管理相关的标准规范。

2.2 BIM 应用模式

目前，工程设计 BIM 应用主要有以下几种模式：

2.2.1 模型为主的 BIM 应用模式

应用 BIM 技术建立较完整的模型，大多数图形由模型二维视图自动生成。对于不符合制图习惯和要求的部分，借助传统绘图工具补充完善。此种模式下，建模工作量大，建模要求较高，大多数图形可以基于模型自动生成。如图 2-1 所示。

2.2.2 模型与图形并用模式

改造国外 BIM 软件使之符合中国工程设计实际需求、改造国内 CAD 软件使之具备 BIM 能力以及开发基于 BIM 技术的软件是获取符合国情 BIM 软件的三条主要途

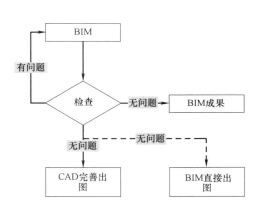

图 2-1 模型为主的 BIM 应用模式

径。目前设计企业普遍使用的一系列基于 CAD 技术的国内设计软件，具有良好的本地标准规范支持能力以及专业信息处理能力，是设计企业 BIM 应用软件的重要组成部分。

通过在设计过程中同步建模，均衡利用 BIM 能力。有些工作以模型为主完成，有些工作以图形为主完成，部分图纸的交付物由 BIM 模型二维视图自动生成。此种模式下，图形和模型关联性需要特别关注，容易产生图模不匹配和错误。随着 BIM 应用的深入，会逐步过渡到模型为主的模式。图形模型并用模式见图 2-2。

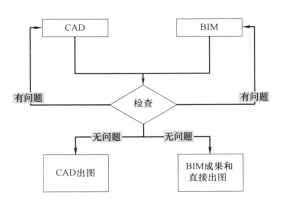

图 2-2 图形模型并用模式

2.2.3 图形为主的 BIM 应用模式

以二维图纸为主，根据图纸建立模型，模型主要用于可视化和专业协调。所有需要交付图纸都在传统环境中完成，交付图纸与制图标准符合程度高，但 BIM 模型对工程设计过程及其效果和效益的提升作用受限很多。随着 BIM 应用的深入，会逐步过渡到模型为主的模式。图形为主的 BIM 应用模式见图 2-3。

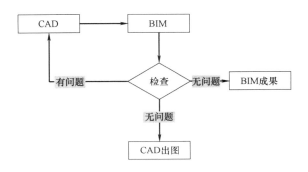

图 2-3 图形为主的 BIM 应用模式

2.3 BIM 应用软件

2.3.1 软件选择

BIM 软件选择是企业 BIM 应用的首要环节。在选用过程中，应采取相应的方法和程序，以保证正确选用符合企业需要的 BIM 软件。基本步骤和主要工作内容如下：

1. 调研和初步筛选

全面考察和调研市场上现有的国内外 BIM 软件及应用情况。结合本企业的业务需求、企业规模，从中筛选出可能适用的 BIM 软件工具集。筛选条件可包括：BIM 软件功能、本地化程度、市场占有率、数据交换能力、二次开发扩展能力、软件性价比及技术支持能力等。如有必要，企业也可请相关的 BIM 软件服务商、专业咨询机构等提出咨询建议。

2. 分析及评估

对初选的每个 BIM 工具软件进行分析和评估。分析评估考虑的主要因素包括：是否符合企业的整体发展战略规划；是否可为企业业务带来收益；软件部署实施的成本和投资回报率估算；设计人员接受的意愿和学习难度等。

3. 测试及试点应用

抽调部分设计人员，对选定的部分 BIM 软件进行试用测试，测试的内容包括：在适合企业自身业务需求的情况下，与现有资源的兼容情况；软件系统的稳定性和成熟度；易于理解、易于学习、易于操作等易用性；软件系统的性能及所需硬件资源；是否易于维护和故障分析，配置变更是否方便等可维护性；本地技术服务质量和能力；支持二次开发的可扩展性。如条件允许，建议在试点工程中全面测试，使测试工作更加完整和可靠。

4. 审核批准及正式应用

基于 BIM 软件调研、分析和测试，形成备选软件方案，由企业决策部门审核批准最终 BIM 软件方案，并全面部署。

2.3.2 常用软件

常用 BIM 设计建模和可视化软件见表 2-1，常用的计算、分析软件见表 2-2。

常用 BIM 设计建模和可视化软件   表 2-1

软件工具			设计阶段		
公司	软件	专业功能	方案设计	初步设计	施工图设计
Trimble	SketchUp	造型	●	●	
Robert McNeel	Rhino	造型	●	●	
Autodesk	Revit	建筑 结构 机电	●	●	●
	Showcase	可视化	●	●	
	NavisWorks	协调 管理		●	●

续表

软件工具			设计阶段		
公司	软件	专业功能	方案设计	初步设计	施工图设计
Autodesk	Civil 3D	地形 场地 道路		●	●
Graphisoft	ArchiCAD	建筑	●	●	●
Progman Oy	MagiCAD	机电		●	●
Bentley	AECOsim Building Designer	建筑 结构 机电	●	●	●
	ProSteel	钢构			●
	Navigator	协调 管理		●	●
Trimble	Tekla Structure	钢构		●	●
Dassault System	CATIA	建筑 结构 机电	●	●	○
建研科技	PKPM	结构	●	●	●
盈建科	YJK	结构	●	●	●
鸿业	HYBIMSPACE	机电	●	●

常用的计算、分析软件　　　　　　　　　　　　　　表 2-2

软件工具			设计阶段		
公司	软件	专业功能	方案设计	初步设计	施工图设计
Autodesk	Ecotect Analysis	性能	●	●	
	Robot Structural Analysis	结构	●	●	●
CSI	ETABS	结构	●	●	●
	SAP2000	结构			
MIDAS IT	MIDAS	结构	●	●	●
Bentley	AECOsim Energy simulator	能耗	●	●	●
	Hevacomp	水力 风力 光学	●	●	●
	STAAD. Pro	结构	●	●	●
Dassault System	Abaqus	结构 风力	●	●	●
ANSYS	Fluent	风力	●	●	●

续表

软件工具			设计阶段		
公司	软件	专业功能	方案设计	初步设计	施工图设计
Mentor Graphics	Flovent	风力	●	●	●
Brüel & Kjær	Odeon	声学	●	●	●
AFMG	EASE	声学	●	●	●
LBNL	Radiance	光学	●	●	●
IES	ApacheLoads	冷热负载	●	●	●
	ApacheHVAC	暖通	●	●	●
	ApacheSim	能耗	●	●	●
	SunCast	日照	●	●	●
	RadianceIES	照明	●	●	●
	MacroFlo	通风	●	●	●
建研科技	PKPM	结构	●	●	●
盈建科	YJK	结构	●	●	●
鸿业	HYBIMSPACE	机电		●	●

2.4 BIM 应用硬件和网络

设计企业 BIM 硬件环境包括：客户端（台式计算机、笔记本等个人计算机，也包括平板电脑等移动终端）、服务器、网络及存储设备等。BIM 应用硬件和网络在企业 BIM 应用初期的资金投入相对集中，对后期的整体应用效果影响较大。

鉴于 IT 技术的快速发展，硬件资源的生命周期越来越短。在 BIM 硬件环境建设中，既要考虑 BIM 对硬件资源的要求，也要将企业未来发展与现实需求结合考虑，既不能盲目求高求大，也不能过于保守，以避免企业资金投入过大带来的浪费或因资金投入不够带来的内部资源应用不平衡等问题。

设计企业应当根据整体信息化发展规划及 BIM 对硬件资源的要求进行整体考虑。在确定所选用的 BIM 软件系统以后，重新检查现有的硬件资源配置及其组织架构，整体规划并建立适应 BIM 需要的硬件资源，实现对企业硬件资源的合理配置。特别应优化投资，在适用性和经济性之间找到合理的平衡，为企业的长期信息化发展奠定良好的硬件资源基础。

当前，采用个人计算机终端运算、服务器集中存储的硬件基础架构较为成熟，其总体思路是：在个人计算机终端中直接运行 BIM 软件，完成 BIM 的建模、分析及计算等工作；通过网络，将 BIM 模型集中存储在企业数据服务器中，实现基于 BIM 模型的数据共享与协同工作。

该架构方式技术相对成熟、可控性较强，可在企业现有硬件资源和管理方式基础上部署，实现方式相对简单，可迅速进入 BIM 实施过程，是目前企业 BIM 应用过程中的主流硬件基础架构。但该架构对硬件资源的分配相对固定，存在不能充分或浪费企业资源的问题，近期基于云计算的存储方案也逐渐成熟，成为一种新的选择可能。

2.4.1　个人计算机配置方案

BIM 应用对于个人计算机性能要求较高，主要包括：数据运算能力、图形显示能力、信息处理数量等几个方面。企业可针对选定的 BIM 软件，结合工程人员的工作分工，配备不同的硬件资源，以达到 IT 基础架构投资的合理性价比。

通常软件厂商提出的硬件配置要求只是针对单一计算机的运行要求，未考虑企业 IT 基础架构的整体规划。因此，计算机升级应适当，不必追求高性能配置。建议企业采用阶梯式硬件配置，分为不同级别，即：基本配置、标准配置、专业配置，表 2-3 给出了典型软件方案下推荐的硬件配置，其他选定的 BIM 软件可参考此表。

此外，对于少量临时性的大规模运算需求，如复杂模拟分析、超大模型集中渲染等，企业可考虑通过分布式计算的方式，调用其他暂时闲置的计算机资源共同完成，以减少对高性能计算机的采购数量。

个人计算机硬件配置　　　　　　　　　　　　表 2-3

	基本配置	标准配置	高级配置
BIM 应用	1. 局部设计建模 2. 模型构件建模 3. 专业内冲突检查	1. 多专业协调 2. 专业间冲突检查 3. 常规建筑性能分析 4. 精细渲染	1. 高端建筑性能分析 2. 超大规模集中渲染
适用范围	适合企业大多数工程人员使用	适合专业骨干人员、分析人员、可视化建模人员使用	适合企业少数高端 BIM 应用人员使用
Autodesk 配置需求（以 Revit 为核心）	操作系统： Microsoft® Windows® 7 64 位 Microsoft® Windows® 8.1 64 位 Microsoft® Windows® 10 64 位	操作系统： Microsoft® Windows® 7 64 位 Microsoft® Windows® 8.1 64 位 Microsoft® Windows® 10 64 位	操作系统： Microsoft® Windows® 7 64 位 Microsoft® Windows® 8.1 64 位 Microsoft® Windows® 10 64 位
	CPU：单核或多核 Intel Pentium、Xeon 或 i-Series 处理器或性能相当的 AMD SSE2 处理器	CPU：多核 Intel Xeon 或 i-Series 处理器或性能相当的 AMD SSE2 处理器	CPU：多核 Intel Xeon 或 i-Series 处理器或性能相当的 AMD SSE2 处理器
	内存：4GB RAM	内存：8GB RAM	内存：16GB RAM
	显示器：1280×1024 真彩	显示器：1680×1050 真彩	显示器：1920×1200 真彩或更高
	基本显卡：支持 24 位彩色 高级显卡：支持 Direct×11 及 Shader Model 3 的显卡	显卡：支持 Direct×11 显卡	显卡：支持 Direct×11 显卡

续表

	基本配置	标准配置	高级配置
达索配置需求（以 CATIA 为核心）	操作系统： Microsoft® Windows® 7 64 位 Microsoft® Windows® 8.1 64 位 Microsoft® Windows® 10 64 位	操作系统： Microsoft® Windows® 7 64 位 Microsoft® Windows® 8.1 64 位 Microsoft® Windows® 10 64 位	操作系统： Microsoft® Windows® 7 64 位 Microsoft® Windows® 8.1 64 位 Microsoft® Windows® 10 64 位
	CPU：单核或多核 Intel Pentium、Xeon 或 i-Series 处理器或性能相当的 AMD SSE2 处理器，推荐使用尽量最高的 CPU 配置	CPU：多核 Intel Xeon 或 i-Series 处理器或性能相当的 AMD SSE2 处理器，推荐使用尽量最高的 CPU 配置	CPU：多核 Intel Xeon 或 i-Series 处理器或性能相当的 AMD SSE2 处理器，推荐使用尽量最高的 CPU 配置
	内存：4GB RAM	内存：8GB RAM	内存：16GB RAM
	显示器：1280×1024 真彩	显示器：1680×1050 真彩	显示器：1920×1200 真彩
	基本显卡：支持 24 位彩色 独立显卡：支持 OpenGL 显存 512M 以上	专业显卡：如 Quado 或更高配置，显存 2G 以上	专业显卡：如 Quado 或更高配置，显存 2G 以上
ArchiCAD 配置需求	操作系统： Microsoft® Windows® 10 64 位 Microsoft® Windows® 8.1 64 位 Microsoft® Windows® 8 64 位 Microsoft® Windows® 7 64 位 Mac OS×10.10 Yosemite Mac OS×10.9 Mavericks	操作系统： Microsoft® Windows® 10 64 位 Microsoft® Windows® 8.1 64 位 Microsoft® Windows® 8 64 位 Microsoft® Windows® 7 64 位 Mac OS×10.10 Yosemite Mac OS×10.9 Mavericks	操作系统： Microsoft® Windows® 10 64 位 Microsoft® Windows® 8.1 64 位 Microsoft® Windows® 8 64 位 Microsoft® Windows® 7 64 位 Mac OS×10.10 Yosemite Mac OS×10.9 Mavericks
	CPU：双核 64 位处理器 内存：4GB	CPU：四核或更多核的 64 位处理器 内存：16GB 或更多内存	CPU：四核或更多核的 64 位处理器 内存：16GB 或更多内存
	显示器：1366×768 真彩或更高	显示器：1440×900 真彩或更高	显示器：1920×1200 真彩或更高
	显卡：兼容 OpenGL2.0 显卡	显卡：显存为 1024MB 或更大的 OpenGL 2.0 集成显卡	显卡：支持 OpenGL（3.3 版本以上）显存 2G 以上独立显存

2.4.2 服务器方案

数据服务器用于实现企业 BIM 资源的集中存储与共享。数据服务器及配套设施一般由数据服务器、存储设备等主要设备，以及安全保障、无故障运行、灾备等辅助设备组成。

企业在选择数据服务器及配套设施时，应根据需求进行综合规划，包括：数据存储容量、并发用户数量、使用频率、数据吞吐能力、系统安全性、运行稳定性等。在明确规划以后，可据此（或借助系统集成商的服务能力）提出具体设备类型、参数指标及实施方案。表 2-4 给出当前集中数据服务器的推荐配置。

集中数据服务器硬件配置　　　　　　　　　　　　　　　　表 2-4

	基本配置	标准配置	高级配置
小于 100 个并发用户（多个模型并存）	操作系统：Microsoft Windows Server 2012 R2 64 位	操作系统：Microsoft Windows Server 2012 R2 64 位	操作系统：Microsoft Windows Server 2012 R2 64 位
	WEB 服务器：Microsoft Internet Information Server 7.0 或更高版本	WEB 服务器：Microsoft Internet Information Server 7.0 或更高版本	WEB 服务器：Microsoft Internet Information Server 7.0 或更高版本
	CPU：4 核及以上，2.6GHz 及以上	CPU：6 核及以上，2.6GHz 及以上	CPU：6 核及以上，3.0GHz 及以上
	内存：4GB RAM	内存：8GB RAM	内存：16GB RAM
	硬盘：7200＋RPM	硬盘：10000＋RPM	硬盘：15000＋RPM
100 个以上并发用户（多个模型并存）	操作系统：Microsoft Windows Server 2012 64 位，Microsoft Windows Server 2012 R2 64 位	操作系统：Microsoft Windows Server 2012 64 位，Microsoft Windows Server 2012 R2 64 位	操作系统：Microsoft Windows Server 2012 64 位，Microsoft Windows Server 2012 R2 64 位
	WEB 服务器：Microsoft Internet Information Server 7.0 或更高版本	WEB 服务器：Microsoft Internet Information Server 7.0 或更高版本	WEB 服务器：Microsoft Internet Information Server 7.0 或更高版本
	CPU：4 核及以上，2.6GHz 及以上	CPU：6 核及以上，2.6GHz 及以上	CPU：6 核及以上，3.0GHz 及以上
	内存：8GB RAM	内存：16GB RAM	内存：32GB RAM
	硬盘：10000＋RPM	硬盘：15000＋RPM	硬盘：高速 RAID 磁盘阵列

2.4.3　云存储方案

云计算技术是一个整体的 IT 解决方案，也是企业未来 IT 基础架构的发展方向。其总体思想是：应用程序可通过网络从云端按需获取所要的计算资源及服务。对大型企业而言，这种方式能够充分整合原有的计算资源，降低企业新的硬件资源投入、节约资金、减少浪费。

随着云计算应用的快速普及，必将实现对 BIM 应用的良好支持，成为企业在 BIM 实施中可以优化选择的 IT 基础架构。但企业私有云技术的 IT 基础架构，在搭建过程中仍要选择和购买云硬件设备及云软件系统，同时也需要专业的云技术服务才能完成，企业需要相当数量的资金投入，这本身没有充分发挥云计算技术核心价值。随着公有云、混合云等模式的技术完善和服务环境的改变，企业未来基于云的 IT 基础架构将会有更多的选择，当然也会有更多的诸如信息安全等问题需要配套解决。

2.5 BIM 应用基本规则

2.5.1 BIM 资源管理

设计企业的 BIM 资源一般是指企业在 BIM 应用过程中开发、积累并经过加工处理，形成可重复利用的 BIM 模型、构件、样板、模板等的总称。对 BIM 资源的有效开发和利用，将大大降低设计企业 BIM 应用的成本，促进资源共享和数据重用。

在企业应用 BIM 过程中，BIM 资源一般以库的形式体现，如 BIM 模型库、BIM 构件库、BIM 户型库等，这里将其统称为 BIM 资源库。随着 BIM 的普及，BIM 资源库将成为企业信息资源的核心组成部分。

BIM 资源的利用涉及模型及其构件的产生、获取、处理、存储、传输和使用等多个环节。随着 BIM 的普及应用，BIM 资源库规模的增长将极为迅速。因此，BIM 资源管理的核心工作包括两个方面：BIM 资源的信息分类及编码；BIM 资源管理系统建设。

1. BIM 资源分类及编码

由于 BIM 应用可以涵盖建筑领域全过程、全方位的信息，信息规模庞大、信息内容复杂，因此，单纯的线分法已不能满足 BIM 模型信息的组织要求。设计企业的 BIM 资源分类编码应整体规划、分步实施，应当遵循信息分类编码的一些基本原则。在分类方法和分类项的设置上，应尽量向相关的国家级、行业级分类标准靠拢。

2. BIM 资源管理

为保证 BIM 资源的完整性与准确性，应采用如下控制方法：

（1）规范 BIM 资源的检查标准。主要是检查 BIM 模型及构件是否符合交付内容及细度要求，BIM 模型中所应包含的内容是否完整，关键几何尺寸及信息是否正确等方面内容；

（2）规范 BIM 资源入库及更新。对于任何 BIM 模型及构件的入库操作，都应经过仔细的审核方可进行。设计人员不能直接将 BIM 模型及构件导入到企业 BIM 资源库中。一般应对需要入库的模型及构件先在本专业内部进行校审，再提交 BIM 资源库管理团队进行审查及规范化处理后，由 BIM 资源库管理团队完成入库操作。对于需要更新的 BIM 模型及构件，也应采用类似审核方式进行，或提出更新申请，由 BIM 资源库管理团队进行更新；

（3）建立 BIM 资源入库激励制度。在企业资源库的应用过程中，特别是在资源库建设的初期，企业应考虑建立一定的激励制度，如：鼓励提供新的 BIM 模型及构件、鼓励无错误提交、鼓励在库中发现问题。这样才能提高设计人员的积极性，以达到企业 BIM 资源库的不断完善。

从 BIM 资源的重用性角度，应对 BIM 资源进行通用化、系列化、模块化整合。通过对 BIM 资源的系列化整理，对同一类构件规律性进行分析和研究，根据模型主要参数的驱动，自动生成该类构件各类型尺寸的模型，并将其类型名称、编码、主要尺寸参数、关键信息等从模型中剥离。其整理方法主要分为以下三项内容：

（1）确定 BIM 资源标准构件的基本参数。标准构件的基本参数是其基本性能或基本技术特征的标志，是选择或确定标准构件功能范围、规格、尺寸的基本依据。标准构件基本参数系列化是标准构件系列化的首先环节，是进行系列设计的基础。对于一类 BIM 标准构件，一般可选择一个或几个基本参数，并确定其上下限。

（2）建立 BIM 资源标准构件的参数系列表。先基于 BIM 标准构件的基本参数，形成该类构件的参数系列，之后增加其他所需的信息（如类型名称、编码等）。

（3）完成 BIM 资源标准构件的参数化建模。应基于基本参数，并充分考虑到尺寸系列变化可能对模型产生的影响，通过公式的方式描述其他几何参数，逐步完成构件模型的建模。之后应对参数系列中的各项逐一生成模型，检查模型造型是否正确。

2.5.2　BIM 模式下图纸完成方式

由于 BIM 的普及应用还处于初始阶段，部分国外软件也未完全实现本地化，特别是在二维视图方面，与国内现行制图标准还存在一定的差异，还不能完全满足出图要求。现阶段，一些典型的问题表现如下：

（1）线型、字型等在部分功能中与二维制图标准不一致；

（2）对于轴网、标高等的中间段部分无法隐藏或根据图面任意裁剪；

（3）在多文件关联出图时，剖面图构件之间的显示处理不满足二维出图要求，例如梁、墙和楼板的融合等；

（4）一些标记、文字、注释等不满足二维出图要求，例如：详图索引标头、箭头样式、文字引线、表格样式等；

（5）密集并排管线，在大比例出图时线条间距太密，无法满足出图美观要求；

（6）垂直布置管线，在平面图中无法正确地标记各层管线；

（7）BIM 模型生成的视图无法满足结构出图的要求；

（8）软件自带的三维构件族，其自动生成的平立剖面视图同二维制图标准的简化图例不匹配；

（9）对于同样的 BIM 构件，不同设计院、甚至院内不同设计所之间的平立剖二维出图图例都不尽相同。

目前，不是所有交付图纸都适合由 BIM 软件直接生成，应根据 BIM 的优势及特点，确定能够通过 BIM 模型直接生成二维视图的范围。现阶段通过 BIM 模型生成二维视图的原则是：二维视图能够完整、准确、清晰地表达设计意图与具体设计内容，并合理把握交付模型细度。具体建议如下：

（1）应针对模型及构件确定 BIM 模型生成二维视图。可以自动生成二维视图的，就不必为了达到出图的要求，在模型中过多细化构件的几何特征；

（2）BIM 模型生成二维视图的重点，应放在二维绘制难度较大的立面图、剖面图、透视图等方面，这样才能够更准确地表达设计意图，有效解决二维设计模式下存在的问题，真正体现 BIM 在出图方面的价值。例如，在原有二维设计模式下，图纸审查中常出现剖面图数量不够、表示的建筑构件过少、图形表达方式不正确等问题，BIM 就可以有效地解决这些问题；

（3）方案设计阶段的交付图纸主要用于方案审核，初步设计阶段的交付图纸主要用于阶段性审核，如果业主和政府审批部门可接受所用 BIM 软件的现有二维视图表达方式，则可采用 BIM 模型生成总平面图、各专业平面图、立面图等二维视图，将其直接作为交付物。这样不仅能够减少对图纸细节处理的大量工作，提高出图效率，更重要的是能够保持模型与图纸间良好的关联性，在后续修改中可以保持图纸与模型信息的一致性，避免多处修改可能产生的错误；

（4）在施工图设计阶段，先依据 BIM 模型完成多专业协调、错误检查等工作，对 BIM 模型进行设计修改，最后将二维视图导出到二维设计环境中进行图纸的后续处理；

（5）对于多个密集管线并排问题，初步设计阶段可用文字注释，待施工图设计阶段再作后续的图纸处理；

（6）机电专业应选取合适的比例出图，不能为了出图而改变 BIM 模型的真实尺寸；

（7）BIM 模型生成二维视图范围的重点是总平面图、平立剖图等；

（8）对于系统图等很难在 BIM 环境中完成的图纸，可延续以往的二维方式绘制。

2.5.3 模型组织管理

鉴于目前计算机软硬件的性能限制，大多数情况下整个项目都使用单一模型文件进行工作是不太可能实现的，必须对模型进行拆分。不同的建模软件和硬件环境对于模型的处理能力会有所不同，模型拆分也没有硬性的标准和规则，需根据实际情况灵活处理，以下是实际项目操作中比较常用的模型拆分建议。

1. 一般模型拆分原则

模型拆分的主要目的是协同工作，以及降低由于单个模型文件过大造成的工作效率降低。通过模型拆分达到以下目的：

（1）多用户访问；

（2）提高大型项目的操作效率；

（3）实现不同专业间的协作。

模型拆分应遵循以下方式：

（1）模型拆分时采用的方法，应尽量考虑所有相关 BIM 应用团队（包括内部和外部的团队）的需求；

（2）应在 BIM 应用的早期，由具有经验的工程技术人员设定拆分方法，尽量避免在早期创建孤立的、单用户文件，然后随着模型的规模不断增大或设计团队成员不断增多，被动进行模型拆分的做法；

（3）一般按建筑、结构、水暖电专业来组织模型文件，建筑模型仅包含建筑数据（对于复杂幕墙建议单独建立幕墙模型），结构模型仅包含结构数据，水暖电专业要视使用的软件和协同工作模式而定，以 Revit 为例：

1）使用工作集模式：则水暖电各专业都在同一模型文件里分别建模，以便于专业协调；

2）使用链接模式：则水暖电各专业分别建立各自专业的模型文件，相互通过链接的方式进行专业协调。

（4）根据一般的硬件配置（详见 2.4 节），一般建议单专业模型，其面积控制在 8000m^2 以内。多专业模型（水暖电各专业都在同一模型文件里）其面积控制在 5000m^2 以内，单文件的大小不应超过 100MB；

（5）为了避免重复或协调错误，应明确规定并记录每部分数据的责任人；

（6）如果一个项目中要包含多个模型，应考虑创建一个"容器"文件，其作用就是将多个模型组合在一起，供专业协调和冲突检测时使用。

典型的模型拆分方法见表 2-5。

<table>
<tr><td colspan="2" style="text-align:center">模型拆分示例</td><td style="text-align:right">表 2-5</td></tr>
<tr><td>专业（链接）</td><td colspan="2">拆分（链接或工作集）</td></tr>
<tr><td>建筑</td><td colspan="2">（1）依据建筑分区拆分。
（2）依据楼号拆分。
（3）依据施工缝拆分。
（4）依据楼层拆分。
（5）依据建筑构件拆分</td></tr>
<tr><td>幕墙（如果是独立建模）</td><td colspan="2">（1）依据建筑立面拆分。
（2）依据建筑分区拆分</td></tr>
<tr><td>结构</td><td colspan="2">（1）依据结构分区拆分。
（2）依据楼号拆分。
（3）依据施工缝拆分。
（4）依据楼层拆分。
（5）依据结构构件拆分</td></tr>
<tr><td>机电专业</td><td colspan="2">（1）依据建筑分区拆分。
（2）依据楼号拆分。
（3）依据施工缝拆分。
（4）依据楼层拆分。
（5）依据系统/子系统拆分</td></tr>
</table>

2. 工作集模型拆分原则（仅适合 Revit）

借助"工作集"机制，多个用户可以通过一个"中心"文件和多个同步的"本地"副本，同时处理一个模型文件。若合理使用，工作集机制可大幅提高大型、多用户项目的效率。工作集模型拆分原则如下：

（1）应以合适的方式建立工作集，并把每个图元指定到工作集。可以逐个指定，也可以按照类别、位置、任务分配等信息进行批量指定。该部分的工作应统一由项目经理或专业负责人完成，基本操作步骤可参阅协同设计章节中心文件方式。

（2）为了提高硬件性能，建议仅打开必要的工作集；

（3）建立工作集后，建议根据 2.5.5 节的规定在文件名后面添加-CENTRAL 或-LO-CAL 后缀。

对于使用工作集的所有设计人员，应将原模型复制到本地硬盘来创建一份模型的"本地"副本，而不是通过打开中心文件再进行"另存为"操作。

通过"链接"机制，用户可以在模型中引用更多的几何图形和数据作为外部参照。链接的数据可以是一个项目的其他部分，也可以是来自另一专业团队或外部公司的数据。链接模型拆分原则如下：

（1）可根据不同的目的使用不同的容器文件，每个容器只包含其中的一部分模型；

（2）在细分模型时，应考虑到任务如何分配，尽量减少用户在不同模型之间切换；

（3）模型链接时，应采用"原点对原点"的插入机制；

（4）在跨专业的模型链接情况下，参与项目的每个专业（无论是内部还是外部团队）都应拥有自己的模型，并对该模型的内容负责。一个专业团队可链接另一专业团队的共享模型作为参考。

2.5.4 文件目录结构

考虑到国际合作和国际交流需要，为了方便项目各方的沟通交流，文件目录命名宜采用英文，以下目录结构以比较详细和实用的英国 BIM 标准为基础调整而成，采用中英文对照方式，使用时根据实际项目情况选择。

1. BIM 资源文件夹结构（以 Revit 为例说明）

标准模板、图框、族和项目手册等通用数据保存在中央服务器中，并实施访问权限管理。

   📁 BIM 资源（BIM _ Resource）

    📁 Revit

     📁 族库（Families）   ［族文件］

     📁 标准（Standards）   ［标准文档］

     📁 样板（Templates）   ［样板文件］

     📁 图框（Titleblocks）   ［图框文件］

2. 项目文件夹

项目数据也统一集中保存在中央服务器上，对于采用 Revit 工作集模式时，只有"本地副本"才存放在客户端的本地硬盘上。以下是中央服务器上项目文件夹结构和命名方式，在实际项目中还应根据项目实际情况进行调整。

   项目名称（Project Name）

    📁 01-工作（WIP）   ［工作文件夹］

     📁 BIM 模型（BIM _ Models） ［BIM 设计模型］

      📁 建筑（Architecture）   ［建筑专业］

       📁 1 层/A 区等（1F/ Zone A） ［视模型拆分方法而定］

       📁 2 层/B 区等（2F/ Zone B）

       📁 n 层/n 区等（nF/ Zone n）

      📁 结构（Structure）   ［结构专业］

       📁 1 层/A 区等（1F/ Zone A） ［视模型拆分方法而定］

       📁 2 层/B 区等（2F/ Zone B）

       📁 n 层/n 区等（nF/ Zone n）

      📁 水暖电（MEP）   ［水暖电专业］

       📁 1 层/A 区等（1F/ Zone A） ［视模型拆分方法而定］

       📁 2 层/B 区等（2F/ Zone B）

       📁 n 层/n 区等（nF/ Zone n）

     📁 出图（Sheet _ Files）   ［基于 BIM 模型导出的 dwg 图纸］

     📁 输出（Export）   ［输出给其他分析软件使用的模型］

      📁 结构分析模型

　　　　📁 建筑性能分析模型
　　📁 02-对外共享（Shared）　　　　　　　［给对外协作方的数据］
　　　　📁 BIM 模型（BIM _ Models）
　　　　📁 CAD
　　📁 03-发布（Published）　　　　　　　［发布的数据］
　　　　📁 YYYY. MM. DD _ 描述（YYYY. MM. DD _ Description）［日期和描述］
　　　　📁 YYYY. MM. DD _ 描述（YYYY. MM. DD _ Description）［日期和描述］
　　📁 04-存档（Archived）
　　　　📁 YYYY. MM. DD _ 描述（YYYY. MM. DD _ Description）［日期和描述］
　　　　📁 YYYY. MM. DD _ 描述（YYYY. MM. DD _ Description）［日期和描述］
　　📁 05-接收（Incoming）　　　　　　　［接收文件夹］
　　　　📁 某顾问
　　　　📁 施工方

　　注意：为避免某些文件管理系统或通过互联网进行协作造成的影响，文件夹名称不要有空格。

2.5.5　命名规则

　　通常情况下 BIM 应用涉及的参与人员较多，大型项目模型进行拆分后模型文件数量也较多，因此清晰、规范的文件命名将有助于众多参与人员提高对文件名标识理解的效率和准确性。

　　1. 一般规则

　　（1）文件命名以扼要描述文件内容，简短、明了为原则；

　　（2）命名方式应有一定的规律；

　　（3）可用中文、英文、数字等计算机操作系统允许的字符；

　　（4）不要使用空格；

　　（5）可使用字母大小写方式、中划线"-"或下划线"_"来隔开单词。

　　2. 模型文件命名

以下是以 Revit 为例的模型文件命名规则，但使用其他其他软件也可参考采用：

　　　　项目名称-区域-楼层或标高-专业-系统-描述-中心或本地文件 . rvt

　　（1）项目名称（可选）：对于大型项目，由于模型拆分后文件较多，每个模型文件都带项目名称显累赘，建议只在整合的容器文件才增加项目名称；

　　（2）区域（可选）：识别模型是项目的哪个建筑、地区、阶段或分区；

　　（3）楼层或标高（可选）：识别模型文件是哪个楼层或标高（或一组标高）；

　　（4）专业：识别模型文件是建筑、结构、给水排水、暖通空调、电气等专业，具体内容应与企业原有专业类别匹配；

　　（5）系统（可选）：在各专业下细分的子系统类型，例如给水排水专业的喷淋系统；

　　（6）描述（可选）：描述性字段，用于说明文件中的内容。避免与其他其他字段重复。此信息可用于解释前面的字段，或进一步说明所包含数据的其他其他方面。

　　（7）中心文件/本地文件（模型使用工作集时的强制要求）：对于使用工作集的文件，

必须在文件名的末尾添加"-CENTRAL"或"-LOCAL"，以识别模型文件的本地文件或中心文件类型。

2.5.6 色彩规定

为了方便项目参与各方协同工作时易于理解模型的组成，特别是水暖电模型系统较多，通过对不同专业和系统模型赋予不同的模型颜色，将有利于直观快速识别模型。

1. 建筑专业/结构专业

各构件使用系统默认的颜色进行绘制，建模过程中，发现问题的构件使用红色进行标记。

2. 给水排水专业/暖通专业/电气专业

本指南第一版和第二版的水暖电专业 BIM 模型色彩表（表 2-6）以 2009 年 12 月 15 日发布、2010 年 1 月 1 日实施的《中国建筑股份有限公司设计勘察业务标准》的 CAD 图层标准为基础而编制，以保持连续性和便于对照使用。对于 CAD 标准里颜色一样但使用线型区分的系统，BIM 颜色略做调整，并在备注说明。

BIM 模型色彩表　　　　　　　　　　　　　　　　　　　　表 2-6

内容	CAD颜色	线型	CAD颜色	RGB	BIM颜色	RGB	备注
生活给水	3	实线		0,255,0		0,255,0	
生活废水	7	虚线		255,255,255		100,100,100	调整
生活污水	7	虚线		255,255,255		60,60,60	调整
生活热水	6	实线		255,0,255		255,0,255	
雨水	2	实线		255,255,0		255,255,0	
中水	96	实线		0,127,0		0,127,0	
消火栓	1	实线		255,0,0		255,0,0	
自动喷水	40	实线		255,191,0		255,191,0	
冷却循环水	5	实线		0,0,255		0,0,255	
气体灭火	40	实线		255,191,0		255,191,0	
蒸汽	40	实线		255,191,0		255,191,0	
送风管	1	实线		255,0,0		255,0,0	
回风管	2	实线		255,255,0		255,255,0	
新风管	4	实线		0,255,255		0,255,255	
排风管	5	实线		0,0,255		0,0,255	
厨房排风管	202	实线		153,0,204		153,0,204	
厨房补风管	200	实线		191,0,255		191,0,255	
消防排烟管	3	实线		0,255,0		0,255,0	
消防补风管	6	实线		255,0,255		255,0,255	
楼梯间加压风管	60	实线		191,255,0		191,255,0	
前室加压风管	85	实线		96,153,76		96,153,76	
空调冷冻水供水管	4	实线		0,255,255		0,255,255	
空调冷冻水回水管	4	虚线		0,255,255		0,153,153	调整

续表

内容	CAD 颜色	线型	CAD 颜色	RGB	BIM 颜色	RGB	备注
空调冷凝水管	5	虚线		0,0,255		0,0,255	
空调冷却水供水管	6	实线		255,0,255		255,0,255	
空调冷却水回水管	6	虚线		255,0,255		153,0,153	调整
采暖供水管	1	实线		255,0,0		255,0,0	
采暖回水管	1	虚线		255,0,0		153,0,0	调整
地热盘管	1	实线		255,0,0		255,0,0	
蒸汽管	4	实线		0,255,255		0,255,255	
凝结水管	5	虚线		0,0,255		0,0,255	
补给水管/膨胀水管	2	实线		255,255,0		255,255,0	
制冷剂管	6	实线		255,0,255		255,0,255	
供燃油管	4	实线		0,255,255		0,255,255	
燃气管	6	实线		255,0,255		255,0,255	
通大气/放空管道	2	实线		255,255,0		255,255,0	
压缩空气管	150	实线		0,127,255		0,127,255	
乙炔管	30	实线		255,127,0		255,127,0	
强桥架	241	实线		255,127,159		255,127,159	
弱电桥架	41	实线		255,223,127		255,223,127	

第 3 章
BIM 应用策划

3.1 概述

在项目中成功应用 BIM 技术，为项目带来实际效益，项目团队应该事先制定详细和全面的策划。像其他新技术一样，如果应用经验不足，或者应用策略和计划不完善，项目应用 BIM 技术可能带来一些额外的实施风险。实际工程项目中，确实存在因没有规划好 BIM 应用，导致增加建模投入、由于缺失信息而导致工程延误、BIM 应用效益不显著等问题。所以，成功应用 BIM 技术的前提条件是事先制定详细、全面的策划，策划要与具体业务紧密结合。

一个详细和全面的 BIM 应用策划（以下简称"BIM 策划"），可使项目参与者清楚地认识到各自责任和义务。一旦计划制定，项目团队就能据此顺利地将 BIM 整合到相关的工作流程中，并正确实施和监控，为工程项目带来效益，如：从 BIM 模型中自动提取工程量，提高成本预算效率；通过模型完成多专业协调，减少错碰和工程返工等。在工程进入运维阶段后，有价值的 BIM 模型还可用于物业运维，从建筑全生命期提升可控性和效益。

通过制定 BIM 策划，项目团队可以实现以下目标：

（1）所有的专业设计团队成员都能清晰地理解 BIM 应用的战略目标；

（2）相关专业能够理解各自角色和责任；

（3）能够根据各专业设计团队的业务经验和组织流程，制定切实可行的执行计划；

（4）通过计划，描述保证 BIM 成功应用所需额外资源、培训等其他条件；

（5）BIM 策划为未来加入团队的成员，提供一个描述应用过程的标准；

（6）营销部门可以据此制定合同条款，体现工程项目的增值服务和竞争优势；

（7）在工程设计期内，BIM 策划为度量项目进展提供一个基准。

基于工程项目的个性化，并没有一个适用于所有项目的最优方法或计划。每个项目团队必须根据项目需求，有针对性制定一个 BIM 策划。在项目全生命期的各个阶段都可以应用 BIM，但必须考虑 BIM 应用的范围和深度，特别是当前的 BIM 技术支持程度、项目团队自身的技能水平、相对于效益 BIM 应用的成本等，这些对 BIM 应用的影响因素都应该在 BIM 策划中体现出来。

所以项目团队不应该简单地纠结于是否应用 BIM，而应该定义详细的应用范围和应用深度。项目团队在规划 BIM 应用时，应有选择地确定 BIM 应用领域，并遵循"最大化效益，最小化成本和由此带来的影响"这一基本原则来制定详细计划。

BIM 策划应该在项目早期制定，并描述整个项目期间直至竣工的 BIM 应用整体构想，以及实现细节。全面的 BIM 策划应该包括 BIM 应用范围和目标（例如：建模、专业设计、专业协同等）、BIM 应用的详细流程、不同参与者之间的信息交换，以及 BIM 应用的实施基础条件等内容。负责制定计划的团队要有代表性，代表项目团队的主要成员，至少应该包括项目经理和各专业设计负责人。

此外业主和施工对 BIM 应用的支持非常重要，这也是在工程项目全生命期延续和体现 BIM 应用效益，并使之最大化的关键。因此如果由业主牵头并得到施工方的支持，为整个工程项目制定了一个全生命期 BIM 策划，那么项目团队可以据此制定项目 BIM 策划，并与项目其他方（特别是业主和施工）互相配合。

随着项目团队其他参与人员（各专业设计）的加入，BIM 策划应不断更新、修订。有了详细的 BIM 策划，才能确保项目各方都清楚地认识到将 BIM 整合到项目工作中后的责任。一旦创建了 BIM 策划，项目团队可以据此遵循、跟踪 BIM 应用进展，并使项目从 BIM 应用中获得更大受益。

3.2　BIM 策划的制定流程

项目各专业设计的主要人员都应积极参与 BIM 策划的制定过程。工程项目的条件和目标各异，所以项目团队要根据实际情况和能力，为项目定制一个 BIM 策划。BIM 策划的制定可参考以下过程：

（1）明确 BIM 应用为项目带来的价值目标，以及将要应用的 BIM；

（2）以 BIM 应用过程图的形式，表述 BIM 应用流程；

（3）定义 BIM 应用过程中的信息交换需求；

（4）明确 BIM 应用的基础条件，包括：合同条款、沟通途径，以及技术和质量保障等。

项目 BIM 策划的制定和执行不是一个孤立的过程，要与工程项目的整体计划相结合。BIM 策划的制定也不是由某个人或某个组织独立制定的，而是项目各方合作的结果。

BIM 策划的制定是一个协作的、技术性很强的过程。在起步阶段，讨论项目的总体目标时，需要各方的通力协作，而在定义文件结构或详细的信息交换时，可以借助 BIM 专家的参与和指导。

BIM 策划的制定执行，要重视事前准备和过程协调。本指南参考 buildingSMART 组织"BIM Project Execution Planning Guide"给出制定 BIM 策划制定的四步骤流程和主要工作内容（表 3-1）。项目团队可以参考这个流程，通过一个规范的过程，制定出详细的、一致的 BIM 策划。

BIM 策划的制定过程可以通过一系列的协作会议完成，一般每一流程步骤对应一个会议，需要召开一个启动会和多个计划制定和协调会。项目团队可以根据需求，合并或分阶段完成会议组织，并在会议之间注重工作任务的及时落实。

BIM 策划制定过程

表 3-1

步骤	工 作 目 标	工 作 内 容	备注
1	"BIM 应用目标"会议，定义 BIM 应用目标	这是 BIM 策划制定的启动会。通过确定 BIM 应用目标，标示 BIM 应用为项目和团队带来的价值。 会议主要研讨内容包括： （1）对已有的 BIM 应用经验进行摸底（既包括个人的，也包括整个团队的 BIM 应用经验）； （2）确定 BIM 应用期望达到的目标； （3）确定计划实施的 BIM 应用； （4）确定负责制定 BIM 应用的总体流程的负责人； （5）确定负责各项 BIM 应用流程的负责人； （6）确定下一步制定 BIM 应用流程的工作进度安排。 一般由项目经理牵头召开 BIM 策划制定的启动会议。启动会的决策过程要有代表性，至少各专业设计负责人要参加，这样才能更好地理解和贯彻随后的 BIM 应用流程设计。BIM 应用目标确定后，各专业设计的 BIM 应用负责人就可以开展详细的流程设计和信息交换定义	BIM 应用目标详见 3.4 节
2	"BIM 应用流程设计"会议，设计 BIM 应用流程	"BIM 应用流程设计"会议通过定义 BIM 应用流程，明确 BIM 支持的工程设计任务，以及信息交换。BIM 策划制定启动会之后，负责制定 BIM 应用总体流程，以及各专业设计 BIM 应用流程的人员，应该完成初稿，并分发项目各专业设计，在会议前征求意见。 通过这次会议应该明确定义 BIM 应用流程，用应用流程图的形式详细描述执行什么活动、由谁来执行、产生什么信息，以及后续过程中如何共享这些信息。 会议主要研讨内容包括： （1）对最初确定的 BIM 目标重新讨论，并确认； （2）讨论 BIM 应用总体流程； （3）详细讨论设计阶段的 BIM 应用流程，特别是不同 BIM 应用任务之间重叠和空缺的部分； （4）审查 BIM 应用过程可能面对的困难和问题； （5）确认 BIM 应用过程中的主要信息交换内容； （6）确认协调信息交换的责任方，即谁负责创建信息、谁负责接收信息； （7）为详细定义信息交换需求制定协调计划； （8）最后对上述讨论内容，确认责任人。 出席这次会议的人员至少应该包括：项目经理，各专业负责人。建议项目团队全员参加会议	BIM 应用流程定义详见 3.5 节
3	"BIM 信息交换"会议，定义信息交换内容和格式，以及基础条件	"BIM 应用流程设计"会议后，项目组的工作重点应该是定义信息交换的内容和格式，明确每次信息交换的细度和范围。每个信息交换的负责方应该主持"信息交换需求定义和基础条件"会议，通过充分讨论避免对信息交换的理解偏差。项目组也应该为讨论 BIM 应用基础条件做些准备，提出已有或希望得到的基础条件。 会议主要研讨内容包括： （1）对 BIM 应用目标重新确认，确保项目计划仍然与目标保持一致； （2）确认"BIM 应用流程设计"会议上定义的主要信息交换需求；	信息交换定义详见 3.6 节； 基础条件定义详见 3.7 节

续表

步骤	工 作 目 标	工 作 内 容	备注
3	"BIM 信息交换"会议,定义信息交换内容和格式,以及基础条件	(3)定义信息交换的内容和格式,明确每次信息交换的细度和范围; (4)确认支持 BIM 应用流程和信息交换所需的基础条件; (5)明确下一步工作计划及责任方。 项目经理和各专业设计负责人应该参加会议	信息交换定义详见 3.6 节; 基础条件定义详见 3.7 节
4	"BIM 策划确认"会议,形成最终 BIM 策划	在召开"BIM 策划确认"会议前,应将相关信息汇总成 BIM 策划草稿,并分发给相关人员预览。 　会议主要研讨内容包括: (1)研讨 BIM 策划草稿; (2)确定 BIM 策划跟踪、监督方法和过程,确保计划的正确执行; (3)确定 BIM 策划修改、更新的方法; (4)明确 BIM 策划启动后,各项 BIM 应用的责任人。 　项目经理、各专业设计负责人,以及所有 BIM 应用相关人员都应该参加会议。会议完成后,BIM 策划应该分发给所有项目管理人员,由各专业设计负责执行。随后的工作中,项目团队成员应确保将 BIM 策划与项目的整体监控相结合,并成为其重要组成部分	BIM 策划内容详见 3.3 节

BIM 策划协调和制定因项目的承揽方式不同、BIM 策划制定的时机不同、参与者的经验不同而有变化。一般,由项目总包经理负责,各专业设计负责人参加,如涉及与业主、施工的协调,也应考虑邀请相关代表参加。如果 BIM 制定经验不足,可以考虑引入第三方 BIM 咨询。

3.3　BIM 策划主要内容

BIM 策划的主要内容包括:

(1) BIM 策划概述。阐述 BIM 策划制定的总体情况,以及 BIM 的应用效益目标。

(2) 项目信息。阐述项目的关键信息,如:项目位置、项目描述、关键的时间节点。

(3) 关键人员信息。作为 BIM 策划制定的参考信息,应包含关键的工程人员信息。

(4) 项目目标和 BIM 应用目标。详细阐述应用 BIM 要到达的目标和效益,具体制定步骤和要点可参考 3.2 节。

(5) 各组织角色和人员配备。项目 BIM 策划的主要任务之一就是定义项目各阶段 BIM 策划的协调过程和人员责任,尤其是在 BIM 策划制定和最初的启动阶段。确定制定计划和执行计划的合适人选,是 BIM 策划成功的关键。

(6) BIM 应用流程设计。以流程图的形式清晰展示 BIM 的整个应用过程,具体制定步骤和要点可参考 3.5 节。

(7) BIM 信息交换。以信息交换需求的形式,详细描述支持 BIM 应用信息交换过程,模型信息需要达到的细度。具备制定步骤和要点可参考 3.6 节。

(8) 协作规程。详细描述项目团队协作的规程,主要包括:模型管理规程(例如:命名规则、模型结构、坐标系统、建模标准,以及文件结构和操作权限等),以及关键的协作会议日程和议程。

（9）模型质量控制规程。详细描述为确保 BIM 应用需要达到的质量要求，以及对项目参与者的监控要求。

（10）基础技术条件需求。描述保证 BIM 策划实施所需硬件、软件、网络等基础条件。

（11）项目交付需求。描述对最终项目模型交付的需求。项目的运作模式（如：DBB 设计-招标-建造、EPC 设计-采购-施工、DB 设计-建造、EP 设计-采购、PC 采购-施工、BOT 建造-运营-移交、BOOT 建造-拥有-运营-移交、TOT 转让-运营-移交等）会影响模型交付的策略，所以需要结合项目运作模式描述模型交付需求。

项目 BIM 计划文档模板可参考附录 A。

3.4 BIM 应用目标

BIM 策划制定的第一步，也是最重要步骤，就是确定 BIM 应用的总体目标，以此明确 BIM 应用为项目带来的潜在价值。这些目标一般为提升项目设计效益，例如：缩短设计周期、提升工作效率、提升设计质量、减少工程变更等。BIM 应用目标也可以是提升项目团队技能，例如：通过项目提升项目各专业设计之间信息交换的能力。一旦项目团队确定了可评价的目标，从公司和项目的角度，BIM 应用效益就可以评估了。

确定 BIM 应用目标后，要筛选必要的 BIM 应用点，例如：能耗分析、日照分析、成本预算、专业协调等。在项目的早期确定将要应用的 BIM，具有一定难度。项目团队要综合考虑项目特点、需求、团队能力、技术应用风险。附录 B 给出多项典型 BIM 供参考。一项 BIM 应用是一个独立的任务或流程，通过将它集成进项目，而为项目带来收益。BIM 应用的范围和深度还在不断扩展，未来会有新的 BIM 出现。工程团队应该选择适合项目实际情况，并对项目工程效益提升有帮助的 BIM。

项目团队可以用优先级（高、中、低）的形式标示每个 BIM 应用的价值，可以参考模板表 3-2，完成 BIM 筛选。这个模板表中包括一个供筛选的 BIM 列表，以及对应的应用价值评估、责任方、对责任方的价值、所需能力和资源、所需额外资源，最后是对是否采用的判定。

BIM 筛选可由各专业负责人在项目经理的组织下完成，其一般过程如下：

（1）罗列备选 BIM 应用点

项目团队应认真筛选可能 BIM 应用点，并将其罗列出来，备选 BIM 应用点可参考附录 B。在罗列 BIM 应用点时，要注意其与 BIM 应用目标的关系。

（2）确定每项备选 BIM 应用点的责任方

为每项备选 BIM 应用点至少确定一个责任方，主要负责主体放在第一行。

（3）标示每项 BIM 应用点各责任方需要具备的条件

确定责任方应用 BIM 所需的条件，一般的条件包括：人员、软件、软件培训、硬件、IT 支持等。如果已有条件不足，需要额外补充时，应详细说明，例如：需要购买软件、硬件等。

确定责任方应用 BIM 所需的能力水平。项目团队需要知道 BIM 应用的细节，及其在特定项目中实施的方法。如果已有能力不足，需要额外培训时，应详细说明。

确定责任方是否具备应用 BIM 所需的经验。团队经验对于 BIM 应用的成功与否至关重要。如果已有经验不足，需要额外技术支持时，应详细说明。

（4）标示每项 BIM 应用的额外应用点价值和风险

项目团队在清楚每项 BIM 应用点价值的同时，也要清楚可能产生的额外项目风险。这些额外应用价值和风险应该在表格的"备注"中说明。

（5）决定是否应用 BIM

项目团队应该详细讨论每项 BIM 应用的可能性，确定某项 BIM 是否适合项目和团队的特点。这需要项目团队确定潜在价值或效益的同时，均衡考虑需要投入成本。项目团队也需要考虑应用或不应用某项 BIM 对应的风险。例如：应用一些 BIM 会显著降低项目总体风险，然而它们也可能将风险从一方转移到另一方；另一方面，应用 BIM 可能会增加个别团队完成本职工作任务的风险。在考虑所有因素之后，项目团队需要做出是否应用各项备选 BIM 的决定。当项目团队决定应用某项 BIM 时，判断是否应用其他 BIM 就变得很容易，因为项目团队成员可以利用已有的信息。例如，如果决定完成建筑、结构、机电的 BIM 建模，那么实现专业协调就变得简单。

BIM 筛选示例表　　　　　　　　　　　　　表 3-2

BIM	应用价值（高、中、低）	负责单位	对负责单位的价值（高、中、低）	需要的条件（高、中、低）			需要额外的资源	备注	是否应用
				资源	能力	经验			
建筑建模	中	建筑师	中	中	低	低			是
钢结构建模	高	结构工程师	高	高	中	中	需要购买专门的钢结构建模软件	在设计阶段对业主价值很大	否
机电建模	高	暖通工程师	高	高	高	高			是
		给水排水工程师	高	低	高	高	需要培训		
		电气工程师	中	中	高	高			
专业协调	高	建筑师	高	中	中	中	需要购买软件	可由总建筑师负责	是
		结构工程师	高	中	中	低			
		MEP 工程师	中	中	中	低			

在确定将要应用的 BIM 应用点时，要强调模型信息的全生命期应用，也就是 BIM 策划要从头开始就要为信息模型的潜在用户标示出 BIM 的应用方法。所以，项目团队应首先考虑什么信息对项目的后期施工（也包括竣工和运维）是有价值的，然后逆向（运维、施工、设计、规划）标示下游所需信息应由哪些上游阶段来支持，如图 3-1 所示。通过先识别下游 BIM 应用点，项目团队可以专注于可重用的信息，以及重要的信息交换过程。

BIM 成功应用的关键是项目团队成员要清晰认识和理解他们建立的模型信息用途。例如，当建筑师在建筑模型里增加了一堵墙时，这堵墙可以附带有关材料信息、结构性能信息和其他数据信息，建筑师应该知道这些信息将来是否会用到，如果用会怎么用。未来这些信息的使用方式会影响（或决定）当前的建模方法，会影响依赖这些信息的工程任务的工作质量和准确性。

需要注意的是，BIM 应用目标与 BIM 应用之间没有严格的一一对应关系。例如：如某项目采用混凝土预制构件提升项目现场的生产效率、缩短工期，应用 BIM 多专业协调技术，在施工前解决构件尺寸冲突问题。有些时候，BIM 应用目标与 BIM 之间关联密切。例如：为提升项目效益，采用专业协调等 BIM 应用。表 3-3 为某项目最终确定的 BIM 应用目标和技术，并基于项目实际情况给出了优先级。

某项目 BIM 应用目标和技术　　　　　　　　　　表 3-3

优先级	BIM 应用目标	应用的 BIM
高	控制成本	5D 建模和分析
高	审核建造过程	4D 过程
中	提高工作效率	设计审核、专业协调
中	消除专业冲突	专业协调

图 3-1　建筑全生命期 BIM 应用（逆向）

3.5　BIM 应用流程

　　项目团队确定 BIM 应用目标和技术后，要设计 BIM 应用流程。应该从 BIM 应用的总体流程设计开始，定义 BIM 应用的总体顺序和信息交换过程全貌，如图 3-2 所示，一般的流程图符号参考附录 C。这能使团队的所有成员清晰地了解 BIM 应用的整体情况，以及相互之间的配合关系。

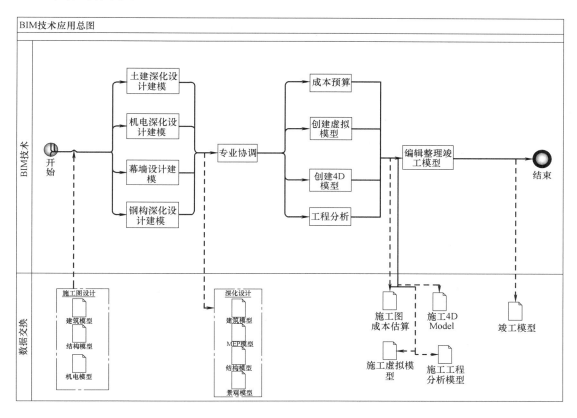

图 3-2　BIM 应用总体流程（示例）

　　总体流程确定后，各专业设计团队就可以设计二级（详细）流程了。例如，总体流程图显示的是建筑专业建模、机电各专业建模和专业协调等 BIM 应用的总体顺序和关联，而细化的 BIM 应用流程图显示的是某一专业设计团队（或几个专业设计团队）完成某一 BIM 应用（如机电各专业建模）所需要完成的各项任务的流程图，如图 3-3 所示。详细的流程图也要确定每项任务的责任方，引用的信息内容，将创建的模型，以及与其他任务共享的信息。

　　通过二级流程图制作，项目团队不仅可以快速完成流程设计，也可作为识别其他重要的 BIM 应用信息，包括：合同结构、BIM 交付需求和信息技术基础架构等。

3.5.1　整体流程

　　BIM 应用流程总图的设计可参考如下过程：

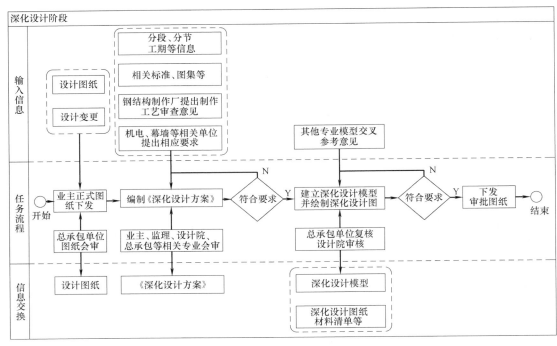

图 3-3　深化设计建模流程图（示例）

1. 将所有应用的 BIM 加入总图

一旦项目组确认了将要应用的 BIM 应用点（过程参见 3.4 节），项目组就应该开始设计 BIM 应用流程总图，将每项选定的 BIM 加入总图。如果某项 BIM 在项目的全生命期多个阶段应用，则每处应用点都要表达。

2. 根据项目进度调整 BIM 应用顺序

项目团队建立了 BIM 应用总图后，应按照项目实施顺序调整 BIM 应用顺序。建立总图的目的之一就是标示项目每个阶段（方案设计、初步设计、施工图设计）应用的 BIM，使项目团队成员清晰每个阶段 BIM 应用的重点。总图上，也应该简单地标示出 BIM 模型和成果交付的计划。

3. 确认各项 BIM 应用任务的责任方

为每项 BIM 应用任务确认一个责任方。对某些 BIM 应用，责任方很明确；对某些 BIM 应用，责任方并不容易判定。不管在那种情况下，都应该考虑用最胜任的团队来完成相关任务。另外，有些任务可能需要多个团队配合完成，那么确认的责任方负责协调各方工作，明确完成 BIM 应用所需信息，以及 BIM 的成果。BIM 应用总图中的流程图形符号和信息格式参考附录 C。

4. 确定支持 BIM 应用的信息交换

BIM 策划总图应包含的关键信息交流信息，这些信息交换有时是针对某项 BIM 应用内部的特定过程，有时是 BIM 应用之间不同责任方的信息共享。总的来说，将所有从一方传递给另一方的信息都标示出来非常重要。在当前的技术环境下，虽然也有共享数据库的方式，但更多还是靠传递数据文件完成。有关信息交换的定义过程可参考 3.2 节。

从流程节点指向信息交换节点是某项 BIM 应用内部信息交换；指向流程节点输入连

接线或从流程节点输出连接线导出的信息交换，是支持两项或多项 BIM 应用的信息交换。如图 3-4 所示，流程节点"进行专业协调"的信息交换，施工图设计的模型虽然在流程节点内部使用，但因为来自不同团队也应该在流程图中表示。

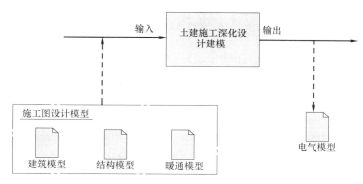

图 3-4　信息交换节点示例

3.5.2　分项流程

BIM 应用流程总图创建后，应该为每项 BIM 应用创建二级流程图（流程详图），清晰地定义完成 BIM 应用的任务顺序。企业环境和项目环境的不同，导致具体实现每项 BIM 应用的方法不同，应根据项目的具体情况和企业的目标定制流程详图。

流程详图涉及三类信息，即参考信息、BIM 应用任务、信息交换，在流程图中用"横向泳道"的形式将对应的信息包含在各自范围内。

（1）参考信息：来自企业内部或外部的结构化信息资源，支持工程任务的开展和 BIM 应用。

（2）流程任务：完成某项 BIM 应用的多项流程任务，按照逻辑顺序展开。

（3）信息交换：BIM 应用的成果，作为资源支持后续 BIM 应用。

BIM 应用流程详图的制作可参考如下过程：

1. 以实际工程任务为基础将 BIM 应用逐项分解成多个流程任务

根据工程任务的实际需求，将 BIM 应用分解成若干核心任务，按照相应顺序用矩形节点表达。

2. 定义各任务之间的依赖关系

通过连线和箭头，表达各项任务之间的依赖关系，表明各项任务的前置任务和后置任务。有些时候一项任务有多个前置任务或后置任务。

3. 补充其他信息

将支持 BIM 应用的信息资源作为参考信息加入流程图，例如：造价定额库、气象数据、产品目录数据等；补充所有的信息交换（外部、内部）内容；补充责任方信息，为每项任务指定负责人。

4. 添加关键的验证节点

验证节点用于控制 BIM 应用的工作质量，是质量保障体系的一部分。基于判定，指引流程的流转。验证节点也是项目团队决策的关键点。

5. 检查、精炼流程图，以便其他项目使用

BIM 应用流程详图今后可以用于其他项目，所以在项目实施过程中，应该不断检查、修改、精炼和对比分析，以便其他项目使用。

3.6 BIM 信息交换内容和格式

BIM 应用流程设计完成后，应详细定义项目参与者之间的信息交换。让团队成员（特别是信息创建方和信息接收方）了解信息交换内容，这对于 BIM 应用至关重要。应采用规范的方式，在项目的初期定义信息交换的内容和细度要求。

下游 BIM 应用受上游 BIM 应用产生信息的影响，如果下游需要的信息在上游没有创建，则必须在本阶段补充。所以，项目组要分清责任，但没有必要在每次信息交换过程中包含全部的项目元素，应该根据需要定义支持 BIM 应用的必要模型信息。

每个项目可以定义一张总的信息交换定义表，也可以根据需求按照责任方或分项 BIM 拆分成若干个，但应该保证各项信息交换需求的完整性、准确性。

信息交换需求的定义可参考如下过程：

1. 从流程总图中标示出每个信息交换需求

应该从流程总图中标示出每个信息交换需求，特别是不同专业团队之间的信息交换。从流程总图上应该标示出信息交换的时机，并将信息交换节点应该按照时间顺序排列，这样能确保项目参与者知道，随着项目的进展 BIM 应用成果交付的时间。

2. 确定项目模型元素的分解结构

确定信息交换后，项目组应该选择一个模型元素分解结构。

3. 确定每个信息交换的输入、输出需求

由信息接收者定义信息交换的范围和细度，可参考后续章节的模型范围和细度要求。每项信息交换应该从输入和输出两个角度描述信息交换需求，例如："设计模型"是"设计建模"的输出，是"专业协调"的输入。如果某项信息交换的输入或输出由多个团队完成，并对信息交换需求有差异，则在一张信息交换定义表中分开描述信息交换需求。如果信息接收者不明确，由项目组集体讨论确定信息交换范围。

同时需要确定的还有模型文件格式。需由有经验的工程技术人员（或外聘技术专家）指定应用的软件及其版本，确保支持信息交换的互操作可行性。

如果必要的模型内容在模型分解结构的没有体现，或有特殊的软件操作提示，应该在备注中说明。

4. 为每项信息交换内容确定责任方

信息交换的每行信息都应该指定一个责任方，负责信息的创建。负责信息创建的责任方应该是能高效、准确创建信息的团队。此外，模型输入的时间应该由模型接收方来确认，并在流程总图中体现。

5. 对比分析输入和输出内容

信息交换需求确定后，要逐项查询信息不匹配（输出信息不匹配输入需求）的问题。如表 3-4 所示，描述了"设计建模"输出模型不匹配"成本分析"模型输入要求的情况。成本分析需要外窗达到"施工图设计"细度，而"设计建模"只达到"初步设计"细度水平，同时，外墙和外窗需要的造价信息在"设计建模"也没有体现。"成本分析"需要的

信息交换表示例

表 3-4

BIM			深化设计建模		专业协调		成本分析	
信息交换			输出		输入		输入	
项目阶段			深化设计		深化设计		深化设计	
信息交换时间			××××年××月××日		××××年××月××日		××××年××月××日	
责任方			建筑师		项目经理		预算工程师	
接收文件格式			RVT		RVT		RVT	
软件及版本			Autodesk Revit 2016		Autodesk Navisworks 2016		Autodesk Ecotect 2016	

模型元素分解结构

模型元素分解结构				细度	责任方	备注	细度	责任方	备注	细度	责任方	备注
02	20	建筑外围										
		外部竖向维护										
		10	外墙	B	建筑师		A	A		B	A	造价信息
		20	外窗	B	A		B	A		C	A	造价信息
03	10	建筑内部										
		内部结构										
		10	内部隔断	B	A		B	A		B	A	
		30	内部门							A	A	
	20	内部装饰										
		10	墙装饰							B	A	造价信息
		20	室内装饰							B	A	造价信息
		30	楼板装饰							B	A	造价信息

模型细度：初步设计—A，深化设计—B，施工过程—C。

内部门，以及内部装饰信息在"设计建模"中也没有体现。

当发生这种情况时，有两种可行的解决方法：

（1）对信息输出做调整。由信息交换的输出方增加相关信息，例如：在"设计建模"中添加"造价信息"信息。

（2）修改责任方。由其他责任方（如：预算团队）添加"造价信息"信息。

3.7　BIM 应用基础条件

BIM 应用目标、BIM 应用流程图、信息交换等关键信息确定后，项目组需要确定支持 BIM 应用的基础条件，包括：合同条款、沟通方式、基础技术环境，以及质量控制过程等。这些 BIM 应用基础条件都是 BIM 策划的一部分，也应该包含在 BIM 策划文档里（参见附录 A）。

3.7.1　协作过程

项目团队应该制定适合自身团队特点的任务协作策略，并建立支持协作过程的软件系统。协作策略包括：沟通方法、协作过程文档的传递和记录存储管理方法。

具体的协作任务包括：

（1）确定 BIM 协作任务的工作内容，如：模型管理（模型检测、版本发布等）；

（2）确定协作的时间节点和频率，如：交换数据、提资节点、施工图交付等各阶段内及阶段间的协作安排；

（3）确定协作的会议地点和议程，以及必要的组织者和参与者。

对基于 BIM 的协作过程，模型交付是至关重要的协作过程，特别是跨组织边界（向业主、施工方）的模型交付。模型交付是信息交换的核心部分，协作重点包括：

（1）明确模型的发送人、接收人；

（2）明确模型交付的频率，是一次性的，还是周期性的，如果是周期性的，时间间隔是多长；

（3）明确模型交付的开始和结束日期（或开始和结束的条件）；

（4）明确模型交付的类型和文件格式；

（5）明确模型创建的软件（要注明版本号）。

项目团队应该建立支持协作过程的 IT 环境。在整个项目的周期内，支持必要的协作、沟通和模型评审过程，提高 BIM 应用的效率。IT 环境可参考 2.4 节和 2.5 节内容。

3.7.2　质量控制

项目团队应该明确 BIM 应用的总体质量控制方法。确保每个阶段信息交换前的模型质量，所以在 BIM 应用流程中要加入模型质量控制的判定节点。每个 BIM 模型在创建之前，应该预先计划模型创建的内容和细度、模型文件格式，以及模型更新的责任方和模型分发的范围。项目经理在质量控制过程中应该起到协调控制的作用，作为 BIM 应用的负责人应该参与所有主要 BIM 协调和质量控制活动，负责解决可能出现的问题，保持模型数据的及时更新、准确和完整。

伴随设计评审、协调会议或里程碑节点，都要进行 BIM 应用的质量控制活动。在 BIM 策划中要明确质量控制的标准，并在项目团队内达成一致。国家的设计交付深度，以及本指南的模型细度要求都可以作为质量控制的参考标准，质量控制标准也要考虑业主和施工方的需求。质量控制过程中发现的问题，应该深入跟踪，并应进一步研究和预防再次发生。

每个专业设计团队对各自专业的模型质量负责，在提交模型前检查模型和信息是否满足模型细度要求。每次模型质量控制检查都要有确认文档，记录做过的检查项目，以及检查结果，这将作为 BIM 应用报告的一部分存档。项目经理对每一修正后再版模型质量负责。可参考以下质量控制检查方法：

（1）模型与工程项目的符合性检查；

（2）不同模型元素之间的相互关系检查；

（3）模型与相应标准规定的符合性检查；

（4）模型信息的准确性和完整性检查。

目前，还缺少软件支持标准检查和单构件验证。

3.7.3　模型组织

项目团队应该通过合理模型组织方法，在内部和外部（与业主和施工方）确保模型的准确性和全面性。需要考虑因素包括：

（1）确定统一的文件结构和命名规则，参考 2.5.4、2.5.5；

（2）确定统一的模型拆分规则，参考 2.5.3；

（3）确定统一的模型色彩规则，参考 2.5.6；

（4）确定统一的度量单位和坐标系统（几何参考点和原点）；

（5）确定统一的 BIM 和 CAD 信息交换标准，例如：如果应用 IFC 标准，要确定应用 IFC 标准的具体版本等。

3.7.4　项目交付策略和合同

项目交付方法和合约形式对 BIM 应用有一定的影响，企业在承揽项目时应予考虑。如果能在项目启动之初确定适合共享信息的项目承揽模式（DB 或 EPC 模式，国外还有 IPD 模式），将有助于 BIM 策划的制定和技术应用，但不同的项目承揽模式都可以应用 BIM。当采用集成度不高的项目交付方式时，详细的 BIM 策划更加重要。对 BIM 应用有影响的方面包括：项目组织结构和交付方法、采购方法、付款形式、工作分解结构等。

企业在签订合同时，应注意以下细节：

（1）模型创建的责任；

（2）模型共享和可靠性责任；

（3）与其他方（主要是业主和施工方）的协作和文件格式；

（4）模型管理责任；

（5）知识产权。

第 4 章
基于 BIM 的协同设计

4.1 概述

传统设计模式下各专业间相对独立,信息沟通以人为主,沟通较少或沟通不畅,与业主、施工等的沟通也缺乏有效的可视化工具。往往造成设计错误、返工等问题。

基于 BIM 的协同设计是通过 BIM 软件和环境,以 BIM 数据交换为核心的协作方式,取代或部分取代了传统设计模式下低效的人工协同工作,使设计团队打破传统信息传递的壁垒,实现信息之间的多向交流。减轻了设计人员的负担、提高了设计效率、减少了设计错误,为智慧设计、智慧施工奠定了基础,与智慧城市的宗旨是一致的。

一般情况下可以把设计企业的协同工作分为基于数据的设计协同和基于流程的管理协同两个层面,本指南重点讲述设计单位基于 BIM 数据的设计协同方法,不涉及基于流程的管理协同。另外,与 BIM 相关的软件工具很多,本指南无法全部覆盖,未在本章提及的软件可参照本部分介绍的方法。

对于设计企业而言,由于项目的 BIM 应用时期不同,参与专业的不同,会有不同的协同要求和协同方法。基于 BIM 的设计协同工作主要可分为以下几个方面:

(1)同一时期同一专业的 BIM 协同;

(2)同一时期不同专业间的 BIM 协同;

(3)设计阶段不同时期的 BIM 协同。

基于 BIM 的协同设计需要在一定的网络环境下实现项目参与者对设计文件(BIM 模型、CAD 文件等)的实时或定时操作。由于 BIM 模型文件比较大,对网络要求较高,一般建议是千兆局域网环境,对于需要借助互联网进行异地协同的情况,鉴于目前互联网的带宽所限,暂时还难以实现实时协同的操作,建议采用在一定时间间隔内同步异地中央数据服务器的数据,实现"定时节点式"的设计协同。下面是设计协同使用的两类典型网络环境:

典型网络环境一,仅局域网内设计协同,如图 4-1 所示。

典型网络环境二,含局域网之间的设计协同,如图 4-2 示。

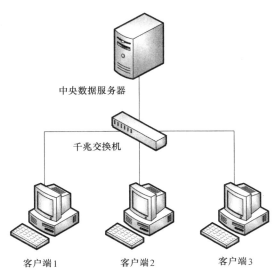

图 4-1 局域网内设计协同示意图

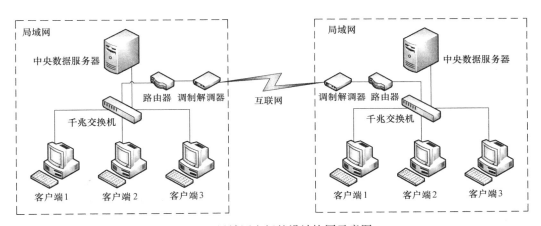

图 4-2 局域网之间的设计协同示意图

4.2 BIM 协同方法

BIM 协同设计中协同方法具有多样性,以较为普遍应用的 Autodesk Revit 软件为例,可采用文件链接、文件集成协同,也可采用中心文件协同的方式,每种方式优劣却各不相同。文件链接是最容易实现的数据级协同方式,仅需要参与协同的各专业用户使用链接功能,将已有 RVT 数据链接至当前模型即可。中心文件协同的方式是更高级的协同方式,它允许用户实时查看和编辑当前项目中的任何变化,但其问题是参与的用户越多,管理越复杂。

4.2.1 中心文件协同方式

根据各专业参与人及专业特性划分权限,确定工作范围,各参与人独立完成相应设计工作，将成果同步至中心文件。同时，各参与人也可通过更新本地文件查看其他参与人的工作进度。这种多专业共同使用同一 BIM 中心文件工作的方式，对模型进行集中储存，数据交换的及时性强，但对服务器配置要求较高。Autodesk Revit 的工作集，ArchiCAD 的 Teamwork 所提供的功能即为上述协同方式。

该方式仅适用于相关设计人员使用同一个软件进行设计的情况。由于采用中心文件协同方式，设计人员需共用一个模型文件，项目模型的搭建规模和模型文件划分的大小是使用该方式时需要谨慎考虑的问题。

下面以 Autodesk Revit 为例，说明中心文件方式的具体应用方法。在 Revit 中，采用中心文件方式，需启动工作集的功能，包含以下几大步骤：

1. 启用工作集功能

由项目经理或专业负责人完成，主要工作内容包括：

（1）工作集划分规划；

（2）创建工作集；

（3）为工作集定义已有图元；

（4）创建中心文件；

（5）释放工作集编辑权限；

（6）关闭中心文件。

2. 使用工作集

由参与人创建新的本地文件，签出对应的工作集编辑权限，然后开始设计工作。团队参与人应定时与服务器中心文件数据同步。必要时可以给不同的工作集设置不同的显示颜色以示区分，关闭本地工作文件时要注意选择保留或释放工作集编辑权限。

相关的工作集命令有：

（1）"重新载入最新工作集"命令：用于其他参与人同步后，单向更新本地文件，而不发布本地文件的设计成果。

（2）"同步"命令：用于自己和服务器的双向更新，既发布本地的设计成果，又下载其他参与人已发布的设计成果。

（3）图元借用：参与人互相借用不属于本工作集的图元进行临时编辑。当该图元所在工作集没参与人签出时，可以直接从服务器中心文件中自动借用其编辑权限；当该图元所在工作集已经被别的参与人签出时，需要先放置编辑请求，对方在收到请求后查看被借用的图元并授权后才能编辑。借用的图元在同步时可以选择归还或继续保留编辑权限，如图 4-3 所示。

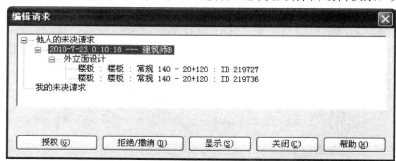

图 4-3　图元借用

（4）工作集权限签入签出：当增加或减少了参与人，工作集分配有变化，或需要临时把本工作集给其他参与人临时编辑时，可以用工作集的权限签入签出方式快速传递编辑权限。

3. 工作集的管理

（1）显示工作集历史记录：用于查看工作集的工作日志。

（2）工作集备份："恢复备份"功能可以退回之前某一个时间点的设计版本。此功能必须慎用，一旦恢复将删除指定时间点之后的工作成果，且无法复原。强烈建议由项目经理在"另存"新的中心文件做好数据备份后，再执行此操作。

（3）从中心分离与放弃工作集：设计师打开自己的本地工作文件时慎用此操作。从中心分离后将无法再和中心文件同步，放弃工作集后将删除工作集的所有设置并恢复单人工作状态。

（4）工作集管理器：可安装 Worksharing Monitor 管理工具，以此查询所有设计师的协同工作状态，监视参与人对项目文件的访问。

（5）查看对中心文件和本地文件的访问。如图 4-4～图 4-6 所示。

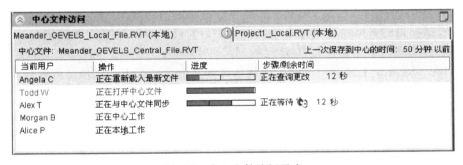

图 4-4　中心文件访问示意

图 4-5　查看中心文件访问历史记录

图 4-6　检查对中心文件的更新

4. 工作集使用原则

（1）建立工作集后，保存中心文件和本地文件时，应在文件名中分别备注，以此表明模型文件的中心文件，本地副本文件，工作集归属等性质，避免混淆。

（2）创建工作集后将原 BIM 设计文件"另存为"到本地创建模型的本地副本，通过本地副本同步来更新中心文件。严禁直接打开中心文件后编辑。

（3）若使用"创建新本地文件"选项，可修改用户文件默认路径将自动生成的本地文件拷贝到指定目录。

（4）建模和浏览时仅打开必要的工作集。借用权限和工作集的所有权需指定专人管理。

（5）参与人在新建图元之前，强烈建议按照"先选择自己要编辑的工作集为当前工作集，再创建图元"的顺序工作，以避免将自己的图元创建到他人的工作集中，从而扰乱后续工作秩序。

（6）他人需要签出不属于本参与人权限的工作集时，由项目负责人予以协调。

（7）打开本地设计文件时，不要随意勾选"从中心分离"，否则将无法同步。

5. 工作集的保存

（1）根据项目的具体情况设置本地文件与中心文件同步的频率。尽量使参与人不要同时同步到中心文件，避免集中同步导致的同步时间过长。参与人同步前，可以事先通过 Worksharing Monitor 工具进行协同工作状态查询其他人是否正在同步，再进行同步工作，避免集中同步。

（2）在"保存到中心"过程中，参与人不应离开电脑，以便及时解决可能出现的问题，避免延误他人工作。

（3）一旦服务器中的项目中心文件出现问题无法打开，可以选择最新版本的本地工作文件，作为基础文件，将其"另存为"新的中心文件，然后所有参与人再"另存为"新的本地工作文件后继续设计。这样可能仅会丢失最后一次同步后做的一小部分设计工作，而保留之前完成的大部分工作成果。

4.2.2 文件链接协同方式

文件链接方式也称为外部参照，该方式简单、便捷，参与人可以根据需要随时加载模型文件，各专业之间的调整相对独立。尤其针对大型项目，在协同工作时，模型性能表现较好，软件操作响应快。但使用此方式，模型数据相对分散，协作的时效性稍差。

该方法可适合大型项目、不同专业间或设计人员使用不同软件进行设计的情况。

下面以 Autodesk Revit 为例，说明文件链接方式的具体应用方法。在 Revit 中，采用文件链接的协同方式，操作步骤如下：

1. 确定链接模型的项目基点和定位方式

各模型文件之间的位置关系非常重要，因此在项目开始前，项目经理和专业负责人应先确定好项目基点坐标，并以此确定各链接文件的坐标位置。如果总图专业已经提供实时的坐标值，则按该值修改项目基点坐标值；如没有提供，则约定在 1 和 A 号轴线的交点为项目基点。如此在后面相互链接时可以选择"原点到原点"方式自动进行定位。除项目基点外，还需要注意项目的"正北"和"项目北"设置，以保证链接文件之间的正确位置关系，如图 4-7 所示。

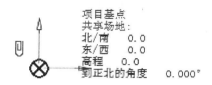

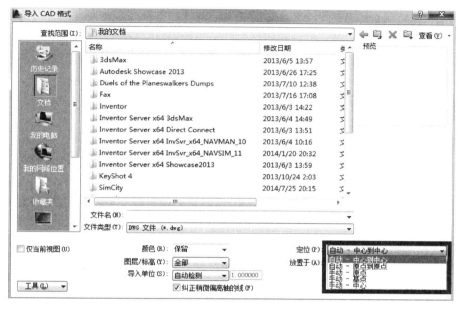

图 4-7　确定项目基点和定位方式

2. 链接模型

链接模型后，检查其平面定位、再检查其立面定位是否正确。根据需要，使用"可见性/图形"命令，设置每个视图的链接文件显示。

管理链接命令中，可以进行"链接路径类型"、"参照类型"、"删除链接"、"卸载链接"、"重新载入链接"、"重新载入来自"等工作。特别注意"参照类型"的"覆盖"和"附着"模式将决定多层嵌套链接文件中早期链接文件的显示与否，如图 4-8 所示。

绑定链接中，Revit 链接文件可以"绑定"为 Revit 组，绑定后可删除链接文件以节约资源。绑定与 CAD 参照绑定功能一样，会增加文件大小。"绑定"如图 4-9 所示。

不同专业的不同模型链接，只需按"原点到原点"方式自动定位即可；对不同位置单体部分的多模型链接，可以使用"共享坐标"功能将主体文件或某一个链接文件的项目基点坐标作为总的基点，并发布给所有的链接模型中更新其基点坐标值，"保存位置"后即可自动记录这些模型之间的相对位置关系，即使删除后重新链接也可以自动定位。如图 4-10 所示。

在 Revit 中，可链接多种格式的数据文件，包括 .DWG、.DXF、.DGN、.SAT、.SKP 等数据格式的文件，并可通过管理链接命令对这些格式的文件进行相关操作。如图 4-11 所示。

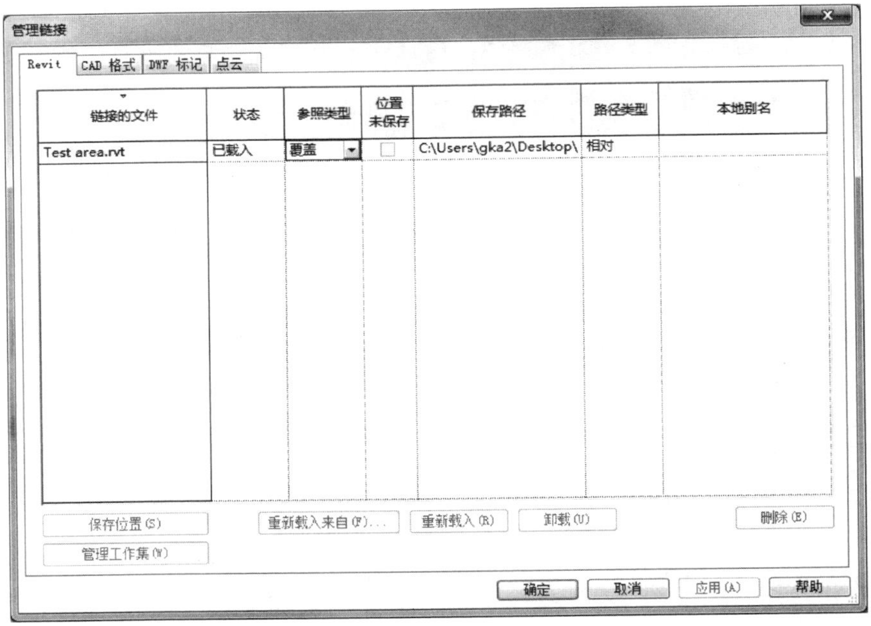

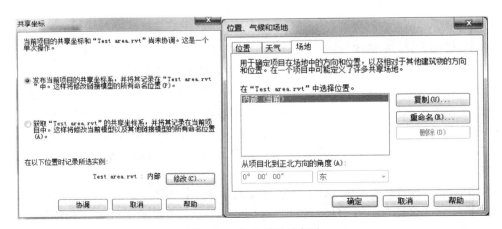

图 4-8　管理模型链接示意图

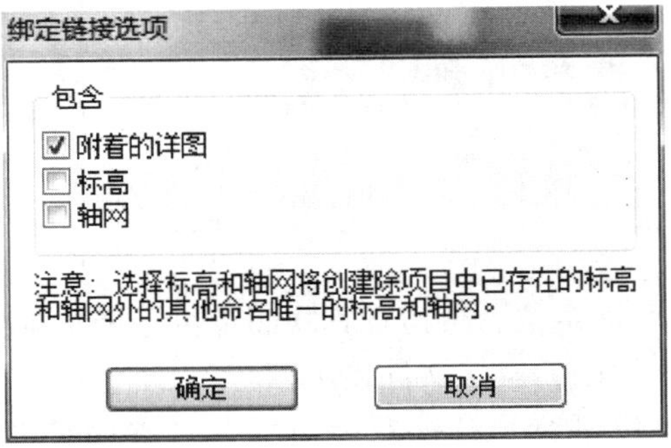

图 4-9　绑定链接示意图

图 4-10　共享坐标示意图

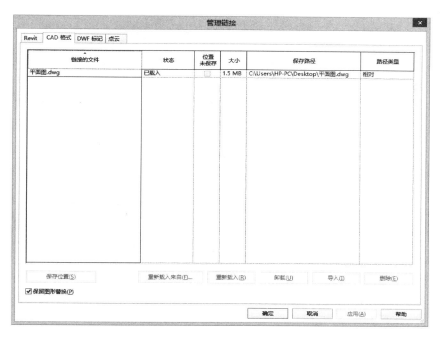

图 4-11　管理链接示意图

4.2.3　文件集成协同方式

　　这种方式是采用专用集成工具，将不同的模型数据文件都转成集成工具的格式，之后利用集成工具进行模型整合。这种集成工具较多，例如：Autodesk Navisworks、Bentley Navigator、Tekla BIMsignt 等，都可用于整合多种软件格式设计数据，形成统一集成的项目模型。

　　下面以 Autodesk Navisworks 为例，说明文件集成方式的具体应用方法。Navisworks 可支持整合 .DWG、.DWF、.DXF、.DGN、.SKP、.RVT、.IFC 等多种数据格式。可将整合模型用于可视化的浏览、漫游，添加查阅后的标记、注释等，直观的在浏览中审阅设计。同时，Navisworks 提供"冲突检测"功能，对不同的专业模型或不同的区域模型进行空间综合检查，提前解决施工图中的错漏碰缺问题。

　　在 Navisworks 中进行冲突检测的方法为：

　　（1）设置冲突检测的范围，如图 4-12 所示。

　　（2）建立冲突检测的规则，如图 4-13 所示。

　　（3）建立冲突检测的对象，如图 4-14 所示。内部检测模式分为硬碰撞与软碰撞，前者是基于空间模型的实体（可见）碰撞，后者为空间预留（不可见）的位置的冲突碰撞检测。通过设置碰撞对象，检测出冲突问题及位置。

　　（4）输出检测成果，如图 4-15、图 4-16 所示。基于设置条件，检测出碰撞点，并形成碰撞点的问题列表，方便使用者检索。之后可将问题列表输出，形成碰撞报告。

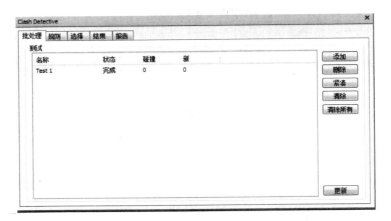

图 4-12　Navisworks 设置冲突检测范围示意图

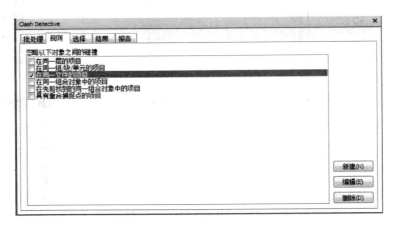

图 4-13　Navisworks 设置冲突检测规则示意图

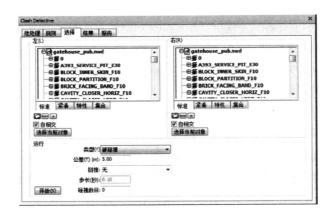

图 4-14　Navisworks 建立冲突检测对象示意图

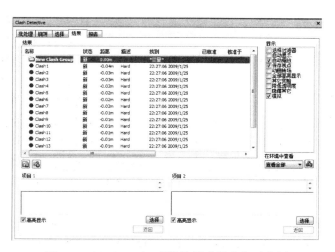

图 4-15　Navisworks 碰撞检测成果查询示意图

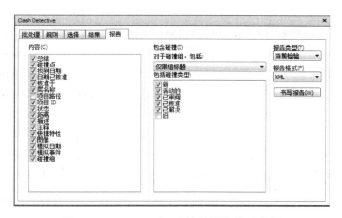

图 4-16　Navisworks 碰撞检测报告示意图

4.2.4　协同设计要素

1. 协同方式的选择

选择适合项目特点和需求的协同方式，参见 4.2.1、4.2.2、4.2.3。

2. 统一坐标和高程体系

坐标和高程是项目实现建筑、结构、机电全专业间三维协同设计的工作基础和前提条件。以 Revit 为例，可通过使用"共享坐标"记录链接文件相对位置，在重新制定链接文件时，可以通过使用"共享坐标"达到快速定位的目的，提高合模的效率和精度；并且所有模型文件应采取统一的高程体系，否则合模后的模型会出现建筑物各专业高程不统一的问题。此外，还要特别注意设定好建筑物水平方向与总图中城市坐标体系的偏差角度补偿。

例如，成都市建筑项目采用地形图中的成都城市坐标系统和高程系，通过 Revit 创建三维模型，应在模型的某个点设定与城市坐标原点的东/西/南/北各向距离，以及该点所处的城市高程数值，使之与总图上的这个点位的 XY 坐标和立面标高值一致，最后设定模型水平方向和地理正东方向的角度。在统一的高程和高程体系基础上，设计人员即可通过

"原点到原点"的方式链接各专业模型，保证各类模型之间定位的一致性。

3. 项目样板定制

项目样板定义了项目的初始状态，如项目的单位、材质设置、视图设置、可见性设置、载入的族等信息。合适的项目样板是高效协同的基础，可以减少后期在项目中的设置和调整，提高项目设计的效率。设计人员根据不同项目的特征，将所需的建筑、结构、机电等构件族在模板中预先加载，并定义好部分视图的名称和出图样板，形成一系列项目模板。协同设计团队人员只需要浏览"默认样板文件"，即可调用指定的样板文件。如在脱水机房项目模板中，可以预先将常用的退水机、螺杆泵、污泥切割机等必要的构件族载入项目，基本上可以满足建模乃至出图的要求，而不用花费大量的精力查询和载入族。

在 Revit 中创建项目样板有几种方式。其中一种是在完成设计项目后，单击"应用程序菜单"按钮，在列表中选择"另存为项目样板"命令，可以直接将项目保存为".rte"格式的样板文件。另一种方法是通过修改已有项目样板的项目单位、族类型、视图属性、可见性等设置形成新的样板文件并保存。通过不断地积累各类项目样板文件，形成丰富的项目样板库，可以大大提高设计工作的效率。

4. 统一建模深度，建模标准

建模细度是描述一个 BIM 模型构件单元从概念化的程度发展到最高层次的演示级精度的步骤。设计人员建模时，首要任务就是根据项目的不同阶段以及项目的具体目的来确定模型细度等级，根据不同等级所概括的模型细度要求来确定建模细度。只有基于同一建模细度创建模型，各专业之间模型协同共享时才能最大限度避免数据丢失和信息不对称。建模细度等级的另一个重要作用就是规定了在项目的各个阶段各模型授权使用的范围。例如，BIM 模型只进展到初步设计模型细度，则该模型不允许应用于设计交底，只有模型发展到施工过程模型时才能被允许，否则就会给各方带来不必要的损失。类似内容需要合同双方在设计合同附录中约定。

在建筑设计过程中，不同专业可能应用不同 BIM 应用软件，由于执行的建模标准不同，将不同专业模型集合在一起时，就需要遵循统一的公共建模规则，以便最大限度地减少整合后的错误。为了能够准确整合模型，确保模型集成后能统一归位、规范管理，保证模型数据结构与实体一致，就需要在 BIM 平台软件中预先定义和统一模型楼层结构标准及 ID、楼层名称、楼层顶标高、楼层的顺序编码等。除此之外，还需建立公共的建模规范，例如，统一度量单位、统一模型坐标、统一模型色彩、名称等。在 BIM 技术深入发展的过程中，设计人员可以制定项目级的协同设计标准；企业可以根据自身的状况制定企业级 BIM 协同设计标准；行业可以制定符合行业发展要求的行业 BIM 标准。

5. 工作集划分和权限设置

设计工作中，每一个单体建筑物的设计团队均由不同专业的若干设计人员组成，Revit 可通过使用工作集来区分模型图元及所属信息，结合二者的特点，项目负责人按照专业划分工作集，将项目参与人员和工作集进行对应，从而借助"工作集"分配工作任务。Revit 的工作集将设计参与人员的工作成果通过网络共享文件夹的方式保存在中央服务器上，并将他人修改的成果实时反馈给设计参与者，以便其及时了解修改和变更。工作集必须由项目负责人在开始协作前建立和设置，并指定共享存储中心文件的位置，定义所有参与设计人员的调用权限，不允许随意修改或获取其他工作集的编辑权限。当其他人员需要编辑非本人所属工作集中的图元时，必须经该工作集负责人员同意。当设计人员完成工作关闭项目文件时，为防止工作集被其他人员误改，建议选择"保留对图元和工作集的所有权"选项。

通过打开各工作集中的模型，设计负责人可以及时了解项目各专业人员的进度和修改情况，从而避免在传统二维设计中经常出现的由于不同专业间相互交接图纸及图纸频繁更新而导致的专业间图纸版本不一致问题。工作集是 Revit 中较为高级的协作方式，软件操作并不十分困难，需要特别注意设计人员的分配、权限设置以及构件命名规则、文件保存命名规则等。

6. 模型数据、信息整合

协同设计必然要涉及模型整合的问题，而模型整合涉及坐标位置的整合和模型数据、信息的整合。对于设定了共享坐标系的单体模型而言，模型的整合十分便捷。不同的 BIM 应用软件生成的模型数据格式并不一致，而且需要考虑多个模型的转换和集成，目前虽然 IFC/GFC 接口标准以及各类软件之间研发的接口（例如鲁班软件基于 Revit 研发的 Luban Trans-Revit 插件）可以利用，但是也会造成数据的丢失和不融合。这是目前制约 BIM 协同设计模式发展的重要症结，其解决一方面需要设计人员严格遵循相关 BIM 模型搭建规则和规范，另一方面也需要工程技术人员通过不断的研发创新，开发出更优质的数据接口和插件。

4.2.5　小结

上述三种协同方式各有优缺点，理论上讲中心文件协同是最理想的协同工作方式，中心文件协同方式允许多人同时编辑相同模型，既解决了一个模型多人同时划分范围建模的问题，又解决了同一模型可被多人同时编辑的问题。但中心文件协同方式在软件实现上比较复杂，对软硬件处理大量数据的性能表现要求很高，而且采用这种工作方式对团队的整体协同能力有较高要求，实施前需要详细专业策划，所以一般仅在同专业的团队内部采用。

文件链接协同是最常用的协同方式，链接的模型文件只能"读"而不能"改"，同一模型只能被一人打开并进行编辑。而在一些超大型项目或是多种格式模型数据的整合上，文件集成协同是经常采用的方式，这种集成方式的好处在于数据轻量级，便于集成大数据。并且，文件集成支持同时整合多种不同格式的模型数据，便于多种数据之间的整合，但一般的集成工具都不提供对模型数据的编辑功能，所有模型数据的修改都需要回到原始的模型文件中去进行。

所以在实际项目的协同应用上，大多是两种或三种协同方式的混合应用。

BIM 协同设计方法很大一部分程度是协同设计要素控制，协同设计要素控制的细度或者标准越细致对协同设计工作的协同程度提升就越大，因此协同设计要素及软件操作要点在 BIM 协同设计方法中也是不可或缺的重要环节。

4.3　专业内 BIM 协同

专业内的 BIM 协同主要考虑同专业的团队如何协同完成一个设计任务。三维协同方式，需考虑项目的整体性，一般会按外墙、结构主体、功能体系、系统等来划分工作。单一专业团队的协同方式推荐采用中心文件协同方式。根据各专业参与人及项目系统划分权限，确定工作范围。

单一专业团队采用的协同方式主要是中心文件协同方式。当项目的规模较大时，可以将项目按功能区域拆分，或按系统拆分。在每个功能区域模型或每个系统模型中，一般由专业负责人根据项目情况和团队人员，建立本专业的中心文件，并划分合适的工作界面。

采用中心文件协同时，团队在工作过程中一般需要遵守的原则有：

（1）项目负责人或指派专人，负责管理中心文件；

（2）为团队成员合理安排工作范围，尽量减少工作交叉；

（3）设置合理的权限；

（4）建立畅通的沟通机制；

（5）团队成员应定期保存本地文件；

（6）团队成员应按预先分配的时间段，用于与中心文件同步，避免设备在多名用户同时保存时死机；

（7）合理地"保留"或"释放"对象，一般建议将不使用的元素和数据全部释放，以便其他团队成员的访问。

划分工作界面需要考虑的因素有：

（1）项目规模、项目复杂度等项目基本情况；

（2）团队组成；

（3）设计分工方式；

（4）构件之间关系。

4.3.1 建筑专业内部 BIM 协同

建筑设计从方案到施工图的过程中，因为不同的软件对于不同阶段设计使用的优势，为提高设计的效率，会涉及不同的软件之间进行转换以及配合使用，以及不同的软件形成的模型在后续阶段的延续使用，因此需要通过统一有效的协同方式，在合理的平台上进行数据传输，协作设计。建筑设计协同包括建筑应用软件与 BIM 设计软件间的协同，BIM 设计软件之间的协同，BIM 设计软件与出图软件间的协同。建筑专业内部 BIM 协同流程如图 4-17 所示。

1. 建筑内部协同的准备工作

在设计开始之初，建筑专业内部应该做以下准备工作：

（1）建立初步的建筑模型，确定链接的模式及共享坐标系。

（2）在各专业协调建立工作集或链接方式的基础上，确定本专业内部的工作集划分方案。

（3）选择或建立建筑专业统一的项目样板文件。包括制图中需要统一的族、材质、单位等。

（4）统一建筑专业内部建模深度。

2. 建筑专业应用软件选择

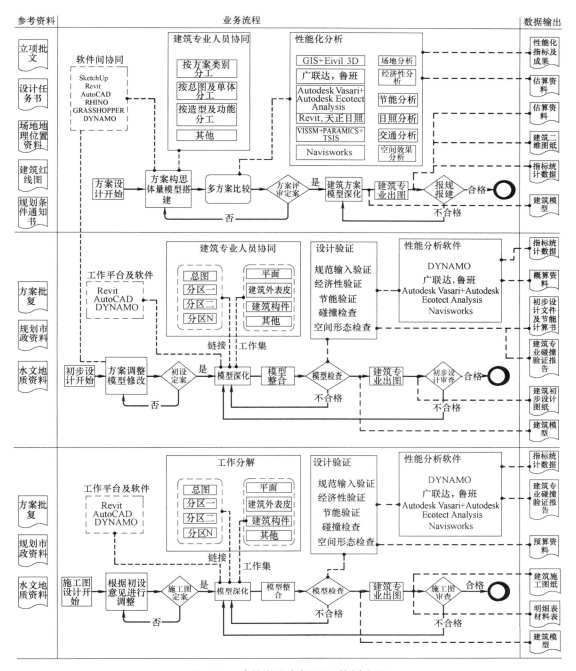

图 4-17　建筑专业内部 BIM 协同流程

在 BIM 的建筑设计中，由于软件的局限性以及技术的需求，在满足高效、高质量的成果呈现时，多会利用众多 BIM 软件相互协调、相互作用以达到目的，而非仅靠某一个软件的技术来达到不同阶段、不同应用范围的需求。

建筑专业 BIM 核心建模软件主要分为四类：

（1）Autodesk 公司的 Revit 建筑；

（2）Bentley 建筑；

（3）ArchiCAD；

（4）CATIA 以及 Digital Project。

目前主要的方案设计 BIM 软件有 Onuma Planning System 和 Affinity 等。Autodesk 开发的 FORMIT360 在某种程度上可以取代 SKETCHUP 的功能，dynamo 也可以在一定程度上帮助实现复杂形态的设计，类似于 rhino 的 grasshopper。

在方案初期，为提高效率会进行多个 BIM 软件的模型转换及协调。例如，较为简单的方正形体，会用 Sketchup 结合 Revit 推敲形体，在形体成熟的情况下，导入 FOR-MIT360 进行体量的转换，再置入 Revit 中进行深化处理，以满足后期的细化以及建模需求；而较为复杂的曲面形体以及重复性参数化形体，则会利用 lxrhino 以及 grasshopper 进行初步设计以及板块划分。在形体确定的条件下，由 Catia 或者是 Revit 对板块进行深化处理。对于较为复杂的幕墙形态，在技术允许的条件下，可对幕墙系统及内部空间进行单独处理，并以链接的方式将其连为整体。

为避免后期的重复和烦琐工作，在项目启动时，设计负责人应针对项目特点对 BIM 软件间的协同配合以及后期应用进行明确的梳理，以达到各个 BIM 软件都被合理利用从而提高设计效率。

在初设及施工图 BIM 出图软件方面，可仍采用前面提到的建模软件。该阶段以方案阶段的成果为基础，对各部分进行深化加工，期间涉及工作的重组以及划分。该阶段主要的任务之一是制图、出图；而根据每个软件的不同，利用这些软件能直接达到出图深度、并且满足中国目前的审图要求的软件并不多。所以，部分 BIM 软件的成果可能需要转换为 Pdf 或 CAD，再通过 CAD 软件二次加工以满足出图要求。部分软件如 Revit、Archi-CAD、Bentley 等，在建筑专业方面已经能够达到 100％的出图需求，可根据不同项目情况优先选择。

3. BIM 协同

任何项目，在设计各阶段都会面临工作的分配。对建筑专业而言，常见的分配方式为：平面、立面、剖面、总图等。对于专业内协同，多采用中心文件协同方式，以 Revit 为例，设计人员通过同一个中心文件协同工作，通过工作集以及权限设置，界定各自的工作内容和权限，并可满足不同的协同要求。

工作集的建立方法：

（1）建筑专业根据项目的实际需求建立初步模型，并根据专业负责人对建筑内部的分工和协作建立初步的设计计划及任务分配表。

（2）参与项目的设计人员根据设计计划及任务分配表认领工作集，并修改为相应专业的名称以及用户名。

（3）设置好所有的工作集以后，将各自权限的工作集设置成活动工作集。

（4）再将中心文件保存为本地文件，便于及时与中心文件协同。

在工作集的划分和权限设置中，建筑专业内部工作的划分在 BIM 上的模式与传统模式大致相同，其中唯一的区别是，对于小型项目，可由一个人负责的，所有工作从头至尾由同一设计人员完成。而大型项目，因涉及造型和平面拆分，可考虑由专人负责和确保模型的及时性以及完整性，从而达到造型和平面的唯一性以及统一整合效果。

例如：建筑师在进行各个部分平面设计的同时，也需要关注内部空间的功能布局、尺度及外立面的设计。因此建立了不同的工作集来协调不同部位之间的协作，可能需要专人及时地查漏补缺，完善内部空间之间，以及内外空间，外部空间之间等容易出错，且容易忽视的衔接位置。所以作为一个项目的模型维护和管理的专业人员，在设计阶段充当的角色甚为重要，应了解各类建筑空间的构造并具备熟练的软件控制能力。

由于 BIM 模型具有即时的可视化特性，建筑设计师可以更加直观的控制空间的尺度、大小及设计的合理性，并且能够方便地进行实时配合。假如发现设计团队中某个工作集中的构件影响到自己这部分，就可以通过对拥有该构件所属工作集的设计人员提出修改请求，经过该设计人员赋予修改权限后进行修改或调整，然后返还权限。这样的调整都是通过同一个 BIM 模型进行修改，可以进行及时的同步更新，反馈给其他相关的设计师；既可以节约时间成本，又避免了传统工作模式下的重复修改或返工。

同时，可以通过对模型的复制与监视功能，随时监视本专业内其他工作集中的变化，进行及时配合和修改。

4.3.2 结构专业内部 BIM 协同

结构设计的主要内容包括结构计算（含建模）、结构制图（初设图、施工图等）、校审等，其中较为复杂的结构还需要采用多个计算分析软件进行分析计算、对比。计算软件间及计算软件与制图软件间存在大量的重复性或关联性数据资源，通过有效的协同手段可打通上述软件间的数据传递通道，大大减轻结构的重复建模工作，提高设计效率。结构专业内部协同包括结构计算分析软件间的协同、结构计算分析软件与 BIM 平台软件间的协同、BIM 平台的协同三个部分。结构专业内部 BIM 协同流程如图 4-18 所示。

1. 结构分析软件间的协同

结构分析软件间的协同，主要是指结构分析软件之间分析模型的数据共享，即一模多用问题。目前 YJK、PKPM、ETABS 等商业软件均提供了相关的数据共享接口，其中 YJK 软件最为出色，已经内嵌了与 REVIT、PKPM、MIDAS、ETABS、ABAQUS 等接口程序，为一模多用提供了实用的操作手段。但目前除了 YJK->PKPM 外，其余商业软件的数据转换并非完备转换，仍需用户仔细核查分析模型。结构分析软件之间的一模多用，目前以下问题值得关注：

（1）前期准备：熟悉相关分析软件的使用说明等相关文档，明确各软件的优势及不足。例如：ABAQUS 一般用于混凝土结构的整体动力弹塑性时程分析及复杂混凝土节点的精细化分析，ANSYS 一般用于钢结构的整体施工模拟分析及复杂钢节点的精细化分析，ETABS 一般用于隔振减震结构粗略的快速弹塑性分析（建议采用 ABAQUS 进行较为精确的分析）。

（2）确定主导计算分析建模软件：主导建模软件与拟采用的其他计算分析软件间可顺畅进行数据传递或转换，实现一模多用的协同需要。

（3）转换时机：应经专业负责人确认，分析模型基本稳定之后方可转换。

（4）模型检查：建议对于任何模型转换后，都应该仔细核查每一个细节，总质量及主要周期的误差可作为评判模型转换准确性的重要依据。总质量和主要周期（一般指前三个周期）的相对误差限值可分别取为 5% 和 3%。

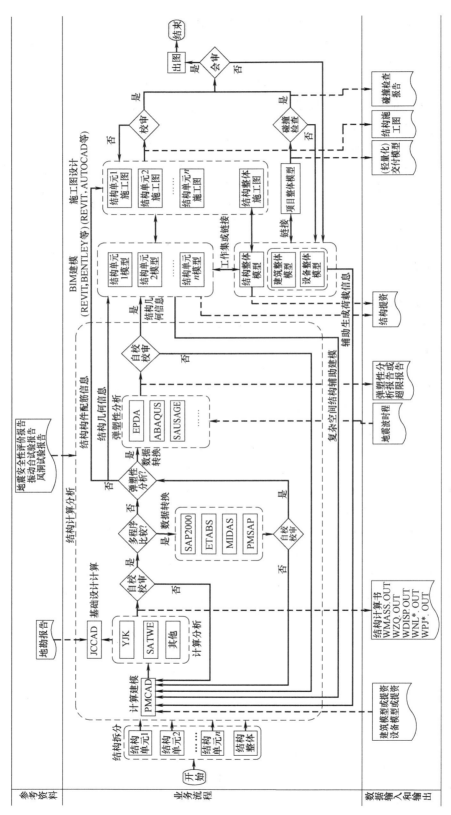

图 4-18　结构专业内部 BIM 协同流程

在结构工程领域中，ABAQUS 解决几何非线性、材料弹塑性及接触非线性的能力出众，已得到国内外众多结构分析同行的广泛认可；但目前实现国内计算分析软件与ABAQUS 间的数据转换、数据补充建模等功能的软件还不成熟，为此中建西南院开发了从 PMCAD+SATWE 至 ABAQUS 的转换软件（XNY_EPTA），搭建了一个集成化的计算分析平台。PMCAD+SATWE 主要用于建立计算模型，ABAQUS 主要用于弹塑性时程分析，通过转换软件 XNY_EPTA，可比较方便的直接由 PMCAD+SATWE 模型（几何、材料、配筋、静载、边界等）导入 ABAQUS，能够快速形成比较准确的弹塑性时程分析模型，能充分利用 ABAQUS 卓越的弹塑性分析能力，使 ABAQUS 更好地服务于工程实践，同时也拓展了 PMCAD+SATWE 的建模功能，提高了计算分析软件间的协同工作效率。PMCAD+SATWE 到 ABAQUS 的数据转换基本流程如图 4-19所示。

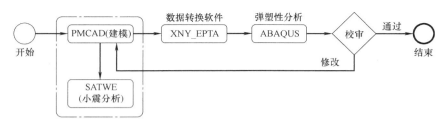

图 4-19　PMCAD+SATWE 与 ABAQUS 数据交换协同流程

2. 结构分析软件与 Revit 软件的协同

结构分析软件与 Revit 平台的协同，主要是指结构分析软件与 REVIT 等 BIM 软件之间的数据共享，也属于一模多用问题。目前 YJK、PKPM、TSSD 等均提供了与 REVIT 的相关的数据共享接口。但目前数据转换并非完备转换，仍需用户仔细核查，结构分析软件与 Revit 平台的协同，以下问题值得关注：

（1）前期准备：熟悉相关分析软件及 REVIT 的使用说明等相关文档，明确各软件的优势及不足。

（2）转换时机：最好经设计负责人确认，等待模型基本稳定后进行转换。

（3）模型检查：模型转换后，建议仔细核查、确认。

3. BIM 软件的协同

在 BIM 软件里，结构专业协同设计的重点是确保结构信息的完整和准确，包括轴线、轴号体系，以及框架梁、柱、剪力墙等主要构件的准确性、完整性与唯一性。

对于现在一般的工程项目，都不可能由单独一个设计人员来完成，须有多个设计人员共同协作完成。以 BIM 软件为基础，在工程设计中，就必须对 BIM 模型进行拆分和组装。模型拆分的好坏与协同效率密切相关，良好的模型拆分方法可大大减少结构专业内部设计工作的交叉干扰，提高设计效率。

以 Revit 平台协同设计为例，结构专业内部人员在进行工程配合的过程中，一般可采用三种模型拆分方法：按标准（化）户型拆分、按标准组件拆分、按结构单元拆分。结构专业负责人可根据项目特点，对模型进行适当的拆分。

（1）按标准（化）户型拆分

对住宅（含别墅）小区类项目，地上建筑由一定数量的户型构成，各户型均有一定量的重复使用率，可按户型拆分后再链接组装为整体，减少建模工作量。结构专业负责人可将项目分成 A、B、C 等户型和整体拼接模型，各结构设计人员可对各自分配的户型进行单独设计，最后整合到一个整体模型当中，如图 4-20 所示。

图 4-20　按户型拆分 Revit 链接

特点：每个户型都有相对的独立性，相互干扰较少，可独立设计。整体模型设计则可通过 Revit 模型链接的方式整合到一起，单个户型修改后，整体模型中的这个户型也得到修改，方便、高效、准确。不同户型交接部分，需要各户型结构设计人员协同完成设计，以 Revit 链接的形式，可提高效率。

（2）按标准组件拆分

对大型建筑，往往有较多重复使用的标准化组件，如楼梯、电梯、扶梯、卫生间等，或者建筑的某一个区域，可将其拆分为单独的标准化组件或组，便于重复使用。结构专业负责人可将这些不同的组件划分出来，相同的组件由同一个结构设计人员进行设计，最后通过 Revit 组的方式复制到建筑中。

特点：重复的组件可形成 Revit 组，通过修改 Revit 组从而修改每一个组件，可提高组件与组件之间协同配合与设计的效率，并且可以重复使用。

（3）按结构单元拆分

大规模复杂建筑可按结构单元分区（抗震缝、伸缩缝、变形缝等）拆分，不同材料（钢筋混凝土部分和钢屋盖部分）拆分，一般可与结构计算拆分方式对应。针对不同的拆分方式，选用工作集或链接的方式协同工作。结构专业负责人可根据结构分析与计算模型，将 Revit 模型以相应的方式进行拆分，各结构设计人员对各自的单元分区进行独立设计，最后通过 Revit 链接的方式整合到整体模型中，如图 4-21 所示。

特点：每一个独立的结构单元，互不交叉干扰，可独立设计。独立单元之间，通过 Revit 链接的形式整合到一起，再由各结构设计人员协同配合完成。

图 4-22 为结构专业负责人根据某住宅项目特点，对 BIM 模型进行拆分、协同的流程图。

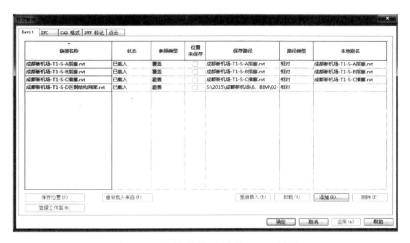

图 4-21 按结构单元拆分 Revit 链接

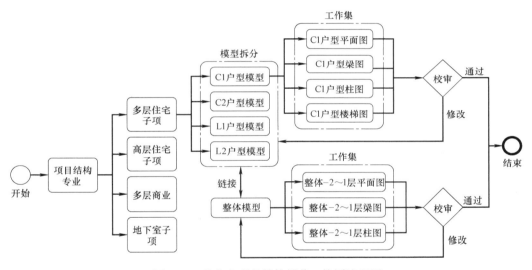

图 4-22 某住宅项目结构拆分、协同流程图

4.3.3 各机电专业内部 BIM 协同

机电专业内部的 BIM 协同，主要通过各 BIM 软件与相应的 BIM 平台之间的信息的交换与收集而达到目的。为了保障软件间信息共享，既有通过软件内部实现，也有输出不同信息交换格式文件外部实现。鸿业 Revit 版、AutoCAD MEP、Revit MEP 相继开始支持 gbXML 输出。以 Revit MEP 为例，负荷计算时，参数和方法都基于 ASHRAE 手册，但可通过 gbXML 格式导入 IES、GBS、Ecotect、鸿业等第三方软件进行其他方法的负荷计算。gbXML 格式用于能耗分析负荷计算软件与建筑软件的信息交换，实现了单专业交换。MagiCAD、AutoCAD MEP、Revit MEP 支持 IFC 格式输出，实现了全专业信息交换。

1. 机电设计内部协同的准备工作

在设计之初应由各专业负责人根据各专业的需求建立相应的项目样板，例如暖通项目样板、给水排水项目样板、电气项目样板。项目的样板文件包含本项目所需的各种信息及设置，涵盖项目参数及信息设置、族库、对象样式、系统设置、计算方法、视图显示及二维出图设置等。为了避免不同专业间协同出现的软件问题，各专业应使用同一版本的 BIM 软件建立模板文件，同时应对项目文件的命名统一规则。应根据不同项目的需求，在模板文件中各专业设置适合的项目浏览器架构、添加适合的机电系统、建立适合的视图样板。

机电设计人员在 BIM 实施中积累了大量机电族，这些机电族经过加工处理，可形成能重复利用的机电族资源。同时，有条件的设计单位宜开发建立机电资源库，使机电族资源合理开发并有效利用，这将大幅度降低 BIM 的实施成本，充分实现 BIM 技术所带来的效率价值。机电族库应设置必要的管理和使用权限，根据不同角色设置机电族库的查询、下载、增删改等权限。

2. 机电各专业内部协同流程

机电各专业内部协同流程如图 4-23～图 4-25 所示。

3. BIM 协同

主要考虑的是一个专业的团队如何配合完成一个设计项目，具体工作方式主要依靠模型链接、中心文件和工作集三种。在传统二维设计中，绘制模型图时需要采用外部参照的方式，引用建筑负责绘制的公共底图，以保持与各专业的一致性。在基于 BIM 的三维设计中，则需要采用模型链接的方式来达到类似的目的。在采用中心文件的工作方式中，只要设计者把本地文件所做的修改与中心文件进行同步，则其余设计者即可查看到该设计者的最新修改，从而可以很方便高效的达到机电各专业间协同设计的目的。此外，基于同一个机电专业，很多时候也不仅仅只有一个设计者。所以，这时就需要借助工作集的作用。工作集类似于 CAD 中的图层，但同时因为 BIM 具有协同工作的概念，所以工作集也是不同人工作之间的一个区分，在以后的模型拼装中起到隔离与区分的作用。

机电专业应根据项目情况选择适合的协同设计方式，"中心文件方式"允许多人同时编辑相同模型，是最理想协同工作方式，但是对软硬件的要求和团队的整体协同能力较强，适用于小型项目和单专业内部采用；"文件链接方式"与传统二维的协同工作方式类同，链接模型只能作为参照，适用于大型项目采用，使模型轻量化，便于集成大数据。实际项目中也可同时使用两种或多种工作方式。

通过专业协调软件（如 Navisworks）对模型进行综合协调，以保证 BIM 模型数据的准确完整。其工作流程一般是：对各专业模型的简化与整合、多专业综合检查和设计调整优化。

机电管线排布一般应遵循如下原则：

（1）电气管线在上，水管线在下；

（2）给水管线在上，排（污）水管线在下；

（3）风管尽可能贴梁底布置；

（4）管线排布需考虑安装控件、运行操作空间和检修空间；

（5）管线排布需综合考虑支、吊架位置。

机电管线调整避让一般应遵循如下原则：

（1）水管避让风管；

（2）有压管道避让无压（自流）管道；

（3）可弯管道避让不可弯管道；

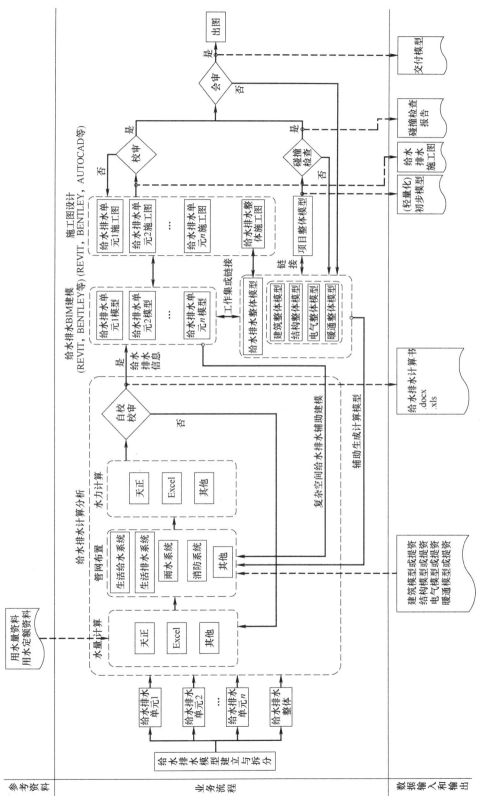

图 4-23　给水排水专业内部 BIM 协同流程

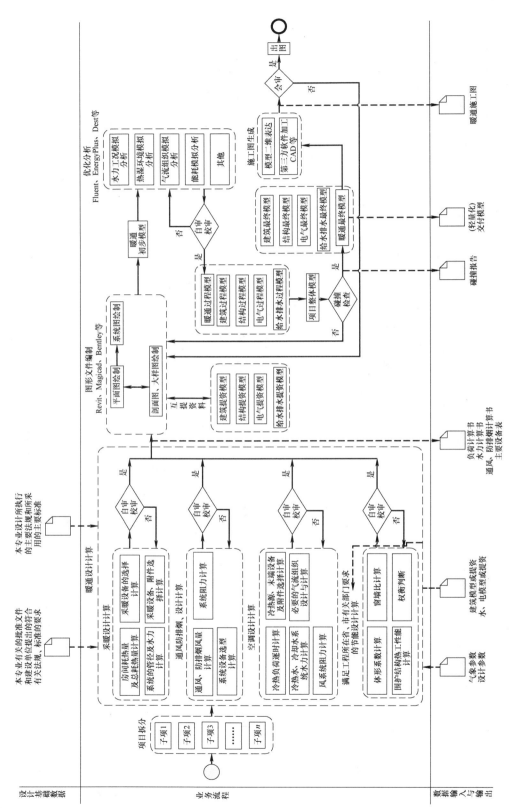

图 4-24 暖通专业内部 BIM 协同流程

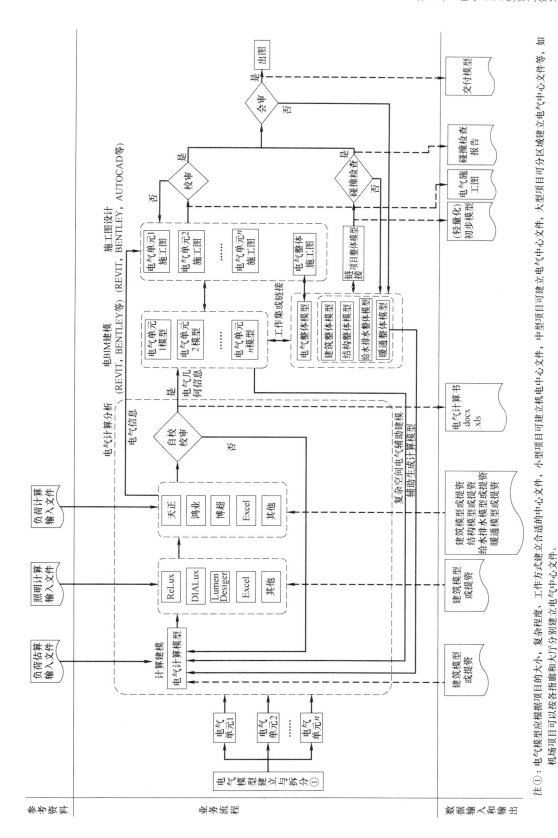

图 4-25 电气专业内部 BIM 协同流程

注①：电气模型应根据项目的大小、复杂程度、工作方式建立合适的中心文件，小型项目可建立机电中心文件，中型项目可建立电气中心文件，大型项目可分区域建立电气中心文件等，如机场项目可以按各指廊和大厅分别建立电气中心文件。

（4）小管径管道避让大管径管道；

（5）冷水管道避让热水管道。

机电各专业间需要进行配合设计的位置，应在 BIM 模型中标示。在施工图设计建模开始之前，应进行各专业初步的管线走向协调，并根据协调结果调整方案及模型。应在 BIM 模型中，完善空间的用电指标、照明负荷等信息，以供暖通专业相关计算。

4.4　专业间 BIM 协同

传统的二维绘图方式解决专业问题的方法，通常是以各专业间周期性、节点性提资的方式进行，基于 CAD 的协同设计，更多的也是通过 CAD 文件的外部参照，使得专业之间的数据可视化共享。这种基于二维图纸的协同方式存在数据交换不充分、理解不完整等问题。

BIM 技术的产生让工程技术人员得以实现更高意义上的协同设计，因为协同是 BIM 的核心要素，统一的项目模型，统一的构件数据，各专业不仅共享数据，可以从不同的专业角度操作该数据，或参照，或细化，或提取。

实现真正的协同设计的要求很高，要求各专业各自都能具备三维设计的能力，采用统一的数据格式并遵守统一的协同设计标准。项目各专业团队成为高度协调的整体，在项目设计过程中，随时发现并及时解决与专业内其他成员或与其他专业之间的冲突。这种协同方式的实现，需要团队能力的提升，也需要软件工具的完善，要完全实现不是一蹴而就的事情，是需要由浅入深，逐步推进的，所以在目前情况下，阶段性节点的专业协调模式，也是团队协作应用 BIM 的有效方法，可把它定义为"BIM 协同"。

在一个具体的项目中，各专业间如何确定协同方式，选择是会多种多样的。例如：各专业形成各自的中心文件，最终以链接或集成各专业中心文件的方式形成最终完整的模型；或是其中某些专业间采用中心文件协同，与其他专业以链接或集成方式协同等等，不同的项目需要根据项目的大小、类型和形体等情况来进行合适的选择。

当然，团队 BIM 应用模式的不同，也会对协同有不同的要求，可分下列两种情况来考虑。

4.4.1　阶段性定时协同模式

这种模式中，项目团队在阶段性设计工作基本完成之后，通过对各专业 BIM 模型的链接和集成，进行阶段性总体综合协调工作，以达到更高的设计质量。这种模式对协同的要求不高，各专业之间一般都采用文件链接方式或文件集成方式进行专业协调，各专业可将其他专业的模型文件链接到本专业中进行检查，也可以采用多专业集成工具，将不同的专业模型都转成集成工具的格式，之后利用多专业集成工具进行协调检查。

由于这种协调大多是阶段性的，所以模型可尽量拆分到足够小的级别，便于不同区域、不同专业的整合。

各专业应共享坐标和项目方向，达成一致并记录在案。未经许可，不得修改这些数据。若不同的专业采用不同的软件建模，链接或整合前需统一各专业模型文件的原点。

若不同的专业采用的建模工具不同，也就是说各专业的原始模型文件格式不同时，专业间协调需要先进行数据转换，可以采用 IFC 等通用格式作为链接文件的格式，也可以采用软件之间推荐的链接文件格式，但由于这种不同数据格式的模型文件相互链接，一般文件量会比较大，且链接文件只能看不能改，所以通常会采用集成方式来解决这种多专业、多数据格式的专业协调。

4.4.2　设计过程连续协同模式

这种模式要求各专业各自都能具备三维设计的能力，项目各专业团队高度协调，在项目设计过程中随时发现并及时解决与专业内其他成员或与其他专业之间的冲突。

要实现设计过程的专业协同，各专业需基于统一格式的 BIM 模型数据，以实现实时的数据共享。这种模式下，一般会采用中心文件或文件链接方式进行协同。

各专业可分别建立本专业自己的 BIM 模型，根据需要链接其他专业的模型。各专业在自己的模型中进行标记提资，接收资料的专业通过链接更新可以查看到提资的内容。最终以链接各专业模型的方式形成最终成果（全专业的完整模型）。

由于在设计阶段，建筑和结构的关系非常紧密，一般也可考虑建筑专业与结构专业共用一个 BIM 模型，专业之间可采用中心文件的协同方式。当项目的规模较大时，可以将项目按功能区域拆分，或按系统拆分，例如：把幕墙、钢结构单独作为一个模型文件，再与土建模型链接在一起。

一般，由建筑专业按项目要求和大小划分好 BIM 模型的文件结构，根据建筑功能要求，首先初步定出竖向构件（墙、柱、支撑等）的布置。建筑平面图基本确定以后，结构可根据建筑平面布置梁板、计算楼面荷载、墙荷载等并进行建模计算，在计算的过程中进一步优化和调整竖向构件截面大小以及梁的尺寸。建筑和结构在配合过程中需注意结构构件与建筑构件的衔接处理。

机电专业的模型和建筑、结构的模型一般是链接关系，一般首先遵循建筑模型的功能区域的拆分方式。机电专业之间可共用一个 BIM 模型，专业之间采用中心文件的协同方式。若是复杂项目，也可考虑各个机电专业建立各自的 BIM 模型，之间再相互链接。同时，土建专业也应链接各机电专业的模型，熟悉各机电专业大设备、大管线的方位。

在协同过程中，各专业需协调配合，尽可能满足其他专业对本专业的协同要求。例如：土建模型需反映土建基本信息（如空间大小、标高、围护结构做法、相关建筑构件属性等），机电专业在此基础上提所需条件（如机房大小、荷载、管井大小、开洞等），土建专业调整自身模型后由机电专业进行复核是否满足需求。

在初设阶段和施工图阶段，各专业之间基于 BIM 的设计协同所需的信息要求可参见表 4-1。

多专业之间信息交换

表 4-1

提资专业	接收专业	初设阶段	施工图阶段
建筑	结构	（1）各楼层标高，楼板范围，降板区域、洞口、楼梯、坡道、结构墙、柱大概布置及定位，隔墙、门洞口尺寸、窗洞口尺寸，各房间使用功能等对结构布置等相关联的内容。 （2）与初步设计作业图一致的模型，尺寸齐全，轴线关系明确。	（1）与施工图一致的模型，尺寸标高齐全，轴线关系明确，门窗位置，电梯、防火卷帘位置、楼梯位置、擦窗机位置，承重墙与非承重墙的位置等能满足结构设计所需尺寸。对结构件尺寸有特殊要求的部位（如降板区，特殊构造位置）提供局部详细尺寸 （2）建筑物各部位的构造做法，各层材料的厚度。

提资专业	接收专业	初设阶段	施工图阶段
建筑	结构	(3)初步设计,构造措施简要说明。 (4)初步人防区域示意	(3)雨棚、阳台、挑檐的具体尺寸及女儿墙的高度。 (4)电梯井道及机房的布置详细尺寸。 (5)提供门窗表由结构专业确定过梁型号及做法。 (6)特殊工艺的工艺要求。 (7)二次装修设计的区域和范围。 (8)总图竖向设计详细尺寸
	给水排水	(1)与初步设计作业图一致的模型,轴线、尺寸、标高齐全。 (2)确定的防火等级、防火分区、人防区域、消防车道、管井、泵房、水箱间,热交换室的面积大小及位置,由建筑专业与给水排水专业共同商定。 (3)需要设置自动喷淋及火灾报警装置的控制室,气体灭火钢瓶间面积大小及位置由建筑与给水排水专业共同商定	(1)与施工图一致的模型,轴线、尺寸、标高齐全,要表示卫生间,沐浴间的布置;需用水池,水盆的要表示位置。 (2)管道竖井的位置,如设吊顶或技术层时,表明底标高及技术层的净高尺寸(指楼板到梁底)。 (3)在确定层高时对梁底与窗顶之间要留出走管道的位置。 (4)提供卫生间与沐浴间布置的详细尺寸。 (5)室内明沟的位置,起止点的沟底标高。 (6)开水房的平面布置详细尺寸。 (7)提供须作防火分隔水幕和防护冷却水幕的位置。 (8)民用建筑中工艺或设备的特殊用水要求(高纯水、放射性污废水等)。 (9)二次装修设计的区域和范围。 (10)总图化粪池、污水处理站可选择位置(与给水排水专业共同协商)。 (11)总图竖向设计详细尺寸
	暖通	(1)与初步设计作业图一致的模型,轴线、尺寸、标高齐全,标出房间名称,底层平面表明朝向。 (2)空调机房、进、排风室的位置与面积大小,暖气入口位置由建筑与暖通专业共同商定。 (3)建筑物的防火、防烟分区如何划分,提供具体部位。 (4)要求空调及洁净房间的外围结构,其保温材料及厚度由建筑与暖通专业共同商定	(1)与施工图一致的模型,尺寸标高齐全,轴线关系明确,表明门窗位置,墙厚及房间编号或名称。 (2)提供建筑物各部位的构造及材料做法,并注明厚度(保温材料与暖通商定)。 (3)提供门窗明细表,选定标准图型号。 (4)提供有吊顶的房间其分布位置。 (5)高层建筑防烟楼梯的布置,以及竖井及风机房的详细尺寸。 (6)提供共用竖井或设置技术层时的详细尺寸。 (7)空调设备有防噪声要求的,建筑专业要提供隔音措施,说明选用材料及做法。 (8)对室内装修要求高的房间吊顶的平面布置与灯具,报警器喷淋点,风口位置,吊顶装饰共同布置确定位置。 (9)特殊工艺的工艺要求。 (10)二次装修设计的区域和范围。 (11)节能设计相关计算数据
	电气	(1)与初步设计作业图一致的模型,轴、线、尺寸、标高齐全,表明房间编号及名称。 (2)对室内照明设计的要求,特殊房间照明的要求及室外特殊照明及节日装饰灯的设计要求(灯具的选择由建筑电气专业共同商定)。	(1)与施工图一致的模型,标高齐全,轴线关系明确,表明房间名称及编号。 (2)提供电梯、自动扶梯、电动卷帘门、自动门等的位置及设计要求。 (3)提供建筑用电设备,如电动天窗及侧窗开关器的设计要求。

续表

提资专业	接收专业	初设阶段	施工图阶段
建筑	电气	（3）根据建筑物的性质提出供电设计要求及主要线路敷设路径。 （4）电力用房的面积大小及位置由建筑、电气专业共同商定。 （5）提出供电计量要求，灯具的开闭控制方式。 （6）建筑平面的防火分区和防火分区分隔位置、面积及使用防火分隔采用的形式	（4）防雷接地，室内电气插座的数量及位置的要求。 （5）对室内装修要求高的房间吊顶的平面布置，其灯具位置要与其他专业相协调提供吊顶平面布置。 （6）提供建筑物室内外装修及各部位构造材料做法，注明垫层隔声层的厚度。 （7）变形缝位置、尺寸。 （8）二次装修设计的区域和范围。 （9）特殊工艺的工艺要求
	建筑经济	（1）与初步设计作业图一致的模型，轴线、尺寸、标高齐全，表明房间编号及名称。 （2）各类构件尺寸，标高明确。 （3）说明构件材料及做法	（1）与施工图一致的模型，尺寸标高齐全，轴线关系明确，表明门窗位置，墙厚及房间编号或名称。 （2）各类构件尺寸，标高明确。 （3）说明构件材料及做法。 （4）特殊工艺的工艺要求。 （5）专用设备的相关信息
结构	建筑	根据建筑专业提供的条件图，提供基础的形式、平面尺寸、剖面尺寸和埋置深度	（1）当有地下室时，提供地下室底板、顶板和墙的厚度、四周挑出长度及底板底的埋深（基底标高）。 （2）建筑物的结构形式、梁、板、柱的断面尺寸、牛腿尺寸和顶标高。 （3）柱间支撑的位置形式和断面尺寸。 （4）电梯井的井壁厚度。 （5）砌体结构的材料强度等级，窗间墙及转角处的最小尺寸。 （6）圈梁和构造柱设置位置和断面尺寸、顶标高。 （7）变形缝、沉降缝、防震缝的位置、尺寸及其和定位轴线的关系
	给水排水	（1）与初步设计作业图一致的模型，梁、柱截面大小及位置准确，结构板板厚及板顶标高准确。 （2）集水坑平面位置及剖面大样。 （3）预留孔洞位置及尺寸	（1）建筑物的结构形式、梁、板、柱的断面尺寸，相应的平面关系。 （2）预留孔洞位置及尺寸。 （3）集水坑平面位置及剖面详图
	暖通	（1）与初步设计作业图一致的模型，梁、柱截面大小及位置准确，结构板板厚及板顶标高准确。 （2）预留孔洞位置及尺寸	（1）建筑物的结构形式、梁、板、柱的断面尺寸，相应的平面关系。 （2）预留孔洞位置及尺寸
	电气	与初步设计作业图一致的模型，梁、柱截面大小及位置准确，结构板板厚及板顶标高准确	建筑物的结构形式、梁、板、柱的断面尺寸，相应的平面关系
	建筑经济	（1）与初步设计作业图一致的模型，梁、柱截面大小及位置准确，结构板板厚及板顶标高准确。 （2）各类构件的混凝土强度等级，用钢等级	（1）建筑物的结构形式、梁、板、柱的断面尺寸，相应的平面关系。 （2）梁、板、柱、墙等的钢筋配置情况。 （3）各类构件的混凝土强度等级，用钢等级

续表

提资专业	接收专业	初设阶段	施工图阶段
给水排水	建筑	(1)本专业的工艺建筑物、构筑物，应提供需用面积、控制尺寸及内部用房的特殊要求等。 (2)给水排水设施的辅助用房位置及面积	(1)本专业的工艺建筑物或构筑物，提供工艺平面布置图，包括控制尺寸、层高、房间分配及各类房间的特殊要求等，如隔音、防腐、防潮、防水以及起重吊装设备和安装孔洞等。 (2)建筑给水排水，提供给水排水设施的辅助用房位置、占用面积，要求层高及对建筑方面的特殊要求等。 (3)各类建筑物内消防给水设施的布置，有暗设者提供墙洞位置及几何尺寸标高等，各种管道需要竖井时，协商竖井位置及几何尺寸，并协商各种架空管道走向及控制标高等。 (4)室内本专业需设置排水沟时，协商位置及做法，包括断面尺寸、控制标高及各种特殊要求等。 (5)屋面雨水沟、雨水斗的位置，过水孔、溢流口的尺寸、标高、位置或数量
	结构	(1)本专业的工艺建筑物、构筑物，应提设备荷载，控制标高和净高要求等。 (2)水池、水箱间、水泵房、加(换)热机房、钢瓶间、集水坑等的面积、荷载、标高和净高要求	(1)本专业的工艺建筑物、构筑物，应提构造要求、设备基础、吊装设备和吊轨需求，标高和净高要求。 (2)降板、降梁、管沟、回填区域面积、位置和高度的要求。 (3)水池的检修口、取水口、吸水坑等的位置、尺寸、深度等；水箱的位置，荷载，面积，基础 (4)穿梁，剪力墙、地下室外墙超过 $\phi300$ 的预留洞。 (5)超过 $\phi400$ 的管道的位置和单位长度满水荷载
	暖通	采用气体灭火的区域	污水泵房、加药间等存在和产生有毒有害气体空间的换气次数要求
	电气	(1)各用电设备的初步位置和安装容量、额定电压、控制要求等。 (2)主干管敷设路径	(1)各用电设备的具体位置和安装容量、控制要求、额定电压、功率因数、工作效率等。 (2)电磁阀、信号阀、消火栓、水流指示器、气体灭火等消防设施位置和控制原理。 (3)水池、水箱的溢流报警控制要求。 (4)感应式洁具的位置和用电要求。 (5)室内干管的垂直、水平通道
	建筑经济	(1)与初步设计作业图一致的模型，轴线、尺寸、标高齐全，表明房间编号及名称。 (2)机电设备、管道、管件等规格、尺寸、标高明确，阀门链接方式明确。 (3)说明构件材料及做法	(1)与施工图一致的模型，尺寸标高齐全，轴线关系明确，表明门窗位置，墙厚及房间编号或名称。 (2)机电设备、管道、管件等规格、尺寸、标高明确，阀门链接方式明确。 (3)说明构件材料及做法
暖通	建筑	(1)本专业所需各种空调、进排风机房、冷冻站、水池、热交换间等的平面布置、尺寸及位置要求。 (2)地下风道和管沟的平面布置及尺寸。 (3)竖井的位置和尺寸。	(1)本专业所需各种空调、进排风机房、冷冻站、水池、热交换间等准确的平面布置、尺寸及净高要求。 (2)地下风道和管沟准确的平面布置、断面尺寸以及防潮、防水、排水等要求。 (3)竖井风道、管道井的位置、断面尺寸、检查门的位置、尺寸等要求。

续表

提资专业	接收专业	初设阶段	施工图阶段
暖通	建筑	(4)围护结构需保温时,与土建配合确定的保温材料及厚度。 (5)大设备吊装孔或安装洞的位置及尺寸。 (6)需要时提出外窗的层数及遮阳要求。 (7)有吊顶要求的部位	(4)围护结构需保温时,与土建配合确定保温材料及厚度、隔气层的要求。 (5)设备进出机房所需的洞口尺寸、位置。 (6)有吊顶要求的部位。 (7)各种管道及配件在围护结构及管井上需留洞的尺寸、位置、标高及需要预埋件的位置、尺寸等要求。 (8)需要时,提出外窗层数及遮阳要求。 (9)需要时,提出外窗密闭及隔声要求
	结构	(1)本专业大型设备的估算重量及位置。 (2)本专业需在结构承重墙,楼板上的开洞大致位置	(1)本专业大型设备的详细重量及位置。 (2)所有本专业需在结构承重墙,楼板上的开洞详细尺寸及位置
	给水排水	(1)寒冷地区未设采暖的房间区域。 (2)需要给水、排水的房间及排水的方式(压力或重力)	(1)寒冷地区未设采暖的房间区域。 (2)需要给水、排水的房间及排水的方式(压力或重力)。 (3)本专业与给水、排水的接口及具体的水量、水处理需求
	电气	(1)各用电设备的初步位置及其电气安装容量,额定电压,控制方式。 (2)各层使用的防火阀、排烟阀、加压送风阀的初步数量。 (3)主通风管道敷设路径	(1)提出需要防雷接地和防静电接地的设备。 (2)排烟阀、加压送风阀,需要电气或信号控制的阀件等数量及控制要求和位置。各用电设备的具体位置及其电气安装容量、控制要求、额定电压、功率因数、工作效率等。 (3)各系统风管敷设路径
	建筑经济	(1)与初步设计作业图一致的模型,轴线、尺寸,标高齐全,表明房间编号及名称。 (2)机电设备、管道、管件等规格、尺寸、标高明确,阀门链接方式明确。 (3)说明构件材料及做法	(1)与施工图一致的模型,尺寸标高齐全,轴线关系明确,表明门窗位置,墙厚及房间编号或名称。 (2)机电设备、管道、管件等规格、尺寸、标高明确,阀门链接方式明确。 (3)说明构件材料及做法
电气	建筑	(1)电气用房和竖井要求的位置、面积及层高,配电间的布置、电缆沟的位置及尺寸。 (2)变压器的位置、面积及层高。 (3)电气线路及对楼面垫层要求。 (4)对建筑物或房间有特殊要求时应向建筑专业提出(如电磁屏蔽)	(1)电气用房和竖井的具体位置、面积、层高及防火要求;电气用房的预埋件、预留洞等。 (2)变压器室的具体位置、面积及层高;预埋件、预留洞,通风百叶窗面积。 (3)建筑物内电缆沟的布置、尺寸、预埋件及防火要求。 (4)配电箱(盘)在墙上嵌装的预留洞位置、尺寸、标高。 (5)建筑物明设接闪网及引下线的位置、预埋件等。 (6)电气线路进出建筑物位置、主要敷设通道
	结构	(1)变压器、柴油机、高低压配电柜等位置及相应荷载。 (2)各类电气用房电缆沟、夹层。 (3)配电箱、设备箱、进出管线需在剪力墙上的留洞。 (4)对结构有特殊要求时应向结构专业提出(设备吊装及运输通道要求、安装在屋顶或楼板上较重的设备)	(1)设备管井预留洞位置、尺寸,暗装于剪力墙的配电箱留洞位置及尺寸。 (2)进出建筑物预留穿墙套管位置及管径。 (3)变压器、柴油机、高低压配电柜等位置及相应荷载,卫星电视设备等位置及相应荷载。 (4)对结构有特殊要求时应向结构专业提出(设备吊装及运输通道要求、安装在屋顶或楼板上较重的设备)

续表

提资专业	接收专业	初设阶段	施工图阶段
电气	给水排水	(1)水泵房电气控制室的位置、面积。（与水专业共同协商）。 (2)主要管线、桥架敷设路径	(1)变配电房电缆沟低注处，设集水坑及相应排水要求。 (2)柴油机房进出水管位置及尺寸。 (3)需要给水排水设施的设备、机房的位置及水量、水压、水质要求。 (4)电气线路进出建筑物、主要管线、桥架敷设路径
	暖通	(1)冷冻机房、换热站等电气控制室的位置、面积，有通风要求的电气用房的需求。（与暖通专业共同协商）。 (2)主要管线、桥架敷设路径	(1)根据柴油机发电机设备功率、提供进排风口面积大小。 (2)变配电房的设备布置、尺寸。 (3)电气线路进出建筑物、主要管线、桥架敷设路径
	建筑经济	(1)与初步设计作业图一致的模型，轴线、尺寸、标高齐全，表明房间编号及名称。 (2)电气设备、管线等规格、尺寸、标高明确。 (3)说明电气材料及安装	(1)与施工图一致的模型，尺寸标高齐全，轴线关系明确，表明门窗位置，墙厚及房间编号或名称。 (2)电气设备、管线等规格、尺寸、标高明确。 (3)说明电气材料及安装

注：施工图阶段所需信息应包含初步设计阶段中的所有内容。

若采用中心文件协同的方式时，各专业间应建立干涉最小的协同工作权限，确保既能实时共享数据，又能避免非授权修改；如果项目启用了中心文件，相互链接时必须链接服务器上的中心文件，以保证所有团队成员可以看到完整的项目文件，不要链接自己或他人的本地工作文件。

由于各专业的 BIM 模型数据的格式一致，可以确保各专业信息传递的准确性及完整性，若需要用标注的方式给外专业提资时，应统一该标注的形式，便于外专业统一辨认。

机电专业向外专业输出的信息应尽量反映在模型的实际接口中。如果用电设备构件不包含电气的接口，则应附上设备材料表，详细标记设备用电需求。如暖通设备的电功率信息应可直接在暖通设备内读取，设备的电气、水的接口应可直接由水、电专业辨认并接上。向通信专业提资料时，除了模型以外，应附上设备的控制原理和控制需求。

4.4.3 协同机制确定

BIM 协同机制是保证整个工程项目顺利进行，并最终成功实施 BIM 的关键因素。协同设计过程都有众多的参与方，如何进行高效的组织协同是关键。基于 BIM 技术的协同设计模式在一定程度上改变了传统建筑业的业务流和信息流，推动建筑项目各参与方职责分工的变动和利益责任的重组。因此，在制定设计协同实施方案前必须就以下问题做出安排：

1. 明确各参建单位层级和职责，并形成责任矩阵

协同工作涉及设计方、业主、施工方、供应方等单位（也可能包含 BIM 咨询团队），各方职责不同。设计方是基于 BIM 的建筑协同设计主导者，其 BIM 团队为主要执行团队；业主是主要需求和要求的提出者，也是各种成果的接收者。协同工作中，也可考虑加入咨询团

队，主要负责对与 BIM 相关内容的技术指导和咨询，咨询的责任范畴以签订的服务合同为主。在基于 BIM 的设计流程中，通常需要制定用于指导该项目团队明确设计目标的多专业协同设协调规划。考虑到 BIM 协同对于传统建筑业业务流的改变，本文重新定义明确了 BIM 协同设计 9 条工作流程，表 4-2 是上述流程的具体内容以及一个参与各方权责划分的参考方案。

2. 明确协同工作的组织方案，形成设计协同流程

（1）设计阶段协同组织方案

协同的组织应该按照项目 BIM 实施的组织机构的职责分工，如下为一职责分工方案：

现状建模：由业主负责牵头组织，设计院/BIM 团队负责现状建模，各参与方对不同阶段的现状模型进行会审，会审内容包括现状模型、各阶段的施工方案与现状模型的结合等。

设计建模：设计院/BIM 团队负责模型的建立，如聘请了 BIM 咨询单位，可参与对模型进行审查和评估，业主对模型进行确认，并通过工程例会或者远程视频进行 3D 交底。

设计评审：由业主牵头组织各方评审，通过设计成果的 BIM 展示，辅助评审。

3D 协调：业主组织 BIM 协调例会，相关参建各方利用 BIM 模型，通过会议形式进行工作协商处理，业主主要负责协调决策和成果确认。

4D 模拟：由业主牵头组织施工方、设计方等，确定模拟的内容和时间节点，由 BIM 团队负责 4D 模拟的具体协调和模拟工作，施工方和监理单位负责方案和实际进度的审核，4D 模拟成果由业主确认。

施工图预算：由 BIM 团队在 BIM 模型的基础上，利用相关软件对工程量进行导出，由业主牵头组织施工方、监理单位，以会议形式协调和确定工程量。

基于 BIM 的建筑协同设计模式责任矩阵　　　　　　　　　　表 4-2

序号	流程	业主	设计方	施工方	供应商	BIM 咨询(可选)
1	实施规划	批准	编制规划、执行	执行	执行	技术支持
2	建筑结构机电专业建模	审定	建模	—	—	技术支持
3	现状模型	审定	建模	—		技术支持
4	设计评审	审定	配合	配合		参与评审
5	3D 协调	组织	3D 检查	配合		技术支持
6	4D 模拟	组织	实施	配合	—	技术支持
7	施工图预算	审定	组织实施	配合	配合	技术支持
8	记录模型	确认	组织实施	配合	配合	技术支持
9	竣工模型	确认	建模	配合	配合	技术支持

（2）设计阶段 BIM 协调流程

协调规划中，首先，必须确定项目的整体计划，即要设计团队的各专业设计师明确各个阶段的具体任务以及各阶段模型的细度要求；其次在任务范围内核查各阶段设计质量，避免造成疏漏或分工不明带来的相互推诿；最后，设定各个专业设计师的工作权限，避免在设计时对项目中一些相关的信息进行重复修改或者删除，导致重复的劳动。多专业协同设计的工作采用并行模式，非常强调多专业设计师合作。

在初步的 BIM 模型的基础上，根据制定的多专业协同设计协调规划，结构、MEP 等专业设计师可以根据自己的需要对其提出设计要求或条件。因此，BIM 的方式为各专业之间的协同设计构筑了一个平台，建筑、结构、MEP 等专业的设计工作便可以同步进行。

建筑设计师可以按照结构和 MEP 等专业提出的要求，对项目进行细化设计。设计师根据必要的信息确定墙体的厚度、门窗的尺寸和类型等。由于基于同一个 BIM 模型，建筑设计师可以清楚地看到结构和 MEP 等图纸设计中结构、管路的分布或布局，进而能够确定门窗开口开洞位置、建筑房间布局大小、楼梯位置等。

在设计阶段利用 BIM 技术进行各专业之间的协同，可以减少和消除潜在的错、漏、碰、缺等设计问题，提高设计的效率和出图质量。利用 BIM 模型的 3D 可视化特点，还可以对设计方案进行优化，例如净高分析、地下空间利用率分析、楼层间节点深化、重点设计节点深化等，在项目施工前期基本解决可能由于设计而引起的变更问题。

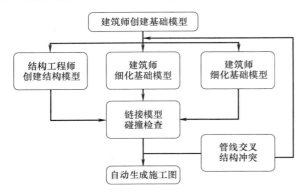

图 4-26　基于 BIM 的协同设计工作流程示意

设计阶段 BIM 协调的具体流程以及各参与方所应承担的主要工作如图 4-26所示。主要流程包括 BIM 团队基于设计单位提供的概念设计创作 BIM 模型；设计单位依据"初步设计"方案，按照咨询团队提供的"论证方案"来检查"各专业模型"是否符合要求；设计单位根据"确定的协调区域、信息"等内容，制定协调计划，由 BIM 团队配合其完成"碰撞检查"等协调方案，最终经咨询团队确认"是否碰撞"后，将方案论证的结论上报业主，从而形成完整的协调流程。

4.5　设计各阶段 BIM 协同

项目的设计阶段可分为规划阶段、方案阶段、初设阶段、施工图阶段。设计阶段中的 BIM 协同主要是为了确保 BIM 模型数据的延续性和准确性，减少项目设计过程中的反复建模，减少因不同阶段的信息割裂导致的设计错误，提高团队的工作效率与准确率，提升设计产品的质量。

不同的项目，设计阶段的 BIM 协同会涉及的工作阶段（时期）也会不同，有的会从前期策划阶段就开始，有的会延伸到设计后期的服务阶段，但主要会集中在方案、初步设计和施工图设计阶段。

设计阶段中的 BIM 协同主要考虑以下基本原则：

（1）应制定合理的任务分配原则，保证各专业间、专业内部各设计人员间协同工作的顺畅有序；

（2）应考虑企业现有的软硬件条件，制定合理的协同工作流程，避免超出硬件的支撑能力；

（3）各专业应确保各个阶段的 BIM 模型内容达到本指南中的要求；

（4）设计阶段中的 BIM 协同包含了大量的数据传递，各阶段的设计人员应尽可能将现阶段的数据传递到下一阶段，当数据格式不同时，则需要考虑一种最佳的中间格式，以便下一阶段的再利用；

（5）应确保数据模型版本的唯一性，准确性与时效性；

（6）各专业应尽量采用本专业推荐的 BIM 应用方案和方法（详见各专业章节）。

4.5.1　设计各阶段的 **BIM** 协同流程

设计各阶段的 BIM 协同流程如图 4-27 所示。

设计各阶段 BIM 协同流程：

（1）BIM 项目策划：根据项目情况，在方案、初设或施工图阶段采用 BIM 协同技术，开始模型的创建工作。并根据项目目标拟定或完善项目的 BIM 策划工作，以支撑各阶段 BIM 模型的搭建和深化；

（2）建立项目的概念或方案模型，深度达到方案深度要求及各性能分析与评估决策分析软件的要求。通过各项性能化分析与评估，为方案比选和定案提供依据；

（3）在前期策划或方案模型的基础上进行模型的整合和深化，进行数字化分析和碰撞检查，并根据分析与检查结果对模型进行优化调整，形成初步设计深化模型，并生成符合初设深度要求的二维图纸、碰撞检查报告、各项分析报告等；

（4）在初设模型的基础上进行模型深化，进行数字化分析和碰撞检查，并根据分析与检查结果对模型进行优化调整，形成施工图设计深化模型，生成符合施工图深度要求的二维图纸、碰撞检查报告、各项分析报告等并交付业主；

（5）设计与施工协作，根据施工工艺要求、场地模拟、4D（5D）模拟等需求，对模型进行深化或优化，形成满足施工要求的施工模型，并根据需要生成施工模拟演示动画等成果；现阶段因为软件、数据交换等问题，施工方较多根据施工图重新建模，未充分利用设计模型，是需要解决的问题。

（6）工程竣工后，根据运维要求补充完善施工模型，交付满足运维要求的竣工模型。

4.5.2　设计各阶段的模型深化方法

BIM 项目模型主要遵循模型由简单至复杂的概念。根据不同的模型图元等级，深化模型。由于不同设计阶段对二维视图的交付目标和交付要求不同，因此应依据不同阶段的实际交付要求而进行模型的信息传递及深化。

1. 方案概念设计到方案定案阶段的模型深化

方案概念设计阶段，可以采用 SkechUp、Rhino 等三维建模软件对建筑的布局，体量关系进行推敲和构思和形态推敲，形成初步的建筑概念体量，将初步确定后的体量进行深化，通过面墙、面屋顶，建立体量楼层等方式，建立具有初步的建筑构件信息的模型。

方案阶段的设计成果主要用于对方案的评审及多方案比选。通过 BIM 模型可视化功能完成方案的评审及多方案比选，在方案阶段的 BIM 模型仅需满足方案概念表达的建模精度要求，对单体建筑而言，即模型中仅需表达场地设计的基本内容，如交通、大致标高、室内外高差关系等；建筑主体层高及轴网关系；墙体仅需表达墙体核心层厚度和位置；门窗表达开启位置及洞口位置及尺寸的几何信息；基本的梁板柱关系及几何信息；房间的面积划分及功能，等等能表达方案构思意图的建模深度。由 BIM 模型直接生成二维视图以满足方案设计交付的要求。同时可以满足方案阶段对于建筑技术经济指标中关于建筑面积，房间面积，容积率等的统计要求。

2. 初步设计阶段

初步设计成果主要是用于确定具体技术方案及为施工图设计奠定基础。BIM 技术应用

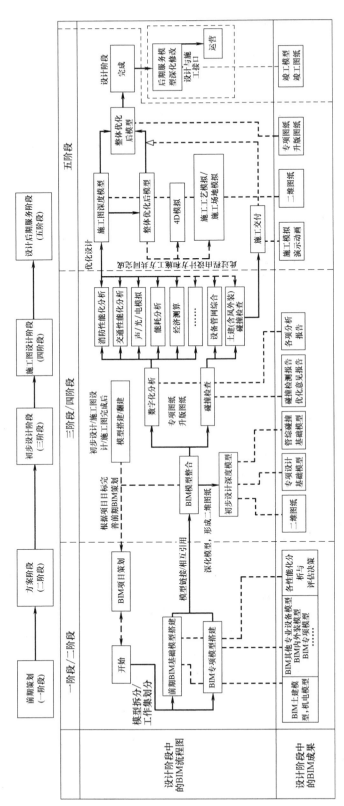

图 4-27　设计阶段的 BIM 协同流程

后，通过 BIM 模型可以更高质量地完成建筑设计、优化分析及综合协调。因此，初步设计阶段 BIM 模型应在方案设计的 BIM 模型基础上进行深化。如：对场地及道路标高进行初步设计，通过插入不同标高的点进行场地模型的深化；建立准确的项目基点和参照点，以确定模型各定位点的坐标和标高关系；立面标注增加表达层高及局部构筑物高度；墙体通过类型属性编辑，增加面层信息，如材质、颜色等，并进行面层材质注释；各专业初步配合后，进行工作集或链接协作，深化房间的布置，梁板柱的深化设计和定位等等；深化门窗洞口的设计，通过族的编辑或替换进行门窗细化等。使方案阶段的 BIM 模型信息可以有效地传递到初步设计中。生成的二维视图进行必要的标注等处理后可作为正式交付物。以保证模型与图纸间数据的关联性，有利于施工图设计阶段的设计修改，大幅降低图纸后续处理的工作量。

3. 施工图设计阶段

施工图设计成果主要用于施工阶段的深化，并指导施工。在此阶段需要进行专业间的综合协调，检查是否因为设计的错误造成无法施工的情况。因此，模型细度要求达到施工图的表达深度，同时还应满足对于施工图阶段所需的明细表统计内容。因此对于初步设计的 BIM 模型进行在施工图阶段进一步的深化设计和信息附着：通过编辑原有初步设计模型场地中子面域或拆分场地，建立道路、绿化、广场等区域并进行道路高程，场地高程的模型深化，等高线的表达，并通过建筑地坪建立，对模型中的场地进行开挖。并通过注释，标明绝对标高、坐标、坡度等信息。表达准确的建筑标高及结构标高关系，立面表达门窗的高度及开启方式。墙体深化可通过增加与原有墙体核心层墙体相关联的两层墙（外装饰墙和内装饰墙——含保温和抹灰，面层），或通过类型属性编辑，对面层，保温层，防水层等进行设置。通过工作集或链接结构的楼板，在结构板上建立建筑的楼板或屋面面层并通过属性编辑赋予材料。可以与门窗在平面图中进行编号表达，幕墙的划分，嵌板的插入和编辑等。

在原有初设模型的基础上进一步完善房间划分，留洞及管井的设置等。完善模型中注释的标注，赋予构建关于施工图所需明细表内容的属性和信息。

在项目起初，应首先考虑模型包含多少程度的细节。细节过低会导致信息不足，细节过高会导致模型操作效率低下。因此，项目的设计负责人需规定模型细节到何种程度，并转向二维详图工作。在不牺牲模型完整性的前提下，尽量降低模型的复杂程度，并使用二维详图或其他方式增强二维出图图纸的完整性。

4.6　设计方与项目各相关方（外部）的 BIM 协同

项目建设期内，设计方与业主、建设主管部门、审图机构、监理、勘察、施工、加工制造以及各专项设计（包括规划、地下管廊、道桥、地铁、高铁、景观、幕墙、装饰、建筑物理、绿建等）各相关方存在大量的建设项目信息交换需求，其中部分信息交换可通过 BIM 技术协同完成。根据不同的项目参与方及协同特点，因地制宜地制定协同目标、对协同技术进行分析、搭建符合项目规模和特点的 BIM 协同平台、制定协同沟通原则和协同数据安全保障措施等，使 BIM 技术在各参与方的协同中发挥最大价值。设计方与项目各相关方（外部）的 BIM 协同流程如图 4-28 所示。

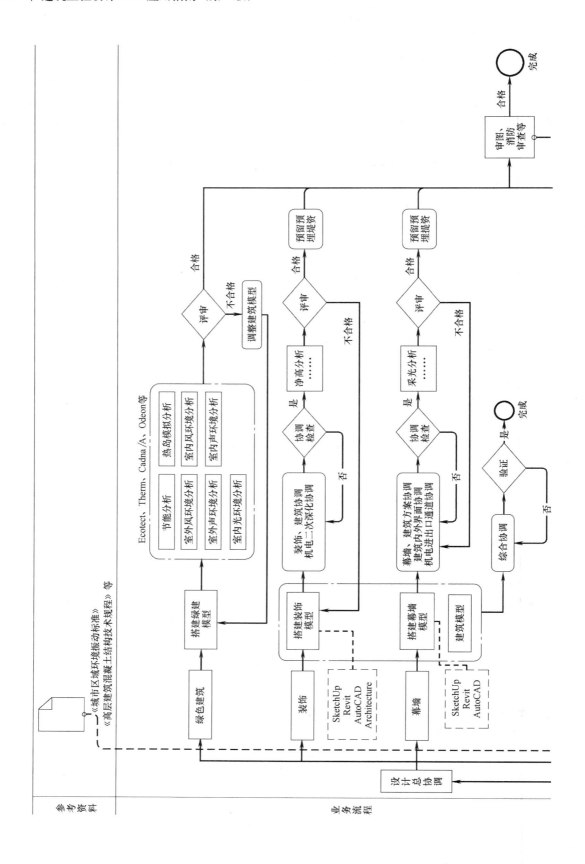

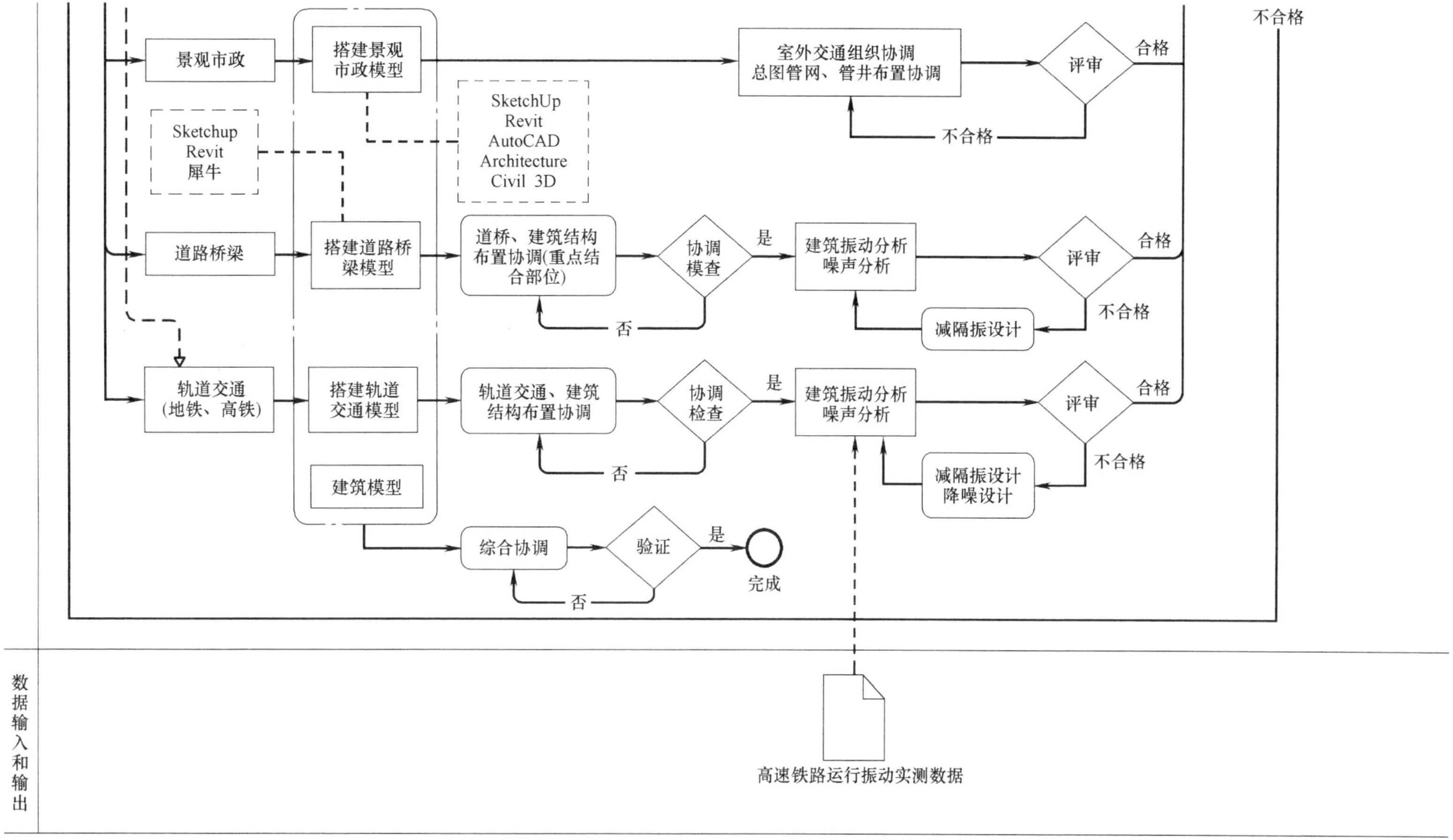

图 4-28　设计方与项目各相关方（外部）的 BIM 协同流程

4.6.1 BIM 各相关方协同总则

设计方通过应用 BIM 技术，对项目中业主、监理、勘察、施工、加工制造，及各专项设计（包括规划、地下管廊、道桥、地铁、高铁、景观、幕墙、装饰、建筑物理、绿建等）实施流程的分析、描述，形成适合成 BIM 项目实施的指导性文件，保证项目能够顺利开展并有效协同。

4.6.2 BIM 各相关方协同目标

为 BIM 各相关方协同的实施提供一套完整的流程或实施要点规范，使各相关方项目经理和实施人员能够理解在项目实施过程各阶段的关键要素、工作内容和工作职责，并能够按图索骥，从本规范中得到工作开展的相关指引，提高管理效率，提升管理效益。

4.6.3 项目相关方及协同特点

项目相关方：业主、监理、勘察、施工、加工制造及各专项设计（包括规划、地下管廊、道桥、地铁、高铁、景观、幕墙、装饰、建筑物理、绿建等）。

协同特点：由于项目相关方归属于不同的责任主体，为理清责权关系，往往采取相关方成果交付的方式进行协调，没有达到协同的目的。同时项目各相关方 BIM 协同能力、软件平台等不尽相同或一致，给各方协同造成了障碍。为此应采用既满足协同要求，又能分清责权主体的协同方法。

4.6.4 BIM 相关方协同技术分析

技术分析的目的是基于对项目相关方协同特点的分析，预先了解本项目可能遇到的技术难点，便于提早做出准备，参见表 4-3。

BIM 相关方协同技术分析   表 4-3

分析项目	分析内容
市场软件成熟度	(1)从成熟度和市场占有率来考察软件成熟度；
硬件资源分析	(2)服务器端配置能否满足协同工作要求； (3)个人电脑能否满足大体量建模要求； (4)是否有模型渲染需求，需要工作站等高配电脑
技术难度分析	(5)有无软件无法实现或不支持的建模内容； (6)结构分析、工程量统计方面的技术是否能满足要求； (7)有无参数化设计需求； (8)是否需要借助其他软件，与 Revit 的接口是否成熟

4.6.5 搭建 BIM 项目相关方协同平台工作环境

BIM 协同平台能够帮助项目团队实现对建筑工程全生命周期的监管，及时、透明、全面地让各专业各职能部门掌握项目情况。平台应用无时间、地域和专业限制，便捷的应用方式，轻松打通 BIM 应用各环节。一般具有如下功能：

（1）图文档管理系统：建立专业间设计条件图交流规则，实现专业间图纸交流自动触发；建立项目设计成果自动收集子系统，形成完善的设计成果资源库，实现设计成果的共享及再利用。

（2）电子签名系统：建立设计单位电子签名数据库系统，提供设计图纸的单项、多项及批量签名功能；同时实现签名后的设计成果的安全管理。

（3）图纸安全系统：建立图纸安全管理系统，提供不同等级的图纸加密解决方案，保证设计成果不被非法利用；建立项目设计成果的自动收集子系统，保证项目设计成果能及时有效收集。

（4）打印归档系统：建立单位统一的设计成果打印归档系统，提供图纸拆图、打印管理功能；建立设计资源库检索子系统，提供通过条形码、图纸单元信息等方式的图纸海量定位查找功能。

（5）即时通信系统：建立以项目团队为基础，带有专业角色的实时通信系统。

4.6.6　BIM 相关方协同数据安全和保存

数据安全牵涉到项目安全性，有时也涉及国家公共安全，应建立适当的数据安全和加密措施。同时，在数据保存时也应充分应用软件的相关功能，以 Revit 为例，其文件保存设置功能加强了协同数据安全性和文件保存管理：

（1）所有 BIM 项目数据应存放在网络服务器上，并对其进行定期备份；

（2）各项目人员应通过受控的权限访问网络服务器上的 BIM 项目数据；

（3）Revit 备份的最大数量应设为 3；

（4）Revit"本地"文件应每隔一小时回存至"中心"位置一次；

（5）Revit 保存提示间隔应设为 30min；

（6）相关模板中包含一个"起始页"。这些模板应保留，文件信息应完整。如需要，可弃用或用项目相关信息替换其中的提示；

（7）在保存文件时，用户应打开"起始页"视图并关闭所有其他视图，以提高文件打开的效率。

第 5 章
总图设计 BIM 应用

5.1 概述

在民用建筑设计领域，如建筑、结构、机电等专业 BIM 应用相对较为广泛和成熟，但总图专业 BIM 应用成熟的案例还较少。主要原因：一是相关软件的功能和兼容性欠缺，使数据交换难于满足要求；二是相比于其他设计专业，总图专业的模型整合难度更大，对技术人员的软件熟练程度和协同配合能力要求更高。

虽然如此，基于 BIM 的总图设计在建筑全生命期 BIM 应用中是不能缺少的一部分，在总图设计中应用 BIM 技术，可有效提升设计质量，可直观地为甲方展示总图设计在各个阶段的成果。特别是复杂地形项目和占地面积较大项目，室外场地的工艺要求复杂并具有特殊性，往往要求多专业、多平台的共同协作，传统方式导致很多问题无法提前预判并迅速提出解决方案，BIM 为解决这些问题提供很好的技术支撑。

5.2 BIM 应用流程及软件方案

5.2.1 总图设计 BIM 应用

总图设计 BIM 应用一般有以下应用目标：提升设计效率、提高设计质量、提升节能效果、审核设计过程、消除专业冲突等。为了达到这些应用目标，针对总图专业来说，可选择的 BIM 应用点有：

1. 场地分析

通过 BIM 软件或结合地理信息系统（GIS），对场地内的原始地形进行高程、坡度、等高线、跌水等分析，迅速得出分析结果，帮助项目在规划阶段评估场地的使用条件和特点，通过分析结果确定或优化设计方案，从而做出较为理想的场地规划、交通流线组织关系、建筑布局等。

2. 可视化总图设计及建模

利用 Autodesk Infraworks 360、Civil 3D、Revit 等三维建模软件，建立总图三维模型，直观展示周边地形、场地、道路、地下管线等要素的设计结果，完整表现总图设计的意图，方便设计师推敲方案，方便业主理解设计方案，有利于业主和设计师的沟通。

3. 方案对比论证

通过 BIM 模型，可为业主提供多种方案直观的数据对比和细节推敲，相比传统设计方式，一方面，增强了业主和设计师之间的互动，另外一方面，论证过程更加直观高效，减少了业主的决策时间。

4. 室外管线综合

利用 BIM 软件搭建总图设计中的场地、道路、构筑物、机电管线等模型元素，设计师能够在虚拟的三维环境下方便地发现并解决设计中的碰撞冲突，并进行管线综合等工作，从而大大提高管线综合的设计能力和工作效率、减少设计变更、提高设计品质、降低工程投资。

5. 工程量统计

总图设计工程量统计主要包含了土方量计算、道路长度及面积、挡土墙等构筑物工程量统计、室外管线工程量统计等。准确的工程量统计可以用于前期的成本估算、方案比对，为施工开始前的工程量预算提供准确数据支持。

5.2.2　基于 BIM 的总图设计流程

传统的总图设计包含总平面布置（图）、竖向设计、道路设计、绿化设计、管线综合等，一般依托 CAD 软件进行二维的方案设计、初步设计和施工图设计，并借助专用分析软件对日照、地形、土方量等进行分析和计算。基于 BIM 的总图设计是把 BIM 技术贯穿于总图设计的各个阶段，在设计的各个方面采用 BIM 软件来完善传统二维设计中的缺憾，解决传统二维设计无法解决的问题。

1. 基于 BIM 的总图方案设计流程

总图设计在方案阶段主要是依据设计条件，对场地现状特点和周围环境情况进行分析，得出规划、分期建设、原有建筑利用和改造等方面的总体设想及设计说明，对场地周围环境及拟建道路、停车场、广场、绿地及建筑物的布置有一个初步的设计方案，通过地形分析、功能分区分析、交通分析、绿地布置、日照分析及分期建设等分析为后续若干阶段工作和单体建筑设计提供依据及指导性文件。

对于地形复杂的项目，为了设计的合理性以及为后期单体设计提供准确依据，需要在总图方案设计阶段就采用 BIM 方式来进行设计，例如对三维地形进行分析来指导设计，建立较为准确的三维设计模型来直观展示等。总图方案设计阶段 BIM 工作流程如图 5-1 所示。

2. 基于 BIM 的总图初步设计流程

基于 BIM 的总图初步设计相对以往来说，将施工图设计阶段的大量工作前移到初步设计阶段来完成。在方案设计阶段成果的基础上继续深入地进行总图设计，在这个过程中不仅需要进行该阶段的分析应用，反馈到设计中来调整，还需要随时和其他专业进行综合协调，避免或解决设计过程中的冲突问题。在这个过程中，分析并解决问题、数据的交互应用是关键。工作流程如图 5-2 所示。

3. 基于 BIM 的总图施工图设计流程

传统总图设计最终成果以施工图图纸的形式呈现，这也是总图设计的最后阶段，是在初步设计的基础上进一步完善设计说明，细化设计图纸的过程。该阶段 BIM 工作流程和初步设计阶段相似，流程如图 5-3 所示。

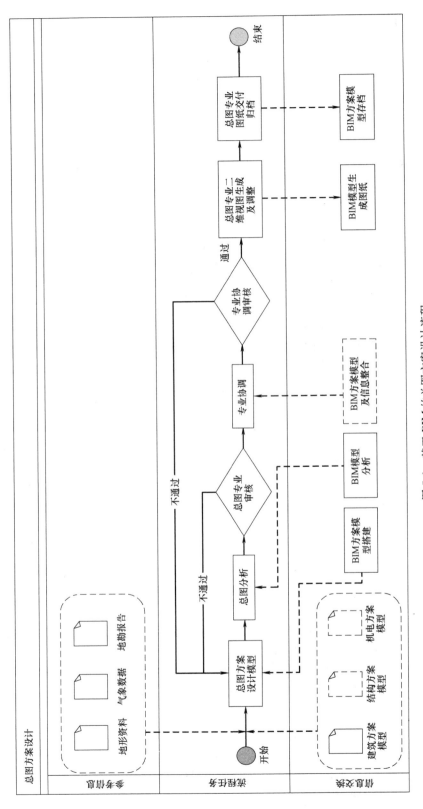

图 5-1 基于 BIM 的总图方案设计流程

注：总图方案设计阶段结构和机电模型不是必要信息总交换内容

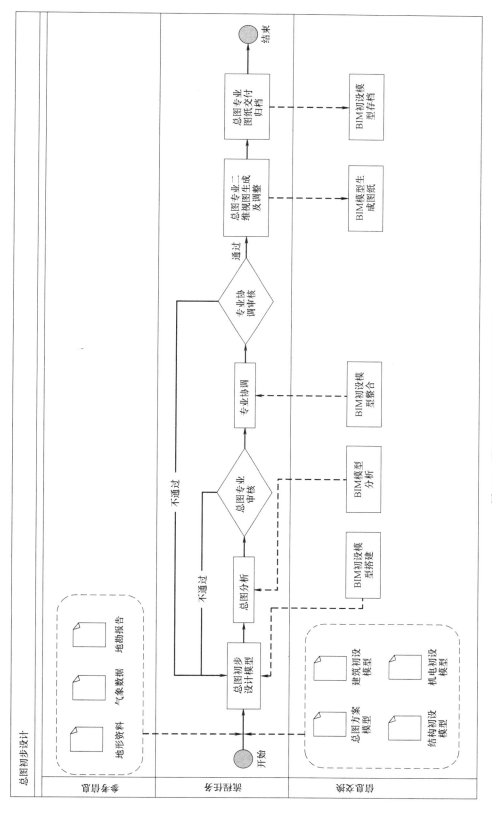

图 5-2　基于 BIM 的总图初步设计流程

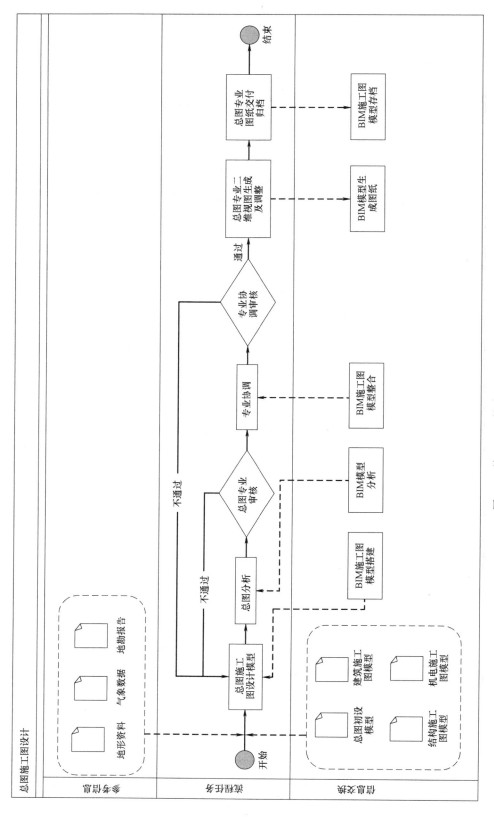

图 5-3 基于 BIM 的总图施工图设计流程

5.2.3　BIM 应用软件方案

目前常用的总图 BIM 设计软件包括 Autodesk、Bentley、鸿业等公司的软件产品，每款软件都有其相应的优势及不足，需要根据项目特点和进展选取合适的软件解决不同设计阶段中的问题。

总图设计 BIM 应用的关键主要在于选取合适的 BIM 软件，以达到方便协同设计及模型整合的目的。由于总图设计的特点，仅依靠某一个单独的软件无法完整表达设计所要涵盖的内容，或是无法涵盖设计的各个阶段。因此，多种软件的配合使用、模型数据交互是十分重要的。目前，常见的总图 BIM 软件方案以 Autodesk 公司和 Bentley 公司的产品线为主，除此之外，鸿业和飞时达公司也有总图设计软件，但主要偏重于工业总图设计。表 5-1 为几种常用总图 BIM 软件在各个方面的对比。

总图 BIM 软件对比表　　　　　　　表 5-1

软件名称	适用的设计阶段	软件使用习惯	软件兼容性	三维建模情况	参数化程度	可出图性	视觉渲染效果
Autodesk Infraworks 360	方案	好	中	好	中	差	好
Autodesk Civil 3D	初设施工图	中	好	好	好	好	中
Autodesk Revit	方案初设施工图	中	中	差	中	中	好
Bentley SITEOPS CONNECT	方案	中	中	好	好	中	好
Bentley PowerCivil for China	初设施工图	中	好	好	好	好	中

1. 以 Autodesk Civil 3D 为核心的方案

以 Autodesk Civil 3D 为核心的 BIM 总图应用方案如表 5-2 所示。

以 **Autodesk Civil 3D** 为核心的 **BIM** 总图应用方案　　　　　表 5-2

	方案阶段	初步设计阶段	施工图阶段
概念表达	AutoCAD、Infraworks 360		
可视化表达	Infraworks 360、3ds MAX		
数据模型	Civil 3D(局部可采用 Revit)		
分析	Infraworks 360、Civil 3D		
出图		Civil 3D、Revit	
模型集成	NavisWorks		

本方案以 Autodesk Civil 3D 创建的模型为核心，根据不同的工程目的和设计阶段，利用合适的数据配合其他辅助软件进行格式传导交换（图 5-4），利用各种软件的优势，在项目的各个阶段进行设计和分析。

（1）概念设计：采用 AutoCAD 创建的设计方案一般为二维 DWG 格式，Civil 3D 可直接打开并进行设计建模；由 Infraworks 360 创建的概念方案模型则可通过 .imx 格式导入 Civil 3D 中继续进行初步设计和施工图设计。

（2）可视化表达：由 Infraworks 360 创建的模型，可通过 .fbx 格式导入 3ds MAX 进行

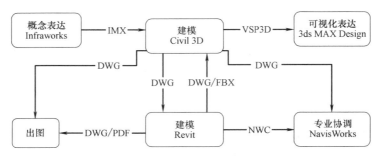

图 5-4 以 Civil 3D 为核心的总图软件应用方案

三维展示，导出的文件可包含材质和纹理；也可直接在 Infraworks 360 中设置视觉，配合日光、风和云的效果达到表现的目的，还可利用自带的渲染引擎进行渲染，达到更好的效果；由 Civil 3D 创建的模型还可通过 Civil View 插件导入 3ds MAX 中进行效果渲染和动画输出，此外，还可以将 Civil 3D 的设计成果导出 DWG 格式，采用链接模式将 DWG 格式的文件链接进 Revit 中，这样导入的文件可在 Revit 中直观观察到三维地形曲面以及三维管网。

（3）数据模型：以 Civil 3D 作为核心软件，创建总图 BIM 模型，使设计文件从方案阶段贯穿到初步设计和施工图设计阶段，不断进行完善和延续。也可以采用 Revit 配合创建地面建筑物或室外管线 BIM 模型。

（4）分析：Infraworks 360 和 Civil 3D 可在设计阶段进行地形及道路的各类分析，为方案验证和比对提供依据。

（5）出图：由于 Civil 3D 是基于 AutoCAD 开发的软件，施工图纸一般可直接由 Civil 3D 创建完成，也可由 AutoCAD 绘制；若采用 Revit 配合进行地面建筑物或室外管线建模，也可以将 Civil 3D 模型导入 Revit，通过 Revit 出图。

（6）模型集成：Civil 3D 创建的模型可生成 DWG 格式文件，导入 Navisworks 完成模型轻量化，由其他软件（如 Revit）创建的项目局部模型也可集成到 Navisworks 中一起进行碰撞检查、3D 实时漫游、施工模拟及问题批注等。

2. 以 Bentley PowerCivil for China 软件为核心的方案

PowerCivil for China 是 Bentley 公司在国内推出的总图 BIM 设计软件，可进行三维总图设计及出图。在方案设计阶段，可使用 Bentley SITEOPS 进行概念和场地初步设计，设计过程中在云端进行方案比对权衡，得出最优方案进行深化设计。PowerCivil 可打开由 SITEOPS 中导出的 DWG 或 LANDXML 文件并进行初步设计和施工图设计，也可直接采用 PowerCivil 进行总图各个阶段的设计。Bentley 平台在多专业协同设计时，可采用共享 workspace 或基于 ProjectWise 进行协同设计。在专业协调时，可通过导出 DGN 格式文件应用 Navigator 进行专业协调分析。以 Bentley PowerCivil for China 为核心的 BIM 总图应用方案如图 5-5 所示。

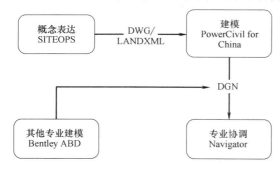

图 5-5 以 Bentley PowerCivil for china 为核心的总图软件应用方案

5.3　模型细度

总图 BIM 模型的内容规定遵照本指南模型细度的一般原则。本指南将模型细度划分为七个渐进的模型细度等级，与总图设计相关的三个模型细度等级是：方案设计模型细度、初步设计模型细度、施工图设计模型细度。本部分分别给出总图设计在这三个细度上的模型内容。

5.3.1　总图方案设计模型细度

依据现行《建筑工程设计文件编制深度规定》，在总图设计方案阶段，项目整体模型不是必须要提供的内容。如合同要求提供，模型一般主要包含：红线及用地界线；现状场地和周围环境的关系反映；设计场地内拟建的道路、停车场、广场、绿地及现状建筑模型；一些必备的信息等，如表 5-3 所示。

总图方案设计模型细度　　　　　　　　　　　表 5-3

专业	模型内容	模型细度
总图	(1)现状场地:场地边界(用地红线)、现状地形、现状道路、广场、现状景观绿化/水体、现状建筑物 (2)设计场地:新(改)建地形、新(改)建道路、新(改)建建筑物、气候信息、地质条件、地理坐标 (3)道路及市政配套:停车场、室外附属设施	几何信息: (1)尺寸及定位信息; (2)等高距宜为 5m; (3)简单几何形体表达; (4)建筑体量化表达。 非几何信息: (1)周围设施使用性质、性能、污染等级、噪声等级; (2)水文地质条件

5.3.2　总图初步设计模型细度

在初步设计阶段，总图模型应包含：保留地形和地物；红线及用地界线；原有道路、建筑物及构筑物；新建道路、构筑物、室外附属设施及景观布置等必要的信息。如表 5-4 所示。

总图初步设计模型细度　　　　　　　　　　　表 5-4

专业	模型内容	模型细度
总图	(1)现状场地:场地边界(用地红线)、现状地形、现状道路、广场、现状景观绿化/水体、现状建筑物、现状市政管线 (2)设计场地:新(改)建地形、新(改)建道路、新(改)建绿化/水体、新(改)建室外管线、气候信息、地质条件、地理坐标 (3)道路及市政配套:散水/明沟、盖板、停车场、停车场设施、室外消防设备、室外附属设施	几何信息: (1)尺寸及定位信息; (2)等高距宜为 1m; (3)简单几何形体表达。 非几何信息: (1)周围设施使用性质、性能、污染等级、噪声等级; (2)水文地质条件

5.3.3　总图施工图设计模型细度

在施工图设计阶段，需要继续深入地完善初步设计中的设计内容，包含：现状场地中的地形和地物等；设计场地的建筑物、构筑物、广场、停车场及配套设施等更加细致和完善的场地信息等。如表 5-5 所示。

总图施工图设计模型细度 表 5-5

专业	模型内容	模型细度
总图	（1）现状场地：场地边界（用地红线）、现状地形、现状道路、广场、现状景观绿化/水体、现状建筑物、现状市政管线 （2）设计场地：新（改）建地形、新（改）建道路、新（改）建绿化/水体、新（改）建室外管线、气候信息、地质条件、地理坐标 （3）道路及市政配套：散水/明沟、盖板、停车场、停车场设施、室外消防设备、室外附属设施	几何信息： （1）尺寸及定位信息； （2）等高距宜为 1m； （3）简单几何形体表达； （4）道路及路缘石模型，建模几何精度应为 100mm； （5）现状及设计市政工程管线，建模几何精度应为 100mm。 非几何信息： （1）周围设施使用性质、性能、污染等级、噪声等级； （2）水文地质条件

5.4 建模方法

5.4.1 一般建模方法

由于项目在不同设计阶段的要求不同，应分阶段来建模。对于总图设计来说，BIM 建模的主要过程包括：原始地形的建立、场地设计并建模、道路设计并建模、地下管线的建立和综合协调等。模型建立完成后需要进行图面表达、视图处理，对于分析的结果也需要进行成果汇总，从而进行成果的输出、打印和归档。

总图专业 BIM 建模的一般要求如下：

（1）建模的坐标应与真实工程坐标保持一致，应选取真实的项目位置，以方便进行设计分析和数据传递交互；

（2）模型的建模细度应满足各阶段的设计交付要求，在满足要求的前提下宜采用较低的建模细度；

（3）模型构件的命名、文件和文件夹的命名应符合约定的要求；

（4）模型和文件交付前应检查模型的完整度，删除重复的构件。

下面以 Autodesk Civil 3D 和 Revit 为例来介绍总图设计中各个重要要素的建模过程。

5.4.2 Autodesk Civil 3D 建模方法

1. 地形

在 Civil 3D 中建立地形一般是通过创建曲面来完成，一般需要先创建一个空的曲面对象，然后把源数据（例如测量点、等高线、DEM 文件等）添加到曲面定义中，就可以生成曲面。

常见的几种数据源生成三角网曲面方式如下：

（1）使用 Civil 3D 点数据创建曲面，使用原始的测量点数据创建地形模型是最直接、最准确的方式。测量点数据可能表示为 Civil 3D 点，也可记录在外部文本文件中。通过点文件创建曲面不需要向当前图形引入数据点，相对更为节省系统资源消耗，可优先考虑使用。

（2）使用 AutoCAD 对象创建曲面，如图 5-6 所示，大致步骤为：原始 DWG 图形的处理；将 AutoCAD 多段线作为等高线引入曲面；将 AutoCAD 中的点、直线、块、文本、三维面、多面等对象引入曲面。

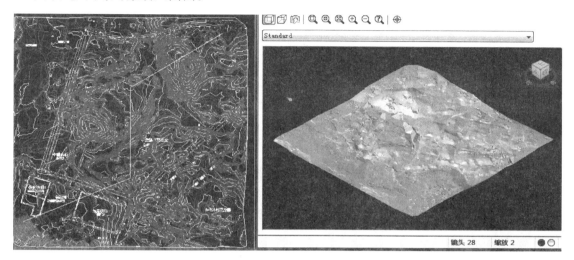

图 5-6　由 AutoCAD 对象创建的地形曲面示意图

（3）使用 GIS 数据创建曲面。可通过"从 GIS 数据创建地面数据"的命令，选择 SHP 文件作为数据源类型，指定曲面名称、样式和渲染材质、定义曲面区域来创建曲面。

（4）使用 LandXML 创建曲面。LandXML 文件是储存曲面对象的一个极佳选择，可导入包含曲面信息的 LandXML 文件创建新曲面。

（5）特征线的应用。特征线是创建精确三角网曲面模型的关键，可用来定义护墙、路源、山顶和河流。可分别定义标准特征线、近似特征线、墙（陡壁）特征线和虚特征线来设定曲面三角剖分的不同影响和效果。

2. 场地设计

AutoCAD Civil 3D 的场地设计工具既能完成平面规划设计，又能完成竖向设计。主要通过创建地块、地块标签和表格、场地放坡及要素线的应用来快速构建三维场地模型，精确计算场地土方工程量，尽量使竖向设计最优化。

（1）创建和管理场地：新建场地（如图 5-7 所示），输入场地名称和描述，并指定三维显示设置，还可指定路线和地块的编号特性。在创建的场地中，可将路线、地块、放坡和要素线添加到场地里。

（2）地块规划。AutoCAD Civil 3D 中的地块对象表示真实世界中的小块土地，由包含在场地中的封闭边界（要素线）来定义。地块可由 AutoCAD 对象创建，可通过任意放置线段来创建，还能指定面积来细分地块，每个地块对象都拥有名称、编号等基本信息，以及面积、周长等自动统计信息。还可以在地块中添加多种特性信息（绿化率、人口密度等）。地块创建后可添加地块面积表或创建地块报告。

（3）放坡。AutoCAD Civil 3D 中的放坡命令，可用于进行三维场平设计。放坡对象

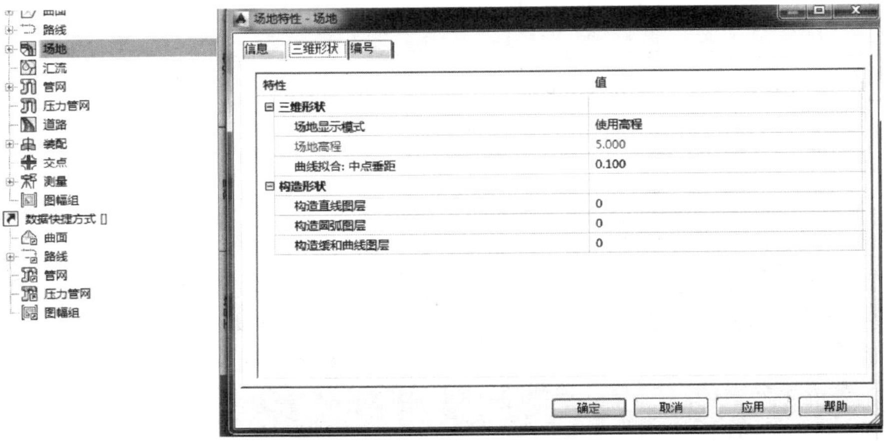

图 5-7　新建场地操作示意图

通常由基准线、目标线和几条投影线围成的面域组成。放坡操作是从放坡基准线开始的，可以使用要素线工具绘制要素线，将其作为基准线，也可以直接使用 AutoCAD 的直线、圆弧或多段线对象。创建放坡后，依然可以对放坡基准线进行编辑，如修改其形状、更改其高程或移动其位置。修改放坡基准线会使放坡结果自动更新。

（4）体积计算。在 AutoCAD Civil 3D 中，常用的体积计算有两种，一是曲面体积计算，二是放坡体积计算。通过创建新体积曲面，设置"基准曲面"、"对照曲面"、"松散系数"、"压实系数"可得出计算结果。结果可导出 xml 格式的"挖/填方报告"，也可以"块"的方式直接插入到 CAD 中。土方施工图是场地设计中最常见的设计成果，可通过中国本地化包中的"土方施工图"工具来生成。

3. 道路

道路的分类包含主干道、次干道、支路、引道、人行道，基于 AutoCAD Civil 3D 的道路设计流程为：

（1）创建和编辑路线（创建路线、编辑夹点、布景精确编辑、改变路线元素参数的约束、转变路线元素约束的类型、删除路线元素、历程断链和遮罩、设计规范和标签）；

（2）路线偏移（设置便宜路线的加宽和过渡段）；

（3）路线超高设计（超高计算和编辑）；

（4）创建和编辑纵断面（创建纵断面、编辑纵断面、使用透明命令、叠合纵断面）；

（5）创建纵断面图（编辑样式和特性、图标标注、投影对象）；

（6）创建道路装配（部件的构成和代码、边坡部件、代码集）；

（7）保存部件和装配（编辑修改、创建其他用途装配、保存到工具面板）；

（8）创建道路模型（编辑、观察工具、重新生成、道路曲面、添加道路曲面边界）；

（9）道路土方量计算（采样线和采样线编组、材料类型土方量计算、土方量报表生成）；

（10）土方调配（生成土方调配图、分析填挖平衡距离、弃土坑和取土坑）；

（11）平纵出图（创建施工图工具、创建图幅和匹配线、创建平面和纵断面图纸）；

（12）施工图横断面出图（定制出图样式、定制横断面图纸模板、创建横断面图、创建横断面图纸集）。

4. 地下管线

AutoCAD Civil 3D 管道通常的设计流程是，在已建立好的三维地形曲面上，按照设计规则，使用管网零件，进行三维管网布局。然后再自动生成的，并且与平面图动态关联的纵、横断面图上精确调整管网零件，最终以三维方式审核管网设计，自动进行零件之间的碰撞检查，再添加上相应的管网标签，完成整个管网的设计。

（1）管网设计

AutoCAD Civil 3D 有三种创建管网的方式：从布局工具、从对象创建、从 GIS 数据创建。通过 AutoCAD Civil 3D 也可以在横断面图中显示管网零件，满足工程出图的要求。

要在横断面图中显示管网零件，必须具有以下数据：在平面图中绘制的管件零件、包含管道交叉或结构交叉的采样线和横断面图、管网零件的有效桩号偏移数据。

管网设计完后，AutoCAD Civil 3D 可以定制管网设计的规则，来检查管网是否符合规则要求。管道支持的规则有：覆土厚度和坡度规则、仅覆土厚度规则、长度检查规则、管道到管道匹配规则、设置管道终点位置。

（2）压力管网的创建和编辑

AutoCAD Civil 3D 提供了两种创建压力管网的方式，通过压力管网平面布局工具和从水行业模型转换。

5.4.3　Autodesk Revit 建模方法

Revit 软件目前在场地功能上的支持还较弱，虽然可以生成地形，但设计成果远没有 Civil 3D 强大，且目前 Revit 中没有专门的道路设计功能，对于简单的场地和道路建模可以完成，但对于地形复杂的场地和道路则建模难度较大。因此，目前在选用 Revit 软件进行总图设计时，主要解决简单的场地设计建模以及室外管线综合优化问题。

采用 Revit 进行场地设计建模以及室外管线综合优化主要需建立场地模型、建筑物和构筑物、室外管线三大部分，具体过程如下：

1. 创建项目

由于总图设计一般范围较大，选用 Revit 进行相关 BIM 应用时应当首先确定协同工作的方式，如各专业采用工作集方式在一个文件中工作，还是各专业建立各自的文件，再采用链接方式协同工作。不管采用哪种方式，都应当首先设定好项目的坐标和位置、绘制好标高和轴网，设置好等高线、剖面显示等场地设置，然后再进行后续模型的创建。

2. 创建场地

创建场地首先要创建地形表面，地形表面可直接通过放置带有高程的点来创建，也可以导入 DWG（图 5-8）、DXF 或 DGN 格式的三维等高线数据自动生成地形表面，或者选择有逗号分隔的 CSV 文件或 TXT 格式的地形测量点文本文件来生成，还可以直接链接由 Civil 3D 导出的 DWG 格式场地文件。场地创建完成后可利用建筑红线命令来直接绘制建筑红线，以此来确定项目的范围。

接下来可以创建建筑区域、道路、停车场、绿化等区域，通过拆分表面、子面域的命令将场地划分为不同区域并区分材质。大致规划完成后，可通过"平整区域"命令对各个功能区域进行场地平整，进而为建筑添加建筑地坪。场地平整及土方计算功能须利用"阶段"功能来实现，在编辑平整区域时选择"创建与现有地形表面完全相同的新地形表面"，

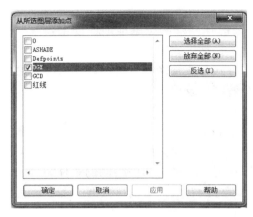

图 5-8　Revit 中由 AutoCAD 数据创建的地形示意图

对平整区域内的高程点进行编辑和设定，从而完成场地的平整。此外，通过可添加地形明细表来统计挖填土方量。

场地平整后可根据建筑的位置来创建建筑地坪，通过绘制闭合的环来确定建筑地坪的范围，并对地坪的深度、结构厚度及显示样式进行设置。场地中的停车场、停车位、植物等都可以通过直接放置族来进行设计布置。

3. 创建相关建筑物、构筑物和室外管线

与场地相关的建筑物及构筑物（园林景观小品及其结构基础、门房、场地中的各类机房、散水、明沟及盖板、挡土墙等）是室外项目建模不可缺少的一部分，一般为了展示需要其外观造型，而这些构筑物的结构部分是进行室外管线绘制的基础必备资料，在建模时也需精确建模。建模方法可参考建筑、结构、机电等相关专业章节中的内容。

采用 Revit 软件进行室外管线综合优化，可以解决如室外管线和场地内构筑物的碰撞、检修井或雨污水井设计位置不合理等问题。

在土建工程师建立场地、建筑物和构筑物的同时，机电工程师需根据已建立的模型以及施工图阶段完成的图纸来创建室外管线及其附属物（室外消防栓、集水坑、检查井等）。为了方便观察和绘制，可将场地地形、结构顶板等设置为半透明状态，各专业管线需根据要求规范的设定颜色。在这个过程中，机电工程师一般要解决管线和建筑物及构筑物的碰撞，合理调整机电专业内部的碰撞问题，同时还不能影响原有的设计效果。对于原设计中不合理的布置，如室外消防栓、集水坑或检查井设计位置不合理，影响铺地或景观，可对其位置进行调整，并调整相关的管道，且不影响管道原有的设计作用。

5.5　分析应用

在总图设计 BIM 应用中，分析应用主要包括以下几个方面：

5.5.1　场地、视线及水力分析

1. 场地分析

Civil 3D 可通过对曲面的分析来达到等高线、方向、高程、坡度、坡面箭头、流域

以及跌水等方面的分析，这些分析可为道路的定线走向、排水结构物的位置设置提供依据。

　　高程、坡度、坡面箭头、等高线和流域分析是通过"曲面特性"中的"分析"命令来完成的。分析时，新建一个曲面样式，命名为相应的分析名称，再为分析结果指定好范围颜色方案，运行分析后，可在平面和三维视图中查看彩色分析结果。分析完成后还可创建曲面图例表，用来组织和整理曲面信息，该图例表可插入到绘图区域中去。

　　跌水和汇流区分析是通过对地面数据的分析来完成的。跌水分析用于追踪水流经曲面的路径，可为跌水路径指定图层及路线对象类型（二维或三维多段线），还可在跌水路径的起点指定标记。汇流区命令可以分析径流和显示曲面排水区域，该分析应在绘制跌水路径后完成。把汇流区域放置在单独的图层中可以方便地控制其颜色和线性，创建完成后可在特性中查看其面积和周长。图 5-9 为某项目用地高程分析图。

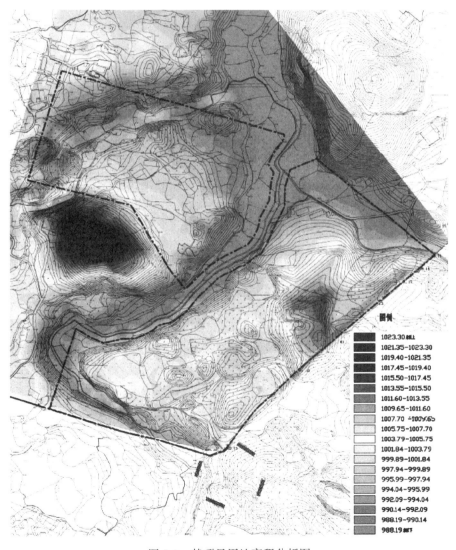

图 5-9　某项目用地高程分析图

2. 视线分析

Civil 3D 提供的视线分析主要用于大型场地，可提供点到点的视距检查、计算沿道路的视距以及使用视线影响区来检查视距，这几个分析命令均通过分析—设计—可见性检查中的相关命令来完成。其中沿道路的视距分析可创建分析报告，其他两种分析的结果通过不同颜色来区分是否满足要求。

3. 水力分析

管道建立完成后，Civil 3D 提供了四个扩展工具来进行雨水水力和水文计算，可用于雨水排水管道设计、流域分析、滞留池建模和涵洞分析等。这四个扩展工具分别为：Autodesk Storm and Sanitary Analysis、Hydraflow Storm Sewers Extension、Hydraflow Hydrographs Extension、Hydraflow Express Extension。在 Civil 3D 中将管网导出为 STM 格式文件，可通过扩展工具打开进行分析或编辑，编辑符合设计水力计算要求后还可将单个管网或多个管网通过该格式返回导入 Civil 3D 中。

5.5.2 可视化总图设计及建模

利用 BIM 软件进行总图设计最直接的结果就是地形、场地、道路、地下管线等设计要素和设计过程的直观可视化。在绘制建模的过程中，总图方案逐渐完善，模型也逐渐完整。当采用 Civil 3D 进行总图设计建模时，主要绘制流程为：

（1）利用原始地形数据生成三维地形；

（2）在原始地形基础上进行场地设计（地块规划设计、放坡、土方量计算、排土场设计等）；

（3）道路设计（道路路线和纵断面设计、创建装配和道路模型、道路土方量计算及土方调配等）；

（4）地下管网设计（创建管网和压力管网、管网碰撞检查等）。

采用 BIM 软件设计建模可直接在软件中三维动态观察，也可导入其他软件（如 3ds Max、Lumion、Fuzor 等）中更好地进行三维效果处理与展示。图 5-10 为总图项目可视化展示示意图。

5.5.3 总图方案对比论证

Autodesk InfraWorks 360 可以在一个模型文件下创建多个不同的方案。点击鼠标进行切换，设计师和业主可以在同一个真实的场景下直观的对比不同的方案选项，从而快速做出决策。

Bentley SITEOPS 的云端方案可对总图设计方案进行计算对比，对比内容包括挖填方、道路工程等主要项目及其细分条目的量、单价和单位数据，可提供 HTML 和 EXCEL 格式的预算报告清单。采用 SITEOPS 完成方案设计后，可直接通过"提交"按钮将文件上传至服务器中进行项目优化。图 5-11 为优化结果。

5.5.4 工程量统计

1. 土方量计算

土方量计算在总图设计中非常重要，一方面直接关系到投资的经济性，另一方面决定了方案的设计走向。土方量一般包含场地平整土方量及建、构筑物基础、道路、管线工程等余土工程量两部分，利用 Civil 3D 可对场地及道路的土方量进行精确的计算统计。

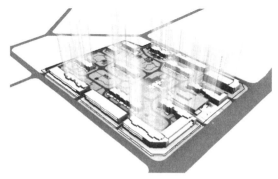

图 5-10　可视化总图设计展示图

图 5-11　SITEOPS 云端方案比选结果图

　　计算土方量一般采用体积计算方法，常用的体积计算方法有曲面体积计算和放坡体积计算两种。曲面体积计算有"松散系数"和"压实系数"两个修正系数，通过这两个系数可以来修正计算结果。而放坡体积计算工具有"升高放坡组"和"降低放坡组"命令，可以直接调整放坡组标高，动态观察填挖方体积。还可以通过"自动升高/减低以平衡体积"命令来达到挖填平衡。图 5-12 为曲面体积计算命令操作示意图，图 5-13 为土方平衡表及土方施工图。

图 5-12　曲面体积计算命令操作示意图

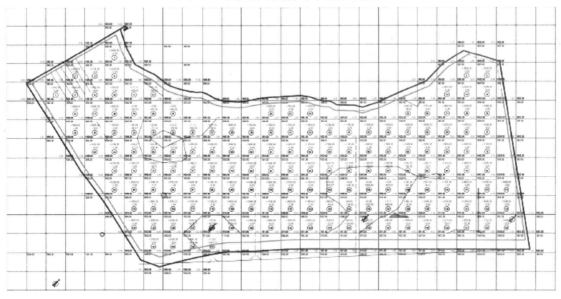

土石方平衡表：

工程名称	土方量(m³)		备注
	填方量(+)	挖方量(-)	
场地平整	296213.52	725287.38	
桩土量		36929.37	桩土系数：6%
合计	296213.52	762216.75	
坡方多于挖方	219996.77		

图 5-13　某项目土方平衡表及土方施工图

2. 材料统计

利用 Revit 对场地内机电管线或构筑物进行材料统计是总图设计中常用的工程量统计方式。相对于传统设计方式，软件统计分析大大减少了烦琐的人工操作和潜在错误。图 5-14 为某项目室外管道及设备明细表。

〈管道明细表〉					〈机电设备明细表〉	
A	B	C	D	E	A	B
系统类型	系统缩写	类型	尺寸	长度	族	类型
室外排水	W	TM-HDPE塑钢缠绕排水管	300 mm	8.842	雨水检查井	1.5M
室外排水	W	TM-HDPE塑钢缠绕排水管	300 mm	7.110	雨水检查井	1.5M
室外排水	W	TM-HDPE塑钢缠绕排水管	300 mm	3.300	雨水检查井	1.5M
室外排水	W	TM-HDPE塑钢缠绕排水管	300 mm	6.368	雨水检查井	1.5M

图 5-14　某项目室外管道及设备明细表示意

5.6　成果表达

总图 BIM 成果在交付时，应具有三维模型成果、可视化成果、分析成果和二维图纸成果，且不仅限于此。

5.6.1　三维模型成果

三维模型成果一般包含设计模型、可视化模型和专业协调模型。其交付要求如下：

（1）总图 BIM 设计模型应完整表达各个设计阶段的设计意图，且建模程度应满足该设计阶段的模型细度要求；

（2）可视化模型可借助目前常用的可视化软件进行成果的适度美化，为业主提供更加美观的展示模型；

（3）专业协调模型是在设计基础上经过各专业的协调设计，解决了相关问题的模型，在模型交付之前应经过项目负责人或专业负责人的校核；

（4）由于总图 BIM 模型需要整合单体建筑模型、景观模型等进行整体展示，模型数据量大，为了让业主浏览时更加流畅，可将模型导入集成展示软件中进行轻量化处理后再交付；

（5）由 Civil 3D 创建的 BIM 模型可直接交付模型文件或导出为 DWG 格式，由 Revit 创建的 BIM 模型可直接交付模型或导出为 FBX/DWG 格式，方便模型整合。

5.6.2　可视化成果

总图 BIM 可视化成果可包含渲染视图、漫游视频、虚拟交互成果等，旨在为业主提供更加多元化的设计成果，具有直观性和美观性。可视化成果可由 BIM 模型直接渲染生成（图 5-15），或导入 3dMAX、Navisworks、Lumion、Fuzor 等软件中进行漫游或虚拟交互。Fuzor 不仅展示效果好，其与 Revit 的对接更是非常方便，安装完成后集成在 Revit 中的插件可以让模型在两个软件中进行双向传导，即时修改材质、放置族、设置环境效果、进行问题批注，这些功能使得设计师和业主通过模型可以进行更好的交互。

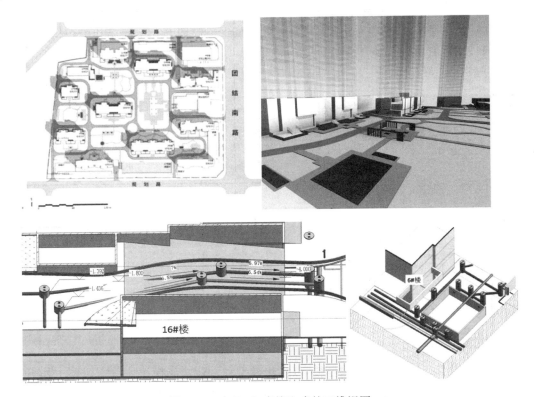

图 5-15　由 Revit 直接生成的三维视图

　　为了浏览方便，可视化成果在交付时可以 JPG 格式的渲染图片、MP4 格式的漫游视频或 EXE 格式的展示文件为主，也可借助交互软件或可移动设备在线交互（图 5-16）。此外，为了达到设计优化前后的对比效果，设计师在工作时需要及时截图并记录问题，对问题解决后的情况也进行截图和记录，做到问题的追踪和解决，最终在文本汇总时利于成果的展示，如图 5-17 所示。

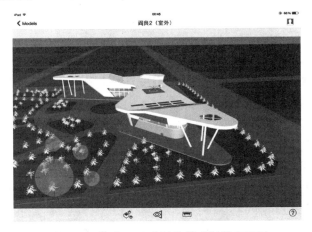

图 5-16　借助 ipad 进行的模型浏览交互图

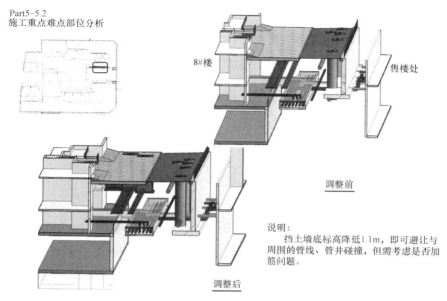

Part5-5.2
施工重点难点部位分析

8#楼

售楼处

调整前

说明:
挡土墙底标高降低1.1m,即可避让与
周围的管线、管井碰撞,但需考虑是否加
筋问题。

调整后

图 5-17　模型优化前后对比图

5.6.3　分析统计成果

在总图设计过程中产生的各类分析及统计成果(如原始地形的曲面方向、高程、坡度及坡度方向、等高线、流域、跌水分析,管线综合分析,各类明细表等),也可作为 BIM 应用成果进行交付和归档。交付成果可作为表格直接嵌入到图纸中,或整理成 WORD 版本的分析报告一并提交,该部分也是总图 BIM 设计成果中不可或缺的一部分。由 Revit 模型统计得到的各类明细表一般可汇总在图纸中,也可导出为 EXCEL 表格。统计出的主材明细可为预算提供一定的依据。

5.6.4　二维图纸成果

贯穿于总图设计各个过程中的 BIM 应用解决了设计过程中的很多问题,但二维图纸仍然是总图设计最重要成果。总图设计的二维图纸成果一般应包含总平面布置图、竖向设计图、道路设计图、绿化设计图及管线综合图。

采用 Civil 3D 进行总图 BIM 设计的交付成果应包含如上所说的传统设计图纸,其布图出图功能和 AutoCAD 相同,可快速由相应的设计图形内容创建,交付的二维图纸可为电子版,也可为纸质版。电子版一般可为 DWG 格式、PDF 格式或 JPG 格式,纸质版图纸应根据合同约定提交相应的数量。

由 Revit 创建的室外管线综合图纸在交付时,可根据业主需求导出为 DWG 或 PDF 格式的电子版。图纸一般由模型相关视图生成,可添加图例,也可在视图中导入需要的 CAD 局部详图。除正常的平立剖面图,还可配上局部三维图,标注好管线及周围环境的关系,从而更好地指导施工。室外管线综合图纸宜为彩色,根据业主需求,图纸可直接打印为 PDF 电子版,作为存档,也可导出为 DWG 格式,两种格式都可打印为纸质版的图纸,方便业主和施工方查看机电管线的设计情况。图 5-18 为某室外管综项目图纸目录。

图面目录表

页码.	图面编号.	图面名称
	BIM	Cover
	Contents	室外管线BIM设计汇报目录
	First	项目概况
	First.1	项目介绍
	First.2	总平面图
	First.3	国熙台总规划
	First.4	国熙台总规划
	Part.1	结构布局篇
	Part.1-1	车库顶板标高关系展示
	Part.1-2	出车库顶板风井、疏散楼梯、车库出入口等构筑物展示
	Part.1-2.1	出车库顶板构筑物展示A区
	Part.1-2.2	出车库顶板构筑物展示B区
	Part.1-2.3	出车库顶板构筑物展示C区
	Part.1-2.4	出车库顶板构筑物展示D区
	Part.1-3	结构板大坡度、大高差剖面图
	Part.1-3.1	1号楼，2号楼区域坡度高差
	Part.1-3.2	2号楼，17号楼区域坡度高差
	Part.1-3.3	17号楼，5号楼区域坡度高差
	Part.1-3.4	16号楼，9号楼区域坡度高差
	Part.1-3.5	11号楼，16号楼区域坡度高差
	Part.2	总图布局篇
	Part.2-1	地面标高关系展示
	Part.2-2	出地面建构筑物展示
	Part.2-3	总图大坡度、大落差剖面图
	Part.3	室外管线篇
	Part.3-1	一期全部讲解
	Part.3-1.1	室外给水、雨污水、采暖、燃气、强弱电等管线
	Part.3-2	一期重点讲解
	Part.3-2.1	17#楼南边水、暖、电、气管线标高关系，附剖面图。
	Part.3-2.1.1	2#楼南边水、暖、电、气管线标高关系，附剖面图。
	Part.3-2.2	6#楼西北角消防疏散楼梯处水、暖、电、气管线标高关系，附剖面图。
	Part.3-2.3	6#楼北边水、暖、电、气管线标高关系，附剖面图（含管沟）。
	Part.3-2.4	5#楼与17#楼之间结构板大坡处综合管线标高关系，附剖面图。
	Part.3-3	二期全部讲解
	Part.3-3.1	室外给水、雨污水、采暖、燃气、强弱电等管线，化粪池、管沟等构筑物。
	Part.3-4	二期重点讲解
	Part.3-4.1	售楼处东南角化粪池处综合管线标高关系，附剖面图。
	Part.3-4.2	售楼处东北角化粪池处综合管线标高关系，附剖面图。
	Part.3-4.3	化粪池与地库、单体位置关系剖面图

图面目录表

页码.	图面编号.	图面名称
	Part.3-4.4	售楼处北边综合管线标高关系，附剖面图。
	Part.3-4.5	9#楼南边综合管线标高关系，附剖面图。
	Part.3-4.6	10#楼南北边综合管线标高关系，附剖面图。（覆土厚度不够）
	Part.3-4.7	11#楼与16#楼之间结构板大坡处综合管线标高关系，附剖面图。
	Part.4	景观篇
	Part.4.1	一、二期A、B、C、D区.(商业街)
	Part.4.1.1	市政管井与坡道、台阶的相对位置关系
	Part.4.1.1-1	市政管井与坡道、台阶的相对位置关系
	Part.4.1.1-2	市政管井与坡道、台阶的相对位置关系
	Part.4.1.1-3	市政管井与坡道、台阶的相对位置关系
	Part.4.1.1-4	市政管井与坡道、台阶的相对位置关系
	Part.4.1.2	市政管井与红线的相对位置关系
	Part.4.1.3	市政井盖与商铺出口及分户墙的关系
	Part.4.1.4	市政管井与商业街各项标高的关系
	Part.4.2	一、二期A、B、C、D区.(大区)
	Part.4.2.1	市政管线与主干道路基础、路面标高的关系
	Part.4.2.2	市政管井与主干道路边线的关系
	Part.4.2.3	市政管线与景观构筑物的关系
	Part.4.2.4	市政管井与大乔木、珍贵树种的关系
	Part.4.2.5	市政井盖与小区园路的关系
	Part.4.2.6	市政管井与单元出入口的关系
	Part.4.2.7	主要设备放置处与周围景观的关系
	Part.4.2.8	化粪池与绿化布置的关系
	Part.5	问题汇总篇
	Part.5.1	室外水、暖、电、气管线与出地面建构筑物碰撞分析
	Part.5.2	室外水、暖、电、气管线与景观苗木、岗亭及铺装碰撞分析
	Part.5.3	雨污水等重力排水管线排水坡向、坡度检查分析
	Part.5.4	室外水、暖、电、气管线与红线碰撞分析
	Part.5.5	施工重点难点部位分析
	Part.6	输出成果篇
	Part.6.1	室外工程量清单，模板详见附件1。
	Part.6.2	按现场回填土及管网施工进度计划，及时提供BIM技术支持.
	Part.6.3	所有水、暖、电、气管线显示在景观总平面图上（出图1张）
	Part.6.4	所有水、暖、电、气井盖显示在景观总平面图上（出图1张）
	Part.6.5	按景观商业街及大区的区域划分
	Part.6.6	出地面风井、采光井、疏散楼梯、车库出入口等建构筑物显示在景观总平面图。
	Part.6.7	根据最新版图纸，检查单体、车库的水暖电气管线出入口是否与总图相符。
	Part.6.8	检查雨污水管排水坡度、坡向是否满足规范要求，作出具体文字说明。
	Part.6.9	其他要求参见Part1～Part5相关部分

图 5-18　某室外管综项目图纸目录

第 6 章
建筑与装饰设计 BIM 应用

6.1　建筑设计 BIM 应用流程与软件方案

6.1.1　方案设计阶段 BIM 应用流程

方案设计阶段的主要工作内容是依据设计条件，建立设计目标与设计环境的基本关系，提出空间架构设想、创意表达形式及结构方式的初步解决方法等，目的是为建筑设计后续若干阶段工作提供依据及指导性的文件。基于 BIM 的建筑方案设计流程如图 6-1 所示。

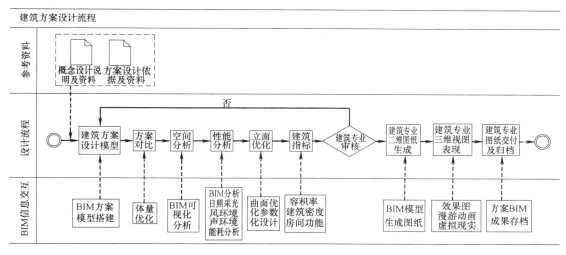

图 6-1　BIM 的方案设计流程图

建筑专业方案设计模型主要表达功能划分、流线设计、防火分区划分、立面造型等，对模型细度要求不高，主要包括：场地、建筑主体外观形状、建筑层数、高度、基本功能分隔构件、基本面积、建筑空间、主要技术经济指标的基础数据等。

建筑专业方案审核内容包括：对总平规划内容审核；规划用地面积、尺寸、坐标等是否与核发的用地界线图相符；标注尺寸是否完善（退红线、间距、道路宽度、建筑尺寸等），主要尺寸要求在用地范围外标注；建筑密度、容积率等设计指标条件要求；建筑性能是否满足设计任务要求等。

6.1.2 初步设计阶段 BIM 应用流程

基于 BIM 的设计模式使施工图设计阶段的大量工作前移到初步设计阶段。在工作流程和数据流转方面会有明显的改变，设计效率和设计质量明显提升。基于 BIM 的建筑初步设计流程如图 6-2 所示。

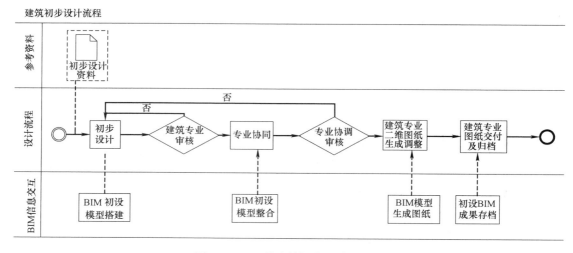

图 6-2　BIM 的建筑初步设计流程图

建筑专业初步设计模型是在方案设计模型基础上的进一步加深，相对于方案阶段，此阶段的模型要更加精细，主要包括：主体建筑构件的几何尺寸、定位信息；主要建筑设施的几何尺寸、定位信息；主要建筑细节几何尺寸、定位信息等。

建筑专业初步设计审核内容包括：是否满足相关国家和地方标准的设计深度要求；是否符合相关工程建设强制性的标准要求；技术性是否可靠、经济是否合理；是否符合节能、环保、安全等原则；是否满足经审查通过的消防方案设计；是否符合人防设置要求；是否符合经审批的环评报告；设计依据是否恰当和有效等。

专业协同指在同一协同平台上进行设计，在设计过程中减少各专业间的"错、漏、碰、缺"等问题，提升设计效率和设计质量。

专业协调审核可以基于各专业 BIM 模型进行碰撞检查。通过模型链接、工作集等形式发现设计过程中的"错、漏、碰、缺"与专业间的冲突。模型审核反馈的信息应包括：碰撞的位置坐标、碰撞的专业、图纸编号、模型截图等必要内容。

6.1.3 施工图设计阶段 BIM 应用流程

施工图设计是建筑设计的最后阶段。该阶段要解决施工中的技术措施、工艺做法、用料等，要为施工安装、工程预算、设备及配件安装制作等提供完整的图纸依据（包括图纸目录、设计总说明、建筑施工图等）。基于 BIM 的建筑施工图设计流程如图 6-3 所示。

建筑专业施工图设计模型在满足建筑设计模型需求的同时，还需要考虑施工阶段对模型信息延用的需求，部分工作量前移到此阶段，主要包括：主体建筑构件深化几何尺寸、定位信息；主要建筑设施深化几何尺寸、定位信息；主要建筑装饰深化；主要构造深化与

建筑施工图设计流程

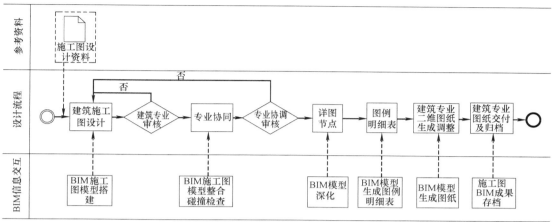

图 6-3　BIM 的建筑施工图设计流程图

细节；隐蔽工程与预留孔洞的几何尺寸、定位信息；细化建筑经济技术指标的基础数据。

建筑专业施工图审核内容包括：建筑物的稳定性、安全性审查；是否符合消防、节能、环保、抗震、卫生、人防等有关强制性标准、规范；施工图是否满足相关国家和地方标准的设计深度要求的要求；是否损害公众利益等。

6.1.4　BIM 应用软件方案

方案设计阶段主要 BIM 软件参见表 6-1。

方案设计阶段主要 BIM 软件

表 6-1

应用	软件名称
模型创建	Rhino 、sketch Up、Revit、ArchiCAD
曲面优化及参数化	Rhino、Catia
性能分析	Ecotect、IES、天正日照、eQuest、DOT-2、Green
三维表达	Revit、ArchiCAD、3D Max、Lumion、Navisworks、Showcase、Maya
平面表达	Revit、ArchiCAD、AutoCAD、Adobe Photoshop、Adobe Illustrator
移动终端	BIMx、BIM360

初步设计阶段主要 BIM 软件参见表 6-2。

初步设计阶段主要 BIM 软件

表 6-2

应用	软件名称
模型创建	Rhino、Revit、ArchiCAD
曲面优化及参数化	Rhino、Catia
性能分析	Ecotect、IES、天正日照、eQuest、DOT-2、Green
三维表达	Revit、ArchiCAD、3D Max、Lumion、Navisworks、Showcase、Maya
平面表达	Revit、ArchiCAD、AutoCAD
移动终端	BIMx、BIM360

施工图设计阶段主要 BIM 软件参见表 6-3。

应用	软件名称
模型创建	Rhino、Revit、ArchiCAD
三维表达	Revit、ArchiCAD、3D Max、Lumion、Navisworks
平面表达	Revit、ArchiCAD、AutoCAD、天正、鸿业、理正
移动终端	BIMx、BIM360
协同平台	ProjectWise

施工图设计阶段主要 BIM 软件　　　　表 6-3

1. 以 Autodesk Revit 为核心 BIM 应用软件方案

以 Revit 为核心的 BIM 应用软件方案参见图 6-4 和表 6-4。

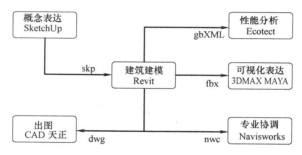

图 6-4　以 Revit 为核心的典型软件应用方案

以 Revit 为核心的 BIM 应用方案　　　　表 6-4

	方案阶段	初步设计阶段	施工图阶段
概念表达	SketchUp、Rhino		
性能分析	IES、Ecotect、eQuest、DOT-2		
可视化表达	Revit、3ds MAX、Showcase、Maya		
数据模型	Revit		
施工图纸		Revit、AutoCAD、天正、理正	
模型集成	NavisWorks		
移动终端	BIM360		

（1）概念表达与参数化设计

SketchUp、Rhino 等概念设计软件创建的形体数据可通过 SKP、SAT 等格式导入 Revit 中应用。

（2）建筑性能分析

Revit 模型通过 DWG、gbXML 等格式或接口程序与 Ecotect、IES、eQuest、DOT-2 等建筑能耗计算软件对接。

（3）可视化表达

除了 Revit 本身的可视化功能，还可通过 FBX 格式，将 Revit 模型导入到 3ds MAX、Maya 或 Showcase 等可视化软件，实现多种方式的可视化表达。

（4）数据模型

通过 Revit 建筑软件，可实现方案阶段到施工图阶段的模型创建及维护。

（5）施工图纸

除了 Revit 自身的二维绘图，还可通过导出 DWG 格式，用 AutoCAD、天正、理正等制图软件生成施工图。

（6）专业协调

通过 NavisWorks 的实时漫游、碰撞检测等功能，检查各专业冲突问题并协调解决，提高设计质量。

2. 以 Graphisoft Archicad 为核心 BIM 应用软件方案

以 ArchiCAD 为核心的 BIM 应用软件方案参见图 6-5 和表 6-5。

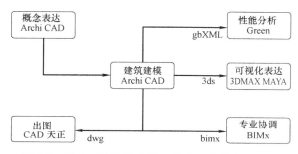

图 6-5　以 ArchiCAD 为核心的典型软件应用方案

以 ArchiCAD 为核心的 BIM 应用方案表　　　　　　　　表 6-5

	方案阶段	初步设计阶段	施工图阶段
概念表达	ArchiCAD、SketchUp		
性能分析	IES、Green		
可视化表达	ArchiCAD、3ds MAX、Maya		
数据模型	ArchiCAD		
施工图纸		ArchiCAD、AutoCAD、天正、理正	
模型集成	BIMx		
移动终端	BIMx		

在本应用方案中，采用 ArchiCAD 创建核心 BIM 模型，然后根据不同的工程目的和设计阶段，生成符合不同应用要求的数据，与其他 BIM 应用软件进行数据交换。

（1）概念表达与参数化设计

除了 ArchiCAD 本身可用于概念设计，SketchUp 等概念设计软件创建的形体数据可通过专门的插件导入到 ArchiCAD 中。

（2）建筑性能分析模拟

ArchiCAD 支持通过 IFC、gbXML 等格式或接口程序与 IES 等建筑能耗计算软件对接。

（3）可视化表达

除了 ArchiCAD 自身的可视化功能，还可通过 3ds 格式与 3D MAX 等可视化软件对接，实现多种方式的可视化表达。

（4）数据模型

通过 ArchiCAD 可实现方案阶段到施工图阶段的模型创建及维护。

（5）施工图纸

除了 ArchiCAD 自身的二维绘图，还可通过 DWG 格式导入到 AutoCAD、天正、理正等制图软件中完成施工图出图。

（6）模型集成

ArchiCAD 数据文件可另存为 BIMx 文件。BIMx 是实时浏览 BIM 模型的虚拟漫游工具，支持 Windows 和 Mac OS X 操作系统，并且支持苹果和安卓两类移动终端。可以在其中显示结构、材料及测量。

6.2 建筑设计 BIM 应用模型细度

6.2.1 方案设计阶段模型细度

方案设计阶段整体模型细度见表 6-6。

方案设计阶段整体模型细度表   表 6-6

模型元素	模型信息
（1）场地：场地边界（用地红线、高程、正北）、地形表面、建筑地坪、场地道路等； （2）建筑主体外观形状：例如体量形状大小、位置等； （3）建筑层数、高度、基本功能分隔构件、基本面积； （4）建筑标高； （5）建筑空间； （6）主要技术经济指标的基础数据（面积、高度、距离、定位等）	（1）场地：地理区位、基本项目信息； （2）主要技术经济指标（建筑总面积、占地面积、建筑层数、建筑等级、容积率、建筑覆盖率等统计数据）； （3）建筑类别与等级（防火类别、防火等级、人防类别等级、防水防潮等级等基础数据）； （4）建筑房间与空间功能，使用人数，各种参数要求

方案阶段模型元素类型细度见表 6-7。

方案阶段模型元素类型细度表   表 6-7

模型元素类型	模型元素及信息
场地	几何信息（尺寸、形状、位置）
建筑地面	几何信息（尺寸、形状、位置）
建筑墙体	几何信息（长度、厚度、高度）
门、窗	几何信息（形状、位置）
屋顶	几何信息（坡度、轮廓）
楼梯（含坡道、台阶）	几何信息（坡度、轮廓）
栏杆、扶手	几何信息（坡度、轮廓）
散水、雨篷等	几何信息（坡度、轮廓、造型）

6.2.2　初步设计阶段模型细度

初步设计阶段整体模型细度见表 6-8。

初步设计阶段整体模型细度表

表 6-8

模 型 元 素	模 型 信 息
（1）主体建筑构件：楼地面、柱、外墙、外幕墙、屋顶、内墙、门窗、楼梯、坡道、电梯、管井、吊顶等； （2）主要建筑设施：卫浴、部分家具、部分厨房设施等； （3）主要建筑细节：栏杆、扶手、装饰构件、功能性构件（如防水防潮、保温、隔声吸声）等	几何信息：几何尺寸、定位信息。 非几何信息： （1）防火设计：防火等级、防火分区、各相关构件材料和防火要求等； （2）节能设计：材料选择、物理性能、构造设计等； （3）无障碍设计：设施材质、物理性能、参数指标要求等； （4）人防设计：设施材质、型号、参数指标要求等； （5）门窗与幕墙：物理性能、材质、等级、构造、工艺要求等； （6）电梯等设备：设计参数、材质、构造、工艺要求等； （7）安全、防护、防盗实施：设计参数、材质、构造、工艺要求等； （8）室内外用料说明。对采用新技术、新材料的做法说明及对特殊建筑和必要的建筑构造说明

初步设计阶段模型元素类型细度见表 6-9。

初步设计阶段模型元素类型细度表

表 6-9

模型元素类型	模型元素及信息
场地	几何信息（简单的场地布置）
建筑地面	几何信息（坡度、厚度、降板、洞口、材质）
建筑墙体	几何信息（长度、厚度、高度）
门、窗	几何信息（尺寸、形状、位置）
屋顶	几何信息（厚度，局部造型）
楼梯（含坡道、台阶）	几何信息（坡度，造型，边缘构造）
栏杆、扶手	几何信息（坡度，造型，边缘构造）
散水、雨篷等	几何信息（坡度、轮廓、造型）

6.2.3　施工图设计阶段模型细度

施工图设计阶段整体模型细度见表 6-10。

施工图设计阶段整体模型细度表

表 6-10

模 型 内 容	模 型 信 息
（1）主体建筑构件：建筑墙体、门窗、屋顶等； （2）主要建筑设施：卫浴、厨房设施等； （3）隐蔽工程与预留孔洞	几何信息：深化后的几何尺寸、定位信息。 非几何信息： （1）主要构造深化与细节； （2）细部构造的设计参数、材质、防火等级、工艺要求等信息； （3）细化建筑经济技术指标的基础数据

施工图设计阶段模型元素类型细度见表 6-11。

施工图设计阶段模型元素类型细度表　　　　　　　表 6-11

模型元素类型	模型元素及信息
场地	几何信息（景观、道路等） 非几何信息（材料和材质信息、技术参数等）
建筑地面	几何信息（节点二维表达） 非几何信息（材料和材质信息、技术参数等）
建筑墙体	几何信息（节点二维表达） 非几何信息（材料和材质信息、技术参数等）
门、窗	几何信息（二维详图） 非几何信息（材料和材质信息等）
屋顶	几何信息（排水、檐口、封檐带等） 非几何信息（材料和材质信息、技术参数等）
楼梯（含坡道、台阶）	几何信息（节点尺寸） 非几何信息（材料和材质信息、技术参数等）
栏杆、扶手	几何信息（节点尺寸） 非几何信息（材料和材质信息、技术参数等）
散水、雨棚等	几何信息（节点尺寸） 非几何信息（材料和材质信息、技术参数等）

6.3　建筑设计 BIM 应用建模方法

6.3.1　一般规定

在项目的不同阶段，针对不同的应用要求和建模软件，BIM 建模方法会有一定的区别。对于建筑专业，一般建模顺序如下：

（1）定义项目模板；

（2）建立项目信息；

（3）创建标高；

（4）创建轴网；

（5）创建基本模型（墙、幕墙、柱子、门窗、楼板、楼梯、其他构件等）；

（6）生成平面、立面、剖面、详图；

（7）模型视图处理；

（8）标注及统计；

（9）布图及打印输出。

6.3.2　方案设计建模方法

方案设计阶段主要表达功能划分、流线设计、防火分区划分、立面造型等，对图纸深度要求不高，所以此阶段对 BIM 模型细度要求也不高。

1. SketchUp 建模方法

（1）图形绘制：SketchUp 的图形绘制命令包括：直线、手绘线、矩形、圆、多边形、圆弧等，可以通过"绘图"工具栏中的命令创建。

（2）实体创建：SketchUp 的实体可以通过对点、线、面的移动、推拉、旋转、缩放、偏移、路径跟随、擦除、柔化等工具进行创建，也可用实体工具栏中的相交、联合、减去、剪辑、拆分等命令编辑深化。

（3）材质贴图：SketchUp 可以通过材质编辑器，对边线、表面、文字、剖面、组和组件等赋予材质，并实时显示材质效果。也可以通过材质编辑器快速修改材质的名称、颜色、透明度、尺寸及位置等属性。SketchUp 的材质功能包括：材质的提取、填充、贴图坐标调整、特殊形体的贴图以及 PNG 贴图制作等。可以满足建筑方案设计阶段的三维表现需求。

（4）场景页面与动画：在方案设计初步确定后，可以通过不同的角度或属性，设置不同的存储场景页面。通过"场景"标签的选择，进行多个场景的页面切换，方便对方案进行多角度的对比。通过场景页面的设置可批量导出图片，或制作展示动画，并可结合"阴影"或"剖切面"等功能制作日照采光模拟、建筑生长、空间分析等动画。以上方案表现形式可以通过场景及场景管理器、动画、批量导出图像集等功能完成。

2. Rhino 建模方法

构建 2D 物体：

（1）点物体：Rhino 软件中的点包括空间点、控制点、编辑点、节点，可以通过建模工具栏中的"点"工具集创建。

（2）直线和多义线绘制：可以通过建模工具栏中的"直线"工具集创建。

（3）曲线绘制：Rhino 曲线是建立 NURBS 模型的基础，除了直接使用命令进行曲线绘制外，还可以对曲线 CV 点和 EP 点等进行编辑建立曲线造型。圆、椭圆、矩形、多边形等通过专用命令绘制。

构建曲面：

Rhino 曲面建模工具包括：矩形面、简单曲面、网格面、拉伸成面、放样成面、扫掠成面、旋转成面、帘布面、灰阶面及控制点建立曲面等，可以通过建模工具栏中的"曲面"工具集创建。

构建实体：

实体其实质也是曲面，是封闭的单个曲面或是多重曲面。实体建立工具位于建模工具栏中的"实体"工具集内，包含了完整的基本几何体建立工具，这些基本几何体包括：立方体、球体、圆柱体、圆锥体、圆锥台、抛物面锥体、椭球体、圆管、圆环等。实体编辑中还包括：布尔运算工具、抽面工具、倒角工具、实体编辑等。

构建网格：

网格是 Rhino 中的 Polyon 对象，网格在导入导出其他格式模型、渲染设置或某些插件上应用较多。

6.3.3　初步设计及施工图设计建模方法

初步及施工图设计阶段是在方案设计模型的基础上进一步加深，相对于方案阶段，此阶段的模型深度要更加精细（门窗尺寸、结构支撑、房间面积等方面）。而信息模型搭建方面，需要考虑施工阶段对模型信息延用的需求，部分工作量前移到此阶段。

1. Revit 建模方法

建筑模型中所有对象的类型，必须与建筑初步设计或施工图的构件属性保持一致，并按照该阶段模型细度的要求建立。

建筑基础构件建模方法：

（1）项目信息：通过"项目属性"功能输入项目名称、项目编号、项目位置等项目基本参数。

（2）标高：用来定义楼层层高及生产平面视图，标高不一定作为楼层层高。进入任意立面视图，通过"标高"命令创建标高，标高名称会按照数字或字母顺序自动排序，绘制新标高，也可通过"复制"或"阵列"命令，快速生成所需标高。建立标高后，在项目浏览器中添加"楼层平面"或"天花板平面"等视图。

（3）轴网：用于为构件定位，目前 Revit 可以绘制直线、弧线及多段线轴网。在平面视图中，通过"轴网"命令绘制轴网，也可通过"复制"、"阵列"或"镜像"等命令，快速生成轴网。需注意轴网中"2D"、"3D"显示模式中的不同作用。

（4）建筑柱：在"建筑"选项卡下"构件"面板中的"柱"下按钮中，选择"建筑柱"命令创建建筑柱。通过柱的属性可以调整柱子基准、顶部标高、底部标高、顶部偏移、底部偏移等。"类型属性"可以设置柱子的图形、材质和装饰、尺寸标注等。

（5）墙：建筑专业中，在"建筑"选项卡下"构件"面板中的"墙"下来按钮中，可以创建建筑墙、面墙、墙饰条、分隔缝等。"类型参数"可以设置不同类型墙的粗略比例填充样式、墙的结构、材质等。

（6）幕墙：幕墙在 Revit 中属于墙的一种类型，绘制幕墙可以通过"墙"命令，从类型选择器中选择幕墙类型进行建立。幕墙的竖梃样式、网格分割形式、嵌板样式及定位关系可任意修改。

（7）门窗：在 Revit 中，门窗的模型与平面表达并不是对应的剖切关系，门窗模型与平立面表达可以相对独立。门窗在项目中可以通过修改类型参数如宽和高、材质等形成新的门窗类型。门窗的主体为墙体，它们与墙有依附关系，删除墙体，门窗也随之被删除。在门窗构件的应用中，其插入点、门窗平立剖面的图纸表达、可见性控制等都与门窗族的参数设置有关。门窗的创建可以通过"构件"面板中"门"或"窗"命令，在类型选择器中选择所需的门窗类型来建立。

（8）楼板：通过"楼板"功能创建，楼板的建筑面层和结构层分开建模，结构层按梁格分别建模。建筑面层按建筑楼面做法分区域建模。

（9）屋顶：Revit 提供了多种屋顶的建模方法，如迹线屋顶、拉伸屋顶、面屋顶、玻璃斜窗等常规工具。对于一些特殊造型的屋顶，还可以通过内建模型的工具来创建。

（10）天花：通过"天花板"功能创建。

（11）洞口：Revit 可以通过编辑楼板、屋顶、墙体的轮廓来实现开洞口，还可以通过"洞口"命令创建面洞口、垂直洞口、竖井洞口、老虎窗洞口等。对于异形洞口造型，可以通过创建内建族的空心形式，应用剪切几何形体命令实现。

（12）扶手、楼梯、坡道：通过"楼梯坡道"面板中"栏杆扶手"、"楼梯"、"坡道"

命令创建。

建筑特殊构件建模方法：

（1）地形：使用"地形表面"功能绘制地形，确定边界以及地形高差。

（2）石材、金属幕墙：使用建筑"墙"功能，定义材质，创建幕墙系统并划分网格。

（3）填充墙：使用建筑"墙"功能，墙底至结构楼板定墙高至梁底或结构板底。

（4）女儿墙：使用建筑"墙"功能，定义其属性为女儿墙。

（5）异型楼梯、坡道：使用"楼梯"功能，绘制长度，定义形状，确定标高、踢面数等属性信息；使用"坡道"功能，绘制模型线，确定坡度等属性。

（6）异型门、窗：创建相应形状的门、窗族，确定形状尺寸。

（7）特殊栏杆、扶手：使用"栏杆扶手"功能，绘制轨迹，并插入相应的栏杆扶手形状族。

（8）附属设施：建立"常规模型"族，并赋予相关信息属性。

2. Archicad 建模方法

建筑基本构件建模方法：

（1）项目模板：Archicad 需要在项目初始阶段，设置包括项目中所使用到的图层、图层组、画笔、画笔集、线性、填充、复合层、异形界面、表面材料、建筑材料、区域、收藏夹等信息。在"选项"中"项目个性设置"对话框中设置。

（2）项目信息：通过"文件"—"信息"—"项目信息"命令输入项目相关的信息。

（3）标高：通过"设计"—"楼层设置"或在项目浏览器中右击楼层类目，添加或删除楼层，设置各楼层的层高或标高，Archicad 会自动计算其余各层的标高。

（4）轴网：Archicad 的轴网系统由若干轴网元素组成，绘制轴网可通过两个途径：一是从菜单打开轴网系统设置框，定义整个轴网，然后插入平面图中；二是从工具箱中选择轴网元素工具来放置单个轴线，然后复制、编辑成整个轴网。

（5）墙：墙体绘制前需要进行图层设置和参数设置，墙体绘制与二维绘制线的方法相同。

（6）门窗：通过"窗工具"设置并建立门窗模型。

（7）垂直交通：垂直交通的建筑构件包括：楼梯、电梯、扶梯、台阶、坡道，以及与此相关的栏杆等。以创建楼梯模型为例，有三种方法：一是用自带的楼梯工具，插入预定义的楼梯对象；二是用 Archicad 自带的 StairMaker 插件创建；三是用第三方插件，如ArchiStair 插件、Stairbuilder 插件等。

（8）屋顶：平屋顶可由"板工具"创建；坡屋顶、圆拱屋顶或穹顶等用"屋顶工具"创建；其他异形屋顶也可由 RoofMaker 插件创建。

Archicad 其他建模方法：

（1）壳体：通过创建的编辑方法，利用不同高度来创建规则的壳体。创建壳体的详细构造方法时要分别定义不同面的两个规则，这个规则可以是直线、圆弧、多义线（规则壳体的两条多义线所在平面，可以是平行平面，也可以是任意平面）、样条曲线、封闭多边形。同时壳体还可以编辑，通过壳体的轮廓，可将壳体修剪为任意的几何图形。

（2）网面：两个主要功能，一是等高线创建地形；二是网面生成屋顶，在 ArchiCAD 中可以利用创建好的网面生成屋顶，从而控制屋顶的脊线高度。

（3）魔棒：ArchiCAD 的智能物体元素，例如门窗、柱子等，都可以自动适应它们所在的环境。大大提高了工作效率，使得项目管理更加容易，让建筑师在做"设计"而不是"绘图"。从 2D 线条、弧线、多义线等开始，"魔棒"工具可以自动创建智能建筑构件。

（4）变形体：有四种几何构造方式：多边形、闭合曲线、箱式以及旋转体。除了可以自由创建变形体以外，还可以将其他元素转换为变形体。

6.3.4 二维图纸生成流程及方法

二维图纸的生成可以在 BIM 软件中，对二维视图进行标注、深化等处理，直接生成图纸；也可以通过 BIM 模型导出二维视图，在 AutoCAD、天正等二维绘图软件中深化处理，生成图纸。

以 Revit 为例，通过模型在 Revit 软件中直接生成二维图纸的流程及方法如下：

1. 创建图纸

单击"视图"选项卡下"图纸组合"面板中的"图纸"命令，在"新建图纸"对话框中通过"载入"得到相应的图纸。选择标题栏中需要的图签，完成图纸的创建。

2. 设置项目信息

单击"管理"选项卡"设置"面板中的"项目信息"命令，输入相应的项目信息。

3. 视图布置

创建图纸后，在图纸中添加建筑的一个或多个视图，包括楼层平面、场地平面、天花板平面、立面、三维视图、剖面、详图视图、绘图视图、图例视图、渲染视图及明细表等。将视图添加到图纸后，对图纸的位置、名称等视图标题信息进行设置。视图可以在项目浏览器中通过拖拽的方式添加到图纸中。

4. 图纸列表

在"视图"选项卡下"创建"面板中的"明细表"下来按钮中，选择"图纸列表"选项，根据项目要求添加字段如图纸名称、图纸编号等信息，创建图纸列表。

5. 设计说明

进入图例视图，单击"注释"选项卡下"文字"面板中的"文字"命令，根据项目要求编写设计说明。

6. 打印

创建图纸后，可以直接打印出图。

7. 导出 DWG、形成电子版图纸文件

Revit 中所有平、立、剖面、三维视图、图纸等都可以导出为 DWG 格式图形，导出后的图层、线型、颜色等也可以根据需求在 Revit 中设置。

6.3.5 建筑专业构件库

建筑构件是承载几何和非几何信息的建模基础元素，丰富的构件库在很大程度上可提高三维建模效率。针对构件和构件资源库，应当建立统一的标准，对构件的精细度、命名规则、分类方法、数据格式、参数信息、版本等方面进行管理，以下以 Revit 族库为例说明。

1. 分项原则

常规建筑设计中常用的构件有门、窗、卫浴装置、专用设备、家具、场地、栏杆扶手等，构件分项首先应按照族类别进行分类，个别构件（如幕墙等）按照设计师习惯归类，人防门和防火门等参照不同的标准图集，可以进行单独列出，参见表 6-12。

建筑构件库分类表　　　　　　　　　　　表 6-12

族类别	类型名称	族类别	类型名称
门	活页门	卫浴装置	蹲便器(包含儿童蹲便器)
	旋转门		高位水箱
	推拉门		坐便器(包含儿童坐便器)
	卷帘门		净身盆
	门联窗		小便器
	防火门		二维卫生器具
	人防门		普通龙头
	门套	家具	2D 家具族
	门洞		3D 家具族
窗	平开窗	专用设备	家用电器
	固定窗		专用设施
	百叶窗		电梯/扶梯/钢梯
	推拉窗	场地	设施
	组合窗		RPC 植物
	防火窗	停车场	交通工具
	窗套		普通停车场
	遮阳		立体停车位
幕墙	幕墙门	栏杆扶手	支柱
	幕墙窗		嵌板
	幕墙嵌板		栏杆
	幕墙构件		无障碍设施
	幕墙竖梃	柱	建筑柱
卫浴装置	台盆		结构柱
	洗涤盆		柱帽
	洗衣机/洗碗机		
	厕所隔断		
	小便器隔断		
	淋浴房		
	浴缸		

2. 命名规则

构件的命名可以依据国标、图集或制图深度的要求，进行类型名称的命名，参见表 6-13。

构件的命名表　　　　　　　　　　　　　　　　表 6-13

族类别	族类型名称	族命名规则	类型命名规则
门	活页门	材质＋开启面数＋特性＋门扇	门名称代号(M)＋门宽度/100＋门高度/100
	旋转门	普通或智能＋翼数(平开)＋旋转门	门名称代号(M)＋门宽度/100＋门高度/100
	推拉门	材质＋门扇＋推拉门	门名称代号(M)＋门宽度/100＋门高度/100
	卷帘门	材质＋开启形式＋安装形式＋用途＋卷帘门	卷帘门名称代号(JLM)＋门宽度/100＋门高度/100
	门联窗	门扇数＋门联窗	门联窗名称代号(MLC)＋总宽度/100＋门高度/100
	防火门	材质＋防火门/开启方式＋防火门/隔热类别＋防火门	材质及名称代号＋门宽度/100＋门高度/100＋防火等级＋企业自定义代号
	人防门	材质＋特性＋扇数＋防火密闭门	材质代码(H/G)＋活门槛(H)＋防护密闭(FM)＋门孔宽/100＋门孔高/100＋抗力级别
	门套	材质＋门套	门洞名称代号(MD)＋门套宽/100＋门套高/100
	门洞	门洞	门洞名称代号(MD)＋门洞宽/100＋门洞高/100
窗	平开窗	开启形式＋窗	窗名称代号(C)＋窗宽/100＋窗高/100
	固定窗	材质＋固定窗	窗名称(C)＋窗宽/100＋窗高/100
	百叶窗	材质＋百叶窗	材质＋百叶窗名称代号(BC)＋窗宽/100＋窗高/100
	推拉窗	材质＋推拉窗	窗名称代号(C)＋窗宽/100＋窗高/100
	组合窗	组合窗—排列方式(开启方式)—固定部门	组合窗名称代号(ZC)＋窗宽/100＋窗高/100
	防火窗	材质＋防火墙/开启方式＋防火墙/隔热类别＋防火窗	材质及名称代号-门宽度/100＋门高度/100＋防火等级＋企业自定义代号
	窗套	材质＋窗套	窗洞名称代号(CD)＋窗套宽＋窗套高
	遮阳	材质＋遮阳	标准
幕墙	幕墙门	材质＋幕墙门	门名称代号(M)＋门宽/100＋门高/100
	幕墙窗	材质＋幕墙窗	窗名称代号(C)＋窗宽/100＋窗高/100
	幕墙嵌板	材质＋嵌板	标准
	幕墙构件	系列名称＋幕墙材质＋抓点类型	标准
卫浴装置	台盆	特性＋材质＋样式＋洗脸盆	尺寸规格(长×宽×高)
	洗涤盆	洗涤盆序号	尺寸规格(长×宽×高)
	洗衣机/洗碗机	特性＋洗衣机/洗碗机	尺寸规格(长×宽×高)
	厕所隔断	隔断	GD＋宽度＋高度
	小便器隔断	材质＋小便器隔断	尺寸规格
	淋浴房	特征＋样式＋形状＋淋浴房	尺寸规格(宽度×宽度)
	浴缸	外形＋功能＋浴缸(样式)	尺寸规格(长×宽×高)
	蹲便器(包含儿童蹲便器)	特性＋蹲便器	标准
	高位水箱	高位水箱	标准

续表

族类别	族类型名称		族命名规则	类型命名规则
卫浴装置	坐便器（包含儿童坐便器）		特性＋排水方式＋样式＋坐便器	标准
	净身盆		水嘴样式＋孔数＋材质＋样式＋净身盆	尺寸规格（长×宽×高）
	小便器		安装方式＋小便器	标准
	二维卫生器具		类别—特性	宽度×深度
	普通龙头		水龙头	按用途划分类型名称
家具	2D家具族		特性＋类别—2D	无
	3D家具族	一般家具	特性＋类别	无
		橱柜	特性＋类别	无
专用设备	家用电器		类别	无
	专用设施		类别	无
	电梯/扶梯/钢梯	电梯	功能＋电梯	DT＋编号
		电梯门	电梯门	门名称代号 M＋门宽＋门高
		自动扶梯	形态＋自动扶梯	自动扶梯名称代号 FT＋编号
		自动人行道	形态＋自动人行道	自动人行道名称代号（FT）＋编号
		钢梯	角度＋钢梯	钢梯名称代码（GT）＋编号
场地	设施		类别	无
	RPC植物		RPC类别	类别-高度
停车场	交通工具		类别	无
	普通停车场		特性＋停车场	无
	立体停车位		立体停车位	无
栏杆扶手	支柱		风格＋支柱_形状:尺寸	无
	嵌板		风格＋嵌板_材质:尺寸	无
	栏杆		栏杆_形状:尺寸	无
	无障碍设施		无障碍_特征	无
柱	建筑柱		形状＋风格＋柱	无
	结构柱		材质＋形状	无
	柱帽		形状＋风格＋柱帽	无

3. 构件细度

构件中的信息在项目不同阶段根据模型细度的要求逐步深入或更新。构件几何信息包括形状、尺寸、材质等，要求满足该阶段的精度信息。

每个系统由一种或几种不同功能的构件组成，构件的细度应完整的表达该系统的建筑功能。以门族为例，构件显示图例及参数见表 6-14、表 6-15。

门可见性设置及显示图例表 表 6-14

类别	精细	中等	粗略	备注
平面视图				精细程度下显示实体
立面视图	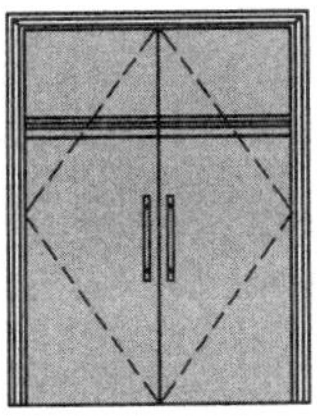	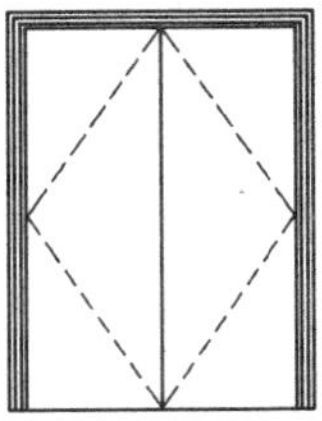	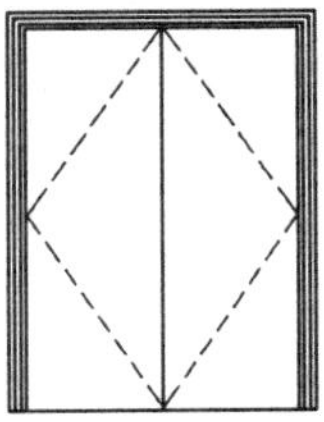	精细程度下显示实体
剖面视图				精细程度下显示实体
三维视图		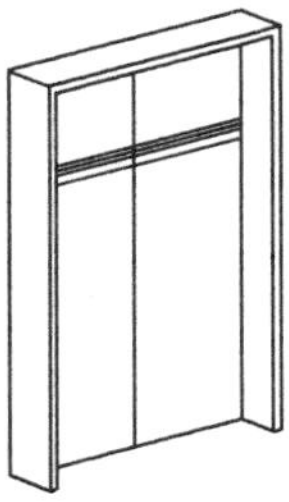		为提高项目的运行速度，把手与门套仅在精细程度下显示

门参数设置示例表 表 6-15

参数属性	参数名称	参数类型	参数说明	单位	备注
几何参数	高度	类型参数	分组方式：尺寸标注 添加多个常见族 类型供用户选择	mm	样板自带参数
	宽度				
	厚度				
	粗略高度				
	粗略宽度				
	门框宽度				此参数为修改原有样板自带参数
	门框投影外部				
	门框投影内部				
	把手高度				
	内门套宽度				
	内门套厚度				
	外门套宽度				
	外门套厚度				

续表

参数属性	参数名称	参数类型	参数说明	单位	备注
非几何参数	国标编码	共享类型参数	分组方式:文字		
	材质	类型参数	分组方式:材质与装饰		门框材质、把手材质、门扇材质、门套材质
	内门套可见性	实例参数	分组方式:常规		参数类型:是/否
	外门套可见性				
	开启次数	类型参数	分组方式:常规		规程:整数
	开启方向				左开/右开
	可见光透过率	类型参数	分组方式:分析属性		样板自带参数,用于建筑节能计算
	日光得热系数				
	热阻(R)				
	传热系数(U)				
	分析构造				

6.4　基于 BIM 的建筑设计分析应用

6.4.1　方案设计比对及体量优化

1. 基于 Revit 体量功能进行方案设计优化

体量功能主要用于方案设计阶段,通过形状工具来创建几何形体。形状分两种,实心形状创建实心体量,而空心形状则用于"剪切"实心形体体量,当创建了体量后,就可以选择并添加面,从体量表面生成墙体、楼板、屋顶和幕墙系统,将概念形体转换成建筑设计构件。也可以提取重要的建筑信息,包括每个楼层的总面积,如图 6-6 所示。

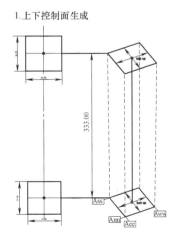
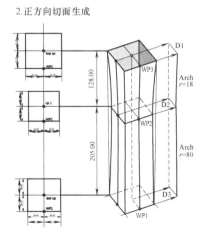

图 6-6　基于 Revit 的方案设计优化图例

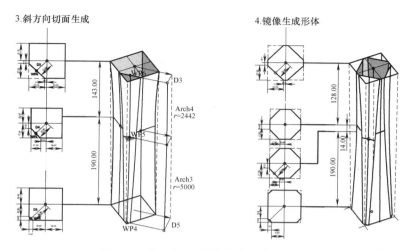

图 6-6　基于 Revit 的方案设计优化图例（续）

2. 基于 Rhino 的方案设计优化

Rhino 是基于 NURBS 建模技术的 3D 建模软件，基于 NURBS 的精确和强大的建模功能，可以快速完成方案设计，并优化建筑曲面及异型化的建筑构件，如图 6-7 所示。

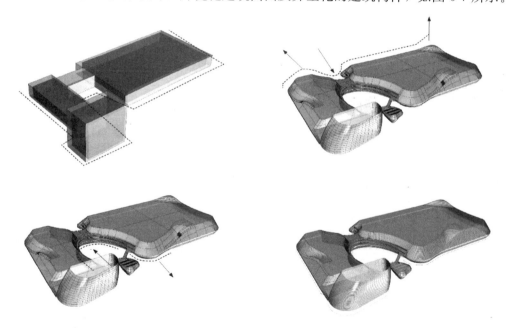

图 6-7　基于 Rhino 的方案设计优化图例

6.4.2　空间可视化分析

可视化是对英文 Visualization 的翻译，如果用建筑行业本身的术语应该叫作"表现"。可视化是创造图像、图表或动画来进行信息沟通的各种技巧，基于 BIM 模型的可视化表现，内容更加丰富，不仅可以直接输出各类三维视图，各角度剖切视图和漫游动画，还可以将模型导入到可视化软件中进行视觉效果分析，高度逼真渲染图及特殊的动画效果，可以扩展视觉环境，以便进行更有效的方案验证和外部沟通，基于 BIM 的可视化分析减少了可视化重复建模的工作量，而且提高了模型的精度与设计（实物）的吻合度。

基于 Revit 的视图、剖面框及相机等功能，可以进行包括平面空间分析（图 6-8）、竖向空间分析（图 6-9）、视点空间分析（图 6-10）等空间可视化分析。

SketchUp、Rhino、ArchiCAD 等软件均有类似功能进行空间可视化分析。

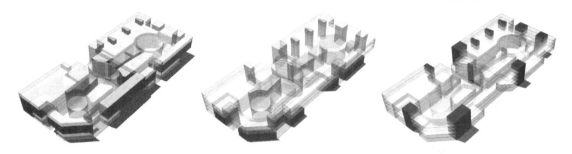

持有商业　　　　　　　　　可销售商业　　　　　　　　　竖向交通

图 6-8　平面空间分析示意图

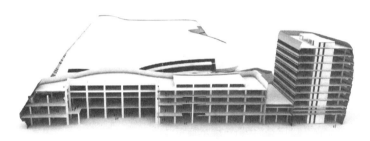

图 6-9　竖向空间分析示意图

剧场池座第五排观众视线　　　　　　　　　挑台最后一排观众的视线

图 6-10　视点空间分析示意图

6.4.3　参数化设计

参数化设计是一个选择参数建立程序、将建筑设计问题转变为逻辑推理问题的方法，它用理性思维替代主观想象进行设计，它将设计师的工作从"个性挥洒"推向"有据可依"；它使人重新认识设计的规则，提高运算量；它与建筑形态的美学结果无关，转而探讨思考推理的过程。

参数化设计在建筑辅助设计上可以实现通过局部变量的修改完成对设计意图的全局变更。例如，Grasshopper 是 Rhino 的一款编程插件，它具有节点式可视化数据操作、动态实时成果展示、数据化建模操作等特点，如图 6-11 所示。

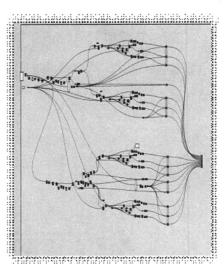

图 6-11　Grasshoppe 参数化设计示例

6.4.4　性能分析

在设计阶段，建筑专业的 BIM 分析应用主要包括以下几方面：

1. 建筑指标分析

在方案设计和初步设计阶段，可应用 BIM 技术，辅助进行技术经济指标的测算。根据 BIM 模型，可以统计建设用地面积、建筑及房间面积与体积，并进行容积率、建筑密度、各区段房间功能明细、工业化装配率等指标分析。

2. 建筑性能分析

BIM 可为建筑的通风分析、光环境分析、声环境分析、热环境分析、能耗分析提供基础分析模型，BIM 建模软件创建的 BIM 模型可以导入到各类分析软件工具中，进行各项建筑性能分析，确保项目数据的统一性，避免反复建模。

（1）建筑室外风环境模拟分析：主要分析项目环境的风速和风压，风速分析主要针对城市高楼集中区域，自然风受到高楼的阻挡在局部区产生的强风。风压分析，对于主要利用自然通风的住宅是比较有作用的，良好的自然通风是提高舒适度的基础。该分析主要对建筑主体，建筑主体分层，阳台，屋面，窗体分户模型，建筑物的总体形状、结构形式、朝向，周围有遮挡关系的建筑物，建筑物的外墙、幕墙及外围护等进行分析，改善建筑外环境的空气自然流动。

（2）建筑室内空气质量（空气龄）模拟分析：主要分析空气在某一点的停留时间，空气停留时间越长，说明空气流通就越差，通过计算模拟后，可以得出空气龄分布图。该分析主要对房间的内外墙、地面（楼板）、天花板，屋顶、门、窗等进行模拟分析。对于住宅项目，通过空气龄的分析，调整优化户型布局，可以提高其性能，从而提高项目品质和开发商销售效益。而对于大型公共商业项目，良好的自然通风设计可以减少机械强制通风所需要的能耗，同时合理的通风空调设计可以提高人的舒适度，提高商业项目的品质。

（3）建筑光环境（自然采光）模拟分析：主要包括日照与遮挡分析和室内照明分析。日照与遮挡分析主要对遮挡建筑物模型（建筑主体，建筑主体分层、阳台、屋面、檐口、女儿墙等）和被遮挡建筑物模型（建筑主体，建筑主体分层，窗体分户模型）进行模拟分析。室内照明分析主要对楼层的功能区划分和房间，房间的内外窗、墙、地面（楼板）、天花板，房间或分析区域内的灯具进行模拟分析。

（4）建筑声环境模拟分析：主要是对项目环境的噪声分析，就是把项目周边已存在的、无法改变现状、产生噪声比较大的噪声源放入到项目模型中进行分析模拟。通过分析模拟，对受噪声影响比较严重的户型，选择双层玻璃，隔声楼板，和隔声墙体，吸声材料，调整窗户方向避免噪声直线传播等措施，增加挡声墙、种植隔声效果较好的树木等，改善整体项目噪声环境。

（5）建筑热环境模拟分析：主要有两项工作：一是项目小区域的温度分析，二是室内温度分析。通过模型结合相关气候数据信息，分析模拟出项目区域热环境情况，根据分析结果，调整环境设计，譬如调整建筑物布局，改善自然通风路线，增加水井、绿化等措施，以降低局部区域温度等。对于室内温度分析，在模型里，加入建筑围护结构的热特征值，如导热系数、比热、热扩散率、热容量、密度等数据，除了通常的冷热负荷计算外，还进行全年的室内温度分析，优化室内温度的设定值。因此，通过全年的室内温度分析，优化室内温度计算值，继而优化供暖和制冷系统，实现在满足舒适度的前提下减少能耗，节约使用成本。

（6）建筑能耗模拟分析：主要利用计算机建模和能耗模拟技术，对建筑物的物理性能及能量特征进行分析，在新建建筑和既有建筑中两种类型的建筑中都可以应用。在新建建筑中应用建筑能耗模拟的主要目的是对建筑设计方案进行采暖及空调负荷等分析计算和优化，建造符合节能设计标准的节能建筑。也可以通过分析对既有建筑进行能耗模拟，分析计算其能耗，对不符合民用建筑节能强制性标准的建筑实行节能改造。建筑能耗分析的应用非常广泛，包括对建筑设计方法进行节能评价，并进行优化；计算建筑物全年采暖、制冷负荷；选择合适设计方案的节能设计；设计建筑空调系统，并对建筑能源进行管理；研究建筑的节能措施等。

6.4.5　虚拟现实

虚拟现实也称虚拟环境或虚拟真实环境，是迅速发展的一项综合性计算机、图形交互技术，它集成了计算机图形学、多媒体、人工智能、多传感器、网络并行处理，利用计算机生成的三维空间形象实现的目标合成技术，通过视、听、触觉，以图表及动画方式呈现，让观看者"眼见为明"。在建筑设计中既要进行空间形象思维，又要考虑以用户的感受为核心，是一连串的创新过程。巨大的成本和不可逆的执行程序，不能出现过多的差错，将 BIM 和虚拟现实技术相结合，可以改变传统的计算机辅助设计被动静态的信息传递方式，可减轻设计人员的劳动强度，缩短设计周期，提高设计质量，节省投资。

BIM 模型可以导入到 Lumion、Naviswork、Fuzor、Unity3D、UDK 等软件或模拟引擎中，通过现实增强等技术，实现 BIM 模型的虚拟漫游或虚拟现实技术的应用，如图 6-12 所示。

图 6-12　虚拟漫游示例

6.5　建筑设计 BIM 应用成果表达

对于设计阶段的建筑专业，BIM 技术的应用成果大致包括以下内容：

6.5.1　BIM 模型表达

在设计的不同阶段，提供满足各阶段模型细度要求的方案设计模型、初步设计模型和施工图设计模型。手绘模型及方案模型表达（图 6-13），初步设计模型及施工图模型表达（图 6-14）。

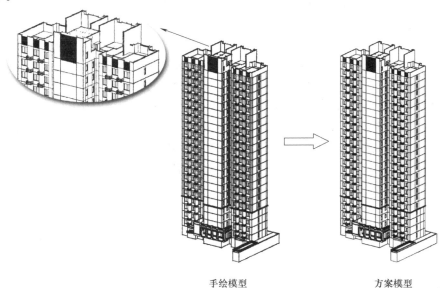

手绘模型　　　　　　　　　方案模型

图 6-13　手绘模型及方案模型表达

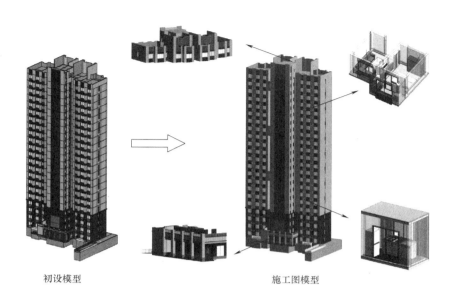

初设模型　　　　　　　　　施工图模型

图 6-14　初设模型及施工图模型表达

6.5.2　可视化表达

1. 三维视图

从 BIM 模型中生成的项目重点部位的三维透视图、轴测图、剖切图（图 6-15）、爆炸图（图 6-16）等展示图片，可用于验证和表现建筑设计理念。

透视图　　　　　　　　　　轴测图　　　　　　　　　　剖切图

图 6-15　透视图、轴测图、剖切图可视化表达示例

2. 效果图

从 BIM 模型中直接生成的渲染效果图，或将 BIM 模型导入到专业的可视化软件中处理得到的渲染效果图。如图 6-17 所示。

3. 漫游动画

从 BIM 模型中直接生成的漫游动画，或将 BIM 模型导入到专业的可视化软件制作的高度逼真的动画效果。

通过整合 BIM 模型和虚拟现实技术，对设计方案进行虚拟现实展示，用于项目重点位置的空间效果评估，如图 6-18 所示。

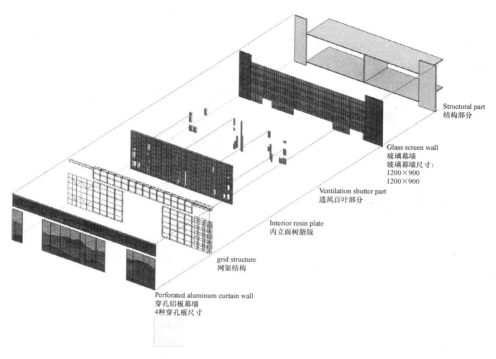

图 6-16　爆炸图可视化表达示例

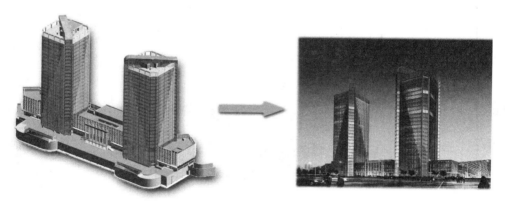

图 6-17　BIM 模型渲染成效果图示例

图 6-18　漫游动画示例

6.5.3　二维视图表达

现阶段 BIM 模型生成的二维视图还不能完全符合现有的二维制图标准，但应根据 BIM 技术的优势和特点，确定合理的 BIM 模型二维视图成果交付要求。BIM 模型生成二维视图的重点，应放在二维绘制难度较大的立面图、剖面图等方面，以便更准确地表达设计意图，有效解决二维设计模式下存在的问题，体现 BIM 技术的价值，如图 6-19 所示。

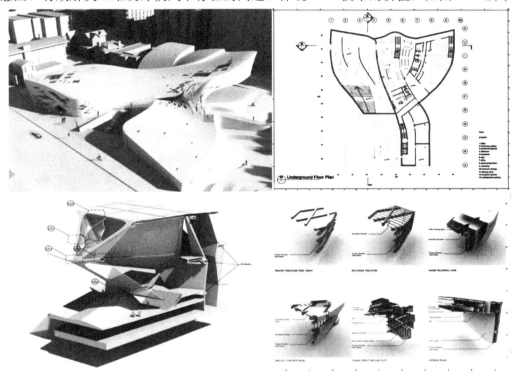

图 6-19　BIM 模型二维图纸表达示例

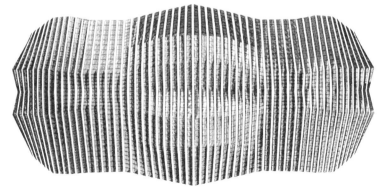

唐山大剧院外表皮幕墙顶部日照模拟图(冬至日)1:300

图 6-20　屋顶幕墙日照分析报告示例

6.5.4　数据分析表达

将 BIM 模型导入到性能分析软件，用于日照分析（图 6-20）、通风分析、光环境分析、声环境分析（图 6-21）、热环境分析、能耗分析等各项建筑性能分析，确保项目数据的统一性，避免反复建模，并以报告的形式交付。

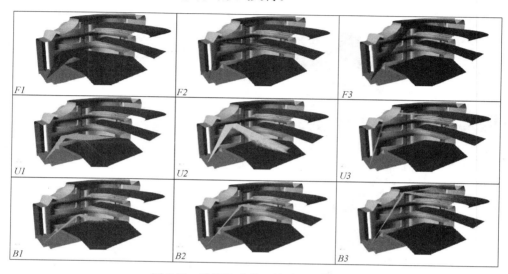

图 6-21　歌剧院声学环境分析报告示例

6.6　装饰设计 BIM 应用

6.6.1　BIM 应用流程

1. 基于 BIM 的装饰方案设计流程

基于 BIM 的装饰方案设计阶段主要工作内容包括：依据装饰设计要求，输入建筑、结构、机电等专业的 CAD 图纸和 BIM 模型，在三维的环境中划分室内空间，建立装饰方案设计模型，并以该模型为基础输出效果图及动画，清晰地表达装饰设计效果。装饰方案设计模型可为装饰设计后续阶段工作提供依据及指导性文件。基于 BIM 的装饰方案设计流程如图 6-22 所示。

2. 基于 BIM 的装饰初步设计流程

装饰初步设计的目的是论证装饰工程的技术可行性和经济合理性，其主要内容包括：进行室内功能分析，如自然采光分析、人工照明分析和声学分析；协调装饰与其他各专业之间的技术矛盾，合理地确定技术经济指标。基于 BIM 的装饰初步设计流程如图 6-23 所示。

3. 基于 BIM 的装饰施工图设计流程

装饰施工图设计的工作内容主要是对初步设计成果的深化，目的是为了解决施工中的技术措施、工艺做法、用料等，为施工交底、施工安装、施工下料、工程预算等提供完整

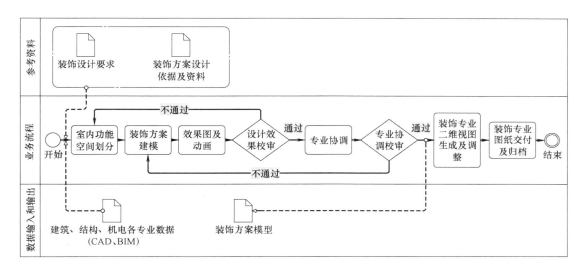

图 6-22 基于 BIM 的装饰方案设计流程

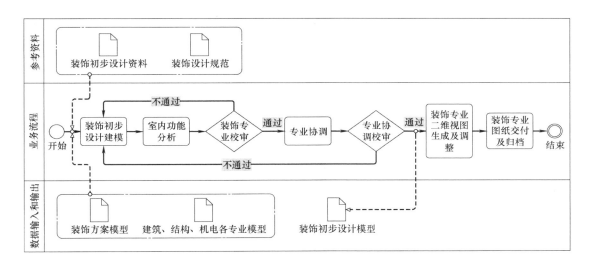

图 6-23 基于 BIM 的装饰初步设计流程

的数据（CAD 施工图纸及装饰施工图模型）。基于 BIM 的装饰施工图设计流程如图 6-24 所示。

6.6.2 模型细度

装饰模型的内容规定遵照本指南模型细度的一般原则。本指南将模型细度划分为七个渐进的模型细度等级，与装饰设计相关的三个模型细度等级是：方案设计模型细度、初步设计模型细度、施工图设计模型细度。本部分分别给出装饰设计在这三个细度上的模型细度。

1. 装饰方案设计模型细度

装饰方案设计模型细度参见表 6-16。

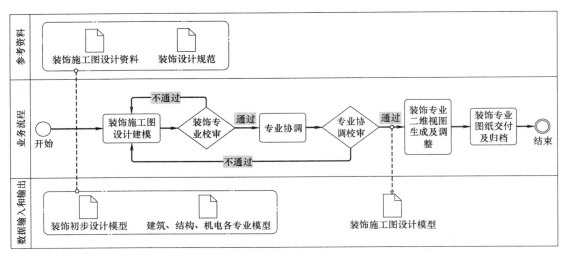

图 6-24　基于 BIM 的装饰施工图设计流程

装饰方案设计模型细度　　　　　　　　　　　　　　　　表 6-16

模型元素类型	模型元素及信息
楼面	几何信息包括： 1. 位置和尺寸； 2. 表面面积。 非几何信息： 材料属性
墙面	几何信息包括： 1. 位置和尺寸； 2. 表面面积。 非几何信息： 材料属性
天花	几何信息包括： 1. 位置和尺寸； 2. 表面面积。 非几何信息： 材料属性

2. 装饰初步设计模型细度

装饰初步设计模型细度参见表 6-17。

装饰初步设计模型细度　　　　　　　　　　　　　　　　表 6-17

模型元素类型	模型元素及信息
楼面	几何信息包括： 1. 位置和尺寸； 2. 表面面积。 非几何信息： 1. 材料属性； 2. 防火级别

续表

模型元素类型	模型元素及信息
墙面	几何信息包括： 1. 位置和尺寸； 2. 表面面积。 非几何信息： 1. 材料属性； 2. 防火级别
天花	几何信息包括： 1. 位置和尺寸； 2. 表面面积。 非几何信息： 1. 材料属性； 2. 防火级别
家具	几何信息：位置和尺寸
灯具	几何信息：位置和尺寸
装饰构件	几何信息：位置和尺寸

3. 装饰施工图设计模型细度

装饰施工图设计模型细度参见表 6-18。

装饰施工图设计模型细度　　　　　表 6-18

模型元素类型	模型元素及信息
楼面	几何信息包括： 1. 位置和尺寸； 2. 表面面积。 非几何信息： 1. 材料属性； 2. 防火级别
墙面	几何信息包括： 1. 位置和尺寸； 2. 表面面积。 非几何信息： 1. 材料属性； 2. 防火级别
天花	几何信息包括： 1. 位置和尺寸； 2. 表面面积。 非几何信息： 1. 材料属性； 2. 防火级别
家具	几何信息：位置和尺寸
灯具	几何信息：位置和尺寸
装饰构件	几何信息：位置和尺寸

模型元素类型	模型元素及信息
节点	几何信息包括： 1. 龙骨连接节点位置，位置和尺寸； 2. 螺丝、焊缝位置。 非几何信息包括： 1. 构件及零件的材料属性； 2. 构件的编号信息

6.6.3 建模方法

装饰设计前期方案阶段时，大多数设计师采用的是手绘或传统的三维建模软件辅助建模进行方案设计，再在三维几何模型的基础上输出效果图。在装饰设计的初步和施工图阶段则用 CAD 手段绘制平立剖等图纸。手绘和传统三维建模的方式相对来说比较个性化一些，灵活多变，但缺乏真实性与空间体量感，而且从方案设计到施工图设计整个流程中，数据的无法流通导致了出现设计效率低和错、漏、碰、缺较多的问题。BIM 软件辅助能很好解决这些问题，现在适于装饰设计的 BIM 软件主要有 Trimble SketchUp 和 Autodesk Revit，这些软件支持国际主流的 IFC 数据标准，其三维造型能力都很强，设计流程和应用各有优势。

基于 BIM 的装饰设计，一般建模方法都是先通过导入建筑、结构、机电等专业的 CAD 或 BIM 模型，以此为参考搭建装饰设计模型，可应用于装饰设计的各个阶段，如：可与其他各专业的模型整合协调冲突问题；直接输出效果图；直接生成二维图纸；统计材料清单等。

1. SketchUp 建模方法

以设计师常使用的 SketchUp 软件为例，用 SketchUp 进行装饰空间设计模型推敲，优势在于建模操作简单、几何形体建立相对智能化，与 CAD 软件的兼容性好。且内部模型库及相关支持 BIM 设计的插件种类多，在 SketchUp 中可以实时呈现设计师的设计意图，软件本身对文件的转化支持度高。

通过 SketchUp，可获得 3DWarehouse 提供的构件库以及其他建模插件，利用图层、组件、群组、以及 SketchUp 的函数功能和一些设置建立方案模型，同时需要设计师遵循 BIM 模型建立的操作方式规则，为后续的 BIM 设计做好铺垫。

主要建模方法：

（1）方案设计阶段建模方法：建模时先将建筑、结构、机电等专业模型导出 DWG 模型，再将其导入 SketchUp 中，用 SketchUp 的图层功能进行管理，新建地面、墙面、天花等图层，对建立几何模型进行管理，方便以后修改操作。装饰工程设计的几何构件形态繁多，每一个构件都要做成群组、组件、组建的嵌套深度不得超过三级。组件命名对应具体实物，真实命名，名称统一，便于物料表的计算以及导出。

（2）初步设计和施工图设计阶段建模方法：在装饰方案设计模型的基础上，模型内容和细度都要增加，包括装饰工程的隐蔽工程和装饰细节。包括：吊顶、墙体、地面内的隐蔽部分，各种表面开孔；装饰面材的细化内容，包括块料面层的排布分割；完善装饰构造做法。模型细度应以能导出施工节点详图为标准。地面部分用块料平铺功能的插件，在选定面域后，自动实现平铺及预留缝隙填充。吊顶类由选择面驱动通过不同的系列插件实现吊挂龙骨的快速自动排布。墙面装饰构件要用到空间自动对位插件、石材挂板插件等制作，由选择面驱动实现。

优势：SketchUp 建模效率高，附材质非常简单；软件本身支持可视化程度高；后续版本中针对 BIM 应用的功能模块逐渐增多，且二次开发平台兼容性好；在设计师中的普及率高，简单易学；市面上对它的装饰构件库品种繁多。

欠缺：SketchUp 曲线和曲面的几何形态效果不好，对于复杂的模型，会出现卡机问题；支持实时预览，但对显卡、GPU 的要求高一些；对一些 BIM 设计中统计量和下料工作，需要进行编写脚本等插件。

2. Revit 建模方法

（1）装饰族创建

当前，由于支持装饰工程 BIM 应用的族较少，且制作族花费时间较长，使得很多装饰设计师认为 Revit 不适合用来做装饰设计。但族库是逐渐发展起来的。随着使用 BIM 技术的工程师数量的增加，制作的各类族也会越来越丰富，因此，将来族不会是装饰工程 BIM 应用的问题。

制作装饰族应注意：由于装饰设计造型有其唯一性和特殊性，因此，Revit 的"内建模型"会被经常使用到。"内建模型"制作特点：在"族类别和族参数"对话框中，为图元选择一个类别，则"内建模型"族将在项目浏览器的该类别下显示，并添加到该类别的明细表。

（2）非隐蔽的机电模型族

非隐蔽的机电模型，是指建筑物室内，人们视线可见的与装饰设计有关的非隐蔽机电模中，如特殊的灯具、风口、电气面板等。制作这些族需着重考虑美观的要求，最好根据要应用在工程上的具体产品来制作。

（3）装饰设计模型创建

创建装饰设计模型时需注意：为了各专业模型的独立划分，在创建墙体、地面、吊顶、天棚等空间的装饰模型时，将墙体、楼地面、天棚的装饰面层作为新的图元，原有的墙体等仅做为结构层，两侧为新增加的装饰面层。这种方法虽然加大了信息量，但却利于装饰工程算量、导出装饰物料表以及装饰工程合同结算，最终能得到装饰工程合同规定的工作量。

（4）机电模型修改

机电设计是一个系统和总体的设计，对于很多设备在房间中的定位还尚未明确，需在装饰设计后完善，比如风口和灯具等。因此，机电模型的一些设备要根据装饰设计方案进行修改。

机电模型修改时需注意：第一，以不违反设计规范及施工标准为首要原则；第二，在满足第一条的基础上，尽量考虑美观、实用的因素。

6.6.4　成果表达

在基于 BIM 的装饰设计过程中，针对不同的用途会产生各种不同的成果，主要包括以下内容：

1. BIM 模型

在装饰设计 BIM 应用中，其格式主要有：由 Revit 创建的 RVT 格式、由 SketchUp 创建的 SKP 和 IFC 格式、在 Navisworks 中整合的 NWD 格式、在 Revizto 和 Fuzor 中整合并发布的 EXE 格式，其中 RVT、SKP、IFC、NWD 格式都需要安装特定的专业软件才可打开浏览，而 EXE 格式则可在任何 Windows 系统的设备中打开浏览。

2. 可视化成果

三维视图：在 BIM 模型中生成的三维透视图、轴测图、剖切图等图片格式文件，用于展示装饰设计局部工艺及节点等；

效果图：通过 BIM 模型渲染得到的照片级图片文件，其主要作用是让客户直观地体验设计效果，更加真实地表达设计师的设计方案；

漫游动画：通过 BIM 模型渲染得到的视频，效果和效果图一致，用于体验装饰设计空间效果。

3. 室内功能分析成果

BIM 模型导入分析软件中，进行自然光、人工照明、声学、室内通风等分析，由此得到的分析报告。

4. 二维图纸

在 BIM 模型中可任意剖切生成平面、立面、剖面等视图，通过处理生成二维图纸。在 BIM 软件中直接生成的二维图纸可通过 DWG 格式导入到 CAD 软件中进行二次处理，生成更符合装饰设计规范的二维图纸。

6.6.5　BIM 应用软件方案

1. 以 Autodesk Revit 为核心

以 Autodesk Revit 为核心的 BIM 应用方案如表 6-19 所示。

以 Autodesk Revit 为核心的 BIM 应用方案　　　　　　　　表 6-19

	方案阶段	初步设计阶段	施工图阶段
室内功能分析	Ecotect		
可视化表达	3ds MAX、Lumion		
数据模型	Revit		
施工图纸		Revit、AutoCAD	
模型集成	Navisworks、Fuzor、Revizto		

装饰设计采用 Revit 建模时，需先整合建筑、结构、机电模型，在此基础上进行装饰设计建模。Revit 与其他 BIM 应用软件的数据交换方案如图 6-25 所示。

（1）室内功能分析

装饰设计的 Revit 模型可通过 gbXML 格式导入 Ecotect 中进行室内功能分析，如室内自然光及灯光照明分析、声环境分析等；

（2）可视化表达

通过 FBX 格式可将 Revit 模型导入 3ds MAX 中进行效果图渲染；通过 Revit To Lu-

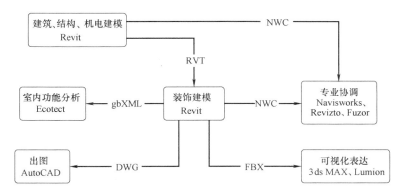

图 6-25　以 Revit 为核心的典型软件应用方案

mion Bridge 插件，Revit 模型可输出 DAE 文档到 Lumion 中渲染漫游动画；

（3）施工图纸

Revit 软件本身已具备一定的二维绘图功能，在 Revit 中的绘图功能无法满足需求的情况下，还可将 Revit 导出 DWG 格式，再通过 AutoCAD 软件进行深化。

（4）模型集成

装饰、建筑、结构和机电等专业的 Revit 模型可通过 NWC 格式导入 Navisworks 中检查冲突问题并协调解决；Revit 模型可通过插件方式直接传输模型数据到 Revizto 和 Fuzor 软件中进行多方协同设计工作，检查冲突问题并协调解决。

2. 以 Trimble SketchUp 为核心

以 Trimble SketchUp 为核心的 BIM 应用方案如表 6-20 所示。

以 **Trimble SketchUp** 为核心的 **BIM** 应用方案　　　　　　　　　　　　表 **6-20**

	方案阶段	初步设计阶段	施工图阶段
室内功能分析	Ecotect		
可视化表达	3ds MAX、Lumion		
数据模型	SketchUp		
施工图纸		SketchUp LayOut、AutoCAD	
模型集成	Navisworks、Fuzor、Revizto		

装饰设计采用 SketchUp 建模时，建筑、结构、机电模型可通过 DWG 格式整合到 SketchUp 中，在此基础上进行装饰设计建模。SketchUp 与其他 BIM 应用软件的数据交换方案如图 6-26 所示。

（1）室内功能分析

SketchUp 模型不支持导出 gbXML 数据，但可通过 DXF 格式导入 Ecotect 中进行室内功能分析。

（2）可视化表达

通过插件 Vray for SketchUp，可在 SketchUp 中直接渲染效果图，也可通过 FBX 格式将 SketchUp 模型导入 3ds MAX 中进行效果图渲染；SketchUp 模型可输出 DAE 文档到 Lumion 中渲染漫游动画。

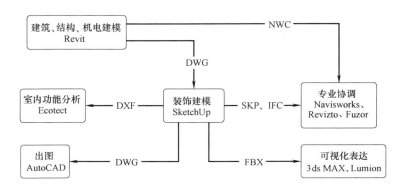

图 6-26　以 SketchUp 为核心的典型软件应用方案

（3）施工图纸

在 SketchUp 的 Pro 版本中，可通过 LayOut 进行视图排版和施工图绘制，也可将 SketchUp 模型中生成的截面导出 DWG 格式，再通过 AutoCAD 软件进行深化。

（4）模型集成

建筑、结构和机电等专业的 Revit 模型可通过 NWC 格式导入 Navisworks，而装饰设计的 SketchUp 模型则通过 SKP 或 IFC 格式导入 Navisworks 中，整合各专业模型在 Navisworks 检查冲突问题并协调解决。SketchUp 模型可通过插件方式直接传输模型数据到 Revizto 和 Fuzor 软件中进行多方协同设计工作。

第 7 章
结构设计 BIM 应用

7.1　概述

传统的结构设计是一种基于二维图档的工作模式。首先，结构设计人员参照建筑设计图纸建立结构分析与设计模型，在结构设计软件中进行结构内力分析、构件设计；然后，将结构设计结果反馈给建筑设计人员，调整建筑设计，直到满足设计要求；最后，根据结构设计结果绘制结构施工图，具体流程如图 7-1 所示。虽然随着 CAD 技术应用的深入，在结构分析模型的建立过程中已经可以利用图层识别技术自动导入轴网、构件定位等少量信息，但大量结构分析计算模型信息需要手工重建。在结构施工图绘制过程中，某些 CAD 系统具备了部分二维图档的自动生成功能，但是这些图档不具备信息的完整性、关联性，难以保证信息的一致性。

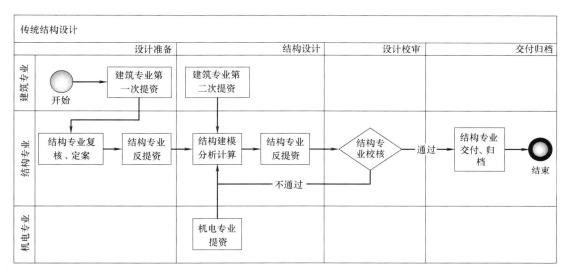

图 7-1　传统结构设计流程

本章从结构设计的 BIM 应用及软件方案、模型细度、建模方法、分析应用、成果表达等几个方面介绍结构设计 BIM 应用方法和技巧，最后简要介绍由中国建筑股份有限公司技术中心研发的建筑工程仿真集成系统。

7.2 BIM 应用流程及软件方案

7.2.1 基于 BIM 的结构方案设计流程

基于 BIM 的结构方案阶段设计流程与传统工作流程相比，在工作流程和信息交换方面会有明显的改变。从工作流程的角度，主要发生如下变化：

（1）在传统的方案设计阶段，结构专业仅对建筑专业提出的资料进行确认并反馈意见，并提出本专业的设计说明要求，不参与实际的设计制图工作。而基于 BIM，结构专业在方案阶段可以实质性地提前介入，开展设计工作，建立自己专业的 BIM 模型，并参与到后续的审批交付过程；

（2）基于模型生成的二维视图的过程替代了传统的二维制图，使得设计人员只需重点专注 BIM 模型的建立，而无须为绘制二维图纸耗费过多的时间和精力。

从信息交换的角度，主要发生如下变化：结构方案设计可以集成建筑模型，完成主要结构构件布置；也可以在结构专业软件中完成方案设计，然后输出结构 BIM 模型。

方案阶段涉及大量设计依据、设计参数、设计限制条件的文字说明，该部分内容对以后的建筑设计及竣工后的建筑维护有着重大的意义，因而从建筑信息模型的理念出发，该部分内容也应整合进建筑模型中。但由于 BIM 软件没有提供该部分信息的输入接口，目前可以文字的方法进行输入，存放于 BIM 模型参数或图纸中，以便日后的查阅。

基于 BIM 的结构方案设计阶段流程如图 7-2 所示。

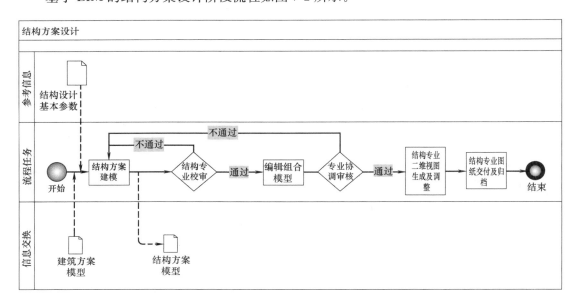

图 7-2　基于 BIM 的结构方案设计流程

7.2.2 基于 BIM 的结构初步设计流程

初设阶段主要根据建筑专业提供达到一定深度的方案模型，进行各项指标的确定，进行结构布置、方案必选、确定截面、计算及调整，并根据详勘结果进行基础选型和布置。如有绿色节能建筑评价要求，需初步确定各项评分和需要配合的工作。

基于 BIM 的结构初步设计与传统的工作流程相比，发生了四个方面的变化：

（1）传统流程中的设计准备环节可提前实现，在方案设计阶段后期及初步设计阶段初期，各专业就开始依据方案模型展开工作；

（2）综合协调工作将贯穿于整个设计流程中，可以随时进行协调，在设计过程中可以避免或解决大量的设计冲突问题；

（3）增加了新的二维视图生成过程；

（4）前置了施工图设计阶段的大量工作。

在初设阶段的前期未能精确建模，结构 BIM 模型中部分较难建模的部分，或建模后较难出图，如对建筑和设备专业影响不大时，可在图纸上用二维详图构件进行表达。

该阶段流程主要内容是创建结构专业设计文件，包括设计说明书和结构布置图，结构初步设计模型可在结构方案阶段模型的基础上进行创建。

基于 BIM 的结构初步设计，施工图设计阶段的大量工作前移到初步设计阶段，流程如图 7-3 所示。

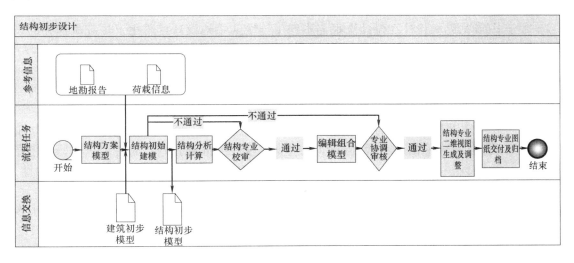

图 7-3　基于 BIM 的结构初步设计流程

7.2.3　基于 **BIM** 的结构施工图设计流程

基于 BIM 的结构施工图设计与传统结构施工图设计模式相比，主要变化如下：

（1）结构设计模型中的几何模型可以通过建筑 BIM 模型的提取实现，通过补充定义约束、荷载等信息，进行结构分析与设计；

（2）结构设计结果可以反馈到 BIM 模型，进行必要调整，形成完整的结构施工图设计 BIM 模型。

该阶段流程主要内容是根据结构分析计算结果创建结构施工图，结构施工图阶段设计模型可在结构初步设计模型的基础上进行创建。

基于 BIM 的结构施工图设计流程如图 7-4 所示。

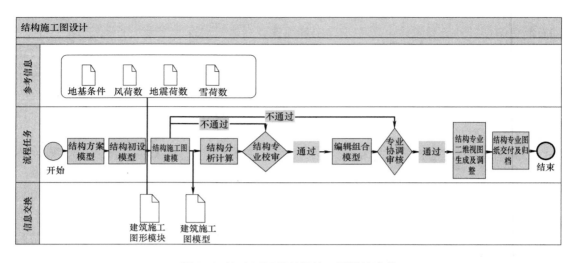

图 7-4 基于 BIM 的结构施工图设计流程

7.2.4 软件方案

基于 BIM 的结构设计在设计流程上不同于传统的结构设计，弱化了传统流程中的设计准备环节，产生了基于模型的综合协调环节，增加了新的二维视图生成环节。

1. 以 Autodesk 软件为主的结构设计应用方案

在 Revit 中创建只包含构件尺寸等基本信息的结构专业初期模型，并利用程序间的模型数据转换接口将 Revit 模型导入到结构分析计算软件中（如：PKPM、YJK、Midas 等）进行结构整体分析和构件配筋计算等，接着将计算调整完成后的模型重新返回到 Revit 中，对模型附加更多的信息，然后在 Navisworks 软件中将所有专业的模型合并，进行专业协调。在 Revit 中调整模型，并利用给构件附加配筋信息的方法导出结构平法施工图。软件方案如图 7-5 所示。

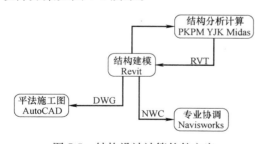

图 7-5 结构设计计算软件方案

Revit 创建好的模型可以导入结构分析软件，进行分析设计。

（1）Revit 模型导入 YJK 中进行结构分析计算

需要安装 YJK-REVIT 转换接口，在 Revit 软件中出现"盈建科数据转换接口"插件菜单，接口程序，可以实现大多数类型的结构模型的转换，在设置好文件路径，以及需要生成的楼层标高和基本构件类型后，对构件截面进行匹配，即将 Revit 中的族匹配成 YJK 可以识别的截面形式，设置好转换参数后就可以生成 YJK 外部接口文件（＊.ydb）了。

打开 YJK 结构分析设计软件（YJK），导入 ydb 文件，将中间文件通过网络转换成 YJK 模型文件，即生成 YJK 计算模型，检查模型的完整性和正确性，如图 7-6 所示。

（2）Revit 模型导入 PKPM 中进行结构分析计算

PKPM 与 Revit 联合开发了一款模型数据交互的接口程序 R-STARCAD，接口程序安

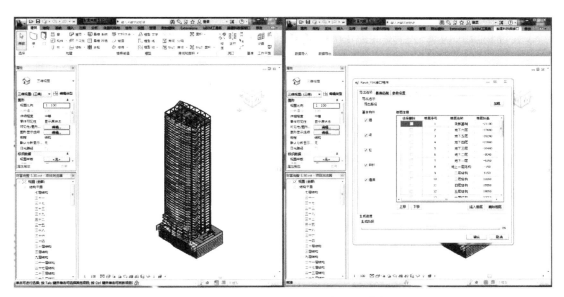

图 7-6　从 Revit Structure 生成 YJK 数据

装后会附加在 Revit 的功能条上。可将 Revit 模型导出成 R-STARCAD 的 SC 格式文件，导出模型时可以设置导出的构件类型，包括轴线、结构梁、结构支撑、结构柱、结构墙、洞口和楼板等，还可以设置导出的荷载选项。模型选项要选择几何模型，接口程序目前还不支持 Revit 的分析线模型。由于 PKPM 中的模型构件会按照节点来划分，如果直接将模型导入到 Revit 中的话，构件是分段不连续的，需要花费一些时间重新布置构件。

接口程序中的偏心均是节点对轴线交点或定位网格对轴线的偏移距离，偏心的正负号跟 PKPM 的定义是相同的。因为 PKPM 中一个节点或网格只能布置一个构件，所以这个偏心归并距离的设置要避免将 Revit 模型中的定位节点或定位网格归并到同一段轴线或轴线端点上，以防止构件的丢失。这个偏心值的设置一般取模型中构件的最小间距和截面最大宽度的最小值。接口程序自动对 Revit 中常用的"族"库进行了参数的智能匹配，只需对截面的匹配规则进行确认即可，如果匹配有误，可以手工选择对应的截面参数值。

（3）Revit 模型导入 Midas 中进行结构分析计算

利用 Midas Link for Revit Structure 接口程序可以直接在 Midas Gen 和 Revit 之间进行模型数据的转换。接口程序可以直接将 Revit 模型数据导入到 Midas Gen，并且根据 Midas Gen 中模型修改，更新 Revit 模型文件。该转换程序安装后成为 Revit 的一个插件，而 Midas Gen 文本文件（＊.mgt）将被用于导入导出过程。

将计算分析完成后的结构分析模型重新导入到 Revit 中，创建一个符合中国规范平法施工图形式的"标签族"，将这些"标签族"按规范要求附加到正确的位置上，即附加到需要注写配筋信息的构件上，以便生成结构平法施工图。可将模型导入到 Navisworks 软件中，与其他专业模型链接在一起，完成协同设计的工作。

Revit 生成平法施工图的步骤可以通过编辑软件的共享参数和创建平法配筋族的方法实现，也可以利用 YJK 或者探索者软件生成施工图的新功能来实现，计算软件接口直接读取分析计算结构，将结果自动转化成参数附加到模型上，自动实现了平法配筋的过程，免去了人为添加参数和手动建族的工作。

2. 以集成式仿真分析软件为主的结构设计应用方案

随着国内各种复杂结构（如体型复杂、超高层、大跨度等）的日益增多，高性能仿真分析在结构设计和施工过程中扮演着越来越重要的角色。国内常用设计软件（如 PKPM、YJK、MIDAS 等）无法很好地满足这种仿真需求，而国外通用有限元软件（如 ABAQUS 和 ANSYS）虽然具有强大的分析功能，但其前处理模块不适用于建筑结构建模，且计算结果无法直接用于工程设计。为解决上述问题，中国建筑股份有限公司技术中心（以下简称"中建技术中心"）对国内设计软件和国外通用软件进行系统集成和二次开发，研发了一套拥有完整自主知识产权的高性能结构仿真集成系统（Integrated Simulation System for Structures，ISSS）。该系统能够满足各类复杂、超限结构设计性能模拟分析需求，适用于复杂建筑结构在地震作用下的抗倒塌验算、性能设计，以及施工过程模拟等。该系统提高了对复杂和超限结构性能仿真分析和施工模拟分析能力，可为各设计院和施工企业重大工程提供技术支撑。

系统基于自主研发的数据处理中心（含模型处理和结果处理），采用接口模式集成国内外常用结构设计软件（如 PKPM、YJK、MIDAS、ETABS 等）和大型有限元商业软件（如 ANSYS、ABAQUS 等）并对其进行二次开发，其简略流程如图 7-7 所示，详细介绍见 7.7 节。该系统作为结构设计 BIM 应用方案之一，可进行超高层和大跨度等复杂结构仿真分析，为复杂结构设计的安全性和舒适性提供计算保证，必要时还将提供结构优化方案。

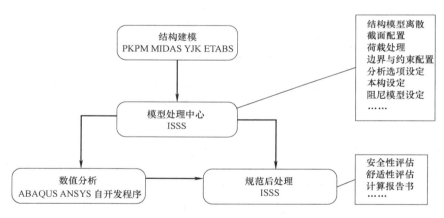

图 7-7 结构模拟分析软件方案

基于 ISSS，用户可采用 PKPM、YJK、ETABS 等软件进行结构常规设计（含建模、计算、配筋等），所得到的设计模型（包括结构模型和配筋信息）通过 ISSS 的"模型处理中心"将自动转换为通用有限元模型并直接导入大型商业软件（ANSYS、ABAQUS 等），进行各种复杂有限元分析。然后，ISSS 的"规范后处理模块"将自动提取其有限元计算结果、会同原有结构模型信息并根据相关规范进行各项指标评估（包括安全性和舒适性等），并最终生成适用于工程设计的计算报告书。整个过程用户只需通过交互界面简单地指定部分参数和选项，其余工作全部由 ISSS 自动完成。

目前，国内现有的各种接口软件均采用结构设计软件（如 PKPM、YJK 等）的有限元计算模型直接导入商业软件（ANSYS、ABAQUS 等），但大型复杂结构的仿真分析通常需要比常规设计更精细、更合理的计算模型，常规设计软件（PKPM、YJK 等）已经不能满足这种精细化的计算模型要求，而如果直接采用商业软件建立模型则将耗费大量的人力和时间，同时也会对工程人员提出更高的软件操作和理论要求。基于上述原因，ISSS 针对复杂结构非线性分析的特殊性，自主研发了"模型处理中心"，以完成结构设计模型到有限元计算模型的智能转换，这是 ISSS 相比其他接口软件的最大优点，其模型自动处理主要包括如下各项内容：

（1）有限元网格的自动划分

基于铺砌法并联合几何拆分和映射法划分四边形自由网格，在给墙板构件布置边界节点时，充分考虑相邻边界以及相对边界的节点位置和数量，使得各几何区域经过简单拆分后尽可能满足映射网格或过渡映射网格的条件。

（2）复杂构件截面的自动配置

将梁柱撑墙板等构件的截面统一表达为复合截面，该截面类型除支持常规的型钢混凝土截面外，还支持巨型柱、钢板墙、叠合板等特殊截面形式。

（3）有限元荷载的自动转换

将结构荷载自动转换为有限元荷载，包括节点荷载和构件荷载，其中构件荷载支持四点线性描述。

（4）刚性区域的自动处理

自动搜索刚性杆和刚性楼板的位置，根据其连接关系形成分片刚性区域，然后将其转换成主从自由度或约束方程导入有限元模型。

（5）结构内部约束和连接的自动处理

自动搜索结构内部的各种约束连接关系，比如构件偏心、点偏心、铰接、梁墙连接、转换构件等，将构件偏心处理成截面偏心，点偏心处理成主从自由度，铰接和转换构件处理成约束方程，梁墙连接处理成约束方程和罚单元。

（6）混凝土单元与钢筋单元的协调性处理

对于分离式钢筋混凝土计算模型，自动处理钢筋单元和混凝土单元的节点协调性，以提高计算结果的合理性。

（7）剪力墙边缘构件的自动拆分

因为边缘构件的配筋（纵筋和箍筋）通常明显不同于剪力墙的其他区域，其力学性能也会有显著差别，因此在弹塑性分析时将其拆开考虑。

（8）结构不同区域本构模型的自动配置

对于梁、柱、撑、暗梁、暗柱、双层钢板墙、箱形剪力墙等构件，将考虑外部箍筋、钢板或钢管对混凝土受压核心区的围压影响，而对于普通剪力墙和楼板则忽略围压。

3. 其他软件方案

目前常用的 BIM 建模软件包括 Autodesk 公司的 Revit，Tekla 公司出品的 Tekla Structures 建模软件，以及 Bentley 公司的结构建模系列软件。软件选用上，建议充分顾及项目业主和项目组关联成员的相关要求，单纯民用建筑结构设计，可用 Autodesk Revit 软件进行建模，钢结构设计时可用 Tekla Structures 软件，工业或市政基础设施设计，可用 Bentley 软件。

创建结构模型也可以选择应用 Tekla Structures 软件来进行建模，但目前 Tekla 软件不能直接导出模型到结构分析计算软件中，只可以利用 DWG 格式的线模型对结构软件建模进行辅助，或是选择 IFC 格式的数据来传递模型，但能够直接读取 IFC 数据格式的分析计算软件非常少。另一种选择是通过软件公司开发的 Tekla 与 Revit 的模型转换接口对模型进行转换，再利用相应的计算软件接口对模型进行二次传递，但转换的过程中无法保证数据的完整性，每一次的转换都可能造成模型数据的丢失或传递错误。Tekla Structures 同时也提供了可供二次开发的数据接口，设计人员可以通过编程将需要的模型数据及属性信息等内容提取出来，重新编译为分析软件能够识别的数据，完成模型的重复利用。

Bentley AECOsim Building Designer 是一个基于 BIM 理念的解决方案，涵盖了建筑、结构、建筑设备及建筑电气四个专业设计模块，是一个整合、集中、统一的设计环境，可以完成四个专业从模型创建、图纸输出、统计报表、碰撞检测、数据输出等整个工作流程的任务，具体结构设计工作主要由以下几款软件来完成：

（1）MicroStation：是集二维制图、三维建模于一体的建模平台，同时具有渲染和动画制作的功能，是所有 Bentley 三维专业设计软件的基础平台。

（2）Structural：是专业结构建模软件，以 MicroStation 作为绘图平台，适用于各类混凝土结构、钢结构等各类信息结构模型的创建，与其他专业配置具有很好的兼容性。通过多种参数化工具和信息化技术，可以快速构建三维结构模型，由三维模型生成施工图，生成材料报表。使用软件构建的三维模型和荷载数据模型，可以直接导出至通用的结构分析软件进行分析，结构模型可以连接结构应力分析软件（如 STAAD.Pro 等）进行结构安全性分析计算，从结构模型中可以提取可编辑的平、立面模板图，还可以与详图设计和制造软件进行数据互换，并能自动标注杆件截面信息。

（3）Clash Detection：是三维模型碰撞检查模块，能实现不同文件格式的三维模型自身或相互间的碰撞检查，产生详细的碰撞结果报告及碰撞位置详图。

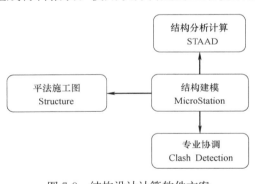

图 7-8 结构设计计算软件方案

Bentley 系列软件的设计应用方案如图 7-8 所示。

7.3 模型细度

结构设计模型细度包括方案设计模型细度、初步设计模型细度和施工图设计模型细度。

7.3.1 结构方案设计模型细度

结构方案设计模型是根据结构专业的整体设计方案来确定的，模型内容主要包括确定好的结构受力体系和相应主要受力构件的位置、形式以及尺寸，还可以包含一些基本的荷载信息等内容，具体模型内容参见表 7-1。

结构方案设计模型内容   表 7-1

专业	模型元素	模型元素信息
结构方案设计阶段	（1）混凝土结构：主要框架柱、框架梁、剪力墙布置。 （2）钢结构：主要梁、柱布置。 （3）结构设缝、结构层数、结构高度。 （4）装配式结构：主要柱、梁、剪力墙、板布置。（满足相应构件库要求）	（1）项目结构基本信息，如设计使用年限，抗震设防烈度，抗震等级，设计地震分组，场地类别，结构安全等级等。 （2）结构可能的形式，构件材质信息，如混凝土强度等级、钢材强度等级。 （3）结构荷载信息，如风荷载、雪荷载、温度荷载、楼面恒活荷载等。 （4）结构伸缩缝，沉降缝，防震缝的预计位置和预计宽度

7.3.2 结构初步设计模型细度

首先需要根据其他专业的方案设计模型提资要求，对方案阶段模型进行调整，确定最终的结构布置形式、构件尺寸和相关的设计信息。此时的模型可以导入结构分析计算软件中进行相应的结构整体力学性能分析工作，分析计算完成后确定的模型就可以作为结构初步设计阶段的模型，具体模型内容参见表 7-2。

结构初步设计模型内容   表 7-2

专业	模型元素	模型元素信息
结构初步设计阶段	（1）基础：类型及尺寸，如桩、筏板、独立基础等。 （2）混凝土结构：圈梁、结构楼板、挑梁、结构楼梯。 （3）钢结构：桥架、檩条、支撑。 （4）空间结构：构件基本布置及截面，如桁架、网架的网格尺寸及高度等。 （5）主要结构洞定位、尺寸	（1）构件的配筋信息：钢筋构造要求信息，如钢筋锚固、截断要求等平法钢筋标注信息。 （2）挠度、裂缝的控制信息，以及配筋率信息。 （3）对采用新技术、新材料的做法说明及构造要求，如耐久性要求、保护层厚度等。 （4）初步计算后，结构设计规范中要求的结构整体控制指标完成情况，例如结构周期比，位移比，位移角等。 （5）结构缝的位置及宽度，后浇带的位置和宽度（收缩后浇带或沉降后浇带）。 （6）地基处理范围、方法和技术要求

7.3.3 结构施工图设计模型细度

施工图阶段模型是在初步设计模型的基础上，通过多专业协同设计手段（如碰撞检查），确立的最终版本结构设计模型，它不但包含了以上两个阶段的设计成果，还包括了模型关联、管理等信息。其中，结构物理模型信息包括构件信息、节点信息、截面信息、轴网信息、约束信息等；信息包括荷载信息、材料信息、内力信息、设计结果信息等；关联信息包括构件之间关联关系、模型与信息关联关系、模型与视图关联关系等；管理信息包括模型所有者信息、模型版本信息、用户权限信息等。具体内容见表 7-3。

结构施工图设计模型内容   表 7-3

专业	模型元素	模型元素信息
结构施工图设计阶段	（1）混凝土结构：节点钢筋模型，所有未提及的结构设计模型。 （2）钢结构：节点三维模型。 （3）次要结构构件：楼梯、坡道、排水沟、集水坑等。 （4）建筑围护体系：构件布置。 （5）装配式结构的构件拆分：梁（叠合），柱（叠合），剪力墙，叠合楼板，节点，连接方式，楼梯，阳台等构件	（1）抗震构造措施说明。 （2）结构设计说明（包括人防设计说明）等。 （3）钢筋信息

7.4 建模方法

7.4.1 常用 BIM 软件建模方法

根据 BIM 模型的不同用途以及每种用途对模型的不同要求，结构设计中可以建立各种不同类型的 BIM 模型，一般包括：结构专业模型、可视化模型、结构分析模型等。其中，结构专业模型是整个 BIM 应用的重要基础。导出专业结构模型进行适当的修改和调整，可用于创建可视化模型、结构分析模型等。

结构工程师搭建 BIM 模型时，应重点关注结构专业模型与结构分析模型的双向关联问题。即结构专业模型能否自动转化为可以被第三方结构分析软件认可的结构分析模型，以及结构分析计算后如何更新结构专业模型。

1. Revit 建模方法

结构专业可以在建筑专业提供的 BIM 模型基础上进行建模，楼层和轴网一般由建筑专业确定，其他专业通过链接建筑 Revit 文件，用"复制监视"命令来获取。利用已设定的中心原点和建筑标高及轴网等信息创建结构专业的标高和轴网，建筑模型中柱的定位也为结构柱的创建和定位提供了便利条件。使用建筑专业模型作为条件时应注意在软件中关于模型导入和模型链接的区别，链接的原文件不能改动，否则影响已导入的文件图，而导入方法无此问题。

若没有建筑专业提供的模型，结构专业可在软件中通过选择或者定制合适的项目样板，然后依次创建好标高信息和标高相对应的结构平面视图。Revit 中创建一个标高即创建了一个楼层平面，楼层平面视图的属性由操作人员进行定义，其定义的规程不同，可见性也不尽相同。在平面视图中完成轴网的创建，与标高一样，新建轴网会根据上一轴网的末位字符自动编号，因此在新建轴网前最好先定义好上一个轴网的编号，如此可大量减少修改工作量。一般情况下在一个平面视图下修改的轴号避让操作，并不会影响其他平面视图，即需要在每个平面视图进行同样的轴号避让操作，但 Revit 提供了"影响范围"的功能，可对影响范围内的楼层同步进行轴网修改。在此基础上利用定义好的模型构件（例如结构基础、结构柱、结构梁、结构墙、结构板等）完成整体模型的创建。软件中未提供的构件可以通过创建"族"的方法进行手动绘制。若 Revit 本身自带构件"族"不能满足建模的需要时，可根据需要布置的构件特性，选取主要空间位置关系类似的构件族样板文件，手动制作满足要求的新"族"。

模型的搭建次序与施工次序无异，先完成竖向构件的创建，建模时建议将结构柱和结构墙按每层标高分段创建，为后续施工模拟的过程提供方便。建模工作可分为单人完成或多人共同完成的工作模式，由多人完成同一项目时，可选择使用统一的中心原点将模型分块链接的方法，或是在软件中创立中心文件，通过网络领取个人工作权限并随时与中心文件同步的形式完成建模，根据现有的计算机硬件水平，建议每个模型文件的大小控制在 100MB 以内，保证对模型的操作流畅。将这两种协同方式的性能进行对比，结果表明基于目前的软件性能和计算机性能，基于链接的协同比基于工作集的协同拥有更好的操作性和稳定性。

建模过程中需要对构件的相关信息进行添加，例如构件的混凝土强度等级等信息，方便模型的传递、交付和后续应用操作。在创建结构梁板柱模型时要注意构件之间的扣减关系，例如先建完柱和梁后再搭建板时，在梁柱的连接处，模型显示柱端被板所扣减，而梁构件未被板扣减但梁端占据了柱原有的位置。这种情况是不符合设计中"强柱弱梁"性能化要求的，也与真实施工过程有出入，建模时需注意，具体问题如图 7-9 所示。该情况可通过"切换连接顺序"命令进行切换。

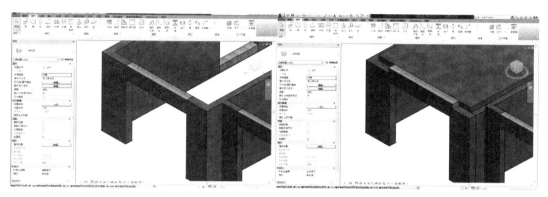

图 7-9　Revit 建模时模型扣减的问题

软件能够在模型建好之后自动形成结构分析模型，可在分析模型上附加设计荷载等计算信息，也可将分析模型传入特定的计算软件中完成分析计算。

2. Tekla Structures 建模方法

Tekla 建模时可以用轴线，也可以通过辅助线来给构件定位，Tekla 中零件的搭建总是在各个平面视图中完成，因此必须将常用的视图设置好，以防因视图名称不清楚把零件位置搭错。各个视图的属性设置也要分别设置好并保存，以便后续的建模中使用。对梁的自动编号跟梁的起始方向有关，梁柱构件一般需要设置的属性有编号序列号中的前缀及开始编号、名称、截面型材、材质、抛光、等级及用户自定义属性等内容。设计图上的有些节点，节点库的单节点无法一次性的做出来，可以用两个节点分别建立，炸开后根据需要，将两个节点合并在一起，可以提高准确性和速度。

如果是大面积多层的建筑物，模型搭建顺序可按分区、分层来进行模型搭建，按每个区每层设置一个单独的状态。

大量相同的构件安装相同节点的时候，也可以应用自动连接命令，也是在开始前把自动连接设置好后，利用自动连接命令一次性的安装完所有相同杆件的连接节点，提高建模准确性及建模速度。用焊接来组装构件时，鼠标先点的对象为构件的主零件，然后点构件的次零件，次零件需一一分别焊接在主零件上。

3. Bentley Structural 建模方法

MicroStation 软件除了能够使用 MicroStation 的 DGN 格式外，还能直接参考并编辑 AutoCAD 的 DWG/DXF 文件。Structure 软件中的模型可以与 BIM 其他专业模型进行整合，可以与 Staad、RAM、Madis、SAP200 等计算软件进行接口，实现实体分析模型与计算模型的整合。对于非常复杂的结构，如桁架、屋架、栏杆、楼梯等，软件提供了参数化的建模方法，能够快速创建和修改这些组合模型。

当模型中遇到弧形、螺旋形或者其他复杂的 B 样条线，软件可以沿路径放置断面，可以放置出精确的复杂的各种断面。使用软件提供的布尔运算功能，对所放置的断面进行开洞、切割，这样可以处理蜂窝梁等各种复杂的几何形体。对于混凝土结构，尤其是基础、排水沟等异性结构，可以应用三维建模功能进行复杂形体的创建，然后可以按照需求进行材料统计。

7. 4. 2　常用结构分析软件建模方法

在 YJK、PKPM、Midas 等结构分析软件中可以完成结构模型创建和受力分析，然后通过信息交换软件（插件或专门的软件工具）导入到 BIM 软件（如 Revit）完成多专业综合和协调。

1. YJK 模型导入 Revit 方法

结构计算分析后对模型进行调整，将调整后的模型导入到 Revit 中。通过 YJK 中的转 Revit 接口，生成中间数据文件，再应用 Revit 中的接口导入 YJK 数据，重新生成 Revit 模型，如图 7-10 所示。

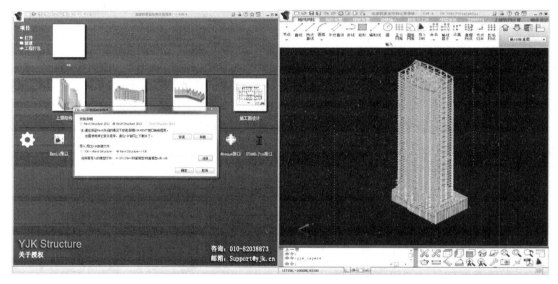

图 7-10　YJK 结构模型返回 Revit

由于 Revit 在进行超大模型转换时，经常因为内存使用上限或者警告提示过多的原因而出现不予转换的情况，YJK 提供楼层叠加转换机制，用户可以采用分楼层转换机制，对部分楼层转换并保存后再进行剩余楼层的转换，直至全部完成，这样在一次转换后重新转换，内存使用量会降低，并且大量提示也可以分多次忽略，提高了模型转换的成功率。

2. PKPM 模型导入 Revit 方法

由于 PKPM 中的模型构件会按照节点来划分，如果直接将模型导入到 Revit 中的话，构件是分段不连续的，需要花费一些时间重新布置构件，这样就造成了不必要的工作量。为了解决这个问题，中国建筑东北设计研究院有限公司科技研发中心自主研发了一款 PKPM 与 REVIT 之间模型数据信息互导的接口程序，通过提取 PMSAP 中的模型数据实现转换，并在转换过程中实现构件的节点归并，避免了构件不连续的问题。

3. Midas 模型导入 Revit 方法

利用 Midas Link for Revit Structure 接口程序可以直接在 Midas Gen 和 Revit 之间进行模型数据的转换。接口程序可以直接将 Revit 模型数据导入到 Midas Gen，并且根据 Midas Gen 中模型修改，更新 Revit 模型文件。该转换程序安装后成为 Revit 的一个插件，而 Midas Gen 文本文件（＊.mgt）将被用于导入导出过程。

通过中国建筑东北设计研究院有限公司科技研发中心开发的程序，可以将 Midas Building 中各个构件的分析结果导入 Revit，并存储在对应的各个构件之中。这样 Revit 结构模型除了包括几何与材料信息外，还包含了必要的设计信息（如：内力、配筋等）。结构工程师可以在 Revit 中查看分析结果（如：梁板需配钢筋面积），并在 Revit 中对各构件配筋。

7.4.3　集成式仿真分析软件建模方法

通过中建技术中心开发的建筑工程仿真分析集成系统（Integrated Simulation System for Structures，ISSS），可以将 PKPM、YJK、MIDAS Building 和 ETABS 等主要结构分析与设计软件的原始用户模型及其主要设计结果导入到通用有限元分析软件 ABAQUS 或者 ANSYS 中，进行施工模拟分析以及弹塑性动力时程分析。该集成系统可以实现两种软件之间数据的无缝衔接和对通用有限元软件的完全封装，并最终给出结构所需各种整体指标及构件分析结果。

在转换过程中，以原始用户模型数据为基础，可以避开各软件形成计算模型过程中的模型简化问题，且 ISSS 对所有设计软件采用相同的空间力学模型抽象原则及有限元网格剖分方法，因此可以保证最终有限元分析模型的一致性。

7.4.4　模型生成施工图

BIM 模型生成施工图主要有两种方式，一种是设计人员在建模软件中手动出图的方法，另一种是通过附加的接口程序，读取计算软件的配筋信息自动生成施工图的方法。

1. 手动出图的方式

对于像 Revit Structure、Tekla Structures 等这些本身不具备自动生成符合中国规范的平法施工图功能的建模软件，可以通过手动出图的方法，基于 BIM 模型创建二维施工图。以下以 Revit 为例说明模型生成施工图的方法。

出图前需要根据企业相关 BIM 出图标准，调整好出图的基础参数，然后将这些设置好的内容添加到默认的项目样板中，这样在创建项目时可自动载入它们。

准备工作完成后，以创建某标高平面构件配筋图为例，首先选择这个标高的结构平面，将需要配筋的构件归类排序并在这些构件上添加平法标注信息，这些平法标注信息的创建可通过在构件上添加标签的方式完成，标签中标注的配筋信息是自动通过读取构件属性中的配筋信息生成出来的。

在 Revit 中创建整个项目中通用的共享参数，将这些共享参数定义为平法钢筋标注专用，然后利用常用注释"族"样板文件创建不同类别构件的注释族，并将创建好的参数与模型中的构件配筋信息联系起来，然后在构件上放置定义好的平法标注标签，在标签中根据不同的构件配筋要求添加需要读取的参数名称和标注的样式，该标注就能自动读取构件属性的平法配筋信息。

对梁信息进行标注，可以使用添加共享参数的方法，将共享参数作为族参数加入梁族中，绘制施工图时，将梁施工图需要的信息作为共享参数输入到梁图元中，之后用标记族标注。梁截面标注有两种方法，第一种方法是使用 Revit 提供的梁注释功能，使用该功能可以实现梁截面的批量注释，但由于标签是批量生成的，当梁比较密集时，会出现标签重叠，需要进行人工调整。第二种方法是选择相应的标记族，通过创建实例将标签注释到梁图元上，实现对梁截面的标注。

对于楼板，由于楼板族无法编辑，共享参数不能添加到族参数中，只能使用共享参数结合项目参数的方法添加楼板参数。为了满足施工图的需要，楼板钢筋采用详图构件族进行标注。

柱配筋有两种表示方法，第一种方法是将参数添加到柱构件中，使用明细表表示柱配筋，与明细表对应的柱配筋大样可用详图族进行表示。其优点是：明细表数据与柱参数关联，只需添加一次信息，能实现信息的联动修改。第二种方法是在柱定位图中对柱编号进行原位标注，另绘制配筋大样表示柱配筋，其优点是能直观表示钢筋设置方法，施工方便，缺点是大样与柱信息无关联，不能实现联动修改。

关于剪力墙构件的施工图绘制，在 Revit 中墙体无法进行区域分割，并且剪力墙边缘构件的形状及配筋方式无法穷举，因此无法通过在 Revit 中用自建族的方法来完全解决该问题，所以可以选择使用外部插件来配合施工图的创建。

依据国标图集中的规定将所有构件的配筋信息都绘制完成后，调整定制图框中添加的视图范围，确定施工图的位置并完成平法标注施工图的生成。

2. 自动出图的方式

除了手动出图的方法之外，还可以通过在 BIM 建模软件上附加接口程序自动生成施工图，主要可以通过以下这几款软件来实现：

（1）REVIT-YJKS

此软件可以分别实现将 YJK 中的板、梁、柱、墙平法施工图转入成 Revit 中对应的施工图，也可以通过模型关联和模型匹配后，将盈建科施工图结果关联到 Revit 模型中，这种方式可把施工图上的钢筋标注内容用族的方式和 Revit 模型上的相关构件关联。软件工具列表如图 7-11 所示。

图 7-11 从 YJK 施工图生成工具

软件中的施工图模块可以采用 Revit 标签方式在平面视图上逐一完成平法施工图的绘制，程序读入了 YJK 平法施工图的所有标注（钢筋标注和构件标注），并可以利用 YJK 平法施工图已有的标注避让位置绘制 Revit 的施工图标注。

（2）探索者软件

探索者软件可以直接将分析模型（PKPM、YJK、SAP2000、ETABS、3D3S、MI-

DAS 等所有主流分析软件的分析模型）转化为 Revit 模型，探索者通过三维 TSPT 程序模块，可以完成 Revit 平台三维平法施工图的自动绘制。在读取分析软件计算结果的同时，在程序中给出了专业控制参数，使参数控制更加细化，自动出图方案更加合理，自动生成的平法施工图可以直接在图面中修改配筋，与其相对的构件钢筋属性可以自动联动修改，保证了平法图中钢筋数据与模型构件钢筋属性一致，配筋界面如图 7-12 所示。

图 7-12 选筋参数控制部分界面

（3）中建东北院自主研发的基于 Revit 的结构平法施工图自动生成程序

以 Revit 为核心设计平台，Midas Building 为结构分析软件，通过 Revit 提供的 API 接口编程二次开发实现生成施工图的功能。通过读取计算软件中的分析结果完成配筋后，可应用插件自动生成平法标注，该标注以连续梁为单位，集中标注与原位标注均可生成。也可自动生成整层构件的平法标注，标注的信息均根据设计人员的实配钢筋生成，配筋结果如图 7-13 所示。

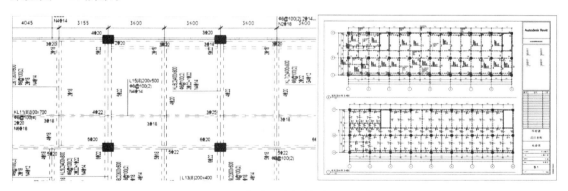

图 7-13 自动生成的梁平法图举例

7.4.5 结构专业构件库

构件分类应以方便使用为基础原则，结构专业目录下的分类可按功能、材料、特征进一步细分。同时为了避免过度分类，应对分类类目等级进行控制，结构专业目录下分类类目一般不超过 3 级。为了避免构件库中构件文件的相互覆盖，构件应该具有准确、简短、明晰的命名。

在构件制作过程中，应根据建模深度需要，在构件属性中包含其几何信息，以及材质、防火等级、工程造价等一些工程信息。但是每个构件包含的信息并非越多越好，满足设计深度需求即可，信息过多则可能导致最终三维模型信息量过大，占用大量设备资源，难以操控。

以结构专业构件为例，一般情况下，至少应将以下信息包含到构件中：

（1）基本尺寸参数，如截面尺寸及是否可变；

（2）构件平立剖显示；

（3）主体部分的材质参数，用于材料清单统计和工程量统计。

对常用建模软件自带的构件资源统计发现，Autodesk Revit 系列软件中的结构专业构件基本满足普通设计的要求，针对不足的部分，首先整理多种建模软件的构件资源，去除冗余重新分类，再根据实际项目需要，不断的补充制作不包含在初始原型中的构件，从而丰富和完善初始原型，最终形成构件库，示例如下。

```
- 🗀 结构
    - 🗀 边界条件
    - 🗀 柱
    - 🗀 连接形式
    - 🗀 楼板
    - 🗀 基础
    - 🗀 框架
    - 🗀 通用模型
    - 🗀 截面形式
    - 🗀 钢筋形式
    - 🗀 挡土墙
    - 🗀 楼盖
    - 🗀 特殊设备
    - 🗀 加强筋/加劲肋
    - 🗀 支撑/桁架
    - 🗀 墙
```

构件库中所有构件均应依照统一和合乎逻辑的方式来命名，以方便在工程项目中提供检索。下面提供一种实际使用比较有效的命名方案：构件模型名称由两部分组成，第一部分为构件代号，第二部分为构件属性代码，第一部分的代号与第二部分的代码之间用短横线"-"连接。

（1）构件属性代码根据结构等属性构成，编码在使用中全部添加一个"JG"字符，代表"结构"专业的组件。

（2）编码根据构件的内容分为三或四个级别，每一级的编码为 2～3 个字符，第一个级别为比较大的类，第二级别比第一级别更细化，各个级别逐渐细化。构件属性代号后面是根据本属性对构件的位数为 2～5 位的分类号码。构件不涉及某一属性时，一律在属性代号后添加"00"。

（3）编码方式为："JG"-"第一级编码"-"第二级编码"-"第三级编码"-"第四级编码"。

示例："墙"编码为 02，"预制钢筋混凝土墙"为 02，"预制钢筋混凝土外墙"为 01，"第一种预制钢筋混凝土外墙"为 010。第一种预制钢筋混凝土外墙 YWQ-1 的编号则为 JG020201010。

7.5 分析应用

7.5.1 建筑方案结构可行性分析

了解工程项目的场地地震基本烈度，建筑场地类别，设计地震分组，设计基本地震加速度、特征周期、抗震设防类别等一些基本的分析设计信息，根据建筑方案综合分析选取结构形式。通过结构可行性分析，选择一种合理、经济的结构体系与布置。注意考虑楼板开洞对整体结构刚度的影响，不利于抗震及承受风荷载的水平作用。对于超高层或特殊的结构形式目前没有现成的规范作为抗风、抗震设计依据，需待相关部门进行研究后确定一般结构振动控制方法是否有效。某些工程在有条件的情况下需要进行风洞试验。

7.5.2 一般结构力学性能分析

基于 BIM 的结构整体力学性能分析方式是：工程师将 BIM 模型发送到结构分析软件，分析程序进行分析计算，随后返回设计信息，并更新 BIM 模型和施工图文档。结构工程师搭建 BIM 模型时，要注意 BIM 模型能否自动生成 2D 施工图文档，也要注意 BIM 模型能否自动转化为可以被第三方结构分析软件认可的结构分析模型。

由于结构分析模型中包括了大量的结构分析所要求的各种信息，如：材料的力学特性，单元截面特性，荷载，荷载组合，支座条件等，所以结构工程师的 BIM 模型就会因繁多的参数而异常复杂。例如：为保证建模精度，提高建模效率，可以通过 Revit 软件进行建模，然后通过 Revit 与 PKPM 联合开发的接口程序 R-STARCAD，将梁柱模型导入结构计算软件 SATWE 中进行计算；通过 CSiXRevit 数据交换软件，内部的空间网格结构可以导入 SAP2000 进行计算，结构的荷载、荷载组合、支座条件等也可一并导入。

7.5.3 结构性能化抗震性能模拟分析

有限元法等现代数值计算方法在钢筋混凝土结构分析中得到了越来越广泛的应用。有限元法能够给出结构内力和变形发展的全过程；能够描述裂缝的形成和开展，以及结构的破坏过程及其形态；能够对结构的极限承载能力和可靠度做出评估；能够揭示出结构的薄弱环节，以利于优化结构设计。同时，它能广泛地适用于各种结构类型和不同受力条件和环境。

利用有限元方法对混凝土结构进行分析有以下优点：

（1）可以在计算模型中分别反映混凝土和钢筋材料的非线性特性；

（2）可以代替部分试验，进行大量的参数分析，从而为制定设计规范和标准提供依据；

（3）可以提供大量的结构反馈信息，如应力、应变的变化过程，结构开裂以后的各种状态。

目前大部分有限元分析软件都提供了支持 IFC 格式的数据接口，结构设计人员可以将 BIM 建模软件中创建的结构信息模型，甚至是在模型上加载的荷载一同导入到有限元分析软件中，除此之外，也可以通过 ISSS 将设计软件数据传递到有限元分析软件中外，省去了设计人员重复建模的时间，提高了工作效率。

对于动力弹塑性分析，需要对模型进行简化处理，可选择性屏蔽结构次要构件，实现 BIM 与有限元软件非线性分析计算的无缝对接。

7.5.4 结构抗风计算分析

风荷载是高、大、细、长等柔性结构的重要设计荷载，有时甚至起到决定性作用，抗风设计是工程结构设计中的重要内容。风荷载和结构的设计参数具有明显的随机不确定性，因此从概率角度研究风荷载及风荷载作用下结构的静、动力响应是抗风设计的基本手段之一。

在侧向力作用下，高层结构发生振动，当振动达到某一限值时，人们开始出现某种不舒适的感觉。由于建筑高度的迅速增大、建筑结构体系的不断改进以及大量轻质材料的使用等方面的因素，使得高层建筑结构越来越柔，再加上风作用频繁，就使得舒适度成为高层建筑设计和控制的重要因素，甚至是决定因素。高层和超高层建筑钢结构由于高度的迅速增加，结构振动阻尼变小，风荷载对高层建筑的影响更加显著，高层建筑钢结构对风运动的人体舒适度则上升为首要和控制的因素。

风对结构的作用的研究方法主要有现场实测、大气边界层风洞实验和数值模拟三种。

计算风工程（Computing wind Engineering，CWE）是一门崭新的交叉学科，它的核心内容是计算流体力学（Computational Fluid Dynamics，CFD），其发展得益于计算机技术的快速发展。CFD 已成为与理论流体力学和实验流体力学相提并论的研究方法，广泛用于工程流场数值模拟，并解决了许多疑难问题，发现了一些理论上解不出、试验测不到的气流流动新现象。土木结构风荷载的数值模拟技术是结构风工程研究中具有战略意义的发展方向，克服了结构风洞试验存在的一些缺陷，成为结构风工程领域一个重要的分支，也是当前国际风工程研究的一个热点。CFD 较之传统的风洞试验有以下优点：

（1）成本低，速度快，周期短；

（2）具有模拟真实和理想条件的能力，可进行足尺模拟，不受"缩尺效应"的影响，克服风洞试验难以同时满足相似准则的缺点；

（3）资料完备，可以得到整个计算流域内任意位置的流场信息，可以得到流线图、矢量图及各种云图，后处理可视化，形象直观，便于设计人员参考。

结构建模和模态分析以大型通用有限元分析软件 ANSYS 为平台进行。目前 ANSYS 软件开放了与 AUTOCAD 的接口，结构设计人员可以将 BIM 建模软件中创建的结构信息模型，除此之外，也可以通过 ISSS 传递设计软件数据，甚至是在模型上加载的荷载一同导入到软件中，省去了设计人员重复建模的时间，提高了工作效率。

此外，与其他结构分析软件不同，CFD 数值风洞的模拟仅需要提取建筑的外轮廓数据，并不关心建筑内部的结构布局。目前可通过从建筑常用的设计软件（如 Rhino、SketchUp、Revit 等）中分层提取建筑外轮廓线，对于复杂外形建筑也可直接提取外曲面，再导入至 CFD 软件的建模模块中进行拉伸、扫掠、布尔运算等操作来生成分析模型。

7.5.5 结构楼板振动舒适度分析

在建筑和行人天桥等结构中，楼板振动主要由机械设备振动和人的活动引起的，其中，人的活动是经常发生且不可避免的，人的行走、舞蹈、运动等人行激励都会引出楼板的振动。振动源产生的激励可以通过楼板、柱、墙、基础等结构构件传递，把振动源处的激励变成了接受者的振动响应，而传播介质的动力特性，如刚度、质量和阻尼等又会影响到振动响应的大小。在楼板体系的振动中，人既是楼板振动的激励者，也是楼板体系振动的接收者。

楼板的振动会给居住者和行人带来不适和不舒服感，对于建筑物来说，舒适感主要是指人在绝大部分时间内感受不到建筑物的振动。因此，满足振动舒适度要求的振动加速度水平往往和振感阈值有关，振感阈值给出了大多数建筑物发生不可接受的振动加速度水平的下限，对于可接受振动加速度水平的上限则在一倍到几倍振感阈值范围内变化，一个合理的上限取值依赖于振动的特性、持续时间、人在建筑物中所从事的活动和其他视觉、听觉诱导因素。在 ISO 标准、英国的 BS 标准、德国的 DIN、VDI 标准和我国《高层建筑混凝土结构技术规程》JGJ 3—2010 中，都以不同的形式给出了振感阈值和一定的振动持续时间下对应的振动加速度水平的限值，这些限值通常称为舒适度限值，主要用于建筑振动舒适性的评价。

人的活动可以引起各种荷载，可以是周期性的（如行人、跑动、跳跃、跳舞等），也可以是非周期性的（如从高处跳下），通常称为人行激励。人行激励下楼板的振动为强迫振动，又由于人行激励较小，楼板处于弹性状态，振动属于线性振动。人的活动引起的楼板振动对结构和人的影响有很大不同，对结构整体而言，这种振动很少会影响结构的安全，但是对结构的使用性即人的舒适性影响很大，还能可能影响到人的健康。由于人行激励不是静态的，这种荷载可能由单人行走，也可能由很多人共同活动引起的，荷载作用点不断改变，作用位置和步频、体重等因素有关，因此为了评价楼板振动的舒适性，须对人行激励的荷载模型进行研究，通常分为人行走的荷载模型和有节奏运动的荷载模型。

楼板体系的舒适度问题主要由人行激励引起，人行激励一般包含多个频率成分，结构响应也存在多种振动模态，楼板体系的振动形式比较复杂。经验和研究表明，将含有多个模态的振动经过充分简化后，可以得到具有可操作性的简单振动曲线，其精度能够满足实际工程设计需要。到目前为止，楼板体系的振动估算和设计常采用两种分析模型，即共振模型和局部变形模型。楼板振动舒适度分析采用简化计算法和有限元分析法，有限元分析主要包括模态分析、稳态分析和时程分析。

楼板舒适度分析通常采用 SAP2000、ETABS、Midas 进行分析，分析师可以将 BIM 建模软件中创建的结构信息模型，在楼板施加的人行走的荷载模型和有节奏运动的荷载模型，直接导入到有限元分析程序当中进行分析研究，还可以通过 ISSS 传递设计软件数据，省去重新建模时间。

7.5.6 结构非荷载效应分析

结构非荷载效应是指结构在其使用寿命期间将遇到的不同于传统使用及外力施加之外的效应。其中最主要的效应包括温差效应及结构长期变形发展的过程。该效应将缓慢地作用于整体结构并将贯穿建筑的使用寿命。其中，温差效应将使结构构件伸缩，使结构自身产生温度应力。长期形变包括混凝土构件收缩徐变和钢构件的松弛。混凝土构件的收缩徐变效应将使长期受压混凝土构件收缩徐变，对总体结构产生长期形变，在改变结构竖向构件总体尺寸的同时，还将对结构的内力分布产生影响。钢构件的松弛将使钢筋长期的屈服应力发生变化，同时还将产生一定的形变。鉴于此，对于结构长期非荷载效应的有限元分析对于超高、超长、超大型结构来说非常必要。通过对非荷载效应的分析，可以将其转化为构件的内应力，从而经由数据模拟分析结构使用寿命内的非荷载效应，并得到可靠的结构形变及内力分布，使结构的长期安全性和形变可控性得到大幅改善。

目前国内外对于温度荷载的分析已经较为成熟，其主要分析方式是通过 ABAQUS、ANSYS 等有限元分析软件通过加入温度应力实现。而对于混凝土收缩徐变，目前世界通用的四大收缩徐变模型包括 ACI209R-92、CEBMC90-99、B3 及 GL2000，这些模型都可较为准确地评估收缩徐变效应，但是尚没有一个模型可以完整地考虑所有的收缩徐变因素，并形成准确的长期效应曲线。因此，目前来说利用市面流通或自行开发的有限元软件对构件加入虚拟等效应力来实现收缩徐变的模拟，还是业界的主要分析手段。

通过对以上效应进行有限元模拟，其模拟结果将可通过接口与 BIM 软件对接，并在此基础上调整结构的初始尺寸。例如根据收缩徐变量的模拟结果适当提高结构的层间标高值，从而使结构在长期非荷载效应的影响下达到最初所需要的楼层高度。由于 BIM 的协同性及高效性，该变化亦可直接和非结构专业无缝对接，节省协调时间，提高工作效率。

7.5.7 结构抗连续倒塌模拟分析

结构连续倒塌一般定义为：由于意外事件（如煤气爆炸、炸弹袭击、车辆撞击、火灾等）导致结构局部破坏或部分子结构损伤，并引发连锁反应导致破坏向结构的其他部分扩散，最终造成结构的大范围坍塌。一般来说，如果结构的最终破坏状态与初始破坏不成比例，即可称之为连续倒塌。

在工程结构漫长的使用寿命中，可能遭遇各种偶然突发灾害事件，如爆炸、冲击、火灾等，不可避免地会导致结构局部破坏或损伤，要完全避免结构发生突发性的破坏是难以实现的，只能通过加强结构的局部构件，加强各个构件的整体性从而提高结构的抗连续倒塌能力，进而减少或者避免结构由于局部破坏引起的连续倒塌，提高结构的安全性。

连续倒塌设计和抗震设计在结构的整体性、延性和冗余度等方面有类似要求，但两者还是存在诸多差别：

（1）地震作用是针对完好结构进行的，防连续倒塌大部分时候是针对具有损伤的结构进行的；

（2）地震作用主要是水平向的，而连续倒塌时结构主要承受竖向荷载；

（3）地震作用分析所关注的构件承载力和变形等问题，结构连续倒塌问题关注的是整体结构在个别构件或局部小范围结构破坏失效或损伤这类扰动下，结构系统保持其原结构构形的能力；

（4）地震作用下构件反复受力而出现严重的强度和刚度退化，连续倒塌分析时不必对这类参数做过多的折减。

（5）结构抗震时抗侧力构件是主要的，楼板通常考虑为刚性楼板，而连续倒塌分析中应考虑楼板的准确建模和薄膜效应机制。

因此抗震设计不能代替抗连续倒塌设计。但抗震设计对抗连续倒塌是有益的，位于地震高烈度地区的结构通常具有较高的抗连续倒塌能力，这主要是因为按抗震要求进行设计时，会采取各种措施保证结构构件的延性。抗震设计和防连续倒塌设计均有整体性、延性和冗余度等方面要求。

　　由于连续倒塌试验的代价通常较大，目前国内外关于连续倒塌的试验比较有限，大部分学者都是通过有限元软件 ABAQUS 和 SAP2000 或者直接开发的软件对结构建模，然后对其进行非线性分析。

　　目前 ABAQUS 和 SAP2000 都提供连接 BIM 建模软件（如 Revit）的数据接口，结构设计人员可以实现 BIM 模型和计算分析模型（如几何模型、荷载、配筋等）的相互导入，为设计人员节省了建模的时间。

7.6　成果表达

7.6.1　BIM 模型

　　BIM 模型的坐标应与真实工程坐标一致。分区模型、构件模型未采用真实工程坐标时，为方便与其他专业模型协同，结构模型的基点需要与其他模型的基点匹配，并在使用期内不得变动。模型细度不宜采用超越项目需求的模型细度，满足现行有关工程文件编制深度规定。在 BIM 模型中，可使用二维图形、文字补充和增强建筑工程信息，结构 BIM 模型范例如图 7-14 所示。

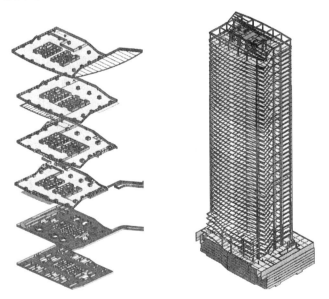

图 7-14　结构 BIM 模型

　　在设计的不同阶段，提供满足各阶段模型细度要求的方案设计模型、初步设计模型和施工图设计模型。

7.6.2　可视化成果

　　从 BIM 模型中生成的项目重点部位的三维模型，可用于验证和表现设计理念，如图 7-15 所示。

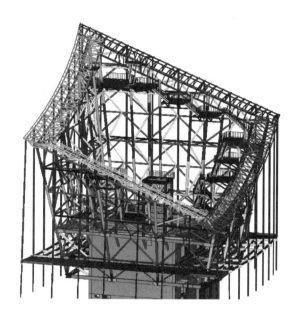

图 7-15　BIM 模型

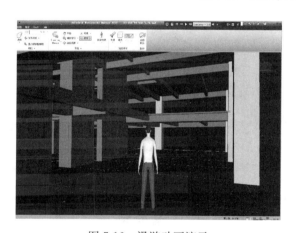

图 7-16　漫游动画演示

从 BIM 模型中可直接生成漫游动画，或将 BIM 模型导入到专业的可视化软件制作的高度逼真的动画效果。通过整合 BIM 模型和虚拟现实技术，对设计方案进行虚拟现实展示，用于项目重点位置的空间效果评估，如图 7-16 所示。

7.6.3　分析成果

分析成果包括各类计算书、成果报告。例如：碰撞检查报告，包含项目工程阶段，被检测模型的精细度，碰撞检测人、使用的软件及其版本、检测版本和检测日期，碰撞检测范围，碰撞检测规则和容错程度。碰撞报告中的图片和内容如图 7-17 所示。

7.6.4　二维图纸

对于现阶段 BIM 下，模型生成的二维视图不能完全符合现有的二维制图标准，但应根据 BIM 的优势和特点，确定合理的 BIM 模型二维视图成果交付要求。BIM 模型生成二维视图的重点，应放在二维绘制难度较大的立面图、剖面图等方面，以便更准确地表达设计意图，有效解决二维设计模式下存在的问题，体现 BIM 的价值。目前可由模型生成的二维图纸包括结构平面布置图及其立面图、剖面图等。

三、风管与框架梁

1、冲突报告

冲突报告项目文件：C:\Users\zhanhou\Desktop\金术贺\BIM\整体\整体.rvt
创建时间：2015 年 1 月 29 日 15:17:46
上次更新时间：

	A	B
1	风管：矩形风管：默认 - 标记 BPD-1-05 630*320 : ID 790597	结构框架：混凝土-矩形梁：350 x 600mm : ID 746587(综合库 D 区物资库边跨二层)
2	风管：矩形风管：默认 - 标记 BPD-1-04 630*320 : ID 790551	结构框架：混凝土-矩形梁：350 x 600mm : ID 746587(综合库 D 区物资库边跨二层)
3	风管：矩形风管：默认 - 标记 BPD-1-03 630*320 : ID 790592	结构框架：混凝土-矩形梁：350 x 600mm : ID 746587(综合库 D 区物资库边跨二层)
4	风管：矩形风管：默认 - 标记 BPD-1-02 630*320 : ID 790627	结构框架：混凝土-矩形梁：350 x 600mm : ID 746587(综合库 D 区物资库边跨二层)
5	风管：矩形风管：默认 - 标记 BPD-1-01 630*320 : ID 790662	结构框架：混凝土-矩形梁：350 x 600mm : ID 746587(综合库 D 区物资库边跨二层)
6	风管：矩形风管：默认 - 标记 BPD-1-05 630*320 : ID 790597	结构框架：混凝土-矩形梁：350 x 600mm : ID 746589(综合库 D 区物资库边跨二层)
7	风管：矩形风管：默认 - 标记 BPD-1-04 630*320 : ID 790551	结构框架：混凝土-矩形梁：350 x 600mm : ID 746589(综合库 D 区物资库边跨二层)
8	风管：矩形风管：默认 - 标记 BPD-1-03 630*320 : ID 790592	结构框架：混凝土-矩形梁：350 x 600mm : ID 746589(综合库 D 区物资库边跨二层)
9	风管：矩形风管：默认 - 标记 BPD-1-02 630*320 : ID 790627	结构框架：混凝土-矩形梁：350 x 600mm : ID 746589(综合库 D 区物资库边跨二层)
10	风管：矩形风管：默认 - 标记 BPD-1-01 630*320 : ID 790662	结构框架：混凝土-矩形梁：350 x 600mm : ID 746589(综合库 D 区物资库边跨二层)

2、碰撞冲突总结

综合库 D 区物资库跨二层标记为 BPD-1-01～BPD-1-05 的风机盘管与结构框架梁有碰撞。

需调整高程以避免碰撞。

图 7-17　碰撞报告

7.7　建筑工程仿真集成系统（ISSS）简介

7.7.1　概述

ISSS（Integrated Simulation System for Structures）是中建技术中心自主研发的一套适用于建筑工程仿真分析的集成系统，它采用接口模式集成了国内外常用设计软件（例如：PKPM、YJK、Midas、Etabs 等）和大型有限元商业软件（例如：ANSYS、ABAQUS 等），适用于各种复杂混凝土结构、钢结构以及钢-混凝土混合结构的弹性和弹塑性动力时程分析，可为超高层和大跨结构设计的安全性提供计算保证，并同时给出优化建议。

ISSS 实现了结构设计软件与通用有限元软件的无缝对接，概况来说主要包括如下功能：

1. 结构设计软件的接口功能

从国内外主流设计软件（例如：PKPM、MIDAS、YJK 等）自动导出设计模型数据（含结构模型和配筋信息等）。

2. 有限元计算模型的转换功能

将结构模型自动转换为有限元计算模型，含网格划分、截面配置、荷载导算、约束与连接处理等。

3. 通用有限元软件的接口功能

将计算模型自动导入国外通用有限元软件（比如 ABAQUS、ANSYS 等）进行有限元分析并提取有限元计算结果，期间还包括混凝土本构和单元的二次开发。

4. 设计指标的统计和整理功能

将有限元计算结果整理为结构设计所需的各项性能指标参数，据此评估结构的损伤和安全性，并自动生成计算报告书。

7.7.2 系统界面

ISSS 是一套集成系统，它基于自开发的数据处理中心（含模型处理和结果处理）集成了国内外常用的结构设计软件（PKPM、YJK 等）和通用有限元软件（ABAQUS、ANSYS 等），其主界面如图 7-18 所示，主要包括模型输入、模型转换、结构分析、结果整理等选项。

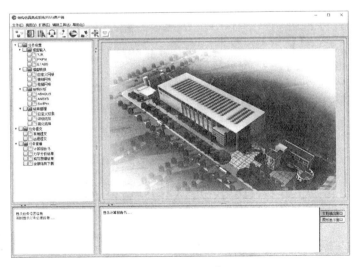

图 7-18　ISSS 主操作界面

1. 模型输入选项

调用结构设计软件（例如：YJK、PKPM、ETABS 等）接口，读入设计模型（含几何、荷载、配筋等），其中调用 YJK 的参数设置如图 7-19 所示。

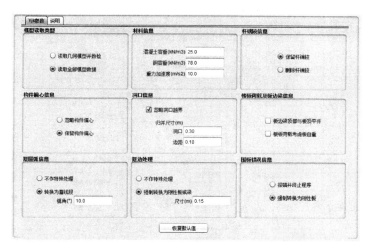

图 7-19　调用 YJK 参数设置

2. 模型转换选项

完成有限元计算模型的自动生成，期间允许用户通过交互界面设定计算模型转换选项，包括网格划分尺寸、梁墙连接处理等，它包括三种模式：自定义网格、精细网格、粗糙网格，其中自定义网格参数设置如图 7-20 所示。

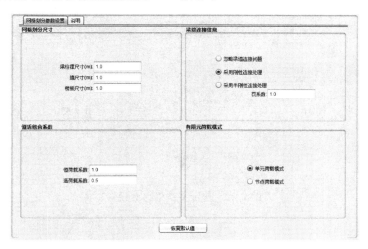

图 7-20　自定义网格参数设置

3. 结构分析选项

设定有限元分析的相关选项（含分析类型、木构关系选用等），并调用通用有限元软件（例如：ABAQUS、ANSYS 等）接口执行有限元分析，其中调用 ABAQUS 的参数设置如图 7-21 所示。

4. 结果整理选项

读取通用有限元分析结果，并将其整理为结构设计所需的各项性能指标参数，然后据此评估结构的构件损伤和整体安全性，它包括三种模式：自定义结果、精细结果、简化结果，其中自定义结果参数设置如图 7-22 所示。

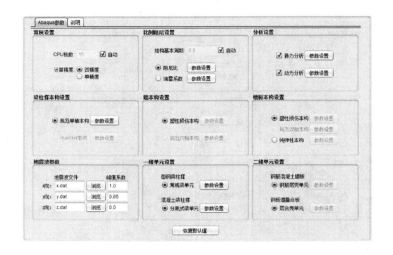

图 7-21　调用 ABAQUS 参数设置

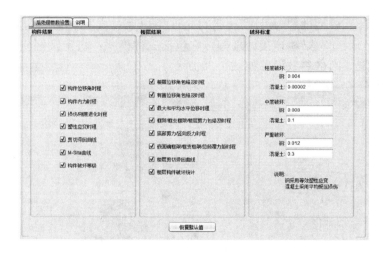

图 7-22　自定义结果参数设置

7.7.3　操作流程

ISSS 系统的基本操作流程如图 7-23 所示，概况来说可分为如下六个步骤：

1. 建模和常规设计

采用常用设计软件（PKPM、YJK 等）完成结构建模和常规设计，该步骤独立于 ISSS，是结构设计的标准流程。

2. 设计模型导入

利用"模型输入菜单"调用相应的结构设计软件接口，读入结构设计模型（含配筋信息）。

3. 有限元模型生成

利用"模型转换菜单"设定网格划分尺寸、约束、连接、荷载处理等相关参数和选项，并自动生成有限元计算模型。

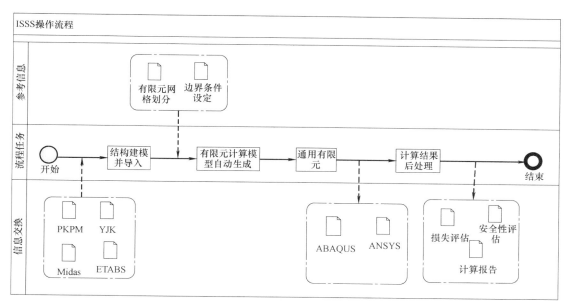

图 7-23　ISSS 系统操作流程示意图

4. 通用有限元分析

利用"结构分析菜单"设定分析类型、材料、本构等信息，然后调用通用有限元软件接口，将计算模型导入相应的商业软件（ABAQUS、ANSYS 等）进行有限元分析。

5. 有限元结果整理

利用"结果整理菜单"读取通用有限元软件的分析结果，按工程设计习惯和相关规范进行结果统计和整理，评估构件损伤，并据此评估结构设计的安全性。

6. 生成分析报告

利用"显示输出菜单"绘制并查看整理后的结果曲线，进而自动生成计算报告书。

7.7.4　软件接口

ISSS 系统通过接口模式集成常用设计软件（PKPM、YJK 等）和大型有限元商业软件（ABAQUS、ANSYS 等），下面简要介绍其各软件接口。

1. 结构设计软件接口

结构设计软件接口是为了导入结构设计模型，目前已完成 PKPM、YJK、MIDAS/Building、ETABS 等软件（其中 PKPM 先转存 YJK 然后再导入），其模型导入的基本流程如图 7-24 所示，但具体到每个软件，由于其各自的数据格式不同，其软件接口的程序实现存在较大差异。例如：PKPM/YJK 采用标准层描述结构模型，MIDAS/Building 采用自然层描述，而 ETABS 则采用结点集和构件集来描述，这些差异将导致数据读入和处理的不同，但总体来说，各接口均要实现如下几部分功能：

（1）读入结构几何模型；

（2）读入设计配筋信息，然后乘以超配系数作为弹塑性计算配筋；

（3）执行模型检查及几何归并；

（4）执行剪力墙边缘构件拆分。

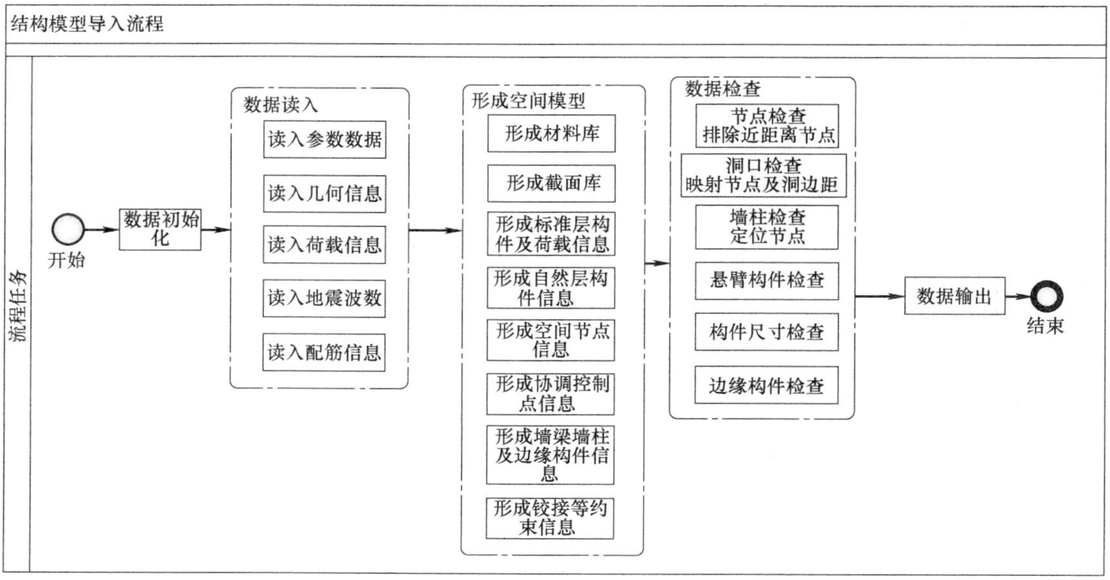

图 7-24　结构模型导入流程图

2. 通用有限元软件接口

通用有限元软件接口是为了实现复杂计算（例如：弹塑性动力学分析、稳定性分析等），目前已完成 ABAQUS 和 ANSYS，前者主要用于弹塑性分析，而后者主要用于线弹性分析，表 7-4 给出了这两个软件接口的简要介绍。

通用有限元软件接口简介　　　　　　　　　　表 7-4

软件名称	接口简要描述
ABAQUS	(1)可指定采用显示或隐式算法 (2)可同时考虑几何非线性和弹塑性 (3)地震时程分析以自重作用下的应力状态作为初始状态 (4)主要目的是进行大震作用下的弹塑性时程分析
ANSYS	(1)仅导入 ANSYS APDL,不导入 ANSYS Workbench (2)可考虑几何非线性,但忽略弹塑性 (3)主要目的是进行结构静力计算、模态分析、稳定分析

7.7.5　模型处理中心

ISSS 的"模型处理中心"将完成结构设计模型到有限元计算模型的自动转换，包括有限元网格自动划分、构件截面自动配置、有限元荷载自动导算、约束与连接的自动处理、剪力墙边缘构件自动处理等内容。

1. 有限元网格划分

ISSS 以铺砌法自由网格为核心并联合映射网格和几何拆分法，针对建筑结构提出了一套新的网格划分方案，该方案兼顾自由网格的通用性和映射网格的高效性，非常适用于剪力墙结构，其网格划分的基本流程如图 7-25 所示，其思路可简单描述如下：针对原始

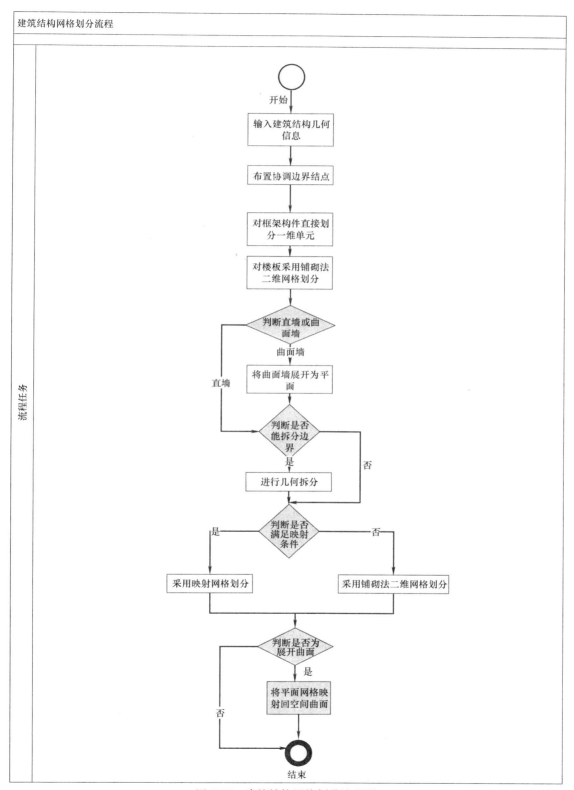

图 7-25　建筑结构网格划分流程图

建筑结构模型布置协调边界点（梁柱撑墙板协调），然后对构件进行网格划分，对框架构件直接划分一维单元，对楼板构件采用铺砌法划分二维网格，对于剪力墙构件则区分直墙和曲面墙而分别采用不同的方案，对于前者，直接判断能否拆分并分别采用映射网格或自由网格划分，而对于后者，则先将曲面映射到参数平面，然后调用直墙网格划分，最后再将参数平面网格映射回原始空间曲面以得到曲面网格。总体来说，ISSS 的建筑结构网格划分具有如下特点：

（1）几何任意性：适用于任意复杂建筑结构；

（2）结点协调性：各构件的边界节点严格协调，适用于有限元分析；

（3）边界敏感性：优先保证边界附近的网格质量，因为边界网格对有限元分析结果的影响相比内部网格而言更显著；

（4）网格均匀性：整个结构的网格尺寸相对均匀，对于尺寸突变的位置会自动增加过渡单元；

（5）方向无关性：网格划分依赖于结构的几何拓扑关系，与坐标系的选用无关。

2. 构件截面配置

ISSS 采用有限元商业软件中（如 ANSYS）广泛采用的复合截面模式来重新配置设计模型中的构件截面，具体如下：型钢混凝土截面将拆分成混凝土截面和型钢截面，如图 7-26 所示，其中型钢截面位置和数量均可任意，以模拟超高层常用的巨型柱截面；剪力墙和楼板采用复合壳元描述，如图 7-27 所示，以模拟钢板剪力墙、箱形墙、叠合楼板等特殊截面；另外，与通用有限元软件类似，ISSS 对于截面偏心也采用复合截面描述，偏心信息保存在复合截面信息里，如图 7-28 所示。

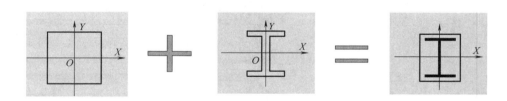

图 7-26　配置型钢混凝土截面

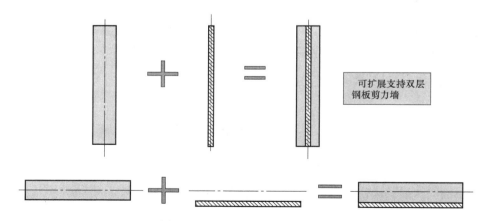

图 7-27　配置钢板墙和叠合板截面

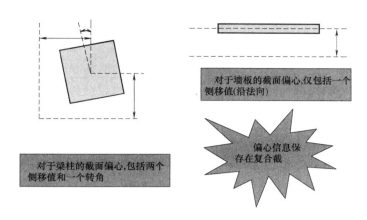

图 7-28　截面偏心的处理

3. 有限元荷载导算

对于结构模型中的荷载（含节点和构件），ISSS 将自动导算至有限元节点和单元，其详细导算说明见表 7-5。

有限元荷载的导算　　　　　　　　　　　　　表 7-5

构件类型	荷载描述	导算方法
节点	集中荷载	直接导算至有限元节点
框架构件	四点分段线性荷载,可退化为集中荷载、均布荷载、三角荷载、梯形荷载等	对细分后的有限元模型,计算单元均布荷载
剪力墙	(1)墙边跟框架一致 (2)面外沿高度方向四点分段线性荷载（用于地下室外墙） (3)面外沿水平方向均布	对细分后的有限元模型,计算单元均布荷载
楼板	暂时只考虑均布荷载	对细分后的有限元模型,计算单元均布荷载
刚性杆	集中荷载	按比例分配到刚性杆端点
刚性杆	均布荷载	等分到刚性杆端点
刚性楼板	仅支持均布荷载	按边长等效导算到楼板周边的有限元节点

4. 约束与连接处理

ISSS 的约束连接处理主要包括：支座、铰接、偏心、刚性杆、刚性楼板、梁墙连接、梁板顶部平齐以及其他特殊连接。其中支座、铰接、偏心的处理见表 7-6～表 7-8。刚性杆和刚性楼板在实际结构中可能相互连接构成复杂刚性区域，因此 ISSS 对其统一处理，方式如下：

（1）按楼层查找分块刚性区域，刚性杆和刚性楼板相互连接时定义为同一个区域；

（2）按刚性区域配置主从节点，主节点优先选择为刚性杆与刚性楼板的交点；

（3）按主从节点配置约束方程，刚性楼板仅约束面内自由度。

支座的处理　　　　　　　　　　　　　表 7-6

支座类型	用途	处理方式
固支	基底嵌固	点约束和线约束
弹性支座	网架网壳	附加弹性矩阵

铰接的处理 表 7-7

处理方式	描 述
自由度绑定	用于商业软件（增加节点并施加约束方程）
自由度凝聚	用于自开发计算程序（不增加节点，减少单元的输出自由度）

偏心的处理 表 7-8

偏心类型	偏心描述	处理方式
构件偏心	梁、柱、撑、墙整体偏心	截面偏心（不增加结点但增加截面）
结点偏心	梁、撑、墙端点偏心	约束方程（增加结点并施加约束方程）

梁墙连接是指实际结构中梁构件与墙构件的连接有一定高度（即梁高），而将其离散为梁单元和壳单元后其连接仅为一个点，如图 7-29 所示，其连接刚度弱于实际结构连接刚度，因此在有限元计算时需对其做适当修正，ISSS 提供了两种处理模式，约束方程和罚单元，详见表 7-9，另外，用户也可在 ISSS 交互界面中选择忽略该处理。除此之外，结构中还有一些特殊连接，例如柱托两柱等，ISSS 均采用约束方程处理，详见表 7-10。

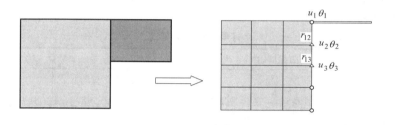

图 7-29 梁墙连接示意图

梁墙连接的处理 表 7-9

处 理 方 式	描 述
约束方程（在原节点基础上增加约束方程）	刚性约束
罚单元（引入连接单元）	半刚性约束

其他特殊连接的处理 表 7-10

约束类型	处理方式	描述
（1）柱托两柱 （2）柱托两梁 （3）柱托墙 （4）梁托两墙	约束方程	在原节点基础上增加约束方程

5. 剪力墙边缘构件处理

剪力墙边缘构件如图 7-30 所示，其配筋（无论是纵筋还是箍筋）跟墙的其他位置通常会明显不同，其配筋模式相对来说更接近于柱，因此在进行弹塑性分析时需对边缘构件做特殊处理。目前 ISSS 采用一种比较简化的处理模式，即忽略边缘构件的箍筋约束影响，仅考虑纵向钢筋的影响，采用梁元模式对其附加额外的钢筋单元。

7.7.6 规范后处理

ISSS 系统会自动提取通用有限元软件（目前仅包括 ABAQUS）的计算结果，并针对

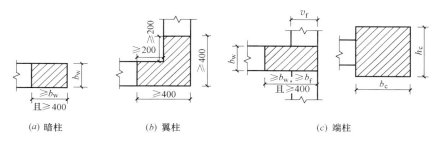

(a) 暗柱　　　　　　(b) 翼柱　　　　　　(c) 端柱

图 7-30　边缘构件示意图

结构设计规范进行结果整理和评估，最后给出计算报告书。

1. 有限元结果的读取

表 7-11 给出了基于 ABAQUS 软件的计算结果读取，其中原始内力结果采用单元局部坐标系描述，统计时会自动转换到整体坐标系。

基于 ABAQUS 的结果读取　　　　　　　　　　　　　　表 7-11

结果名称	说　明
节点平动位移	在支座加速度约束情况下，导出结果包含刚体位移，扣除支座位移后方为实际平动位移
节点转动位移	根据节点关联构件的局部坐标系，节点转动位移可转换为构件局部系下转角，用于杆件 $M\text{-}\theta$ 曲线计算
节点平动速度和加速度	目前仅用于绘制速度和加速度时程
支座反力	用于计算底部剪力、竖向反力以及嵌固端倾覆力矩时程
支座反力矩	用于计算嵌固端倾覆力矩时程
单元截面力	取单元节点处截面力，其中壳单元经磨平、积分后计算墙柱、墙梁截面力，对杆件尚需合并钢筋、型钢部分截面力，最终用于计算构件内力时程、剪切滞回曲线及名义轴压比，并经坐标变换后统计楼层剪力
单元截面力矩	取单元节点处截面力矩，对于杆件用于 $M\text{-}\theta$ 曲线计算
单元自定义状态变量	取自定义用户材料的受压、受拉损伤和刚度退化，用于判断构件的破坏等级
壳单元受压损伤	ABAQUS 自带二维本构的混凝土受压损伤，用于判断墙柱、墙梁及板的破坏等级
壳单元受拉损伤	ABAQUS 自带二维本构的混凝土受拉损伤
壳单元刚度退化	ABAQUS 自带二维本构的混凝土刚度退化，用于板的破坏等级判断，由于考虑了应力状态，因此与受压损伤不同，不满足单调增长条件
钢材塑性应变	型钢及钢筋的塑性应变，同混凝土损伤一起用于判断构件的破坏等级

2. 基于规范的结果整理

计算结果的整理可分为两大类，分别是基于构件的整理和基于楼层的整理，其详细说明见表 7-12 和表 7-13。

基于构件的结果整理　　　　　　　　　　　　　　表 7-12

结果名称	说　明
位移角时程	仅计算竖向构件位移角，对于矩形墙柱分别计算两端的位移角
内力时程	对杆件及墙柱、墙梁分别计算两端截面的内力时程，其中杆件包括轴力、双向剪力和双向弯矩，墙柱、墙梁仅包括轴力和双向剪力

续表

结果名称	说　明
名义轴压比时程	柱、撑及墙柱的名义轴压比时程,其中轴力为重力及地震波共同作用下的结果,混凝土的强度为标准值且考虑了受压损伤引起的降低
损伤及刚度退化时程	对杆件取两端截面各点平均值结果,对墙柱、墙梁,先对其内部壳单元损伤及刚度退化磨平积分,后计算两端截面的损伤及刚度退化
塑性应变时程	对杆件取其内部型钢或钢筋的塑性应变,对墙柱、墙梁取其内部分布钢筋的塑性应变,其中墙柱、墙梁为端截面的平均值
剪切滞回	根据构件底部剪力与上下两端侧移差计算竖向构件的剪切滞回,其中墙柱的侧移差取左右两端的平均值
M-θ 曲线	杆件局部坐标系下两端弯矩和转角的 M-θ 曲线,用于构件整体抗弯刚度退化的判断
破坏等级	根据损伤及塑性应变定义的破坏标准确定的构件破坏等级

基于楼层的结果整理 表 7-13

结果名称	说　明
位移角包络及时程	取各层竖向构件的最大位移角作为楼层位移角,从各帧取最大值作为位移角包络结果,并考虑错层、跃层等情况下构件高度与层高不同时的换算;每一楼层的位移角时程;任意时刻的结构整体位移角
有害位移角包络及时程	取各层竖向构件的平均位移角并扣除下层引起的刚体转动部分,比较各帧取最大值作为有害位移包络;每一楼层的有害位移角时程;任意时刻的结构整体有害位移角
最大与平均水平位移时程	分别取每层楼板位置处节点主次方向的最大水平位移与平均水平位移形成时程结果,用于判断地震波作用下的楼层扭转效应
框架/框支框架/楼层剪力包络及时程	构件截面力经坐标变换为整体坐标下结果,统计由框架/框支框架承担的剪力以及楼层总剪力,分别取各帧最大值作为包络结果,其中边框柱统计为剪力墙部分承担剪力;每一楼层框架/框支框架及楼层总剪力时程
底部剪力及竖向反力时程	由支座反力累加得到的嵌固端双向剪力及竖向反力时程
嵌固端框架/框支框架/总倾覆力矩时程	由支座反力和反力矩按力学方法计算的由框架/框支框架承担的倾覆力矩和总倾覆力矩时程结果
楼层剪切滞回曲线	楼层底部剪力和楼层平均层间位移的关系曲线
楼层构件破坏统计	按照破坏标准统计的层内不同破坏等级各种构件数量,每种构件类型破坏最严重的部分构件编号及其损伤和塑性应变值

3. 构件破坏的评估

ISSS 系统在进行构件破坏评估时,默认采用表 7-14 所示的等级标准,但同时也允许用户自定义该标准。

构件破坏程度的默认标准 表 7-14

材料指标	破坏程度				
	无损坏	坏	轻度损坏	中度损坏	严重损坏
钢材塑性应变	良好	4	0.004～0.008	0.008～0.012	>0.012
混凝土受压损伤	—		0～0.1	0.1～0.3	>0.3

4. 计算报告书的生成

ISSS 系统在完成结果整理后,会自动生成 RTF 格式的计算报告书,其文档模板如图 7-31 所示,其内容涵盖工程概况、设计和分析模型概述、设计和分析参数设置、分析结果整理和统计等信息。

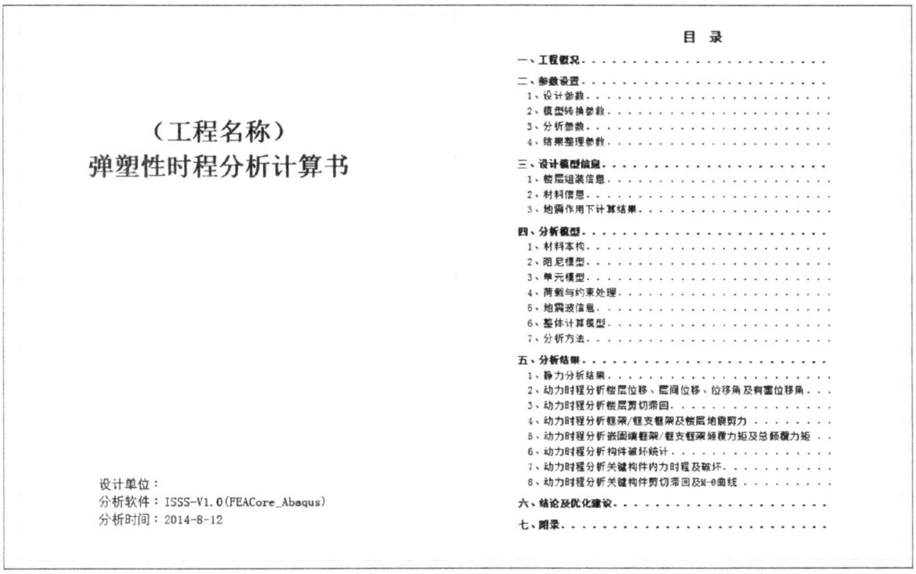

（工程名称）
弹塑性时程分析计算书

设计单位：
分析软件：ISSS-V1.0(FEACore_Abaqus)
分析时间：2014-8-12

目　录

一、工程概况
二、参数设置
1、设计参数
2、模型转换参数
3、分析参数
4、结果整理参数
三、设计模型信息
1、楼层组装信息
2、材料信息
3、地震作用下计算结果
四、分析模型
1、材料本构
2、阻尼模型
3、单元模型
4、荷载与约束处理
5、地震波信息
6、整体计算模型
7、分析方法
五、分析结果
1、静力分析结果
2、动力时程分析楼层位移、层间位移、位移角及有害位移角
3、动力时程分析楼层剪切滞回
4、动力时程分析框架/框支框架及楼层地震剪力
5、动力时程分析嵌固端框架/框支框架倾覆力矩及总倾覆力矩
6、动力时程分析构件破坏统计
7、动力时程分析关键构件内力时程及破坏
8、动力时程分析关键构件剪切滞回及M-θ曲线
六、结论及优化建议
七、附录

图 7-31　计算报告书模板

7.7.7　基于 ABAQUS 的本构和单元应用

钢筋混凝土的本构和单元是混凝土结构弹塑性分析可靠性的关键要素之一，下面以 ABAQUS 软件的具体实现和应用为例，简要描述 ISSS 系统所采用的钢筋混凝土本构模型和单元模型。

表 7-15 给出了 ISSS 基于 ABAQUS 的钢筋混凝土本构应用，可简述如下：

（1）一维构件（梁柱撑）：ISSS 采用一维约束混凝土本构模型（考虑箍筋对混凝土核心受压区的约束效应），并同时提供 Mander 模型、过-张模型和规范单轴模型三个选项，用户可任选其一，对于钢管混凝土采用清华大学韩林海教授的本构模型。

（2）二维构件（剪力墙和楼板）：ISSS 采用 ABAQUS 自带的二维混凝土塑性损伤本构模型，当采用钢箱混凝土墙时可考虑约束效应采用方钢管混凝土本构。

基于 ABAQUS 的本构应用　　**表 7-15**

材料或构件	本构模型	补充说明
钢筋/型钢	规范三折线模型	一维轴向拉压本构模型
梁柱撑的混凝土	(1)Mander 模型 (2)过-张模型 (3)规范单轴模型	一维约束混凝土本构模型，考虑箍筋对核心受压区混凝土的约束效应
剪力墙楼板的混凝土	塑性损伤模型	二维混凝土本构模型

表 7-16 给出了 ISSS 基于 ABAQUS 的钢筋混凝土单元应用，可简述如下：

（1）框架构件（钢筋混凝土和型钢混凝土）：ISSS 采用分离式单元模型，钢筋、型钢、混凝土各自采用独立的单元模型，单元节点完全刚接，忽略彼此间的粘接滑移影响，均采用梁单元模拟（对两端铰接杆件自动转为杆单元），可根据需要取线性单元或者二次单元。

（2）钢筋混凝土剪力墙和楼板：ISSS 对混凝土采用壳单元模拟，并根据设计软件的配筋结果在单元内部埋置钢筋层，其膜应力和面外弯曲考虑弹塑性影响，横向剪切忽略弹塑性影响。

（3）钢板剪力墙和叠合板：ISSS 采用组合式单元模型，即分层壳元模型，单元截面的不同分层对应实际截面的不同材料，忽略钢筋（钢板）和混凝土的相对滑移，分层壳的膜应力和面外弯曲考虑弹塑性影响，横向剪切忽略弹塑性影响。

基于 ABAQUS 的单元应用　　　　　　　　　　　表 7-16

材料或构件	单元模型	补充说明
梁柱撑的钢筋和型钢	分离式梁元	忽略钢筋（或型钢）与周围混凝土的相对滑移
梁柱撑	轴向拉压采用纤维束 横向剪切采用 Timoshenko 梁	轴向拉压和弯曲为弹塑性，横向剪切和扭转为线弹性
钢筋混凝土墙和楼板	分离式杆元＋壳元	忽略钢筋混凝土的相对滑移
钢板墙、叠合板	分层壳元（组合式）	忽略钢筋（钢板）和混凝土的相对滑移

第8章
给水排水设计 BIM 应用

8.1 BIM 应用流程与软件应用方案

8.1.1 一般流程

给水排水传统设计以分类的图纸为基础，各个设计阶段的设计内容分布在不同的图纸上，通过不同阶段的提资过程完成设计，专业内、各个专业之间、各个阶段之间信息是孤立和难以共享的。主要问题表现在：

（1）二维图纸间缺乏数据关联，不能有效地保证数据的一致性，这会导致平、立、剖等二维图纸表达不一致；

（2）二维图纸不能在专业内和各个专业间建立起直接的数据关联，容易导致专业间的碰撞冲突等问题。

相对于传统的设计流程，基于 BIM 的给水排水设计依然存在方案阶段、初步设计阶段、施工图阶段三个阶段，但在初步设计开始至施工图结束的过程中，专业内部、专业间的信息交换共享均基于不断深化的 BIM 模型，二维表达根据模型生成。减少了根据专业内、专业间设计变化导致的分别调整各平面图纸的工作步骤，避免了设计信息的丢失错漏。

通过数据模型的参数化特性，基于模型进行水量计算、水力计算等计算工作，同时运用信息化工具完成部分模型的自动建立及系统图自动生成、设计成果自动校验等。

从工作流程的角度看，基于 BIM 的工作流程如图 8-1 所示，包括：设计建模、设计校审、专业协调、二维视图生成及调整、交付及归档。与传统的工作流程相比，主要发生了以下变化：

（1）在专业分析环节，通过信息交换，可以用 BIM 模型生成各类分析模型，避免了重复输出和错误；

（2）在专业校审环节，通过可视化手段，可以完成关键设备、复杂管路等检查；

（3）在专业协调环节，通过将机电模型与其他模型综合，减少了错、漏、碰、缺等现象，提升专业协调的效率和质量；

（4）在图纸生成和交付环节，在准确的 BIM 模型基础上，通过模型剖切及模型转换，可快速生成机电各专业的平、立、剖二维视图。由于生成的二维视图与现阶段执行的设计深度要求不符，还需对生成的二维视图进行深化调整。

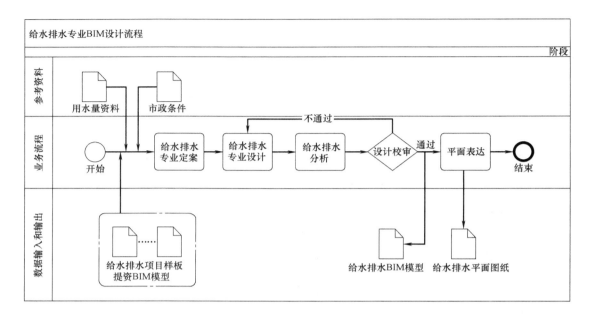

图 8-1　基于 BIM 的给水排水设计流程

8.1.2　方案设计流程

BIM 给水排水设计方案阶段以建筑 BIM 模型为基础，建筑方案 BIM 模型中包含地理位置、建筑空间等数据，给水排水专业设计人员可以更加高效准确地理解建筑功能并提取、处理相关数据。

给水排水专业设计人员通过在模型中建立相应运算规则，完成用水量、排水量、耗热量估算，在建筑方案 BIM 模型进行调整后所关联的给水排水方案参数亦自动改变，减少了设计人员的工作步骤以及产生错误的可能性。

相较传统设计流程，基于 BIM 的给水排水设计在方案阶段增加了制定给水排水 BIM 样板的工作步骤，给水排水专业需根据定案结果编制适用于当前项目的给水排水 BIM 样板，保证项目专业间及专业内部的 BIM 设计成果的统一性及数据的通用性。

项目给水排水 BIM 样板也可以通过对以往类似项目给水排水 BIM 样板加以修改获得，设计单位应建立基础 BIM 样板以统一企业数据标准，基础 BIM 样板也可以有效地避免样板创建阶段的重复工作量。

方案阶段对建筑专业及其他专业的提资可直接基于协同模型，避免后续设计过程出现由于各专业设计流程之间的孤立导致设计错漏问题。

8.1.3　初步设计流程

BIM 给水排水初步设计中，所需要完成的设计任务和分析内容与传统设计相同，但整个设计流程围绕着统一的项目 BIM 模型开展。通过从模型中提取数据、补充数据及对数据进行加工运算的过程，如图 8-2 所示，完成初步设计阶段的给水排水分析计算、设计建模、专业间协调、平面图生成等工作。

采用协同模型的形式使各专业的设计、修改工作实时反馈至相关专业，可以一定程度上提高初步设计阶段的各专业成果质量和一致性。同时通过数据之间的关联关系减少重复计算、套图修改等工作的工作量。故建议在初步设计阶段开始使用协同模型的方式开展设计工作，在工作过程中减少了"建筑模型"、"结构模型"等分专业模型的概念，而将项目整体模型作为设计过程中的信息协同平台，增强专业间的数据交互。但应注意，设计师应与其他专业设计人员及时沟通，避免实时协同可能导致的无效修改量增加。

针对给水排水专业的设计工作来讲，初步设计阶段的工作流程主要发生的变化包括：

（1）各项计算可延续方案阶段的计算方式，并对计算规则进行针对性调整，在具有完善项目样板的情况下减小了计算分析的工作量。

（2）初步设计阶段仅需提供系统图的设计内容，需采用搭建粗略模型并生成系统图的形式进行设计，或单独绘制平面系统图。

（3）增加了根据模型整理平面图纸的工作步骤。

（4）在校审方面，给水排水专业通过直观的项目整体 BIM 模型，结合软件的系统完整性分析、规范校验等功能，在更加高效地完成设计校审的同时最大程度上避免了人为疏忽导致的设计错误，所以在校审过程中，可根据项目情况制定软件校验检查工序，以避免特定类型设计错误。

具体工作流程及分析应用方式，详见后续 8.3 节、8.4 节。

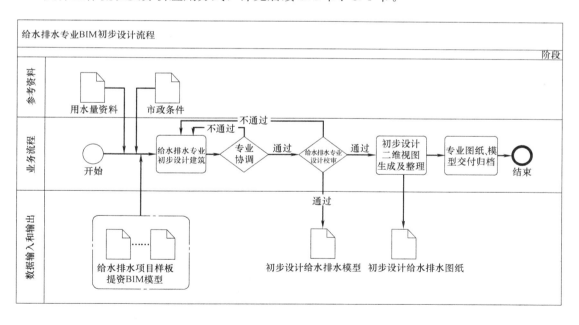

图 8-2 基于 BIM 的给水排水初步设计流程

8.1.4 施工图设计流程

如图 8-3 所示，与之前的初步设计阶段相同，施工图阶段的给水排水设计也应以各专业协同的项目统一 BIM 模型为中心进行设计建模工作，在定案的基础上进一步完善设计内容及实体模型。

针对给水排水专业的设计工作来讲，施工图阶段的工作流程主要发生的变化包括：

（1）在使用专业软件（如 BIMSPACE、天正等）的情况下，通过计算机对元素信息的处理，部分设计内容（卫生间详图、喷淋平面布置及连接、管道尺寸核算）可以自动完成，减少设计人员工作量。

（2）通过 BIM 的专业间协调更为灵活，如预留孔洞的提资可直接由软件开洞再交由建筑专业审核。针对结构、电气等针对本专业设计内容的配套设计亦可减少提资的过程，由相应专业自行从模型中提取。

（3）增加了根据模型整理平面图纸的工作步骤，但由于标注时的自动信息提取，避免了平面不匹配及平面系统无法对应的情况。

（4）BIM 的模型整合使得部分施工深化问题会直接暴露在设计模型当中，需要设计更好地完成专业综合工作，同时应注意模型细度及工作界面的划分，施工图设计阶段可以在模型中有规则地忽略深化设计阶段可解决的模型问题，以保证合理的设计周期及设计工作量。

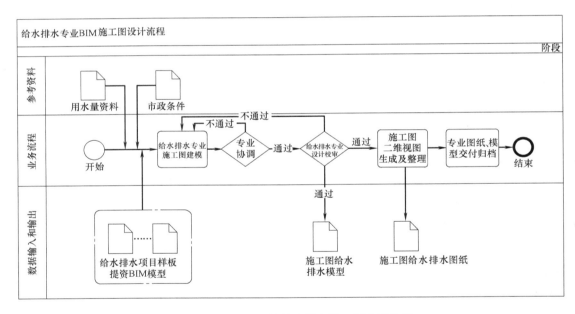

图 8-3　基于 BIM 的给水排水施工图设计流程

8.1.5　软件应用方案

设计和建模软件的选用，在满足设计功能需求的前提下，应尽量与其他专业采用统一的软件平台，以保证数据传输的完整性与便利性，常用软件如表 8-1 所示。

1. 基于 Revit 以 AutoCAD 进行辅助的软件应用方案

由于 Revit 软件轴测图、系统图绘制功能的缺失，为了完成全套给水排水图纸的设计，在现有软件功能的条件下，需要在 Revit 中完成主要的设计图纸生成，并将图纸导出

（.DWG）至 AutoCAD 补充、完善设计图纸。如图 8-4 所示。

给水排水常见 BIM 设计建模软件 表 8-1

软件工具			设计阶段		
公司	软件	应用	方案设计	初步设计	施工图设计
Autodesk	Revit	设计建模	●	●	●
Bentley	AECOsim Building Designer(ABD)	设计建模	●	●	●
DAITEC	CADWe′ll Tfas	设计建模	●	●	●
鸿业	BIMSPACE	设计建模	●	●	●
广联达	MagiCAD for Revit	设计建模		●	●

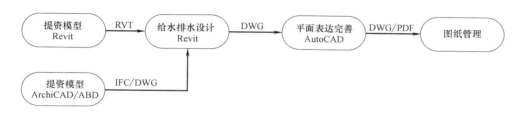

图 8-4 基于 Revit 以 AutoCAD 进行辅助的软件应用流程图

2. 基于 Revit 及其设计插件的软件应用方案

通过 BIMSPACE、MagiCAD 等软件的 Revit 插件中的功能，辅助给水排水设计，并借助其中的平面表达功能完成 Revit 自带功能难易实现的轴测图、系统图绘制工作，并在 Revit 中完成所有的平面表达及图纸深化工作如设计说明、原理图的编制等。此方法可较大提高设计效率，同时有效保证图纸与模型的一致性及设计文件的唯一性。如图 8-5 所示。

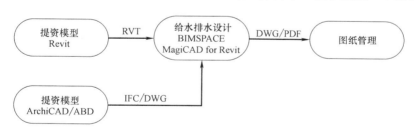

图 8-5 基于 Revit 及其设计插件的软件应用流程图

3. 基于 Bentley、DAITEC 及其他 BIM 设计软件的软件应用方案

现阶段各类国外 BIM 软件基本均存在与原生 Revit 相同的平面表达功能缺失，故在 BIM 软件中完成设计建模后，为满足平面表达及图纸完整性的需求，均需在 AutoCAD 中对图纸进行深化及补充，并完成最终出图工作。如图 8-6 所示。

图 8-6 基于各 BIM 设计软件的基本软件应用流程图

　　在以上提到的三种软件应用方案中，方案 1 可以在较低的软件采购成本和较短的软件学习时间内完成给水排水专业 BIM 设计工作，但最终版图纸与模型相互分离导致数据关联性较低；方案 2 解决了方案 1 中数据关联性低的问题，但软件采购成本较高，方案 1 与方案 2 设计企业可根据自身预算进行选择；目前在民用建筑 BIM 设计领域，基于 Revit 平台的设计应用占据较大比例，而 Bentley、DAITEC 等其他 BIM 设计软件的应用较少，故方案 3 的应用由于软件普及程度、易用性等问题，建议在有项目特殊需求或企业软件环境存在限制的情况下选用。

8.2　模型细度

8.2.1　一般规定

　　目前给水排水专业设计深度主要根据住房和城乡建设部颁布的《建筑工程设计文件编制深度规定》，该规定按照初步设计和施工图设计阶段描述了给水排水专业的交付内容及深度。在二维设计模式下，设计信息将分别在系统图、平面图、立面图、剖面图等图纸中描述，而在 BIM 模式下，所有的交付信息都应被统一记录在 BIM 模型中，建模前应仔细了解并确定项目各阶段的 BIM 交付要求和交付计划，模型的建模细度应满足各个设计阶段的设计交付要求，可用于对应阶段的其他 BIM 应用，避免过度建模或建模不足。

　　过度建模一般主要体现为在初步设计或施工图阶段，由于一般 BIM 软件在构建模型时需要输入准确的几何、非几何信息，而其中某些信息可能在当前设计阶段不需要考虑或无法确定。设计师在缺乏 BIM 设计经验的情况下容易出现为追求模型完整性而建立相对于目前设计阶段过于详细的模型，造成工作量的浪费和工作周期的增长，将其称为过度建模。与之相反模型中缺乏当前设计阶段所需信息或模型元素，则称为建模不足。

　　设计 BIM 模型中除包含设计信息外，在各设计阶段，应尽量包含满足相关要求的平面表达，且平面表达信息应与模型元素信息相关联。

　　模型中相关的元素应包含物理及逻辑链接，模型应确保元素信息的准确性，在输出 BIM 模型前，应当在建模工具内或使用模型检查工具进行检查。

　　给水排水模型的内容规定遵照本指南模型细度的一般原则。本指南将模型细度划分为七个渐进的模型细度等级，给水排水设计阶段相关的模型细度等级为：初步设计模型细度、施工图设计模型细度。本部分分别给出给水排水设计在这两个细度上模型内容。

　　针对 BIM 设计的平面表达需求，除对设计内容模型内容、模型信息提出要求外，给水排水专业设计信息模型中应包含：

　　（1）管路系统颜色方案、各平面视图样板、各剖面视图样板、各立面视图样板、各详图视图样板、明细表样板、所需过滤器。

　　（2）注释元素：图框、图签、剖面标头、详图标头、标高头、剖面标头、房间标记、空间标记、面积标记、管道标记、管道保温层标记、管路配件标记、管件标记、设备标记、线性尺寸标记、角度标记、径向标记、直径标记、标高标记。

　　（3）视图样板：各平面视图样板、各剖面视图样板、三维视图样板、详图视图样板、明细表视图样板。

（4）导出、打印文件的规则、线型设置。

（5）各系统平面图纸：图纸应符合国家、地方及企业出图标准；平面图应表达清晰，包含必要的标注及图例信息。平面图纸应与 BIM 模型相互关联。

（6）明细表：应根据模型生成主要设备明细表。

（7）计算书：应有各系统用水量、排水量、耗热量及主要设备选择的计算书。

一些现阶段暂时无法由模型提取或与模型关联的设计内容如水处理流程图等图纸，应尽量导入统一的 BIM 模型文件中以便于管理，亦可通过明确的设计文档归档体系对对应设计内容进行归档管理以避免遗漏错误，设计过程中应仔细校核相应内容与设计模型的相符性。

8.2.2　初步设计模型细度

由于 BIM 模型的元素特性，在初步设计阶段对给水排水专业主要设备、主要路由的布置，BIM 构件中包含信息深度会超出当前初步设计阶段，故若设计模型中一部分元素信息暂无法准确确定或现有构件中某项信息仅用于参考，则应在模型元素信息或设计说明文件中注明，以避免其他应用流程的错误应用。应注意切勿过度建模以导致设计工作量的浪费。具体模型内容见表 8-2。

机电初步设计模型内容　　　　　　　　　　　　　表 8-2

专业	模型元素和几何信息	非几何信息
给水排水	（1）主要机房或机房区的占位几何尺寸、定位信息； （2）主要路由(水井等)几何尺寸、定位信息； （3）主要设备(冷却塔、换热设备、水箱水池等)几何尺寸、定位信息； （4）所有干管几何尺寸、定位信息； （5）主要支管几何尺寸、布置定位信息； （6）管井内管线连接几何尺寸、布置定位信息； （7）设备机房内设备布置定位信息和管线连接； （8）末端设备(喷头、烟感器等)布置定位信息和管线连接； （9）管道、管线装置(主要阀门、计量表、消声器、开关、传感器等)布置	机房的隔声、防水、防火要求； 主要设备功率、性能数据、规格信息； 主要系统信息和数据(说明建筑相关能源供给方式，如：市政水条件、冷热源条件)； 所有设备性能参数数据； 所有系统信息和数据； 管道管材、保温材质信息； 水力计算的基础数据和系统逻辑信息等

给水排水施工图设计模型内容　　　　　　　　　　表 8-3

专业	模型元素和几何信息	非几何信息
给水排水	（1）所有机房或机房区的占位几何尺寸、定位信息； （2）所有路由(水井等)几何尺寸、定位信息； （3）所有设备(冷却塔、换热设备、水箱水池、水泵、消火栓等)几何尺寸、定位信息； （4）所有干管几何尺寸、定位信息； （5）所有支管几何尺寸、布置定位信息； （6）管井内管线连接几何尺寸、布置定位信息； （7）设备机房内设备布置定位信息和管线连接； （8）末端设备(喷头、烟感器等)布置定位信息和管线连接； （9）管道、管线装置(主要阀门、计量表、消声器、开关、传感器等)布置细部深化模型各构件的实际几何尺寸、准确定位信息； （10）单项(太阳能热水、虹吸雨水、热泵系统室外部分、特殊弱电系统等)深化设计模型； （11）主要支吊架、管道连接件、阀门的规格、定位信息	机房的隔声、防水、防火要求； 主要系统信息和数据(说明建筑相关能源供给方式，如：市政水条件、冷热源条件)； 所有设备性能参数数据； 所有系统信息和数据； 管道管材、保温材质信息； 水力计算的基础数据和系统逻辑信息； 设备及管道安装工法； 管道连接方式及材质； 系统详细配置信息； 推荐材质档次，可以选择材质的范围，参考价格等

8.2.3 施工图设计模型细度

施工图设计阶段所要求的模型细度应表现对应的建筑实体的详细几何特征及精确尺寸，表现必要的细部特征，模型应包含项目后续阶段（如工程算量等应用）需要使用的详细信息，包括构件的规格类型参数、主要技术指标、主要性能参数及技术要求等。详细模型内容要求详见表 8-3。总图相关内容详见相关章节。

8.3 建模方法

8.3.1 一般建模方法

给水排水专业建模主要包括：设备布置、末端布置、管道布置、管道附件布置等。设计标准及设计工作的流程与传统设计基本相同。而建模过程中，可借助 BIM 模型在计算、分析上的便利性，自动完成如设备布置与管道连接、管径计算等工作，从而缩减各设计阶段的工作量。

建模的方法除满足本专业应用要求外，应考虑上下游信息应用的需求，从而确保相关专业能够有效调用给水排水专业模型。

给水排水专业的 BIM 建模软件主要有 Autodesk Revit、Bentley ABD、CADWe'll Tfas 等一系列设计建模软件，考虑与上下游专业的软件平台统一，并结合民用建筑的设计现状，以 Revit 及有关插件为例，具体说明 BIM 建模方法。

8.3.2 设备建模方法

1. 设备的载入

通过载入设备构件，如图 8-7 所示。较完善的给水排水项目样板应包含常用设备构件及设备构件的常用类型，可大幅度减小项目前期及设计过程中寻找设备所浪费的工作量，有效提高工作效率。

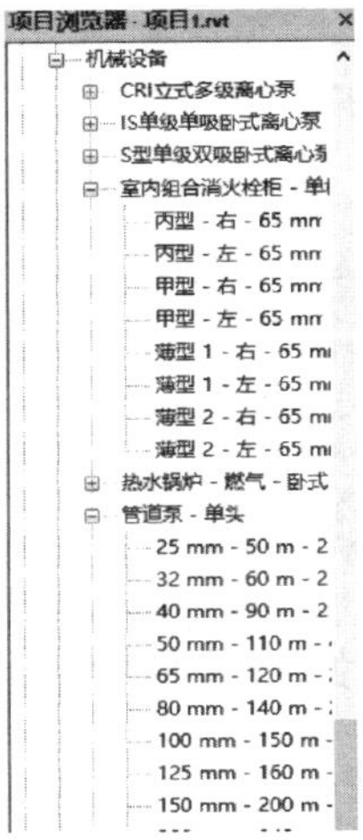

图 8-7 项目样板中载入常用设备示意

2. 设备规格类型的创建

当载入设备不包含设计所需规格时，可在设备构件中新建类型，并根据样本或设计参数填入相应的性能、几何参数，创建符合项目需求的设备型号。Revit 中族类型的创建如图 8-8 所示。

若项目中创建的设备类型具有可复制性，应将创建的设备归档至企业 BIM 资源库中及项目样板中，以便后续项目的应用。

3. 模型提资设备

其他专业提资设备，如建筑专业模型中卫生器具，给水排水专业负责人应在项目 BIM 标准编制阶段对建筑专业相关构件的使用提出要求，建筑专业搭建模型时需使用包含给水排水参数、连接件的构件进行相应建筑模型的建立。

若在设计阶段发现建筑专业所使用构件不满足要求，则可运用软件中构件替换功能进行批量替换，替换过程应由建筑专业设计师在建筑模型中修改，给水排水专业工程师进行构件提资及配合。

给水排水专业应复核相应专业提资设备布置及设备参数是否满足给水排水设计规范要求，若不满足布置或计算要求，可由给水排水专业修改相应模型并反提或经过交流由原设计专业进行调整。

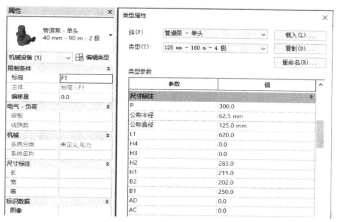

图 8-8　根据样本创建新的族类型

原设计专业完成各自提资模型的建立后，推荐采用中心文件方式进行协同，则给水排水专业可在中心文件上后续的管道设计。若项目采用文件链接的方式进行协同，由于链接文件中图元无法进行连接及计算，应采用过滤器选择所有需要给水排水专业配合设备并使用复制/监视功能复制至给水排水专业设计模型中（图 8-9），采用复制/监视功能能够保证上游专业在修改模型后，保证给水排水专业收到修改提示并调整相关设计。

4. 设备组的建模方式

特定设备组合，如末端试水装置、湿式报警阀组等，应将设备及附件、管道组成模型组并作为模型组载入项目并进行布置。可有效提高项目建模效率。

5. 设备模型要求

对于服务于 BIM 设计的给水排水专业设备模型（图 8-10），应具备以下特性：

图 8-9　采用复制/监视功能导入链接模型中的设备

（1）设备族名称应反映设备名称及主要特性，而设备具体型号应在族类型名称中表示，便于查看理解及设备材料统计；

（2）管道、电气连接件均应关联实际设备参数；

（3）连接件应配置正确的流量、流向、损失方式及系统分类；

（4）不同设备间相同意义参数，应采用相同参数名称，以便设备材料表统计。

8.3.3　管道建模方法

管道模型建立的基本流程为：

（1）建立管道系统（管道系统应使用正确的系统分类及计算方式）；

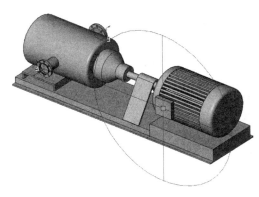

图 8-10 设备模型示意

（2）建立正确的管道类型（设置正确的管道系统配色、系统缩写、说明）；

（3）使用管道占位符连接设备（与传统设计的管道布置原则相同，选择正确的管道系统、管道类型）；

（4）转化管道占位符为管道/使用管道连接设备（应考虑管线综合工作步骤）；

（5）布置管路附件（阀门、清扫口等，管路附件应包含）；

（6）通过系统检查器检查系统连接的完整性及正确性；

（7）通过系统浏览器预览系统编号的正确性，并针对消防、喷淋等系统进行单独的立管编号；

（8）对水管平面图进行整理及标注；

（9）由于其模型与平面图的一致性要求，提出两种方案：①管道按真实位置进行布置，通过调整出图比例、增加详图的方式使平面表达清晰完善；②管道按照图面合理的间距进行布置并标注出图，在进行合图、管线综合深化设计时采用个独立模型进行工作。方法①较为适用系统复杂程度低的项目，方法②适用于设计工期紧张或管线复杂类项目。管道附件的布置同样存在此问题。

（10）生成轴侧、系统图。

设计阶段建模原则应为满足设计要求、专业协调要求，给水排水专业应尤其注意避免过度建模。

管道应在项目样板中通过"管道系统"中的系统类型对水管管道功能进行区分，并辅以明确的系统配色以便识别及出图。并应设置相应系统缩写、说明等信息以便标注出图。颜色分配及显示线形可根据设计单位二维出图标准确定，如图 8-11 所示。

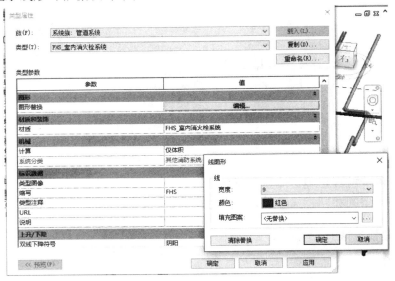

图 8-11 管道系统的设置

应注意，管道系统中流体类型、流体温度均应正确设置，以保证水力计算等分析结果的正确性。

根据项目选用管材及做法，在建模开始前需要设置项目可能用到的管道类型，并分别在不同管道类型中选择对应的管道配件。

不同材质管道应在管道设置-管段和尺寸功能中设置管道材质、粗糙度及几何尺寸等参数，在管道类型中选择正确的管段类型，并根据设计要求，在同一管道类型中对不同尺寸管道设置对应的连接管件，以避免过多的管道类型设置，如图 8-12 所示。

图 8-12　管道类型及不管系统的设置

在建模过程中，使用不同管道系统区分不同设计系统，使用不同管道类型区分不同管材及连接方式的管道选用，从而确保模型在计算、材料统计时的正确性。

管道系统、管道类型及坡度、管段等设置，可通过项目样板传递，减少项目准备阶段的工作量，不同项目间的数据通用性，故建立完善的项目样板是给水排水设计 BIM 应用重点工作之一。

8.3.4　专项系统的建模方法

1. 喷淋系统的建模方法

基于 Revit 自带功能，喷头的布置、管道连接及管径的计算均需要大量人工建模操作，效率过低，故建议采用插件或其他方式进行：

（1）使用 BIM 设计辅助插件进行。

（2）基于 CAD 工具及平面图完成喷淋平面图的绘制并使用自动翻模功能插件将图纸转换为模型。

（3）设计阶段不对喷淋末端进行建模，喷淋设计采用平面表达，模型中针对主干管线进行表达。

图 8-13 设计 BIM 插件中的
喷淋系统设计功能示意

由于喷淋设计相对独立，故出现了上述（2）中的工作流程，但由于在平面喷淋设计阶段脱离了 BIM 模型，工程协同性有所降低，故大部分项目建议采用上述（1）的方案。

通过喷淋系统初始条件的设定及软件对建筑、结构模型的识别，部分 BIM 插件可以完成自动的喷头布置、管道连接、管径计算功能，可有效提高喷淋系统的设计效率及建模质量，如图 8-13 所示。

由于软件和电脑性能限制，中大型项目喷淋模型应单独建模，以避免模型过大导致卡顿。

2. 卫生间详图模型的建模方法

卫生间详图模型一般应在平面图当中通过显隐性控制进行隐藏，以避免图纸混乱，在进行卫生间设计时，使用 BIM 设计插件可有效提高设计建模效率。

（1）复制建筑模型中卫生设备，复制方法详见 8.3.2 节中对应部分。

（2）使用鸿业软件中"定义卫浴"功能设定洁具参数，如图 8-14 所示。注意此部分设定参数非 Revit 系统参数，无法通过明细表、管道连接件正常获取。

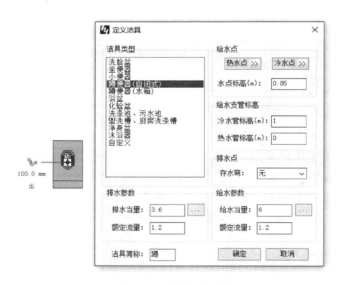

图 8-14 定义洁具参数

（3）布置排水立管、给水干管等主干管道。

（4）通过"排水自动设计""给水自动设计"功能连接卫浴设备与给水、排水干管，经过调整，完成卫生间详图模型的建立，如图 8-15 所示。

（5）通过"系统轴测图"工具生成卫生间轴测图。

3. 基于插件的水泵、水箱选型布置

通过 HYBIMSPACE 中的水泵选型功能，可以高效地进行水泵选型及水泵模型的建

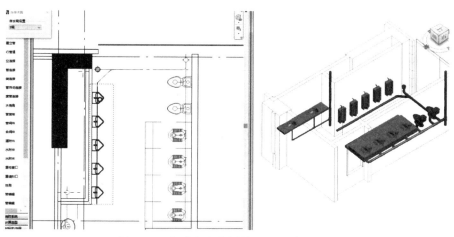

图 8-15　自动生成获得的卫生间详图模型

立，包含性能曲线、三维造型及各性能参数的水泵设备库可以较好地帮助设计者完成泵房、机房的设计，如图 8-16 所示。

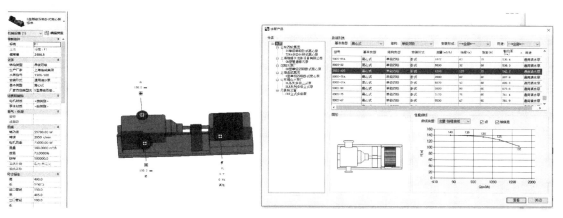

图 8-16　HYBIMSPACE 中水泵的水泵选型功能及生成的水泵

8.4　分析应用

8.4.1　给水系统分析计算

1. 最高日最大时用水量计算

（1）方法一

给水排水设计过程中，可采用 Revit 的明细表及其计算功能，实现与建筑面积、设备数量直接或间接相关的用水量计算。此方法可计算建筑工程中部分用水量。可在明细表中增加非面积、设备数量相关的用水量计算结果，完整给水计算。方式如图 8-17 所示。

应注意，此计算方式需要建筑专业建立完整的面积明细表，房间名称、设备族的选用应在不同项目中统一，以避免给水排水专业计算过程中需要对计算方式进行大量调整。

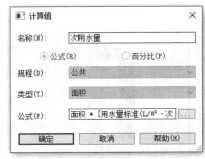

图 8-17　通过楼板明细表及计算值计算浇洒道路和绿化次用水量

此方法优势在于此类计算结果在其他专业对模型进行调整后可自行关联变化，减少给水排水专业的重复计算工作量，但对其他专业的模型标准度有较高的要求。如图 8-18 中计算方式，要求建筑专业建立完善、正确的面积明细表。

通过明细表创建视图样板后，可在新项目中直接选择视图样板得到包含计算结果的明细表，大幅降低项目前期计算的工作量。

图 8-18　通过面积明细表及计算值计算餐饮面积生活用水量

（2）方法二

使用 Revit 设计插件如 HYBIMSPACE 软件中的给水排水计算功能进行计算，如图 8-19 所示。

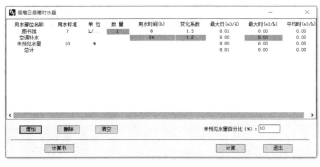

图 8-19　HYBIMSPACE 中的最高日最高时计算功能

此方法优势在数据及计算方式可直接选用，操作简便，但数据与 BIM 模型无关联性，在设计条件变化后需自行调整参数。

本指南以两种方法为例，设计人员可根据项目复杂程度及具体情况选择计算方式。

2. 给水管道计算

（1）方法一

Revit 自带功能包含管道流量及压力损失计算功能，如图 8-20 所示。

通过正确的管道连接及设备流量设置，可在模型中查阅各管段流量计压力损失，同时可生成压力损失报告，如图 8-21 所示。

在具有正确的流量数据后，如图 8-22 所示，可以通过调整风管/管道大小功能，通过限定阻力或流速自动调整管径。

通过 Revit 自带功能，虽然可实现流量计算及阻力计算功能，但应注意在给水系统中，计算流量为针对所有给水系统设计流量的叠加，并未考虑同时给水百分数，在给水设计过程中计算所得流量、管径均会大于实际值。故若需要通过此方法核算

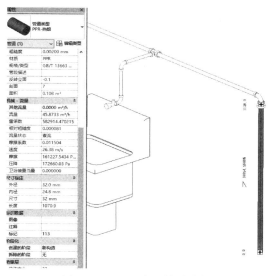

图 8-20 Revit 中的管道参数

管径，应对软件中填写的管道大小调整参考速度基于给水管道设计流速进行一定程度上的放大。在查看管道流量时也应注意其流量参数为 "$\sum q0 \cdot n0$"，而非管道设计流量。

J5

系统信息									
系统分类	家用冷水								
系统类型	给水系统								
系统名称	J 5								
缩写	J								
流体类型	水								
流体温度	16 °C								
流体动态粘度	0.00112 Pa-s								
流体密度	998.9114 kg/m³								

总压力损失(按剖面)									
剖面	图元	流量	尺寸	速度	风压	长度	K 系数	摩擦	总压力损失	剖面压力损失
2	管道	15.3 m³/h	20 mm	22.8 m/s	-	4801	-	212466.49 Pa/m	1020120.9 Pa	
	管件	15.3 m³/h		22.8 m/s	259720.7 Pa	-	0	-	0.0 Pa	1020120.9 Pa
3	管件	30.6 m³/h	-	0.0 m/s	1038882.9 Pa	-	0	-	0.0 Pa	0.0 Pa
15	管道	45.9 m³/h	25 mm	43.1 m/s	-	1000	-	576489.85 Pa/m	576489.8 Pa	
	管件	45.9 m³/h		43.1 m/s	928164.8 Pa	-	0	-	0.0 Pa	576489.8 Pa
16	管道	15.3 m³/h	20 mm	22.8 m/s	-	429	-	212466.49 Pa/m	91070.0 Pa	
	管件	15.3 m³/h		22.8 m/s	259720.7 Pa	-	0	-	0.0 Pa	91070.0 Pa
20	管道	15.3 m³/h	20 mm	22.8 m/s	-	439	-	212466.49 Pa/m	93194.7 Pa	
	管件	15.3 m³/h		22.8 m/s	259720.7 Pa	-	0	-	0.0 Pa	93194.7 Pa
21	管道	15.3 m³/h	20 mm	22.8 m/s	-	448	-	212466.49 Pa/m	95106.9 Pa	
	管件	15.3 m³/h		22.8 m/s	259720.7 Pa	-	0	-	0.0 Pa	95106.9 Pa
22	管道	30.6 m³/h	25 mm	28.7 m/s	-	3676	-	256217.71 Pa/m	941805.7 Pa	
	管件	30.6 m³/h		28.7 m/s	412517.7 Pa	-	0	-	0.0 Pa	941805.7 Pa

重要路径：15-22-3-2-16，总压力损失：2629486.5 Pa

图 8-21 Revit 生成的压力损失报告

（2）方法二

使用 BIM 设计插件如 HYBIMSPACE 中的给水计算功能进行计算，如图 8-23 所示。

此类插件中的给水计算功能可以实现满足设计习惯及规范要求的给水量计算及管径核算，并将管径赋回模型当中。

但应注意，现有版本的给水计算功能需要使用 BIMSPACE 中自带的"布置卫浴""定义卫浴"功能进行设备布置，并使用其自带管道连接功能进行连接后方可正常计算，且计算后 Revit 自带流量参数会丢失。

因此方法一和方法二两种给水系统分析计算方式无法同时使用，应根据项目复杂程度及具体情况选择合适的方式进行设计计算工作，一般给水管路设计建议采用方法二，在机

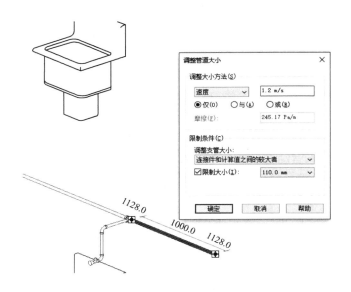

图 8-22　Revit 调整管道大小功能

图 8-23　HYBIMSPACE 中给水计算功能

房及末端设计中可使用方法一进行计算。

8.4.2　排水分析计算

Revit 自带的"卫生设备"系统分类中，如图 8-24 所示，管道在属性及明细表中仅可传递"卫浴装置当量"参数，无法根据软件所提供数据进行两种常用排水管道设计秒流量公式的计算，且不具有根据计算结果调整管径的功能。

若需完成排水计算，可通过类似 8.4.1 中的明细表加计算值的方式对卫生器具进行统

图 8-24　Revit 自带卫生设备系统流量计算方式

计并计算特定管道的设计秒流量，但需要对模型、数据进行大量人工处理，故此方法不推荐使用。

针对排水计算，推荐使用 HYBIMSPACE 及其他设计辅助插件中的排水计算功能，如图 8-25 所示，可较为简单地完成排水系统计算，并可实现根据计算结果调整模型中管道尺寸的功能。

图 8-25　HYBIMSAPCE 中排水计算功能

8.4.3　热水供应系统分析计算

在给水排水设计过程当中，热水系统的用水量定额计算可采用类似 8.4.1 中最大日用水量计算的方法一，即使用明细表进行与建筑面积的关联计算，如图 8-26 所示。

使用此方法，可计算各类相关数据如设计小时耗热量等，可由设计人员在设计过程中根据项目的数据需求深化应用。

其他基于明细表的给水排水计算功能，如基于建筑体积的室外消火栓用水量确定等运用方式，后续不进行一一列举。

8.4.4　雨水系统分析计算

在传统设计当中，异形幕墙的雨水设计流量往往难以确定，基于平面图的雨水系统设

A	B	C	D	E	F	G	H	I	J	K	L	M
名称	面积	单人平均面积	用餐次数	生活用热水量定额	使用时间	热水用量定额	c	热水温度	冷水温度	水密度 (kg/L)	日耗热量	温差
中餐	42048 m²	1.3	2.5	15	10	1212923	4.187	60	16	0.985		44
快餐	8446 m²	0.9	4	10	10	375379	4.187	60	16	0.985		44

图 8-26　基于明细表计算餐饮热水用量及耗热量

计也容易出现存水点。

基于数字化的 BIM 模型，借助各类分析工具，可进行雨水模拟机幕墙坡向分析确定雨水流向并设置集水沟、雨水斗，并通过投影面积的几何参数得到汇水面积以确定雨水设计流量。图 8-27 所示为运用 Rhino 程序进行雨水流向模拟及屋面坡向分析。

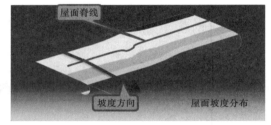

图 8-27　运用 Rhino 进行雨水分析

8.4.5　水力分析计算

1. 水头损失计算

运用 Revit 进行水力计算时，应注意 8.4.1 中提到的问题，Revit 对于管道流量采用了全累加的计算方式，而在实际管道水力计算时，需要采用系统设计流量计算，为满足水力计算准确性的要求，在计算某一管段或特定区域局部损失时，可采用特殊族使管道流量参数符合设计流量，方法如图 8-28 所示。保证了设备参数准确性的同时确保了计算的准确性。

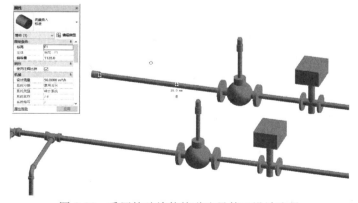

图 8-28　采用特殊族使管道流量等于设计流量

在模型完成搭建后，通过分析-检查管道系统功能查看管道系统连接是否完整、正确。若连接不完整或有误，模型中将出现黄色叹号标志，如图 8-29 所示。

当管道正确连接后，在 Revit 中选择"分析"→"报告和明显表"→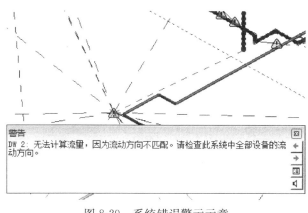（管道压力损失报告），选择测试管道类型，并设置报告内容，可以形成管道压力测试报告，如图 8-30 所示。

图 8-29　系统错误警示示意

Pipe Pressure Loss Report

项目名称	项目名称
项目发布日期	出图日期
项目状态	项目状态
客户姓名	所有者
项目地址	请在此处输入地址
项目编号	项目编号
组织名称	
组织描述	
建筑名称	
作者	
Run Time	2014/6/8 19:15:37

家用冷水 1

System Information

系统分类	家用冷水
系统类型	家用冷水
系统名称	家用冷水 1
缩写	
流体类型	水
流体温度	15.56 ℃
液体粘度	0.00112 Pa·s
液体密度	998.911376 kg/m³

Total Pressure Loss Calculations by Sections

Section	Element	流量	尺寸	速度	风压	长度	K 系数	摩擦	Total Pressure Loss	Section Pressure Loss
1	Pipe	1.1 L/s	25 mm	2.0 m/s	-	49	-	1245.34 Pa/m	60.9 Pa	
	Fittings	1.1 L/s	-	2.0 m/s	2070.8 Pa	-	0	-	0.0 Pa	100060.9 Pa
	Plumbing Fixture	1.1 L/s	-	-	-	-	-	-	100000.0 Pa	
2	Fittings	1.1 L/s	-	0.9 m/s	396.8 Pa	-	0	-	0.0 Pa	0.0 Pa
3	Pipe	2.3 L/s	40 mm	1.8 m/s	-	240	-	619.58 Pa/m	148.8 Pa	
	Fittings	2.3 L/s	-	1.8 m/s	1705.2 Pa	-	0	-	0.0 Pa	148.8 Pa
4	Pipe	3.0 L/s	40 mm	2.4 m/s	-	161	-	1089.29 Pa/m	175.9 Pa	
	Fittings	3.0 L/s	-	2.4 m/s	2994.4 Pa	-	0.621024	-	1859.6 Pa	2035.5 Pa

图 8-30　Revit 管道压力测试报告示意

2. 其他水力计算

通过 HYBIMSPACE 中的喷淋计算、消火栓计算等功能，可完成喷淋、消火栓系统的专项水力计算，通过设计插件的本地化功能，有效弥补了 Revit 软件在对应计算功能方面的欠缺，且可以实现赋回图面、导出 excel 计算表格等功能。但应注意，此类计算功能需使用 BIMSPACE 中工具进行喷淋、消火栓系统建模方可正常使用，对建模方法有一定要求。图 8-31 所示为喷淋系统水力计算功能。

8.4.6　材料统计

设备材料统计，可使用 Revit 自带的明细表功能进行统计，一般需要统计机械设备明细表、管道明细表、管路附件明细表，应注意其中机械设备明细表应根据设备类型、系统建立过滤器进行分类统计，从而确保不同设备性能参数正确显示。如图 8-32、图 8-33 所示明细表均为机械设备明细表，但由于不同设备所需显示参数类型不同，故采用了分别的明细表进行统计。

管道号	起点压力(mH20	管长(m)	公称直径(mm)	当量	流速(m/s)	流量(L/s)	损失(mH20	终点压力(mH20
F-1	15.72	2.923	25	1.70	3.04	1.62	5.55	21.27
F-2	21.27	2.936	40	2.40	2.75	3.44	2.93	24.20
F-3	24.20	3.191	40	2.40	4.30	5.37	7.51	31.71
F-4	31.71	2.558	75	4.70	4.44	18.25	5.47	37.17
F-5	37.17	5.403	90	0.00	4.15	26.02	2.94	40.11
F-6	13.02	2.936	32	1.80	3.70	2.69	5.69	18.72
F-7	18.72					4.39	5.28	24.00
F-8	24.00					8.79	7.71	31.71
F-9	9.63					1.26	3.40	13.02
F-10	13.02					2.69	5.69	18.72
F-11	18.72					4.39	5.28	24.00
F-12	24.38					1.95	2.99	27.36
F-13	27.36					4.09	4.34	31.71
F-14	18.44					1.75	6.51	24.95
F-15	24.95					3.72	3.43	28.38
F-16	28.38					5.82	8.79	37.17
F-17	24.48					1.95	12.69	37.17

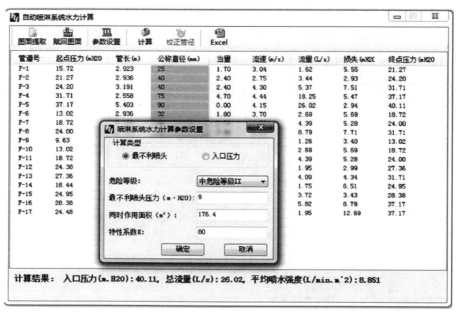

图 8-31　HYBIMSPACE 喷淋水力计算功能示意

<水泵明细表>

A	B	C	D	E	F	G	H
设备类型	系统分类	效率	流量	扬程	水泵型号	电机功率	族
CRI立式多级离心泵：标准	循环供水, 电力	46.50%	5.8 m³/h	7900	CRI 5-2 A-CA-	370 W	CRI立式多级离心泵
CRI立式多级离心泵：标准	循环供水, 电力	46.50%	5.8 m³/h	7900	CRI 5-2 A-CA-	370 W	CRI立式多级离心泵
CRI立式多级离心泵：标准：2							
IS单级单吸卧式离心泵：标准	循环供水, 电力	54.00%	50.0 m³/h	125000	IS80-50-315	37000 W	IS单级单吸卧式离心泵
IS单级单吸卧式离心泵：标准	循环供水, 电力	54.00%	50.0 m³/h	125000	IS80-50-315	37000 W	IS单级单吸卧式离心泵
IS单级单吸卧式离心泵：标准	循环供水, 电力	54.00%	50.0 m³/h	125000	IS80-50-315	37000 W	IS单级单吸卧式离心泵
IS单级单吸卧式离心泵：标准：3							
S型单级双吸卧式离心泵：标准	电力, 未定义	73.00%	160.0 m³/h	100000	150S-100	75000 W	S型单级双吸卧式离心泵
S型单级双吸卧式离心泵：标准	电力, 未定义	73.00%	160.0 m³/h	100000	150S-100	75000 W	S型单级双吸卧式离心泵
S型单级双吸卧式离心泵：标准	电力, 未定义	73.00%	160.0 m³/h	100000	150S-100	75000 W	S型单级双吸卧式离心泵
S型单级双吸卧式离心泵：标准：3							

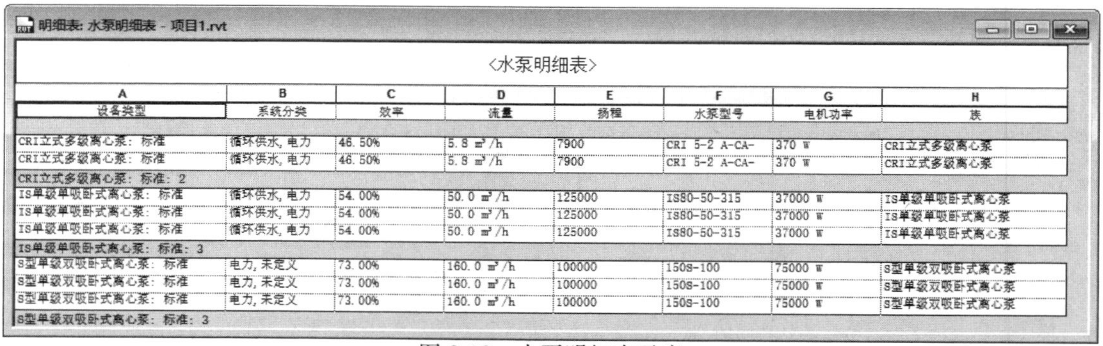

图 8-32　水泵明细表示意

不同的设备类型明细表的区分可采用明细表过滤器过滤条件，如图 8-34 所示，可使用特定参数是否存在作为条件进行不同设备的过滤，亦可通过字段条件等方式进行过滤。

<膨胀水箱细表>

A	B	C	D	E
族与类型	类型	长	宽	高
膨胀水箱 - 方	1.0 立方米	1.0 m	1.0 m	1.0 m
膨胀水箱 - 方	3.0 立方米	1.5 m	2.0 m	1.0 m

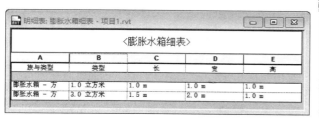

图 8-33　水箱明细表示意

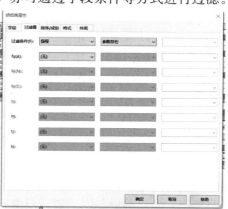

图 8-34　通过扬程参数是否存在筛选水泵设备

管道、管路附件的材料统计，可根据项目需求及出图标准调整明细表字段及格式。

8.5 成果表达

现阶段 BIM 给水排水设计，在与其他设计专业间的成果传递形式多基于 BIM 模型文件进行的，而面对建筑项目的其他参与方如审图、施工方，多是以传统格式电子文件（PDF、DWG 等）或图纸的方式进行成果移交，同时 BIM 模型作为附加内容一并提供。故给水排水设计的 BIM 模型及对应的传统设计成果应满足设计标准及工程应用需求。

8.5.1 BIM 模型

在设计的不同阶段，BIM 模型均应符合项目对应阶段的 BIM 模型数据格式标准及模型细度要求，深度要求详见本指南相应章节。在成果表达阶段 BIM 模型应注意的问题包括：

（1）给水排水专业 BIM 模型的命名、文件储存路径应符合项目统一标准的要求。

（2）模型文件中应包含项目给水排水设计所需的详图、设计说明等文件，在项目设计、校审工作完成后，此类外部文件建议采用载入而非链接形式。

（3）模型文件中应包含符合项目传统表达技术方案的平面视图、平面图纸、三维视图。

（4）模型文件中元素应包含材质信息，提高三维视图下模型的可视性及真实性。

（5）模型文件中元素应进行锁定，以避免在模型查阅过程中的误操作。

（6）模型文件中应去除设计过程中载入而不需要在成果中表达的参照图纸、模型元素。

（7）给水排水专业独立模型（非工作集模型）中，应去除中心文件，不应包含工作集。

（8）模型文件中应包含必要的导出、打印设置。如图 8-35 所示。

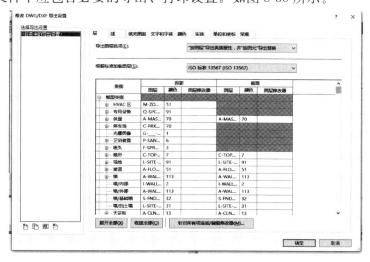

图 8-35 模型中的 DWG 文件导出设置

8.5.2 传统设计成果

与建筑等专业不同，给水排水专业在图纸中的表达有更大程度的示意性，同时所需要包含的系统图、原理图等图纸无法通过模型进行表示。根据 8.1 中软件应用方案章节中的不同技术路线，需不同程度上对 BIM 模型进行处理。以下以 Revit 为例列举 BIM 给水排水设计当中传统设计成果表达需要注意的问题。

设计单位开展 BIM 设计工作前，应建立本单位各尺寸图框族，图框族中应包含如图 8-36 所示的各类项目信息。

图 8-36　通过类型参数控制图框中信息示意

1. 图纸目录

可使用 Revit 中"视图"→"明细表"→"图纸列表"功能生成图纸目录，并将"图纸列表"置入"图纸"中。

2. 设计说明

设计说明建议在 Revit 的"图纸"中使用"注释"→"文字"功能进行编制，同时若需图例表、详图等，可将对应的图例表、详图加入"图纸"中，如图 8-37 所示。

亦可将标准设计说明制作为图例族，使标准设计说明可以用于不同项目，在载入项目后进一步修改、补充设计说明中内容。

3. 系统图、轴测图

除在 Revit、AutoCAD 中手动绘制系统图、轴测图的方式外，可使用 HYBIMSPACE 中的"系统轴测图""西南轴测图"功能生成系统图及轴测图，如图 8-38 所示。

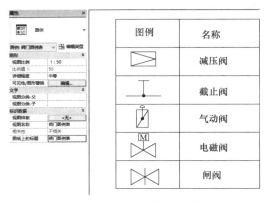

图 8-37　阀门图例表示意

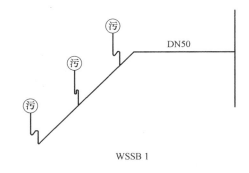

图 8-38　根据模型生成轴测图示意

通过对应功能生成的系统图中图例可进行替换及 xyz 轴缩放，所生成系统图由 Revit 注释线条及文字组成，可进一步调整及修改。

4．平面图

对于平面图的图纸表达，应注意问题如下：

（1）设备、附件应在"中等"及"粗略"详细程度下显示图例，在"精细"程度下显示实体模型，给水排水专业出图除机房详图外，应使用单线＋图例的形式出图。

（2）平面图视图应选择适当的图纸比例，且平面中图例应随图纸比例变化。

（3）平面图中立管应使用注释或其他参数定义立管编号、并使用特定的立管注释族对立管进行标注。

（4）平面图中应通过视图样板对给水排水管道线形、建筑底图样式进行调整，使平面图满足图纸显示、导出及打印的要求。

5．设备材料表

将根据 8.4.6 中方式生成的明细表置入"图纸"中，并调整字体样式、尺寸及表格样式即可。

6．分析计算结果

Revit 中管道压力损失报告、插件完成的专项计算书，均可通过文档的形式（HTML、XLS 等）导出，可作为设计文件附于设计成果当中，亦可通过转化为图像的形式导入 Revit 文件中进行整合。

在完成以上各项内容的设计后，整理收集设计文件，以项目所需的形式（图纸、PDF、RVT）提交给水排水专业设计成果。

第 9 章
暖通空调设计 BIM 应用

9.1 BIM 应用流程与软件应用方案

9.1.1 一般流程

    基于 BIM 的暖通空调设计相较于传统设计流程，从上游专业获取信息及处理所需信息更加便捷。在具体工作的开展过程中，由于建筑专业信息模型的传递，暖通负荷计算可随建筑专业修改多次进行；专业间提资通过模型协同的方式，也避免了孤立工作造成的错碰问题；对于下游配套设计如电气配电等通过数据关联，也减少了设计修改后各方的修改工作量。

    借助软件的发展、人员能力的提升以及设计资源的积累，BIM 设计可以实现相较于传统设计更高的总体设计效率和质量，某些建模、修改工作可通过软件程序自动完成，但相较于以二维图纸为基础的传统设计形式，BIM 设计增加了调整模型二维表达的工作步骤。

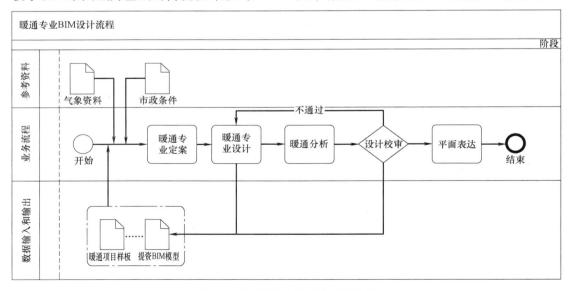

图 9-1　基于 BIM 的暖通设计流程

同时，由于模型数据的关联性，自校设计成果及校审人员审查设计成果时，可减少针对数据一致性及可靠性的检查工作，更加注重于设计合理性、经济性及优化建议的提出。

在图 9-1 流程图中可见，分析计算、提资与反提资围绕贯穿项目始终的统一模型进行，而非阶段性进行，数据完整的其他专业模型亦可直接用于分析计算，不需要由暖通专业单独建立分析计算模型。

9.1.2　方案设计流程

如图 9-2 所示，相比传统设计流程，基于 BIM 的方案阶段建筑模型具有更多可以被机电专业利用的信息，同时借助 BIM 工具的数据模拟分析功能，可以有效提高方案阶段暖通空调专业设计成果的合理性与可靠性。与传统设计的区别主要在于：

（1）在方案阶段即可根据建筑体量模型进行能耗模拟、冷热负荷估算等分析运算，同时可以进行多种方案的能耗、经济性比选。

（2）增加了项目样板制定的工作步骤，在方案阶段，暖通专业需根据定案结果及项目特性编制适用于项目后续应用的 BIM 项目样板，提高后期初步设计及施工图阶段的设计效率及成果质量。

（3）基于 BIM 模型的方案阶段暖通空调定案，能够更加直观地理解项目建筑条件及环境条件，有助于项目暖通空调方案的分析及合理化。

（4）方案阶段对建筑专业及其他专业的提资可直接基于协同模型，避免后续设计过程出现由于各专业设计流程之间的孤立导致设计错漏问题。

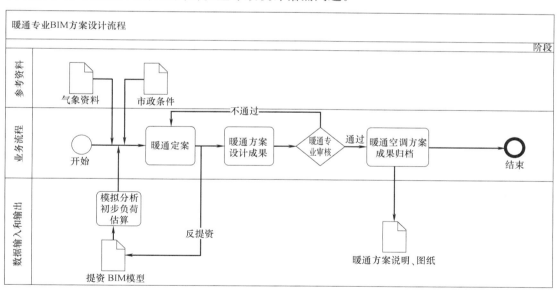

图 9-2　暖通空调方案设计流程

9.1.3　初步设计流程

BIM 暖通设计当中，如图 9-3 所示，初设阶段所需的计算分析内容与传统设计基本相符，但 BIM 设计的特性使得各项计算及设计制图工作更为简便。由于模型搭建的基本信息深度要求，亦会导致初步设计工作量的增加及成果深度的加深。与传统设计流程初步设计阶段相比，发生变化包括：

（1）负荷计算更为简便，但对建筑模型的标准及完整性要求高，建筑专业提资模型应确保包含空间信息并与模型相关联。

（2）将计算模型反馈至空间参数中，可通过插件程序实现自动获取负荷参数进行设备型号调整、末端风量调整等功能。

（3）由于 BIM 设计软件的特性，使得设计人员在初步设计阶段必须考虑部分传统设计对应阶段不考虑的参数，使得初步设计阶段成果相较于传统初步设计图纸深度更深，初步设计工作量亦会有所增加。

（4）增加了根据模型整理平面图纸的工作步骤，其中除根据模型生成平面图、系统图以外，还包括根据模型导出设备材料表、计算报告等工作。

（5）在校审方面，相较于传统设计手段，BIM 设计成果计算书与模型相互关联，更便于校核设计成果是否与设计计算参数相符。校审人员可将精力更多放在系统形式是否合理等方面。可根据项目情况制定软件校验工序，如系统连接完整性检测等检验步骤，以避免特定类型的设计错误，如项目校审人员充分掌握 BIM 软件的使用及模型审阅功能，则推荐使用软件校验功能；若项目校审人员对 BIM 软件掌握程度较差，则仍需采用传统设计内容分析方式进行校审，会在一定程度上降低项目整体工作效率，故项目校审及专业负责人的 BIM 软件基础使用水平培训十分重要。

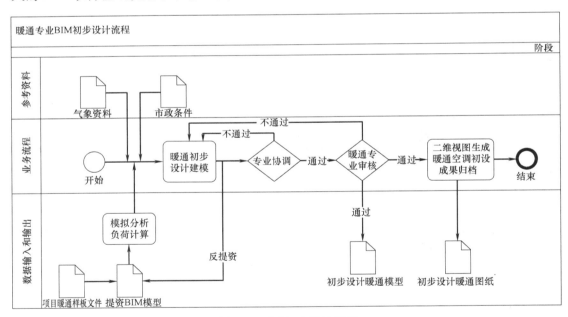

图 9-3　暖通初步设计流程

9.1.4　施工图设计流程

如图 9-4 所示，施工图设计中，BIM 设计数据更完整，各专业的协同要求更高，相对于现有设计周期，需要更好地完成专业综合等工作，原先不会在施工图阶段反映的各类问题会提早反映，如空间碰撞等，而解决这些问题就成了设计过程中的必要工作。

而 BIM 的数据化特性也带来了便利，在复核计算、材料表统计、水力计算、剖面图绘制等工作上，缩短设计周期，且准确性大幅提升。

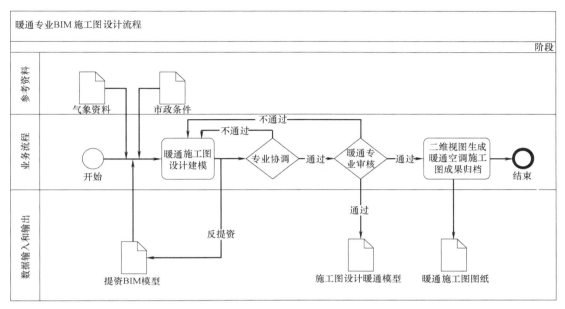

图 9-4　暖通施工图设计流程

9.1.5　软件应用方案

暖通专业所可能涉及的能耗分析、模拟计算软件较多，常见的 BIM 分析模拟软件如表 9-1 所示。

暖通常见 BIM 分析模拟软件　　　　　　　　　　　　　　　　　表 9-1

软件工具			设计阶段		
公司	软件	应用	方案设计	初步设计	施工图设计
Autodesk	Ecotect Analysis	性能	●	●	
	Revit	负荷计算	●	●	●
Bentley	AECOsim Energy simulator	能耗	●	●	●
	Hevacomp	水力 风力 光学	●	●	●
ANSYS	Fluent	风力	●	●	●
Mentor Graphics	FloVENT	风力	●	●	●
IES	ApacheLoads	冷热负载	●	●	●
	ApacheHVAC	暖通	●	●	●
	ApacheSim	能耗	●	●	●
	MacroFlo	通风	●	●	●
鸿业	HYMEP for Revit	机电		●	●
	鸿业负荷计算	负荷计算	●	●	●
天正	天正负荷计算	负荷计算	●	●	●

分析计算软件与 BIM 模型的数据对接方式详见模拟相关章节。

暖通专业 BIM 设计建模软件　　　　　　　　　　　　　　　表 9-2

软件工具			设计阶段		
公司	软件	应用	方案设计	初步设计	施工图设计
Autodesk	Revit	设计建模	●	●	●
Bentley	AECOsim Building Designer	设计建模	●	●	●
DAITEC	CADWe'll Tfas	设计建模	●	●	●
鸿业	HYMEP for Revit	设计建模		●	●
广联达	MagiCAD for Revit	设计建模		●	●

设计和建模软件的选用，在满足设计功能需求的前提下，应尽量与其他专业采用统一的软件平台，以保证数据传输的完整性与便利性，常用软件见表 9-2。

1. 基于 Revit 以 AutoCAD 进行辅助的软件应用方案

由于 Revit 软件轴测图、系统图绘制功能的缺失，为了完成全套暖通图纸的设计，在现有软件功能的条件下，需要在 Revit 中完成主要的设计图纸生成，并将图纸导出（.DWG）至 AutoCAD 补充、完善设计图纸。如图 9-5 所示。

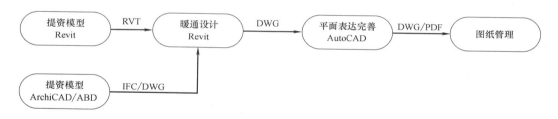

图 9-5　基于 Revit 以 AutoCAD 进行辅助的软件应用流程图

2. 基于 Revit 及其设计插件的软件应用方案

通过 BIMSPACE、MagiCAD 等软件的 Revit 插件中的功能，辅助暖通设计，并借助其中的平面表达功能完成 Revit 自带功能难以实现的轴测图、系统图绘制工作，并在 Revit 中完成所有的平面表达及图纸深化工作如设计说明、原理图的编制等。此方法可较大幅度提高设计效率，同时有效保证图纸与模型的一致性及设计文件的唯一性。如图 9-6 所示。

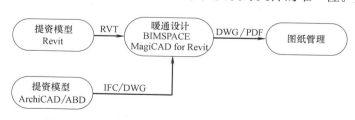

图 9-6　基于 Revit 及其设计插件的软件应用流程图

3. 基于 Bentley、DAITEC 及其他 BIM 设计软件的软件应用方案

现阶段各类国外 BIM 软件基本均存在与原生 Revit 相同的平面表达功能缺失，故在

BIM 软件中完成设计建模后，为满足平面表达及图纸完整性的需求，均需在 AutoCAD 中对图纸进行深化及补充，并完成最终出图工作。如图 9-7 所示。

图 9-7　基于各 BIM 设计软件的基本软件应用流程图

在以上提到的三种软件应用方案中，方案 1 可以在较低的软件采购成本和较短的软件学习时间内完成暖通专业 BIM 设计工作，但最终版图纸与模型相互分离导致数据关联性较低；方案 2 解决了方案 1 中数据关联性低的问题，但软件采购成本较高，方案 1 与方案 2 设计企业可根据自身预算进行选择；目前在民用建筑 BIM 设计领域，基于 Revit 平台的设计应用占据较大比例，而 Bentley、DAITEC 等其他 BIM 设计软件的应用较少，故方案 3 的应用由于软件普及程度、易用性等问题，建议在有项目特殊需求或企业软件环境存在限制的情况下选用。

9.2　模型细度

9.2.1　一般规定

目前暖通专业设计深度主要根据住房和城乡建设部颁布的《建筑工程设计文件编制深度规定》，该规定按照初步设计和施工图设计阶段描述了暖通专业的交付内容及深度。在二维设计模式下，设计信息将分别在系统图、平面图、立面图、剖面图等图纸中描述，而在 BIM 模式下，所有的交付信息都应被统一记录在 BIM 模型中，建模前应仔细了解并确定项目各阶段的 BIM 交付要求和交付计划，模型的建模细度应满足各个设计阶段的设计交付要求，可用于对应阶段的其他 BIM 应用，避免过度建模或建模不足。

设计 BIM 模型中除包含设计信息外，在各设计阶段，应尽量包含满足相关要求的平面表达，且平面表达信息应与模型元素信息相关联。

模型中相关的元素应包含物理及逻辑链接，模型应确保元素信息的准确性，在输出 BIM 模型前，应当在建模工具内或使用模型检查工具进行检查。

本指南给出的是暖通模型细度的一般原则。本指南将模型细度划分为七个模型细度等级，由于方案阶段暖通分析主要基于建筑模型开展，故与暖通设计阶段相关的模型细度等级为：初步设计模型细度、施工图设计模型细度。本部分分别给出暖通设计在这两个细度上的模型内容。

针对 BIM 设计的平面表达需求，除对设计模型内容、模型信息提出要求外，暖通专业设计信息模型中应包含：

（1）管路系统颜色方案、各平面视图样板、各剖面视图样板、各立面视图样板、各详图视图样板、明细表样板、所需过滤器。

（2）注释元素：图框、图签、剖面标头、详图标头、标高头、剖面标头、房间标记、空间标记、面积标记、管道标记、风管标记、风道末端标记、保温层标记、风管附件标记、管道保温层标记、管路配件标记、管件标记、设备标记、线性尺寸标记、角度标记、径向标记、直径标记、标高标记。

（3）视图样板：各平面视图样板、各剖面视图样板、三维视图样板、详图视图样板、明细表视图样板。

（4）导出、打印文件的规则、线型设置。

（5）各系统平面图纸：图纸应符合国家、地方及企业出图标准；平面图应表达清晰，包含必要的标注及图例信息。平面图纸应与 BIM 模型相互关联。

（6）明细表：应根据模型生成主要设备明细表。

（7）计算书：应有各系统热负荷、冷负荷、风量、空调冷热水、冷却水量及主要设备选择的计算书。

一些现阶段暂无法由模型提取或与模型关联的设计内容如空调控制逻辑图等图纸，应尽量导入统一的 BIM 模型文件中以便于管理，亦可通过明确的设计文档归档体系对对应设计内容进行归档管理以避免遗漏错误，设计过程中应仔细校核相应内容与设计模型的相符性。

9.2.2　初步设计模型细度

初步设计阶段，暖通专业 BIM 模型应包含暖通系统主要设计信息，信息模型主要注重各系统设备、末端之间的逻辑关系及主要设备布置、管线路由的位置信息，故在满足设计深度要求的同时，模型中设备、末端及管线在正确连接的前提下可采用软件中如管线占位符等简化功能进行建模，在合理控制初步设计工作量的前提下保证了施工图阶段深化和调整的便利性。具体模型内容见表 9-3。

暖通初步设计模型内容　　　　　　　　　　　　　　　　　表 9-3

专业	模型元素	模型元素信息
暖通	（1）采暖系统的散热器、采暖干管及主要系统附件。 （2）通风、空调及防排烟系统主要设备，主要管道、风道所在区域和楼层的布置以及系统主要附件。 （3）冷热源机房主要设备、主要管道。 （4）各种系统机房，包括制冷机房、锅炉房、空调机房及热交换站主要设备，主要风道及水管干管布置，以及系统主要附件。 （5）风道井、水管井及竖向风道、立管干管	几何信息： 模型元素的体量模型及布置。 非几何信息： （1）建筑空间参数：所有暖通设计范围内应具有空间参数，并经过相应计算将结果赋予空间。 （2）选定设备规格及性能参数

暖通施工图设计模型内容　　　　　　　　　　　　　　　　表 9-4

专业	模型元素	模型信息
暖通	（1）锅炉房设备、设备基础、主要连接管道和管道附件。 （2）各层散热器，采暖干管及立管，管道阀门、放气、泄水、固定支架、伸缩器、入口装置、减压装置、疏水器、管沟及检查孔。 （3）通风、空调、制冷设备（如冷水机组、新风机组、空调器、冷热水泵、冷却水泵、通风机、消声器、水箱等）。 （4）连接设备的风道、管道，管道附件（各种仪表、阀门、柔性短管、过滤器等）。 （5）通风、空调、防排烟风道，各种设备及风口，消声器、调节阀、防火阀等各种部件	几何信息： （1）简略模型及其安装位置和主要安装尺寸。 （2）部分元素需表示管道管径及标高。 （3）连接设备的风道、管道的需表达位置、尺寸及走向。 （4）主要风道需表达准确位置、标高及风口尺寸。 （5）风道、管道、风口、设备等与建筑梁、板、柱及地面的位置尺寸关系，墙体预埋件及预留洞的位置和尺寸。 （6）大型设备吊装孔及通道等的位置和尺寸。 非几何信息： （1）各种设备及风口安装的定位尺寸和编号。 （2）设备及管道安装工法。 （3）管道连接方式及材质。 （4）系统详细配置信息。 （5）推荐材质档次，可以选择材质的范围，参考价格等

9.2.3　施工图设计模型细度

施工图设计阶段所要求的模型细度应表现对应的建筑实体的详细几何特征及精确尺寸，表现必要的细部特征，模型应包含项目后续阶段（如工程算量等应用）需要使用的详细信息，包括构件的规格类型参数、主要技术指标、主要性能参数及技术要求等。细度详见表 9-4。

9.3　建模方法

9.3.1　一般建模方法

暖通专业建模主要包括：设备布置、末端布置、管线布置、管线附件布置。其中各项内容的选择与布置模式与传统设计选择与布置规则相同。借助设计程序及插件，可实现一定程度上的设备、末端、管线自动布置及自动确定尺寸，故在管线布置的建模工作部分可由软件辅助完成。

暖通建模的一般要求及建模准则如下：

（1）首先要考虑模型结构和组成的正确性及协调一致性。模型的协调一致性是使其可用于后续流程的关键，如果模型有重要的结构错误，就不能可靠地使用该模型所包含的信息；

（2）除特定分析应用外，不应分别建立模型，而应在前期模型的基础上深化原有模型；

（3）模型的建模细度应满足各阶段的设计交付要求，要避免过度建模或建模不足；

（4）使用正确的构件类型，以反映构件的实际功能。各构件应当按楼层分别单独创建，确保各构件数据信息的准确性和关联性；

（5）模型中的所有构件应合理分组，应当区分类型构件和事件（实例）构件，并区分使用信息和特定产品信息；

（6）模型不能包含不完整的结构或与其他构件没有关联关系的构件；模型应避免使用重复和重叠的构件，在输出 BIM 模型前，应当在建模工具内或使用模型检查工具进行检查；

（7）当通过移动构件或改变构件类型来修改或更新模型时，应保留构件的全局唯一标识符（Globally Unique Identifier，简称 GUID），这将会使记录模型版本以及跟踪模型变更较为容易。目前，某些 BIM 工具可能并不完全符合这一要求，因此，需采取相应措施以减轻这类问题对项目管理的影响；

（8）检查构件之间的正确关系，重要的关系包括区域（空间构件分组）和系统（主要技术性构件的分组）；

（9）检查构件名、构件信息和类型名是否符合命名规则。为了在后续流程中使用 BIM 模型，必须严格遵守既定的标准；

（10）在发布并与其他专业共享模型之前，要先在专业内部对模型进行检查。应利用大多数 BIM 软件工具所含有的质量检查功能，也可使用由第三方提供的模型浏览器或模型检查工具。

　　暖通专业建模方法以 Revit 程序及其配套插件为例，对建模流程及方法进行介绍，不对具体软件操作流程进行深入探讨。

9.3.2　气体管道建模方法

　　1. 系统、类型的建立

　　如图 9-8 所示，气体管道（风管为主）应在项目样板中通过"风管系统"中的系统类型对风管管道功能进行区分，并辅以明确的系统配色以便识别及出图。并应设置相应系统缩写、说明等信息以便标注出图。颜色分配及显示线形可根据设计单位二维出图标准确定。

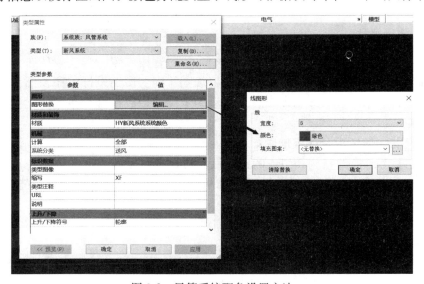

图 9-8　风管系统配色设置方法

　　而不同材质、连接方式管道的区分应采用管道类型进行区分（图 9-9），布管系统中应

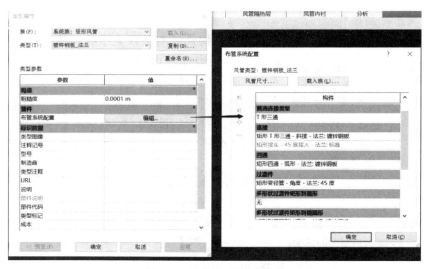

图 9-9　风管类型设置方法

选择对应材质、连接类型风管配件。以确保材料统计、深化设计时的准确性。切勿在过程中修改风管类型中布管系统配置，应在项目开展前准备好项目中可能用到的各风管类型系统族。

在风管设置中（图 9-10）应设置好各管道类型规格尺寸、沿程阻力计算方式，尽量避免非标准尺寸。

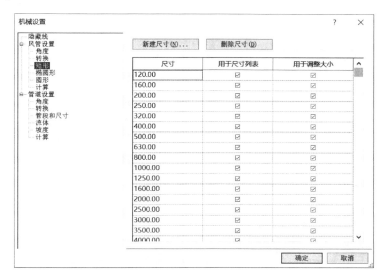

图 9-10 风管尺寸设置方法

2. 风系统末端布置

风管系统的建模，一般由末端布置开始，所布置末端应具有风量范围、局部阻力、长宽尺寸等参数，同时族名称、平面表达、三维造型应符合实际所需末端具体情况。

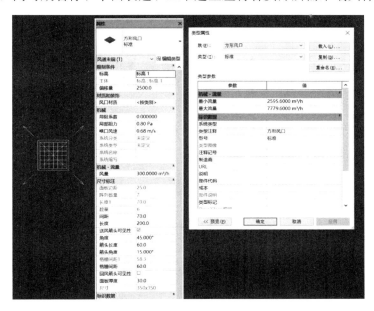

图 9-11 风系统末端关键参数

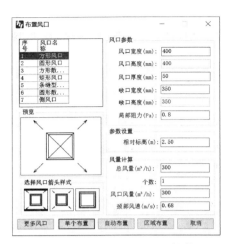

图 9-12　HYBIMSPACE 插件
的封口布置功能

其中风量参数应为实例参数。只有当正确设置相应参数后（图 9-11），后续的管道连接、风系统水力计算才能正常进行。

现有部分插件，如图 9-12 所示，可实现根据建筑所布置的"房间"自动布置所选风口。

如图 9-13 所示，通过 Dynamo 或其他插件亦可自动根据负荷计算参数调整"空间"内风口的风量等参数，可大幅提高初步设计阶段建模效率。

3. 管道绘制

经过系统、类型的设置，即可使用软件对应功能直接绘制风系统管道即可。

初步设计阶段，可使用风管占位符功能进行风管绘制，减少管路连接的工作量并提高工作速度，但应注意在绘制管道占位符时，亦应结合建筑及其他专业模型考虑尺寸及偏移量。亦可直接采用风管功能进行管道绘制，并通过将视图控制至粗略模式使平面图显示为单线。

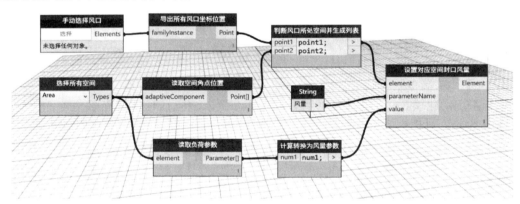

图 9-13　Dynamo 中的风口风量参数自动调节逻辑简图

在布置过风道末端并通过风管、风管占位符进行连接后，可通过调整风管大小功能（图 9-14）、所需规则计算风管尺寸。

现有插件程序亦具有批量末端自动连管、风管与末端分系统连接等辅助建模功能，适当使用可有效提高建模效率。

若初步设计阶段使用风管占位符进行风管系统建模，则可在施工图阶段使用"转换占位符"功能，生成实体风管并进一步进行深化设计。

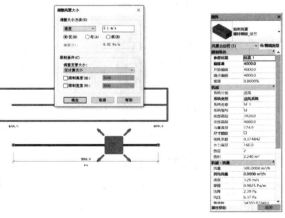

图 9-14　调整风管大小功能

4. 风管水力计算

Revit 中的风管水力计算，当包含流量信息时，风管管段沿程阻力、管件局部阻力（需正确设置图 9-15 中参数）可直接在属性中查看，通过"分析-风管压力损失报告"功能生成各管道系统压力损失报告，当然亦可通过插件更简便实现并导出更符合常规设计习惯的水力计算书（图 9-16）。

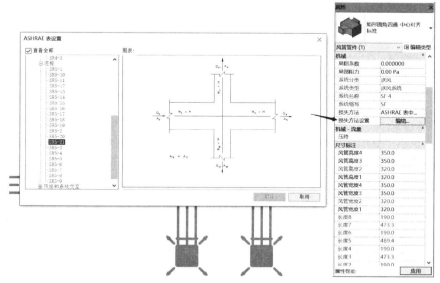

图 9-15　管件应正确设置损失方式方能正确计算局部压降

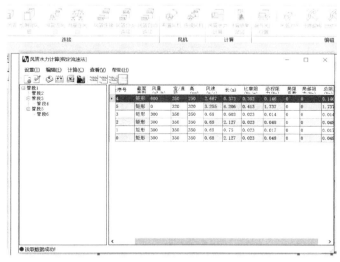

图 9-16　HYBIMSPACE 中的水力计算功能

5. 风管附件

风管附件（阀门等），在暖通专业 BIM 设计过程中应注意其尺寸建议为实例参数，避免由于管道尺寸的多样化出现过多组类型的情况，另应注意，具有强电或弱电控制功能需要电气配合的末端、附件均应具有电气连接件并配置相应连接件系统。

风管附件组件应具有平面图例，且平面图例应保证在平面图、剖面图中正确显示。

6. 保温层

由于项目在添加保温层后，会对管道的选择、修改带来不便，且经过更改新生成的管件不会自动被保温层覆盖，故一般建议在项目施工图模型建立、调整完成后，统一添加保温层模型。保温层材质及厚度应根据规范及项目需求在模型中进行设置。

7. 井道

实际工程中，部分风系统可采用直接接入土建风井而不设置风井内衬的方式，但在 BIM 模型中，即使设计考虑采用此方式，也建议在模型中建立特殊风管类型的竖井风管模型，以保持风管系统的完整性和计算功能。而若以考虑井道内衬风管，则建立对应材质竖向风管即可。

9.3.3 液体管道建模方法

1. 管道系统、类型的建立

管道应在项目样板中通过"管道系统"中的系统类型对水管管道功能进行区分，并辅以明确的系统配色以便识别及出图（图 9-17），并应设置相应系统缩写、说明等信息以便标注出图。颜色分配及显示线形可根据设计单位二维出图标准确定。

另应注意，管道系统中流体类型、流体温度均应正确设置，例如不同项目采用不同温差系统时，供回水温度应对应修改。且不同系统类型的系统分类应保证正确，闭式循环系统应采用循环供水/循环回水分类，以保证其他功能正常使用。

图 9-17　管道系统设置方法

如图 9-18 所示，不同材质、连接方式管道的区分应采用管道类型进行区分，布管系统中应选择对应材质、连接类型管道配件。以确保材料统计、深化设计时的准确性。切勿在过程中修改风管类型中布管系统配置，应在项目开展前准备好项目中可能用到的各管道类型系统族。

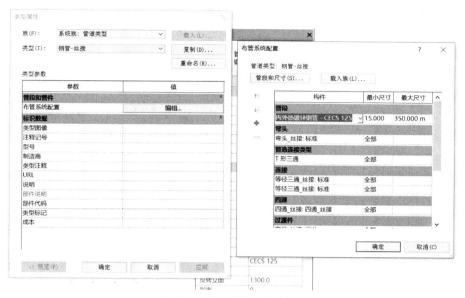

图 9-18 管道类型设置方法

与风管不同,管道的管段材质及尺寸需要在图 9-19 机械设置中明确指定,不应采用非标规格或对应材质不包含的管道尺寸。

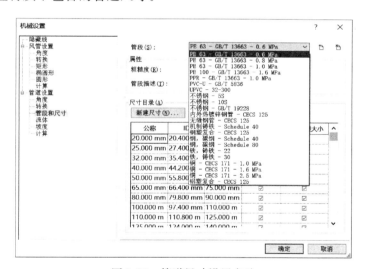

图 9-19 管道尺寸设置方法

2. 管道绘制

经过系统、类型的设置,即可使用软件对应功能直接绘制管道。

初步设计阶段,可使用管道占位符功能进行管道绘制,减少管路连接的工作量并提高工作速度,但应注意在绘制管道占位符时,亦应结合建筑及其他专业模型考虑尺寸及偏移量。亦可直接采用管道功能进行建模,并通过将视图控制至粗略模式使平面图显示为单线。由于管道的绘制较为简单,建议在初步设计阶段直接运用管道功能进行建模。

在正确连接设备后,可通过"调整管道大小"功能及所需规则计算管道尺寸。

在管道系统的设计应用当中，常遇到问题在于实际尺寸与平面表达之间的冲突，如实际安装中垂直布置的管线在平面图中不便于表达的情况，在出现此类情况时，并不建议修改模型以利于平面表达，应增加剖面详图或进一步进行图纸拆分，以保证图纸的准确性和完整性。

3. 水力计算

Revit 中的管道水力计算，当包含流量信息时，管段沿程阻力、管件局部阻力可直接在属性中查看，通过"分析-管道压力损失报告"功能生成各管道系统压力损失报告，当然亦可通过插件更简便实现并导出更符合常规设计习惯的水力计算书。

4. 管路附件

管道系统中可将附件应保证：

（1）具有能够在剖面、平面中正确显示的平面图例；

（2）阀门应区分连接类型且几何造型符合对应实际产品；

（3）应包含损失参数；

（4）根据不同类型，应区分零件类型为"阀门-插入""标准""附着"，例如管道开孔后安装类仪表应为"附着"；

（5）族参数名称应统一，例如不同阀门族中控制总长度的参数均命名为"阀体长度"。

5. 保温层

由于项目在添加保温层后，会对管道的选择、修改带来不便，且经过更改新生成的管件不会自动被保温层覆盖，故一般建议在项目施工图模型建立、调整完成后，统一添加保温层模型。保温层材质及厚度应根据规范及项目需求在模型中进行设置。

9.3.4 设备建模方法

1. 设备布置

暖通系统大部分设备布置均建议采用基于标高，而非基于面的布置形式，以确保不同项目协同形式下构件的通用性。

设计过程中设备布置应考虑安装、检修空间，故建议在模型中增加检修空间体块，并通过实例参数控制其显隐性，以便进行空间校验。

部分设备如风机盘管、空气处理机组等设备，在管道连接段均需安装软管、过滤器、阀门等一系列管路附件，应将对应设备及附件、软管组成模型组并作为模型组载入项目，并在完成设备布置后接组便于后续深化编辑。

2. 设备模型要求

对于服务于 BIM 设计的暖通专业设备模型，应具备以下特性：

（1）设备族名称应反映设备名称及主要特性，而设备具体型号应在族类型名称中表示，便于查看理解及设备材料统计；

（2）管道、电气连接件均应关联实际设备参数（如图 9-20 中连接件）；

（3）连接件应配置正确的流量、流向、损失方式及系统分类；

（4）不同设备间相同意义参数，应采用相同参数名称，以便设备材料表统计。

9.3.5 专用系统建模方法

由于 Revit 原生程序对于专用系统如地源热泵埋管、地辐射采暖盘管、多联机冷媒管道等专用系统的设计支持较差，可采用 BIM 设计插件解决对应的建模问题或采用可完成对应系统建模、出图的其他相似功能完成建模。

1. 地辐射采暖

如图 9-21 所示，地辐射采暖系统可采用 BIMSPACE 中地盘管部分功能进行绘制。而使用此功能构建模型的原理为根据平面布置原则生成模型线，虽然可以关联空间进行自动布置、热负荷匹配等功能，但并未生成实体管线模型。

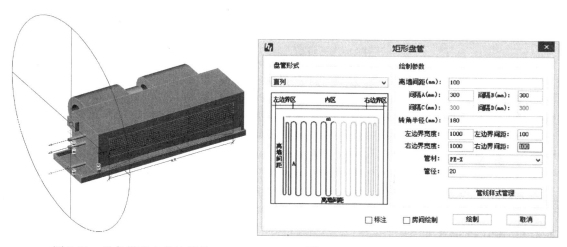

图 9-20 设备模型中的连接件   图 9-21 HYBIMSPACE 盘管布置功能

2. 多联机空调系统

多联机空调系统可分别布置多联机室内机、分歧管及室外机，并采用"软管"功能连接设备，软管应选择独立管道系统并在注释中标明各段气液管规格。从而实现系统设计、空间校验、材料统计的功能。

9.4 分析应用

9.4.1 负荷计算

基于 Revit 程序的暖通冷热符合计算流程包括：

（1）设定项目基本位置、环境信息；

（2）调整建筑/空间类型设置；

（3）对空间进行能耗分区；

（4）使用分析-热负荷和冷负荷计算功能得出。

其中，若建筑专业模型未对建筑材料热力学性能进行界定，则可在图 9-22 选项中替换相应分析属性。

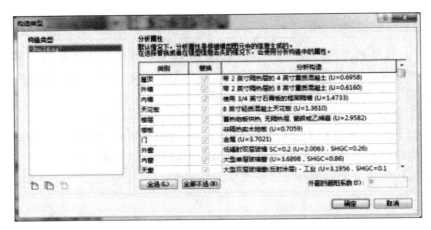

图 9-22　负荷计算构造类型设定

同时，由于气象参数、计算方法并非严格遵守现行规范标准，除运用 Revit 自带计算功能进行冷热符合计算外，可将模型运用 gbxml 格式导出，并导入其他软件中进行负荷计算，部分 Revit 插件亦可通过外部的复合计算组件利用现有 Revit 模型进行负荷计算。

9.4.2　水力计算

水力计算相关内容，详见 8.4.5，风管系统水力计算可采用与水管系统相似的工作步骤，在此不进行重复。

9.4.3　设计校验分析

1. 系统完整性校验

在暖通设计完成后，可通过 Revit 中"分析"→"检查风管系统"功能显示管道系统相关警告（图 9-23），查看模型中风管系统是否完整。

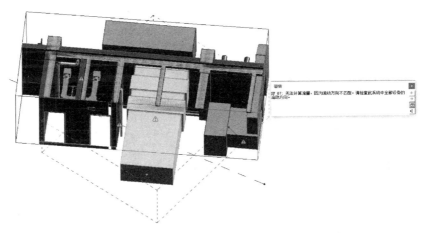

图 9-23　风管系统检查功能

通过此项功能，可检验模型元素是否正确布置、连接，设计人员可根据警告对模型进行调整完善。

但应注意，此项功能需要设备、末端均正确设置连接件属性及流体流向，否则可能在几何连接正确的情况下发生系统报错，且此功能在出现开放端（如连接至风井）等情况下会出现无法去除的警告报警，若确定设计内容正确则可忽略对应警告。

2. 碰撞检测

在暖通设计模型搭建的过程中或阶段完成后，设计人员可载入其他专业模型，并进行碰撞检测，如图 9-24 所示，选择模型中需要检查物理碰撞的图元并进行碰撞检测。

图 9-24　选择碰撞检测所需图元

经过碰撞检测，系统将提供所有物理碰撞的图元，如图 9-25 所示可通过"显示"指

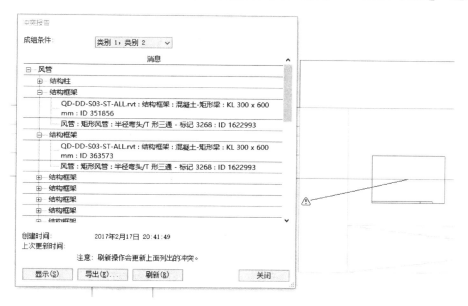

图 9-25　碰撞检测结果显示

令查看碰撞点位，设计人员应进行调整或协调其他专业调整对应设计内容以解决碰撞问题。

在进行碰撞检测时应注意，选择需要进行检测的图元如风管与结构框架，避免在设计前期进行非必要碰撞检测，容易导致碰撞检测时间过长，且在设计早期过多考虑细节管道避让问题会导致设计效率的下降，在设计过程中应注意。

9.4.4 材料统计

一般 BIM 软件均自带统计功能，且所统计材料表与模型元素对应，可提高明细表准确度。而材料统计功能在 BIM 的设计流程中，不仅可完成设备材料统计，同时可通过统计功能辅助设计过程。

以 Revit 中明细表功能为例，设计人员可使用项目样板中已存在明细表样板创建设备明细表、管道明细表等材料统计视图（图 9-26），并在明细表中显示所需设计参数。随设计过程推进，通过调整明细表过滤选项、排序选项，可有效对模型图元进行分类；此时若需要调整某项特定设计参数，设计人员可直接在明细表中对相应参数进行修改，避免了查找模型并进行修改的繁琐步骤。

明细表: 水泵明细表 - 项目1.rvt							
			〈水泵明细表〉				
A	B	C	D	E	F	G	H
设备类型	系统分类	效率	流量	扬程	水泵型号	电机功率	族
CRI立式多级离心泵: 标准	循环供水, 电力	46.50%	5.8 m³/h	7900	CRI 5-2 A-CA-	370 W	CRI立式多级离心泵
CRI立式多级离心泵: 标准	循环供水, 电力	46.50%	5.8 m³/h	7900	CRI 5-2 A-CA-	370 W	CRI立式多级离心泵
CRI立式多级离心泵: 标准: 2							
IS单级单吸卧式离心泵: 标准	循环供水, 电力	54.00%	50.0 m³/h	125000	IS80-50-315	37000 W	IS单级单吸卧式离心泵
IS单级单吸卧式离心泵: 标准	循环供水, 电力	54.00%	50.0 m³/h	125000	IS80-50-315	37000 W	IS单级单吸卧式离心泵
IS单级单吸卧式离心泵: 标准	循环供水, 电力	54.00%	50.0 m³/h	125000	IS80-50-315	37000 W	IS单级单吸卧式离心泵
IS单级单吸卧式离心泵: 标准: 3							
S型单级双吸卧式离心泵: 标准	电力, 未定义	73.00%	160.0 m³/h	100000	150S-100	75000 W	S型单级双吸卧式离心泵
S型单级双吸卧式离心泵: 标准	电力, 未定义	73.00%	160.0 m³/h	100000	150S-100	75000 W	S型单级双吸卧式离心泵
S型单级双吸卧式离心泵: 标准	电力, 未定义	73.00%	160.0 m³/h	100000	150S-100	75000 W	S型单级双吸卧式离心泵
S型单级双吸卧式离心泵: 标准: 3							

图 9-26 设备明细表示意

在创建明细表的时候，可如图 9-27 所示勾选"包含链接中的图元"选项使得明细表包含外部链接模型中设备材料。通过这种形式，在大型项目中，可以创建针对整个项目的单独明细表统计文件，并通过链接不同区域的 BIM 设计文件实现整个项目的设备材料表统一编制，可有效提高大型效率的材料统计效率，但这种方法无法实现上文提到的通过修

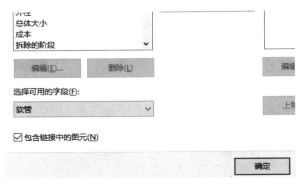

图 9-27 通过明细表统计链接文件中的图元

改表格数据影响模型元素的功能，设计人员在实际工作中应注意选用适当的方式。

9.5　成果表达

暖通 BIM 设计成果表达目的是在保证建筑信息化模型的信息化特性的同时，使信息化设计成果能够满足项目周期中各方单位的需求。

在设计阶段，暖通 BIM 成果需表达的内容为设计图纸和计算书，供各方单位读取设计成果。故对于参与人员，所需设计成果与传统设计相同，故暖通 BIM 设计在图纸及计算书内容上所需表达内容与传统设计相同。

同时 BIM 设计的特性，仅生成图纸计算书则丧失了大量的信息化特性，故图纸计算书应为由数据模型生成，真实反映数据模型内容。

考虑现阶段 BIM 应用状况及各方单位情况，各阶段成果表达可采用以下两种形式：

（1）BIM 数据模型电子文件（包含平面图纸）、纸质版签章图纸；

（2）BIM 数据模型电子文件（包含平面图纸）、模型导出 dwg 文件、计算书电子文件、纸质版签章图纸。

与 BIM 应用程度较低单位对接或项目有特殊需求是，可采用（2）中方法便于信息传递，若项目参与方 BIM 应用程度均较高则推荐采用（1）中方式，可有效提高工作效率。

9.5.1　BIM 模型

在设计的不同阶段，BIM 模型均应符合项目对应阶段的 BIM 模型数据格式标准及模型细度要求，深度要求详见本指南相应章节。在成果表达阶段 BIM 模型应注意的问题包括：

（1）暖通专业 BIM 模型的命名、文件储存路径应符合项目统一标准的要求。

（2）模型文件中应包含项目暖通设计所需的详图、设计说明等文件，在项目设计、校审工作完成后，此类外部文件建议采用载入而非链接形式。

（3）模型文件中应包含符合项目传统表达技术方案的平面视图、平面图纸、三维视图。

（4）模型文件中元素应包含材质信息，提高三维视图下模型的可视性及真实性。

（5）模型文件中元素应进行锁定，以避免在模型查阅过程中的误操作。

（6）模型文件中应去除设计过程中载入而不需要在成果中表达的参照图纸、模型元素。

（7）暖通专业独立模型（非工作集模型）中，应去除中心文件，不应包含工作集。

（8）若采用外部软件进行负荷分析计算，则应将分析计算文件一并整理提交。

（9）模型文件中应包含必要的导出、打印设置。

9.5.2　传统设计成果

与土建专业不同，设备专业图纸由于其系统的复杂性，在传统设计方式中需要借助系统图、轴测图辅助工程人员理解设计内容，从而完整地传递设计意图。在 BIM 设计的情况下，通过模型信息可以更高效地传达系统划分方式、连接方式等原本需要通过图纸表达的信息，所以在全 BIM 的工作模式下，设计单位可在与项目其他参与方充分沟通的情况下采用更为简化的设计成果表达方式。

然而现阶段大部分项目的 BIM 应用深度，仍需要完整的二维图纸以进行图纸审查、施工等工作。故需要对模型进行满足当前设计深度要求及工程识图习惯的二维表达。

设计单位应建立本单位 BIM 图框，图框格式满足企业要求，且应包含图 9-28 中各项信息，各项信息应与 BIM 模型中项目信息相关联。

图 9-28　通过类型参数控制图框中信息示意

1. 图纸目录

可使用 Revit 中"视图"→"明细表"→"图纸列表"功能生成图纸目录，并将"图纸列表"置入"图纸"中，图纸目录可根据图纸名称及其他信息修改自动关联变化。

2. 设计说明

设计说明建议在 Revit 的"图纸"中使用"注释"→"文字"功能进行编制，同时若需图例表、详图等，可将对应的图例表（图 9-29）、详图加入"图纸"中。

亦可将标准设计说明制作为图例族，使标准设计说明可以用于不同项目，在载入项目后进一步修改、补充设计说明中内容。

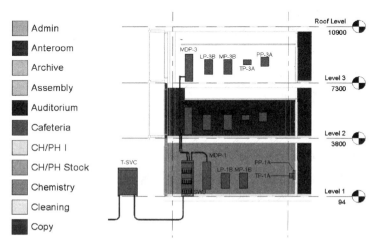

图 9-29　颜色填充图例可置于设计说明中

3. 系统图、轴测图

传统设计中，轴侧图为了便于识图需要简化图元之间的几何位置关系，对于复杂建筑，BIM 模型无法直接生成，故可在 Revit、AutoCAD 中手动绘制系统图、轴测图，绘制方式与传统工程相同。

亦可使用 HYBIMSPACE 中的"系统轴测图"、"西南轴测图"功能生成系统图及轴测图。通过对应功能生成的系统图可实现图例替换、XYZ 轴缩放等功能，所生成系统图由 Revit 注释线条及文字组成，可进一步调整及修改。

但两种方法均会导致系统图与模型相孤立，若系统图绘制完成后模型产生了修改，则设计人员需更新系统图。

4. 平面图

对于平面图的图纸表达，应注意问题如下：

（1）设备、附件应在"中等"及"粗略"详细程度下显示图例，在"精细"程度下显示实体模型，暖通专业出图除机房详图外，应使用单线＋图例的形式出图。

（2）平面图视图应选择适当的图纸比例，且平面中图例应随图纸比例变化。

（3）平面图中立管应使用注释或其他参数定义立管编号、并使用特定的立管注释族对立管进行标注。

（4）平面图中应通过视图样板对暖通管道线形、建筑底图样式进行调整，使平面图满足图纸显示、导出及打印的要求。

5. 设备材料表

将软件生成的明细表（方法详见给水排水章节 8.4.6）置入"图纸"中，并调整字体样式、尺寸及表格样式即可。

6. 分析计算结果

Revit 中负荷计算报告、空间明细表、管道压力损失报告，插件完成的专项计算书，均可通过文档的形式（.HTML/.XLS）导出，可作为设计文件附于设计成果当中。亦可通过转化为图像形式导入 Revit 文件中进行整合。

在完成以上各项内容的设计后，整理收集设计文件，以项目所需的形式（DWG、PDF、RVT）提交暖通专业设计成果。

第 10 章
电气设计 BIM 应用

10.1 BIM 应用流程及软件方案

基于 BIM 的电气设计，初步设计、施工图设计这两个阶段依然缺一不可，但在每个阶段内各专业间可以共享 BIM 模型，从而简化了提资流程，保证了设计信息不会丢失。

10.1.1 传统机电设计流程

基于二维图例的传统电气设计，在接到建筑专业的设计提资和设计任务书时开始设计准备工作，并对建筑和其他专业的设计方案进行复核，提出电气专业的技术参数及要求后开始设计制图。在制图完成后进行审批、交付、归档。这种传统的设计流程在专业间仅存在定期、节点性的提资活动，无法实现数据的实时共享与更新，如图 10-1 所示。

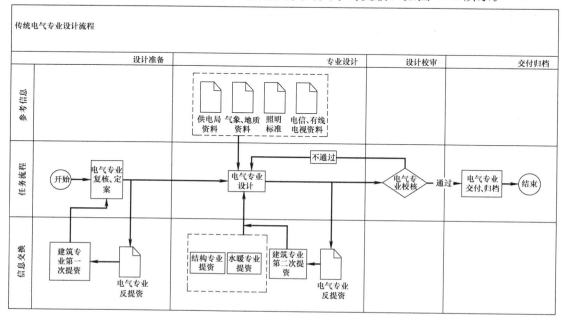

图 10-1　一般机电初步设计流程

10.1.2　基于 BIM 的电气初步设计流程

基于 BIM 的电气初步设计流程如图 10-2 所示。准备阶段除了要收集各种参考信息、标准、资料之外还要进行软件的准备工作，如：选择、设定项目样板，链接建筑模型获取轴网、标高，关闭不需要的图元，进行电气设置等。在出图阶段，由于模型导出的图纸与现阶段执行的设计深度要求不符，因此在 BIM 电气初步设计阶段新增加了二维图纸生成及调整的步骤。

由于数据的通用性和读取的便利性，使得电气负荷计算的结果更为准确。但由于计算要求的问题，设备参数、计算所需参数（如需求系数、功率因数等）等需要提前确定，并在设计准备阶段录入电气设置中，使得电气初设阶段工作量有所增加，并且在准备阶段录入的参数可能在后期会修改，因此造成返工。设计人员应自行权衡，尽早确定准确可用的参数。

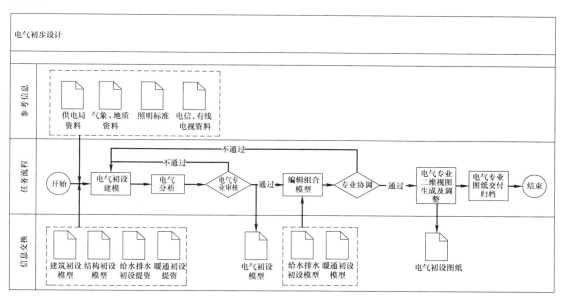

图 10-2　基于 BIM 的电气初步设计流程

10.1.3　基于 BIM 的电气施工图设计流程

如图 10-3 所示，基于 BIM 的电气施工图阶段设计流程与初步设计阶段流程基本一致，但应在初步设计模型的基础上，考虑工程预算、施工安装、后期运营维护等上下游需求，进一步完善系统模型及相应文件，包括电气图纸目录、电气施工图设计说明、平面图纸、主要设备表、计算书等。

10.1.4　BIM 软件应用方案

BIM 在电气专业的设计过程中，需要围绕核心建模软件，在多款软件的协助下完成。目前市场上 BIM 软件非常多，在众多软件中整理出适宜不同工程特点的一系列软件，对于提高工作效率，完成目标至关重要。表 10-1 中列举出了目前市场上 BIM 电气设计过程

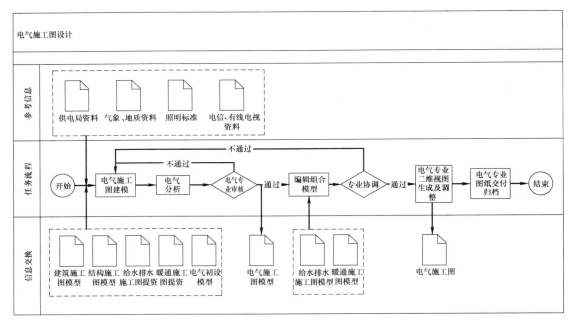

图 10-3　基于 BIM 的电气施工图设计流程

主要建模软件及其辅助软件。

BIM 电气设计运营全过程主要建模软件及其辅助软件一览表			表 10-1
设计建模阶段	BIN 核心建模软件	Revit	Bentley
	主要适用范围	民用建筑领域	工厂设计和基础设施领域
	子产品	1. Revit Architecture 2. Revit Structural 3. Revit MEP	1. Bentley Architecture 2. Bentley Structural 3. Bentley Building Mechanical System
	BIM 电气辅助建模分析软件	1. 鸿业的 BIMSpace 为主流 2. 博超电气 3. Designmaster 4. IES Virtual Environment 5. Trane Trace	Bentley Building Electrical Systems XM
专业协调阶段	BIM 模型碰撞检查软件	1. Autodesk Navisworks 2. Revit 3. SolibriModel Checker	Bentley Navigator

1. 以 Revit 为核心

当建筑专业采用 Revit 建模时，电气专业宜采用 Revit MEP 作为建模软件。在电气设计阶段，可直接链接建筑专业所提 RVT 格式模型。在安装了 BIMSpace 后，电气专业设计阶段所需进行的计算亦可在 Revit MEP 操作界面通过 BIMSpace 插件选项卡直接操作。在专业协调阶段，若水暖专业也采用了 Revit MEP 进行建模，则可在 Revit 中直接进行专业协调或导出 NWC 格式文件在 NavisWorks 中进行专业协调。若水暖专业没有采用 Revit MEP 进行建模，则电气专业应导出 NWC 格式文件在 NavisWorks 中与水暖专业进行协调。软件整体应用方案如图 10-4 所示。

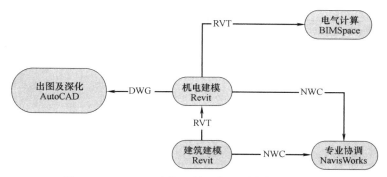

图 10-4　以 Revit 为核心的电气设计软件应用方案

2. 以 ABD 为核心

当建筑建模采用 Bentley ABD 时，电气专业应采用 Bentley ABD 或者 MagiCAD for AutoCAD 软件建模。当采用 Bentley 软件时，建筑模型需导出 DGN 格式的文件；当均采用 MagiCAD for AutoCAD 软件时，建筑模型需导出 DWG 格式的文件。在专业协调时可直接导出 DGN 或者 NWC 格式文件，应用 Navigator 软件或者 NavisWorks 软件进行分析。软件整体应用方案如图 10-5 所示。

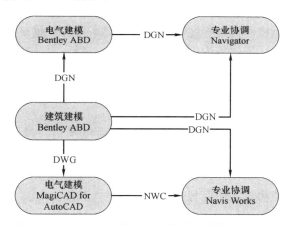

图 10-5　以 ABD 为核心的电气设计软件应用方案

10.2　模型细度

10.2.1　初步设计阶段

根据现行《建筑工程设计文件编制深度规定》中关于电气专业在初步设计阶段的有关要求来看，在初步设计阶段电气专业主要需要搭建供电系统、照明系统、消防及安全系统、信息系统等。这些系统多以二维竖向干线系统图的形式体现，辅以少量的平面点位布置图，因此在建模时可以对模型的细度不作高的要求，但考虑到项目概算需求、后期施工图阶段模型的延续性、各专业间协同相互提资等因素仍应包含表 10-2 所示内容。

电气初步设计阶段模型细度表   表 10-2

专业	模 型 内 容	模 型 信 息
电气	（1）供配电站（所）变压器、发电机和各配电柜的数量、容量，电气设备在变配电站（所）空间布置，主要干线敷设路径等。 （2）强电、弱电桥架所在区域和楼层的布置以及系统主要附件的体量模型及布置。 （3）开关、插座、配电箱，控制箱等配电设备选型及布置。 （4）照明系统光源、灯具的布置，应急照明装置，疏散照明装置布置。 （5）消防控制室内设备布置，火灾探测器、手动报警按钮、控制台（柜）设备、火灾应急广播、火灾警报装置布置，主要干线敷设路径等。 （6）强电井、弱电井内设备及桥架的布置	（1）元素几何信息：设备占位尺寸、形状、位置；设备负荷信息；变、配电装置安全净距；配电室内各种通道宽度等。 （2）元素非几何信息：设备应具有规格、电气参数、材质、安装或敷设方式等

本节以 Revit 为例，除以上表格所罗列的内容之外，电气专业初步设计阶段模型中还应包括以下内容：

（1）桥架、线槽、线管的分系统颜色方案；

（2）平面视图、剖面视图、立面视图、三维视图等的视图样板，明细表样板，过滤器设置；

（3）注释族：图框、图签、桥架/线槽标记、线管标记、设备标记、尺寸标记、角度标记、剖面标头、详图标头、标高头、房间标记等；

（4）平面图纸：电气总平面图、照明点位平面布置图、消防点位平面布置图、变配电室设备平面布置图、电话机房设备布置图、消防控制室设备平面布置图等；

（5）主要电气设备统计表，表内应包含设备名称、型号、规格、单位、数量等信息；

（6）计算书：目前应用插件可能直接从模型得到的计算书仅有照明计算书。

10.2.2 施工图设计阶段

施工图设计阶段需要对初步设计阶段所搭建的供电系统、照明系统、消防及安全系统、信息系统进行细化、完善。因此在此阶段建模时，对模型的细度以及对参数的完整性要求较高。再考虑到模型后期深化设计应用、项目预算需求、甚至运营维护阶段模型应用需求等因素，在此阶段建模过程中应包括表 10-3 所示内容。

电气施工图设计阶段模型细度表   表 10-3

专业	模 型 内 容	模 型 信 息
电气	（1）供电系统：深化变配电室（站）、强电间、强电竖井、发电机房等的位置、面积；深化变配电室（站）和发电机房内配电装置的布置、安装尺寸、安装方式；配电间、强电竖井内配电装置的布置、安装尺寸、安装高度；各用电设备配电箱的布置、安装尺寸、安装高度；桥架（线槽）的布置、安装尺寸、安装高度等； （2）照明系统：照明灯具、开关、插座等的布置、安装方式；照明配电箱的布置、安装尺寸、安装高度等； （3）消防及安全系统：深化消防和安全系统控制室位置、面积；深化消防和安全控制室内设备布置、安装尺寸、安装方式；弱电间或弱电竖井内消防和安全系统设备的布置、安装尺寸、安装高度；应急照明灯具、消防设施、安全设施布置、安装方式；线槽的布置、安装尺寸、安装高度等； （4）综合布线系统：深化各弱电系统机房、弱电间、弱电竖井的位置、面积；深化各弱电机房内设备布置、安装尺寸、安装方式；弱电间或弱电竖井内弱电系统设备的布置、安装尺寸、安装高度；各弱电系统设施布置、安装方式；线槽的布置、安装尺寸、安装高度等	（1）元素几何信息：设备应具有的占位尺寸、定位等几何信息；影响结构构件承载力或钢筋配置的孔洞等应具有位置、尺寸等几何信息； （2）元素非几何信息：设备应具有规格、型号、电气参数、材质、安装或敷设方式等

本节以 Revit 为例，除以上表格所罗列的内容之外，电气专业施工图设计阶段模型中还应包括以下内容：

（1）桥架、线槽、线管的分系统颜色方案；

（2）平面视图、剖面视图、立面视图、三维视图等的视图样板，明细表样板，过滤器设置；

（3）注释族：图框、图签、桥架/线槽标记、线管标记、设备标记、尺寸标记、角度标记、剖面标头、详图标头、标高头、房间标记等；

（4）平面图纸：电气总平面图、照明平面图、配电平面图、火灾自动报警平面图、综合布线平面图、变配电站/室平面图；

（5）其他图纸：变配电站/室剖面图、配电箱系统图等；

（6）主要电气设备统计表，表内应包含设备名称、型号、规格、单位、数量等信息；

（7）计算书：目前应用插件可能直接从模型得到的计算书仅有照明计算书；

（8）建筑电气设计说明。

10.3　建模方法

本节以 Revit 为例，说明建模方法。

10.3.1　电气族的制作

电气族作为设计的数据基础或者数据载体对设计方案合理性产生的影响较大。因此，在构建电气族过程中，设计师立足于实际情况，明确上、下游数据需求，并严格按照电气专业具体流程，确定电气族特性并添加参数以满足数据的录入需求。同时，对电气族涉及的相关标准、三维模型外观编制等内容进行相应处理，确定通用尺寸和形象。通常情况下，电气族的平面表达编制需要结合相关标准（如《建筑电气制图标准》GB/T 50786—2012），确保最后出图阶段电气族在二维图纸上的图样符合标准。下面以 Revit 建模环境中一个吸顶灯族为例，介绍一个照明设备族文件的创建过程，如图 10-6 所示。

创作流程：

（1）在族类别和族参数对话框中确定族属于哪一个类别，在族类型对话框添加族的相关参数，例如：尺寸、材质等。打开视图→"天花板平面"→"参照标高"视图。创建参照平面，如图 10-7 所示。

（2）单击"创建"→"形状"选项卡中，绘制族的轮廓，并和族相关的参数进行关联，对于稍微复杂的族还需辅助嵌套族。绘制完成后单击"模式"面板上的 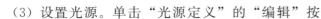 按钮"完成编辑模式"，如图 10-8 所示。

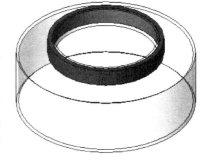

图 10-6　灯罩示意图

（3）设置光源。单击"光源定义"的"编辑"按钮，在弹出的光源定义中进行设置。在族类型对话框中设置光源的几何尺寸，如图 10-9 所示。

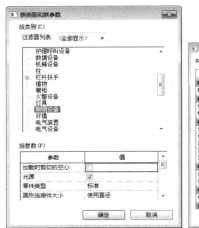
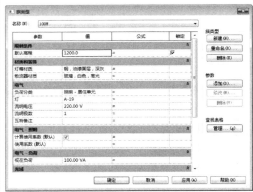

图 10-7　创建参照平面示意

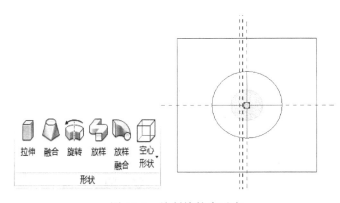

图 10-8　绘制族轮廓示意

图 10-9　设置光源示意

（4）设置吊灯类型，将材质信息添加到文档中，如图 10-10 所示。

（5）创建电气连接件。在模型实体中点击"电气连接件"按钮，电气连接件就自动安装在族文件中，在"组类型"对话框中电气栏中添加参数并赋值，如图 10-11 所示。

（6）点击电气连接件，在属性对话框中将电气连接件的主要参数与组类型中的参数绑

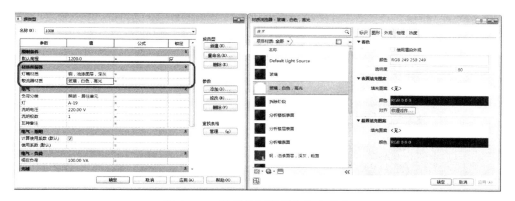

图 10-10　设置吊灯类型和信息示意

定，如图 10-12 所示 。

图 10-11　创建电气连接件示意

图 10-12　设置电气连接件的
主要参数与组类型示意

（7）添加光域网参数。在组类型对话框中选择光域网文件和倾斜角度，如图 10-13 所示。

（8）另存为"族"文件，命名为"吸顶灯 . rfa"，单击确定，吸顶灯族的创建就完成了。

10.3.2　电气设备参数化

本节以 Revit 为例，在 Revit 环境下，"族类型"是在项目中用户可以看到的族的类型，一个族可以有多个类型，每个类型可以有不同的尺寸，并且可以分别调用，参数对于族十分重要，正是有了参数来传递信息，族才具有了强大的生命力。软件自带的配电箱族只包含基础信息，例如：默认高程、材质、配电盘电压、级数、尺寸标注、型号、制造商

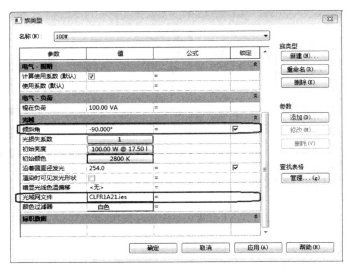

图 10-13　光域网参数示意

等信息，如果还需要添加更加详尽的设备信息，就要手动将参数添加到设备族类型中，在添加参数中，要注意区别参数类型，Revit 软件参数类型分为：族参数和共享参数。

1. 参数类型

（1）族参数

参数类型为"族参数"的参数，载入项目文件后，不能出现在明细表或标记中。

（2）共享参数

参数类型为"共享参数"的参数，可以由多个项目中和族共享，载入项目文件后，可以出现在明细表和标记中。如果使用"共享参数"，将在一个 TXT 文档中记录这个参数。

（3）特殊参数

还有一类比较特殊的参数，是族样板中自带的一类参数。用户不能自行创建这类参数，也不能修改或删除它们的参数名。选择不同的"族样板"或"族类别"，在"组类型"对话框中可能会出现不同的此类参数。这些参数也可以出现在项目的明细表中。

2. 参数数据

（1）名称

参数名称可根据用户需要自行定义，但在同一个族内，参数名称不能相同。参数名称区分大小写。

（2）规程

共有公共、结构和电气三种"规程"可选择。不同的"参数类型"有不同的特点和单位。以"公共规程"为例，其说明参见表 10-4。

公共规程说明表　　　　　　　　　　　　　　　　　表 10-4

编号	规程	说　明
1	公共	可以用于任意族参数的定义
2	结构	用于结构族,建筑族几乎不用
3	电气	用于定义电气族的参数

（3）参数类型

"参数类型"是参数最重要的特性，不同的"参数类型"有不同的特点和单位。以"公共规程"为例，其"参数类型"的说明见表 10-5。

公共规程参数类型说明表　　　　　表 10-5

编号	参数类型	说　明
1	文字	可随意输入字符，定义文字类参数
2	整数	始终表示为整数的值
3	数值	用于各种数字数据，是整数
4	长度	用于建立图元或子构件的长度
5	面积	用于建立图元或子构件的面积
6	体积	用于建立图元或子构件的体积
7	角度	用于建立图元或子构件的角度
8	坡度	用于定义坡度的参数
9	货币	用于货币参数
10	URL	提供至用户定义的 URL 的网络链接
11	材质	可在其中指定特定材质的参数
12	是/否	使用"是"或"否"定义参数，可与条件判断连用
13	<族类型 ...>	用于嵌套构件，不同的族类型可匹配不同的嵌套族

（4）参数分组方式

"参数分组方式"定义了参数的组别。其作用是使参数在"族类型"对话框中按组分类显示，方便用户查找参数。该定义对于参数的特性没有任何影响。

（5）类型/实例

用户根据族的使用习惯选择"类型参数"或"实例参数"，说明见表 10-6。

类型参数、实例参数说明表　　　　　表 10-6

编号	参数	说　明
1	类型参数	如果有同一个族的多个相同的类型被载入到项目中，类型参数的值一旦被修改，所有的类型个体都会相应变化
2	实例参数	如果同一个族的多个相同的类型被载入到项目中，其中一个类型的实例参数的值一旦被修改，只有当前修改的这个类型的实体会相应变化，该族其他类型的这个实例参数的值仍然保持不变。在创建实例参数后，所创建的参数名后将自动加上"（默认）"两字

3. 公式的使用

"公式"在电气设备族的创建和应用过程中十分常用。合理的使用公式不但可以简化族，提高族的运行速度，还可以使族在项目中变得灵活。

（1）族编辑中可使用的公式

表 10-7 列出了族编辑器中最常用的公式。

族编辑器常用公式表　　　　　表 **10-7**

说明	符号	例子	例子的返回值
加	+	3mm＋4mm	7mm
减	—	5mm—2mm	3mm
乘	*	3mm * 2mm	6mm
除	/	6mm/3mm	2mm
指数	ˆ	2mmˆ3	8mm^3
对数	log	log(10)	1
平凡根	sqrt	sqrt(100)	10
正弦	sin	sin(90)	1
余弦	Cos	Cos(90)	0
正切	Tan	Tan(45)	1
反正弦	Asin	Asin(1)	90°
反余弦	Acos	Acos(0)	90°
反正切	Atan	Atan(1)	45°
10 的 x 方	Exp	Exp(2)	100
绝对值	Abs	Abs(—10)	10
四舍五入	Round	Round(4.1)	4
取上限	Roundup	Roundup(4.1)	5
取下限	Rounddown	Rounddown(4.9)	4

（2）族编辑中可使用的条件语句

表 10-8 列出了族编辑器中常用的条件语句，对于稍有编程基础的人应该不难掌握。

族编辑器中常用条件语句表　　　　　表 **10-8**

说明	符号	例子	例子的返回值
大于	>	x>y	如果 x>y，返回真，否则返回假
小于	<	x<y	如果 x<y，返回真，否则返回假
等于	=	x=y	如果 x=y，返回真，否则返回假
逻辑与	And	And(x=1,y=2)	当 x=1，且 y=2，返回真，否则返回假
逻辑或	Or	Or(x=1,y=2)	当 x=1，或 y=2，返回真，只有当 x≠1 且 y≠2 时，才返回假
逻辑非	Not	Not(x=1)	当 x≠1 时，返回真，当 x=1 时，返回假
条件语句	If(条件,返回1,返回2)	If(x=1,1mm,2mm)	当 x=1 时，返回 1mm，否则返回 2mm

电气设备族的参数化经常会用到公式，把公式和条件语句有效地组合起来，族便可千变万化。

10.3.3　电气初步设计阶段建模

电气初步设计阶段由于重点在几大系统的搭建，因此在建模时对模型细度以及数据信息的要求不高。在此阶段建模的主要内容为变配电室内的平面布置、消防控制室内平面布置、弱电机房平面布置、照明点位布置、照明配电箱位置等。在此阶段应根据项目 BIM 策划书中规定的协同方式建立电气模型。下面以"Revit＋BIMSpace"为例介绍电气初步设计建模方法。

1. 项目创建

电气初步设计建模最关键的点在于项目创建阶段，此阶段选择的项目样板所定义的电气设置、视图设置等将应用于整个项目建模阶段，包括施工图建模阶段。因此建立一个好的电气样板文件对于项目设计阶段来说十分重要。

首先选择项目样板，电气专业应选择电气样板，项目样板定义了项目的初始状态，如项目的单位、材质设置、视图设置、可见性设置、载入的族等信息。也可以利用 BIMSpace 中自带的电气样板，使用 BIMSpace 自带的电气样板可以省略创建项目样板的步骤。在 BIMSpace 电气样板中，电气设置、视图设置等以上所罗列的设置均已提前设好，推荐 Revit 初学者使用。若是从业多年有一定经验的 BIM 电气设计师则可根据自己的习惯创建有利于自己工作的样板。

创建完项目样板进入到项目中，如果是"链接模式"，电气工程师将建筑专业已有的文件链接到当前机电项目中，并复制建筑专业项目中的标高、轴网等信息作为电气设计的基础，建筑模型的更改在系统文件项目中会同步更新，对于链接模型中某些影响协同工作的关键图元，比如标高、轴网、墙、楼板、天花板等，可应用"复制/监视"进行监视，建筑设计师一旦移动、修改或删除了受监视的图元，其他专业的设计师就会收到通知，以便调整和协同设计。

随后需要创建电气视图，一般按照系统需要创建电力平面图、照明平面图、消防平面图、弱电平面图等，在需要将构件放置在天花板时，还需创建照明天花板平面，消防天花板平面用来放置灯具，火灾探测器等构件。平面创建完成后，在视图属性栏中修改"规程"、"子规程"和"过滤器"，使电气平面图按照一定的方式排列。然后设置项目信息包括单位、文件等。

在电气设置中，主要对配线类型、电压的定义、配电系统、电缆桥架、线管、负荷计算、配电盘明细表进行预先设置，对电气设计项目整体的配置。随后载入项目中需要用到的电气族文件，例如：开关、插座、灯具、配电柜、火灾探测器等。如图 10-14 所示。

图 10-14　电气设置示意图

2. 电气布置

在相应的视图中，将电气设备（比如开关、灯具、配电柜等）族直接添加到视图中，根据安装位置和安装方式选择布置在水平面或垂直面上。布置桥架时需要设置桥架的尺寸、类型、水平对正、垂直对正方式、参照标高和偏移量。为其他专业动力设备配电时，先链接暖通或给水排水专业的模型，使用"复制/监视"功能，将相应的动力设备"复制"到电气模型中。采用工作集模式工作的项目可以直接从项目中给动力设备配电。如图10-15所示。

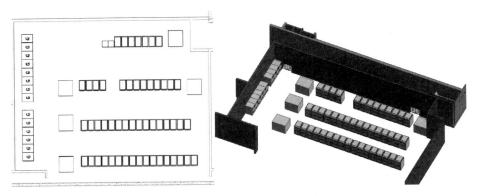

图 10-15　变配电室平面布置示意图

3. 电气标注

在设备放置的同时可以放置标记，在"注释"→"标记"栏中，可以对电缆桥架的尺寸、配电箱的名称等进行标注，也可以编辑标记族更改标记显示信息。还需对变配电所（室）、消防控制室、安防控制室等设备布置的位置进行定位，使用软件"注释"→"尺寸标准"栏中的功能标注，同时尺寸标注可以锁定相对位置关系，当建筑构件有调整时，电气设备可以做出相应的调整。如图10-16所示。

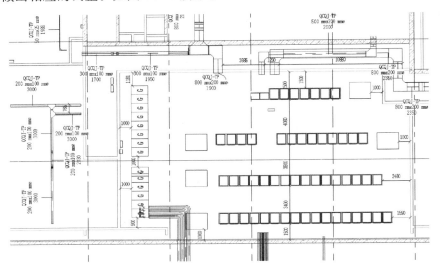

图 10-16　电气标注示意图

4. 图纸创建

电气模型创建完成后，可以根据视图创建二维图纸，还可以将 CAD 图纸导入到项目中。在建模过程生成的剖面、立面、局部三维视图也可以放在图纸中作为辅助或详图用以说明。视图较大的项目可将一个视图分割为多个部分，布置于多张图纸中。图纸创建完成后，可以导出多种格式的文件。

根据软件的实际情况，有些图纸可以使用 Revit 直接出图，而有些图纸由于不符合二维制图规范，还需要导出到 AUTOCAD 中调整视图后才能出图。

在电气初步设计阶段，目前应用 Revit 及 BIMSpace 能够创建的图纸有：

（1）电气总平面图；

（2）变配电室平面布置图；

（3）消防控制室布置平面图；

（4）电话机房设备布置图；

（5）照明点位平面图；

（6）消防报警装置点位平面图；

（7）应急照明点位平面图；

（8）弱电点位平面图；

（9）图纸目录；

（10）设计说明。

在电气初步设计阶段，目前还需要使用 AUTOCAD 及天正电气来进行绘图的有：

（1）电气火灾报警系统图；

（2）电话系统图；

（3）高、低压供电系统图。

10.3.4　电气施工图设计阶段建模

由于在施工图设计阶段各专业均需要深化、细化各专业在初步设计阶段的设计内容，因此此阶段电气专业的模型量较大。下面以"Revit＋BIMSpace"为例介绍电气施工图设计阶段建模方法。

1. 建模准备

此阶段项目创建内容应在初步设计模型的基础上对比水暖专业初步设计阶段和施工图阶段所提资料，对水暖专业设备模型进行更新。

2. 电气布置

电气施工图阶段建模电气设备布置主要是针对建筑、结构、水暖专业模型中产生变化的部分对电气初步设计模型进行相对应的平面点位、设备参数等修改。若此阶段建筑、结构专业模型变动较大，则建议在土建施工图阶段模型的基础上重新进行平面点位布置、设备参数录入等。此阶段电气布置的方法和初步设计阶段电气设备布置方法一样。

3. 电气系统

由于在电气初步设计阶段仅需进行平面点位的布置，不需要对平面点位进行连线，所以电气系统这一步骤重点应用于电气施工图阶段建模。

在设备放置完毕后，需要进行系统回路的创建。配电系统选择"220/380 星型"形式（图 10-17），如果选项卡中没有出现可选择的配电系统，说明电气设置中的"配电系统"没有与该配电盘的电压和级数相匹配的项。这时要检查配电盘的连接件设置中的电压和级数，或是在电气设置中添加与之匹配的"配电系统"。

选中区域中的一个设备，单击功能区中"电力"，直接选中绘图区域中的配电盘创建回路。回路中所选的配电盘必须事先指定配电系统，否则在系统创建时无法指定该配电盘。当线路逻辑连接完成后，可以为线路布置永久配线即布置导线。在每次回路创建时，可以自动生成导线，当自动生成导线不能完全满足设计要求时，可以手动调整导线（图10-18）。

图 10-17　配电系统选择示意图

图 10-18　导线编辑示意图

也可利用辅助设计插件 BIMSpace 中点-点连线、设备连线等功能帮助迅速完成导线连接。当需要串联某些设备（如插座、灯具）时，选中需要串联的设备，在电路选项卡中选择编辑线路，这时选中要串联到的设备，完成线路编辑即可生成串联回路（图10-19）。

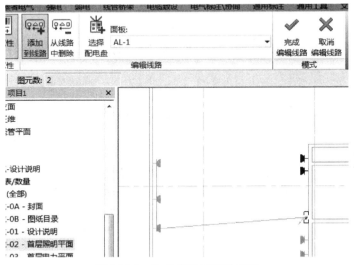

图 10-19　生成串联回路示意图

当完成所有系统回路的设置后，应利用"配电检测"功能检查整个项目的配电情况，避免遗漏未连线的电气设备。检测结果将以列表的形式展现（图10-20），选择相应楼层标高即可查看所有已配电设备及未配电设备。双击列表中任意一项未配电设备即可切换视图至此设备。

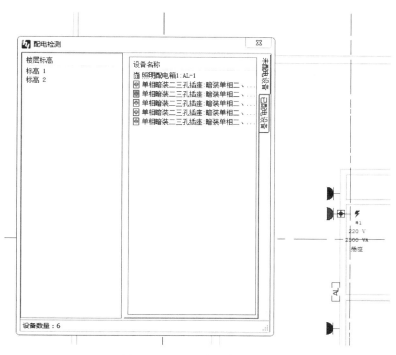

图 10-20 配电检查表示意图

4. 碰撞检查

施工图电气建模阶段，在完成所有设备布置生成系统回路后，需要进行全专业间协调，也就是碰撞检查。应用碰撞检查功能可以检查出建筑模型中存在的一些没有发现的专业内部或专业之间的设计冲突，避免后期出图后再返工，提高了图纸质量。

对于电气专业来说，在和设备专业进行之前，需要对专业内部管线以及电气模型和结构模型进行碰撞检查（图 10-21）。若都没有问题，则可进行电气专业与设备专业之间的碰撞检查。检查的结果会以报告的形式展现出来（图 10-22），点击任意一条碰撞信息，切换视图，碰撞点会高亮显示出来。

对于碰撞点的修改，可选择手动打断并抬升或降低发生碰撞处的桥架标高，后将打断处两端的桥架连接起来。或者运用辅助设计插件 BIMSpace 中升降偏移、自动抬升等功能自动修改碰撞点的桥架。

5. 电气标注

当所有电气设备完成所有平面布置并创建好电气系统后，可利用 BIMSpace 或 Revit 自带的标签放置电气标记，若被标记对象信息完整，则标记内容可自动生成。电气标记可以按照不同样式对配电箱、桥架尺寸、桥架内回路（图 10-23）、导线型号（图 10-24）、导线敷设方式（图 10-24）、导线根数、灯具等进行标记。同时尺寸标注可用来定位电气设备的安装位置、锁定相对位置关系，当建筑条件有调整时，电气设备会自动作相应调整。施工图建模阶段在初步设计模型的基础上，主要新增对导线、桥架内回路等标记。

6. 图纸创建

电气施工图建模阶段需要生成的图纸种类较多，具体图纸生成方法参见电气初步设计

图 10-21　电气专业内部碰撞检查示意图

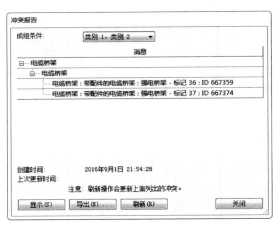

图 10-22　碰撞检查报告示意图

图 10-23　桥架内回路标记样式

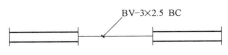

图 10-24　导线型号及敷设方式标记样式

建模阶段相关内容。

在电气施工图设计阶段，目前应用 Revit 及 BIMSpace 能够创建的图纸有：

（1）电气总平面图；

（2）照明平面图；

（3）电力平面图；

（4）动力平面图；

（5）消防报警平面图；

（6）应急照明平面图；

（7）弱电平面图；

（8）图纸目录；

（9）设计说明；

（10）配电箱系统图。

在电气施工图设计阶段，目前还需要使用 AUTOCAD 及天正电气来进行绘图的有：

（1）高、低压配电系统图（一次线路图）；

（2）继电保护及信号原理图；

（3）竖向配电系统图；

（4）火灾自动报警及消防联动控制系统图；

（5）电气火灾报警系统图；

（6）监控系统方框图；

（7）防雷、接地平面图。

在上述内容中，配电箱系统图在之前的软件、插件版本中不支持自动生成，但在 BIMSpace2016 中，完成系统回路的创建后，选择配电箱可生成配电箱系统图（图 10-25 和图 10-26），图纸表达形式和传统 AUTOCAD 及天正电气所绘配电箱系统图一样，可对自动生成的信息稍作调整后直接应用。

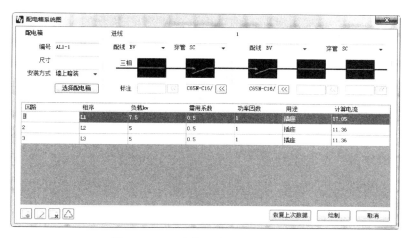

图 10-25　配电箱系统图生成示意图

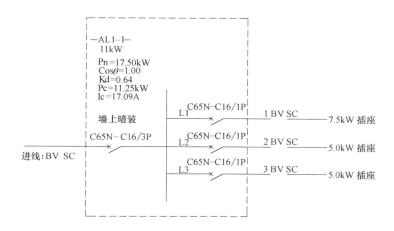

图 10-26　利用 BIMSpace2016 生成的配电箱系统图

10.3.5　水暖专业提资的基本要求及数据协同原则

基于 BIM 的水暖专业提资不再需要水暖专业发送的 CAD 图纸，电气工程师直接在自己的电气模型中链接给水排水专业、暖通专业的中心模型即可完成水暖提资的过程。水暖专业在自己的中心模型中，应对需要供电的设备录入与电气专业相关联的信息，并检查该设备族中有无电气连接件。若该族没有电气连接件，则需要水暖专业的工程师修改该族，为其添加电气连接件。同时，水暖专业的工程师还应该提供一份包含电气参数、安装信息等信息的设备明细表。

10.4 分析应用

10.4.1 方案空间分析比选

基于 BIM 的建筑模型在三维视图下可以更直观地反映各专业的空间关系。在做基于 BIM 的电气设计时，经常切换到三维视图，查看各个专业的设备、管线在局部空间的关系，可以对管线、桥架、线槽、灯具、电气设备等作出更合理的布置。或者在设计完成时，进行动画漫游，查看建筑物内管线排布情况，可以及时发现管线排布方案是否合理、是否还有优化空间。在确定变配电室位置、变配电室内变配电设备布置、消防控制室内设备布置、弱电机房内设备布置时，参考三维视图可以对排布方案的合理性作出判断。

10.4.2 基于 BIM 的分析、计算

电气设计过程中涉及的分析、计算还是比较多的，如：在照明系统设计时需要对空间进行照度计算；在防雷接地系统设计之前需要通过防雷计算来确定建筑物防雷类别；在进行配电系统设计时需要对系统进行负荷计算来确定断路器整定电流、变压器选型等。而目前各 BIM 核心建模软件自带的功能对电气设计的支持还不是很完善，分析功能很匮乏。这时需要利用辅助设计插件里的相应功能来完成这些计算。下面介绍几项以 Revit 为核心建模软件时可实现的电气计算。

1. 照度计算

在进行照明设计时可利用 BIMSpace 中"照度计算"的功能进行照度计算，也可利用"自动布灯"功能（图 10-27）对已标记的房间进行自动灯具布置、连线。计算的结果可以以 Word 文档的形式导出计算书。在运用此功能时必须先查看建筑专业有没有设置"房间"，若没有设置房间则需要先设置好"房间"。

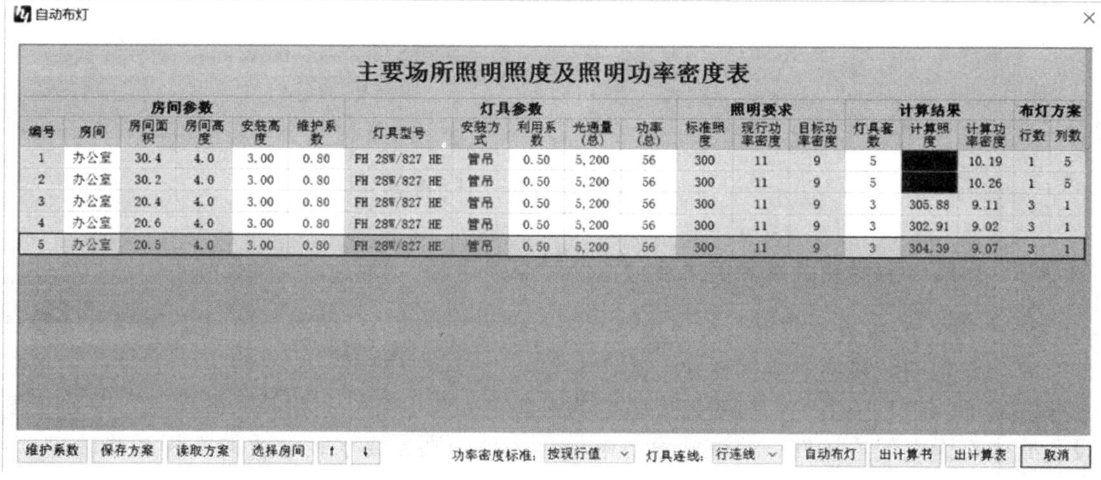

图 10-27　自动布灯功能示意图

2. 防雷计算

电气专业在设计建筑物防雷接地系统时，普通方法首先需要查表获取当地气象数据，再根据建筑物高度、周长等，利用公式套算出年预计雷击数，再根据年预计雷击数查表得出建筑物防雷类别。也可以利用 AUTOCAD 辅助设计插件"天正电气"里防雷计算功能进行计算。

而在 BIM 电气施工图建模阶段，防雷接地系统不属于需要建模的内容，而且也很难实现，但仍旧可以利用 BIMSpace 插件中的"防雷计算"功能进行防雷计算（图 10-28）。电气工程师可根据项目实际情况选择相应的等效面积计算方法，填写建筑物参数、气象参数、校正系数后即可自动计算出"年预计雷击次数"并判断防雷类别。计算结果可导出 Word 格式的防雷计算书（图 10-29）。

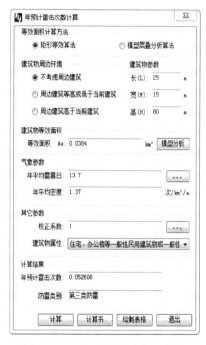

图 10-28　防雷计算功能示意图　　　　图 10-29　防雷计算书示意图

3. 负荷计算

负荷计算是电气设计中最重要的一项计算，其计算结果关系到变压器、断路器等设备的选型，是供配电系统的重要基础。传统方法是确定好负荷功率、电压、相位后查表得到需要系数、功率因数等，再根据公式手动计算出设备的有功功率、无功功率、视在功率、计算电流等。也可以利用 AUTOCAD 辅助设计插件"天正电气"里"负荷计算"功能进行计算。

基于 BIM 的电气设计负荷计算和传统设计中利用"天正电气"进行负荷计算类似。在确定了设备组配电形式（相位）、电压、功率后依据项目实际情况查表（04DX101-1《建筑电气常用数据》）得到并录入需要系数、功率因数等数据后，如图 10-30 所示，软件会自动得出有功功率、无功功率、视在功率、计算电流等计算结果，并在此基础上得出变压器选型推荐。计算结果可以 Word 格式或 Excel 的格式生成计算书。

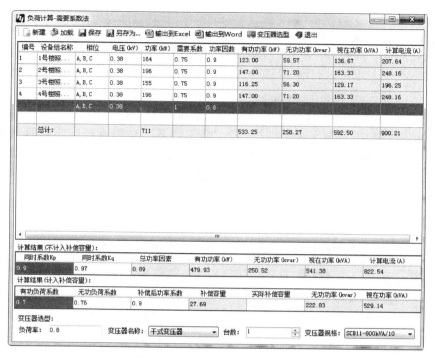

图 10-30　负荷计算功能示意图

10.5　成果表达

10.5.1　三维模型交付

BIM 模型是 BIM 技术中工程数据信息的载体，电气设计三维模型交付是指电气设计各个阶段工作中应用 BIM 技术按照一定设计流程所产生的设计成果，提供电气专业最终 BIM 设计模型，除此之外，此模型还应包含以下特点：

（1）是综合协调模型，进行了各专业间的综合协调，及检查是否存在因为设计错误造成无法施工等情形；

（2）带有必要工程数据信息的 BIM 浏览模型；

（3）是提供最终的能量分析模型，最终照明分析模型，成本分析计算及生成的分析报告。

10.5.2　二维出图

本节以 Revit 为例，Revit 提供多种发布方式，包括图纸打印、导出 DWG、DWF 及 JPG 格式文件等。模型完成后，即可创建所需图纸，并自动生成项目的图纸目录。由 BIM 模型生成的二维视图，在经过碰撞和设计修改，消除了相应错误之后，可根据需要通过 BIM 模型生成或更新所需的二维视图，如剖面图、综合管线图、综合结构留洞图等。对于最终的交付图纸，可将视图导出到 AUTOCAD 中再次进行图面处理，其中局部详图可不作为 BIM 交付物，在 AUTOCAD 中直接绘制，或在 BIM 软件中进行二维绘制。

10.5.3　明细表

对于电气专业来说，"明细表"功能主要应用于统计各种电气设备（图 10-31）、桥架尺寸及长度、桥架附件、线管尺寸及长度、线管附件、火灾自动报警装置等。考虑在电气设计阶段的交付成果需要支持上下游的需求，因此"明细表"作为对图纸的辅助、补充起到了关键作用。

<灯具明细表>					
A	B	C	D	E	F
族	类型	型号	合计	成本	说明

图 10-31　灯具明细表示意图

但在电气初步设计阶段以及电气施工图设计阶段，所建模型的侧重点在于满足或实现建筑电气所包含的各种功能，而并不侧重于实际施工安装方向，所以由电气初步设计阶段、电气施工图阶段所建模型统计出的"明细表"在电气设备、火灾自动报警装置等设备数量的统计方面比较准确，而在线管、桥架、导线等长度方面的统计量还存在瑕疵。再考虑到桥架、桥架附件等均为预制构件，有每一节的长度要求，在实际安装过程中就会产生损耗。因此电气设计阶段工程量统计，设备数量基本准确，桥架、线管、导线等长度统计仅可作为参考。

当然，"明细表"功能不仅可以用作工程量统计，也可用作其他用途的统计工具生成包含各种信息的各种样式的统计表。比方说统计系统回路信息（图 10-32）、设备厂家信息、桥架内电缆信息等。

配电箱编号	回路编号	回路功率	名　　称	规格	数量	单位
AL1	WM1	252.0	BV	2.5	163.0	m
			单管格栅荧光灯	1×28W	9	个

图 10-32　配电箱回路统计表示意图

第 11 章
绿色建筑设计 BIM 应用

11.1 概述

经过十多年的发展，绿色建筑目前已经获得了社会的广泛认可，为了在建筑设计中提高绿色建筑的设计质量、提升设计效率，基于 BIM 技术的绿色建筑设计非常必要。本章主要从 BIM 应用与绿色建筑评价相关要求梳理、《绿色建筑评价标准》条文与 BIM 实现途径、基于 BIM 的计算流体力学（Computing Fluid Dynamic，简称 CFD）模拟分析、基于 BIM 的建筑热工和能耗分析、基于 BIM 的声学模拟和基于 BIM 的光学模拟等方面分别介绍。

11.2 BIM 应用与绿色建筑评价相关要求梳理

与《绿色建筑评价标准》GB/T 50378—2006 相比，《绿色建筑评价标准》GB/T 50378—2014 中评价条文的设置进行了大幅调整，不再区分住宅建筑和公共建筑，而是按节地与室外环境、节能与能源利用、节水与水资源利用、节材与材料资源利用、室内环境质量、运营管理和施工管理七类评价指标进行分类，在条文中详细解释不同建筑的评价方法。所以本指南在梳理绿色建筑评价要求时，也按照上述指标进行。

通过梳理，根据绿色建筑评价各条文与 BIM 应用的关联性，可以把绿色建筑与 BIM 应用的要求分为两类：第一类 BIM 核心模型增加信息，在 BIM 模型搭建完成后，通过统计功能判定是否达到绿色建筑评价相应条文的要求；第二类是必须借助第三方模拟分析软件，进行相应计算分析，根据模拟分析的结果判定是否满足绿色建筑相关条文的要求。简言之，第一类为绿色建筑对 BIM 核心模型的信息要求；第二类为第三方模拟软件通过共享 BIM 核心模型，提取几何等信息，进行专项计算分析。

BIM 应用与绿色建筑相关要求梳理如表 11-1～表 11-6 所示。

节地与室外环境部分达标分析 表 11-1

要　　求			应用要求
控制项	4.1.4	建筑规划布局应满足日照标准,且不得降低周边建筑的日照标准	第二类

续表

要　求			应用要求
一般项	4.2.1	节约集约利用土地	第一类
	4.2.2	场地内合理设置绿化用地	第一类
	4.2.3	合理开发利用地下空间	第一类
	4.2.5	场地内环境噪声符合现行国家标准《声环境质量标准》GB 3096 的规定	第二类
	4.2.6	场地内风环境有利于室外行走、活动舒适和建筑的自然通风	第二类
	4.2.7	采取措施降低热岛强度	第一、二类
	4.2.13	充分利用场地空间合理设置绿色雨水基础设施,对大于 10hm² 的场地进行雨水专项规划设计	第一类

节能与能源利用部分达标分析　　　　　　　　　　　表 11-2

要　求			应用要求
一般项	5.2.1	结合场地自然条件,对建筑的体形、朝向、楼距、窗墙比等进行优化设计	第二类
	5.2.2	外窗、玻璃幕墙的可开启部分能使建筑获得良好的通风	第一类
	5.2.3	围护结构热工性能指标优于国家或行业建筑节能设计标准的规定	第二类
	5.2.6	合理选择和优化供暖、通风与空调系统	第二类

节水与水资源利用部分达标分析　　　　　　　　　　表 11-3

要　求			应用要求
一般项	6.2.9	除卫生器具、绿化灌溉和冷却塔外的其他用水采用了节水技术或措施	第一类

节材与材料资源利用部分达标分析　　　　　　　　　表 11-4

要　求			应用要求
一般项	7.1.3	建筑造型要素应简约,且无大量装饰性构件	第一类
	7.2.4	公共建筑中可变换功能的室内空间采用可重复使用的隔断(墙)	第一类
	7.2.5	采用工业化生产的预制构件	第一类
	7.2.7	选用本地生产的建筑材料	第一类
	7.2.9	建筑砂浆采用预拌砂浆	第一类
	7.2.10	合理采用高强度建筑结构材料	第一类
	7.2.11	合理采用高耐久性建筑结构材料	第一类
	7.2.12	采用可再利用材料和可再循环材料	第一类
	7.2.13	使用以废弃物为原料生产的建筑材料,废弃物掺量不低于 30%	第一类

室内环境质量部分达标分析　　　　　　　　　　　表 11-5

要　求			应用要求
控制项	8.1.1	主要功能房间的室内噪声级应满足现行国家标准《民用建筑隔声设计规范》GB 50118 中的低限要求	第二类
	8.1.2	主要功能房间的外墙、隔墙、楼板和门窗的隔声性能应满足现行国家标准《民用建筑隔声设计规范》GB 50118 中的低限要求	第一类

续表

	要 求		应用要求
一般项	8.2.1	主要功能房间的室内噪声级低于现行国家标准《民用建筑隔声设计规范》GB 50118 中的低限标准限值	第二类
	8.2.2	主要功能房间的隔声性能良好	第一类
	8.2.6	主要功能房间的采光系数满足现行国家标准《建筑采光设计标准》GB 50033 的要求	第二类
	8.2.7	改善建筑室内天然采光效果	第二类
	8.2.8	采取可调节遮阳措施，降低夏季太阳辐射得热	第一类
	8.2.9	供暖空调系统末端现场可独立调节	第一类
	8.2.10	优化建筑空间、平面布局和构造设计，改善自然通风效果	第一、二类
	8.2.11	气流组织合理	第二类

提高与创新部分达标分析　　　　　表 11-6

	要 求		应用要求
优选项	11.2.1	围护结构热工性能指标优于国家或行业建筑节能设计标准的规定	第二类

11.3 《绿色建筑评价标准》条文与 BIM 实现途径

本节内容主要分析哪些内容是可以通过增加 BIM 核心模型中各构件的属性值，通过统计功能，分析是否满足绿色建筑评价相应条文要求。通过增加各构件的相应属性，实时显示调整结果，辅助绿色建筑设计。通过梳理，在绿色建筑评价中，有 33 条可以采用 BIM 的方式实现，其中需要借助计算机模拟的 14 条，需要在 BIM 核心模型中增加信息的有 21 条（其中 2 条是同上具有上述两类特性）。详见表 11-7 所示。

绿色建筑相应评价条文和 BIM 实现途径一览表　　　　表 11-7

序号	条文编号	实 现 途 径	责任主体
1	4.1.4	基于 BIM 的日照分析模拟	建筑
2	4.2.1	BIM 模型中，增加人均用地指标和容积率统计功能	建筑
3	4.2.2	BIM 模型中，增加人均绿地指标和绿地率统计功能	建筑
4	4.2.3	BIM 模型中，增加地下建筑面积与地上建筑面积比值及地下建筑（一层）建筑面积与总用地面积比值统计功能	建筑
5	4.2.5	基于 BIM 的声学模拟	建筑物理
6	4.2.6	基于 BIM 的 CFD 模拟	建筑物理
7	4.2.7	BIM 模型中，在路面及屋面材料中增加"太阳辐射反射系数"，增加遮阴面积比率及路面反射率＜0.4 的面积比例统计功能；基于 BIM 的 CFD 模拟	景观
8	4.2.13	BIM 模型中，增加下凹式绿地、雨水花园等的面积比例及透水铺装地面面积统计功能	景观

续表

序号	条文编号	实　现　途　径	责任主体
9	5.2.1	基于 BIM 的日照、CFD 分析模拟	建筑物理
10	5.2.2	BIM 模型中,在窗族中增加可开启扇的面积等信息,并增加面积统计功能	建筑
11	5.2.3	基于 BIM 的能耗分析模拟	暖通
12	5.2.6	基于 BIM 的能耗分析模拟	暖通
13	6.2.9	BIM 模型中,在用水设备的材料属性中增加"节水技术或措施"属性	给水排水
14	7.1.3	BIM 模型中,在建筑材料属性中增加"装饰性"属性,并统计造价与总投资的比例	建筑
15	7.2.4	BIM 核心模型中,在房间属性中增加"灵活隔断"属性	建筑
16	7.2.5	BIM 核心模型中,在材料属性中增加"预制"属性	建筑、结构
17	7.2.7	BIM 核心模型中,在材料属性中增加"距离"、"重量"属性	建筑、结构
18	7.2.9	BIM 核心模型中,在砂浆材料属性中增加"预拌"属性	结构
19	7.2.10	BIM 核心模型中,在材料属性中增加"强度"属性,包括混凝土强度和钢筋强度,以便分类统计	结构
20	7.2.11	BIM 核心模型中,在材料属性中增加"耐久性"属性	结构
21	7.2.12	BIM 核心模型中,在材料属性中增加"循环材料"属性,包括可再生,可循环和一般材料	建筑、结构
22	7.2.13	BIM 核心模型中,在材料属性中增加"原料"属性,定义是否为废弃物	建筑、结构
23	8.1.1	基于 BIM 的声学模拟	建筑物理
24	8.1.2	BIM 核心模型中,在窗户、墙体和屋面属性中增加"隔声性能"属性	建筑
25	8.2.1	基于 BIM 的声学模拟	建筑物理
26	8.2.2	BIM 核心模型中,在窗户、墙体和屋面属性中增加"隔声性能"属性	建筑
27	8.2.6	基于 BIM 的采光计算模拟	建筑物理
28	8.2.7	基于 BIM 的采光计算模拟	建筑物理
29	8.2.8	BIM 核心模型中,在材料属性中增加"可调节遮阳"属性	建筑
30	8.2.9	BIM 核心模型中,在空调系统末端属性中增加"可独立调节"属性	暖通
31	8.2.10	BIM 核心模型中,增加房间窗户面积与房间地板面积的比率统计功能;基于 BIM 的 CFD 模拟	建筑
32	8.2.11	基于 BIM 的 CFD 模拟	建筑物理
33	11.2.1	基于 BIM 的能耗模拟	暖通

11.4　基于 BIM 的 CFD 模拟分析

11.4.1　CFD 软件

1. 绿色建筑设计对 CFD 软件的要求

节能减排是我国的一项基本国策,建筑用能在能耗中占有重要地位,绿色建筑涉及的技术范围更广，要求更高，所以，从中央政府到地方各级政府都在积极地推广绿色建筑。全面推进建筑节能与推广绿色建筑已成为我国国家发展战略，一系列国家层面的重大决策和行动正在快速展开。住房城乡建设部为贯彻执行节约资源和保护环境的国家技术经济政策，推进可持续发展，规范绿色建筑的评价，制定了《绿色建筑评价标准》GB/T 50378—2006，随着绿建工作的不断推进，在总结以往绿建建设经验上，于 2014 年 5 月发布了《绿色建筑评价标准》GB/T 50378—2014，并于 2015 年 1 月 1 日正式实施。绿色建筑设计对 CFD 软件计算分析提出了图 11-1 所示几个方面的要求：

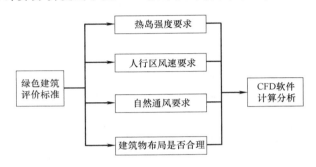

图 11-1　绿色建筑设计对 CFD 软件计算分析

CFD 软件应用于 BIM 前期，可以有效地优化建筑布局，对建筑运行能耗的降低，室内通风状况的改善均有较大帮助。

《绿色建筑评价标准》GB/T 50378—2014 对 CFD 软件提出要求如图 11-1 所示，具体为：

（1）标准第 4.2.6 条要求：场地内风环境有利于室外行走舒适、活动舒适和建筑的自然通风。

冬季典型风速和风向条件下，建筑物周围人行区风速低于 5m/s，且室外风速放大系数小于 2；除迎风第一排建筑外，建筑迎风面与背风面表面风压差不超过 5Pa。

过渡季、夏季典型风速和风向条件下，场地内人活动区不出现涡旋或无风区，50％以上可开启外窗室内外表面的风压差大于 0.5Pa。

（2）标准第 4.2.7 条要求：采取措施降低热岛强度，通过乔木、构筑物等遮阴设计实现，同时可通过 CFD 技术进行判定。

（3）标准第 8.2.10 条要求：根据在过渡季典型工况下主要功能房间平均自然通风换气次数不小于 2 次/h 的面积比例予以评分。通过优化建筑布局确保建筑布局利于自然通风。

2. 常用 CFD 软件的评估

FLUENT 软件是目前市场上最流行的 CFD 软件，它在美国的市场占有率达到 60％。在进行的网上调查中发现，FLUENT 在中国也是得到最广泛使用的 CFD 软件。其前处理软件主要有 GAMBIT 与 ICEM，ICEM 直接几何接口包括：CATIA，CADDS5，ICEM Surf/DDN，I-DEAS，SolidWorks，Solid Edge，Pro/ENGINEER and Unigraphics。较为简单的建筑模型可以直接导入，当建筑模型较为复杂时，则需遵循从点—线—面的顺序建立建筑模型。

　　使用商用 CFD 软件的工作中，大约有 80％的时间是花费在网格划分上的，可以说网格划分能力的高低是决定工作效率的主要因素之一。FLUENT 软件采用非结构网格与适应性网格相结合的方式进行网格划分。与结构化网格和分块结构网格相比，非结构网格划分便于处理复杂外形的网格划分，而适应性网格则便于计算流场参数变化剧烈、梯度很大的流动，同时这种划分方式也便于网格的细化或粗化，使得网格划分更加灵活、简便。FLUENT 划分网格的途径有两种：一种是用 FLUENT 提供的专用网格软件 GAMBIT 进行网格划分，另一种则是由其他的 CAD 软件完成造型工作，再导入 GAMBIT 中生成网格。还可以用其他网格生成软件生成与 FLUENT 兼容的网格用于 FLUENT 计算。可以用于造型工作的 CAD 软件包括 I-DEAS、Pro/E、SolidWorks、Solidedge 等。除了 GAMBIT 外，可以生成 FLUENT 网格的网格软件还有 ICEM CFD、Pointwise GridGen 等。FLUENT 可以划分二维的三角形和四边形网格，三维的四面体网格、六面体网格、金字塔型网格、楔型网格，以及由上述网格类型构成的混合型网格。

　　GAMBIT 软件高度自动化，可生成包括结构和非结构化的网格，也可以生成多种类型组成的混合网格。但进行结构化网格划分时，其要求用户对模型进行详细的分区以便结构化网格的生成。ICEM CFD 划分的思想跟 Pointwise GridGen 类似，也是以实体为参考，然后将网格映射到实体之上。但是与 Pointwise GridGen 不同的是，在 ICEM CFD 中建立的线、块等不需要与实体重合，而 Pointwise GridGen 必须将 connection、domain 等建立于实体之上，简单点讲，Pointwise GridGen 的网格是依附于实体之上的，而 ICEM CFD 的网格是映射到实体之上的。

　　工程应用具有一定的时间要求，对模型进行精细的分区再细解不实际，所以 FLUENT 软件进行绿建设计配合仍存在一定的缺陷。

　　Airpak 软件是在 FLUENT 基础上发展起来的一个工具软件。Airpak 是基于"object"的建模方式，这些"object"包括房间、人体、块、风扇、通风孔、墙壁、隔板、热负荷源、阻尼板（块）、排烟罩等模型。另外，Airpak 还提供了各式各样的 diffuser 模型，以及用于计算大气边界层的模型。Airpak 同时还提供了与 CAD 软件的接口，可以通过 IGES 和 DXF 格式导入 CAD 软件的几何。Airpak 提供了强大的数值报告，可以模拟不同空调系统送风气流组织形式下室内的温度场、湿度场、速度场、空气龄场、污染物浓度场、PMV 场、PPD 场等，以对房间的气流组织、热舒适性和室内空气品质进行全面综合评价，更方便地理解和比较分析结果。可以看到速度矢量、云图和粒子流线动画等，也可以实时描绘出气流运动情况。

　　Airpak 较为简单的建筑模型可以直接导入，当建筑模型较为复杂时，建筑模型可由软件本身提供的三维体组成。作为工程来说，由于房间众多，手动使用 object 建立模型太耗时间，CAD 导入时，需在模型中重组成体，用于绿建计算工作量很大。不过其模拟结果较为精确，如图 11-2 所示。

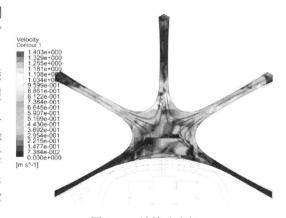

图 11-2　计算速度场

PHOENICS 具有较好的开放性，其提供了 CAD 接口，可以读入很多 CAD 软件的图形文件，也支持建筑三维建模软件导出的 3ds 格式文件。较为简单的建筑模型可以由软件自带的模块建立。由于该软件容错率较高，且与常用的建筑软件接口契合较好，能够对方案阶段建立的模型进行直接利用，大大节约了建模及网格划分时间，故推荐利用该软件进行风场及热岛计算的软件。

斯维尔与 PKPM 等软件目前也专门开发了针对绿建进行计算的模块，在通风计算方面，该两款软件可加载在 CAD 软件上进行建模计算。

3. BIM 模型与 CFD 软件的对接

从绿色建筑设计要求来看，热岛计算要求建立出整个建筑小区的道路、建筑外轮廓、水体、绿地等模型；室内自然通风计算及室外风场计算需建立出建筑的外轮廓及室内布局，从 BIM 应用系统中直接导出软件可接受格式的模型文件是比较好的选择。

从各软件的特点来看，选用 PHOENICS 作为与 BIM 应用配合完成绿色建筑设计的 CFD 软件，可以直接导入建筑模型，大大减少建筑模型建立的工作量，故本指南选用 PHOENICS 与 BIM 应用进行配合设计。

BIM 设计与 PHOENICS 的配合流程如图 11-3 所示。

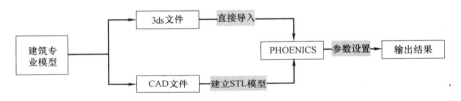

图 11-3　BIM 设计与 PHOENICS 的配合流程

11.4.2　BIM 模型与 CFD 计算分析的配合

1. BIM 模型配合 CFD 计算热岛强度

《绿色建筑评价标准》GB/T 50378—2014 第 4.2.7 条要求：采取措施降低热岛强度。

由三维建模软件导出建筑、河流、道路、绿地的模型文件，模型文件的导出可采取两种路径：直接导出 3ds 格式的模型文件；导出 CAD 格式的文件，再在 CAD 文件中建立三维模型，导出 STL 格式的模型文件。

2. BIM 模型配合 CFD 计算室外风速

《绿色建筑评价标准》GB/T 50378—2014 第 4.2.6 条要求：建筑物周围人行区风速低于 5m/s，不影响室外活动的舒适性和建筑通风。冬季典型风速和风向条件下，建筑物周围人行区风速低于 5m/s，且室外风速放大系数小于 2；除迎风第一排建筑外，建筑迎风面与背风面表面风压差不超过 5Pa。

由三维建模软件导出建筑外表面的模型文件，模型文件的导出可采取两种路径：直接导出 3ds 格式的模型文件；导出 CAD 格式的文件，再在 CAD 文件中建立三维模型，导出 STL 格式的模型文件。

导出的模型可只包含建筑外表面及周围地形信息，且导出的建筑模块应封闭好，以免 CFD 软件导入模型时发生错误。

3. BIM 模型配合 CFD 计算室内通风

《绿色建筑评价标准》GB/T 50378—2014 第 8.2.10 条要求：根据在过渡季典型工况下主要功能房间平均自然通风换气次数不小于 2 次/h 的面积比例予以评分。

可分为两种方法计算：①导出整栋建筑外墙及内墙信息，整栋建筑同时参与室内及室外的风场计算；②按照室外风速场计算的例子，计算出建筑物表面风压，单独进行某层楼的室内通风计算。

由三维建模软件导出建筑室内的模型文件，模型文件的导出可采取两种路径：①直接导出 3ds 格式的模型文件；②导出 CAD 格式的文件，再在 CAD 文件中建立三维模型，导出 STL 格式的模型文件。

11.5　基于 BIM 的建筑热工和能耗分析

11.5.1　建筑热工和能耗模拟分析

建筑节能必须从建筑方案规划、建筑设备系统的设计开始。不同的建筑造型、不同的建筑材料、不同的建筑设备系统可以组合成很多方案，要从众多方案中选出最节能的方案，必须对每个方案的能耗进行估计。某些模拟技术采用静态简化方法，如度日数法和 BIN 方法。但是建筑物的传热过程是一个动态过程，建筑物的得热和失热是随时随地随着室外气候条件的变化而变化的，采用静态方法会引起较大误差。建筑能耗不仅仅依赖于围护结构和 HVAC 系统、照明系统的单独性能，并且依赖于它们的总体性能。大型建筑非常复杂，建筑与环境、系统以及机房存在动态作用，这些都需要建立模型，进行动态模拟和分析。

经过多年的发展，建筑模拟已经在建筑环境和能源领域取得了越来越广泛的应用，贯穿于建筑的整个寿命周期，具体的应用有：

（1）建筑冷/热负荷的计算，用于空调设备的选型；

（2）在设计新建筑或者改造既有建筑时，对建筑进行能耗分析，以优化设计或节能改造方案；

（3）建筑能耗管理和控制模式的设定与制定，保证室内环境的舒适度，并挖掘节能潜力；

（4）与各种标准规范相结合，帮助设计人员设计出符合国家或当地标准的建筑；

（5）对建筑进行经济性分析，使设计人员对各种设计方案从能耗与费用两方面进行比较。

由此可见，建筑能耗模拟与 BIM 有非常大的关联性，建筑能耗模拟需要 BIM 的信息，但又有别于 BIM 的信息。建筑能耗模拟模型与 BIM 模型的差异如下：

1. 建筑能耗模拟需对 BIM 模型简化

在能耗模拟中，按照空气系统进行分区，每个区的内部温度一致，而所有的墙体和窗等围护结构的构件都被处理为没有厚度的表面，而在建筑设计当中墙体是有厚度的。为了解决这个问题，避免重复建模，建筑能耗模拟软件希望从 BIM 信息中获得的构件是没有厚度的一组坐标。

除了对围护结构的简化外，由于实际的建筑和空调系统往往非常复杂，完全真实的表述不但太过繁复，而且也没有必要，必须做一些简化处理。例如热区的个数，往往受程序的限制所决定，即使在程序的限制以内，也不能过多，以免计算速度过慢。

2. 补充建筑构件的热工特性参数

BIM 信息中含有建筑构件的很多信息，如尺寸、强度等，但能耗模拟软件的热工性能参数往往没有，这就需要进行补充和完善。

3. 负荷时间表

要想得到建筑的冷/热负荷，必须知道建筑的使用情况，即对负荷的时间表进行设置，这在 BIM 模型中往往没有，必须在能耗模拟软件中单独进行设置。由于还有其他模拟要基于 BIM 信息进行计算（如采光和 CFD 模拟），所以可以在 BIM 信息中增加负荷时间表，降低模拟软件的工作量。

11.5.2　常用的建筑能耗模拟分析软件

用来设计和分析建筑及暖通空调系统的软件很多。美国能源部统计了全世界范围内用于建筑能效、可再生能源、建筑可持续等方面评价的软件工具，到目前为止共有393 款。

其中比较流行的主要有：Energy-10、HAP、TRACE、DOE-2、BLAST、Energyplus、TRANSYS、ESP-r、Dest 等。

以下给出 DOE-2、Energyplus、TRANSYS、ESP-r、Dest 等几种主要建筑能耗分析软件的介绍。

1. DOE-2

DOE-2 由美国劳伦斯伯克利国家实验室（Lawrence Berkeley National Laboratory, LBNL）开发，自 1979 年开始发行第一个版本，1999 年停止开发，最新版本是 DOE2.1e。经过 20 年的发展，DOE-2 成为世界上用得最多的建筑能耗模拟软件，目前有 132 个不同用户界面的版本都是采用它作为计算引擎。

（1）DOE-2 的负荷模块

DOE-2 采用传递函数法模拟计算建筑围护结构对室外天气的时变响应和内部负荷，通过围护结构的热传递所形成的逐时冷、热负荷采用反映系数法计算；建筑内部蓄热材料对于瞬时负荷的响应采用权系数计算。

用户可以选用软件中自带的预先定义好的墙体、屋顶和窗户等，也可以自己定义，并加入软件库。所有的建筑表面，包括墙、窗、门、屋顶都可以用他们各自的几何位置和尺寸定义，但这些表面必须由直线组成。邻近的建筑、建筑本身，以及各种外遮阳装置所产生的遮阳效果都可以模拟。各种内遮阳装置对于太阳辐射得热的影响和眩光等都可以进行模拟。

渗透负荷可以采用不同的模型进行模拟，包括换气次数法，或者考虑风压和烟囱效应的 Sherman-Grimsrud 模型。潜热负荷的模拟采用半稳态传质模型，不考虑建筑材料的吸湿和放湿特性。

该软件采用顺序模拟法，由四个模块（Loads，System、Plant、Economics）组成，模块之间没有反馈。空气温度权系数被用来计算因系统设置和运行而产生的室内逐时温度。

（2）DOE-2 的系统模拟

系统模拟采用半稳态模型，即在模拟时间步长（1h）内建设系统保持稳定。因采用非迭代方法，有可能无法在每个时间步长达到能量平衡。可以模拟各种常用空调系统，如定风量全空气系统、VAV 系统、风机盘管系统、整体式直接膨胀系统、水源热泵系统、地源热泵系统等。设备的效率和性能参数可以由用户自己根据厂家提供的性能曲线计算后输入。

各种空调系统的控制策略，如经济器、室内设定温度重整、送风温度重整、风机启停及运行优化和夜间通风等都能够模拟。

（3）DOE-2 的经济模拟

DOE-2 可以定义复杂的能源费率结构（随季节、日期、时间变化），并用来进行全寿命周期的模拟计算，包括计算投资回收、现金流、利润及损失等。

（4）DOE-2 的用户界面

DOE-2 的输入采用建筑描述语言（Building Description Language，BDL），仅支持英文的输入，其复杂程度对于用户的要求较高。因此有了很多在 DOE-2 计算引擎上开发的用户界面。

VisualDOE 是基于 DOE-2.1E 上开发的 Windows 界面，通过图形化的界面，用户可以采用标准形状或自己建立建筑几何模型。该程序还支持 CAD 图的导入。程序有建筑围护结构库、空调系统库和运行日程库，用户可以在这些库中选取，也可以自己定义。程序具有比较不同设计方案的能力，对同一个项目，可以定义最多 20 个方案进行模拟。

eQUEST 是基于 DOE2.2 开发的简化界面。该软件是免费的，而且其所具备的"建筑创建向导（Building Creation Wizard）"和"能源效率度量向导（Energy Efficiency Measure，Wizard，EEM）"以及图形化输出界面，可以让尚无较多的 DOE-2 应用经验的初学者进行较为详细的能耗模拟。eQUEST 提供两种输入方式：向导方式和详细输入方式，用户可以根据情况自行选择。而用向导方式输入仅需要很少的数据就可以建立模型，其他的数据都是程序已设定好的缺省。eQUEST 在建筑扩初步设计阶段详细数据尚不具备时，对建筑进行初步模拟分析非常好，它可以让设计人员仅仅花费很少的时间和有限的费用就能够完成较为详细的模拟。

2. EnergyPlus

EnergyPlus 由美国能源部（Department Of Energy，DOE）和劳伦斯伯克利国家实验室（Lawrence Berkeley National Laboratory，LBNL）共同开发。二十多年里，美国政府同时出资支持两个建筑能耗分析软件 DOE-2 和 BLAST 的开发，其中 DOE-2 由美国能源部资助，BLAST 由美国国防部资助。DOE-2 采用传递函数法，而 BLAST 采用热平衡法。因为这两个软件各有优缺点，美国能源部于 1996 年决定重新开发一个新的软件 Energy-Plus，并于 1998 年停止对 BLAST 和 DOE-2 的开发。EnergyPlus 是一个全新的软件，它不仅吸收了 DOE-2 和 BLAST 的优点，并且具备很多新的功能。EnergyPlus 被认为是用来替代 DOE-2 的新一代的建筑能耗模拟分析软件。

EnergyPlus 的主要特点包括：

（1）采用集成同步的负荷/系统/设备的模拟方法；

（2）在计算负荷时，用户可以定义小于 1h 的时间步长，在系统模拟中，时间步长自动调整；

（3）采用热平衡法模拟负荷；

（4）采用 CTF 模拟墙体、屋顶、地板等的瞬态传热；

（5）采用三维有限差分土壤模型和简化的解析方法对土壤传热进行模拟；

（6）采用联立的传热和传质模型对墙体的传热和传湿进行模拟；

（7）采用基于人体活动量、室内温湿度等参数的热舒适模型模拟热舒适度；

（8）采用各向异性的天空模型以改进倾斜表面的天空散射强度；

（9）先进的窗户传热的计算，可以模拟包括可控的遮阳装置、可调光的电铬玻璃等；

（10）日光照明的模拟，包括室内照度的计算、眩光的模拟和控制、人工照明的减少对负荷的影响等；

（11）基于环路的可调整结构的空调系统模拟，用户可以模拟典型的系统，而无须修改源程序；

（12）与一些常用的模拟软件链接，如 WINDOW5、COMIS、TRNSYS、SPARK 等，以便用户对建筑系统作更详细的模拟；

（13）源代码开放，用户可以根据自己的需要加入新的模块或功能。

EnergyPlus 是一个建筑能耗逐时模拟引擎，采用集成同步的负荷/系统/设备的模拟方法。在计算负荷时，时间步长可由用户选择，一般为 10～15min。在系统的模拟中，软件会自动设定更短的步长（小至数秒，大至 1h）以便于更快地收敛。EnergyPlus 采用 CTF 来计算墙体传热，采用热平衡法计算负荷。

CTF 实质上还是一种反应系数，但它的计算更为精确，因为它是基于墙体的内表面温度，而不同于一般的基于室内空气温度的反应系数。热平衡法是室内空气、围护结构内外表面之间的热平衡方程组的精确解法，它突破了传递函数法（TFM）的种种局限，如对流换热系数和太阳辐射得热可以随时间变化等。在每个时间步长，程序自建筑内表面开始计算对流、辐射和传湿。由于程序计算墙体内表面的温度，可以模拟辐射式供热与供冷系统，并对热舒适进行评估。区域之间的气流交换可以通过定义流量和时间表来进行简单的模拟，也可以通过程序链接的 COMIS 模块对自然通风、机械通风及烟囱效应等引起的区域间的气流和污染物的交换进行详细的模拟。COMIS 是 LBNL 开发的用来模拟建筑外围护结构的渗透、区域之间的气流与污染物交换的免费专业分析软件。窗户的传热和多层玻璃的太阳辐射得热可以用 WINDOW5（LBNL 开发的计算窗户热性能的免费专业分析软件）计算。遮阳装置可以由用户设定，根据室外温度或太阳入射角进行控制。人工照明可以根据日光照明进行调节。

在 EnergyPlus 中采用各向异性的天空模型对 DOE-2 的日光照明模型进行了改进，以更为精确地模拟倾斜表面上的天空散射强度。

EnergyPlus 采用模块化的系统模拟方法，时间步长可变。空调系统由很多个部件所构成，这些部件包括风机、冷热水及直接蒸发盘管、加湿器、转轮除湿、蒸发冷却、变风量末端、风机盘管等。部件的模型有简单的，也有复杂的，输入的复杂性也不同。这些部件由模拟实际建筑管网的水或空气环路（loop）连接起来，每个部件的前后都需设定一个节点，以便连接。这些连接起来的部件还可以与房间进行多环路的连接，因此可以模拟双空气环路的空调系统（如独立式新风系统，Dedicated Outdoor Air System-DOAS）。

一些常用的空调系统类型和配置已做成模块，包括双风道的定风量空气系统和变风量空气系统、单风道的定风量空气系统和变风量空气系统、组合式直接蒸发系统、热泵、辐射式供热和供冷系统、水环热泵、地源热泵等。EnergyPlus 模拟的冷热源设备包括吸收式制冷机、电制冷机、引擎驱动的制冷机、燃气机制冷机、锅炉、冷却塔、柴油发电机、燃气轮机、太阳能电池等。

这些设备分别用冷冻水、热水和冷却水回路连接起来。设备模型采用曲线拟合方法。

3. TRNSYS

TRNSYS 的全称为 Transient System Simulation　Program，即瞬时系统模拟程序。TRNSYS 软件最早是由美国 Wisconsin-Madison 大学（威斯康星大学）Solar Energy 实验室（SEL）开发的，后来在欧洲的一些研究所，法国的建筑技术与科学研究中心（CSTB）、德国的太阳能技术研究中心（TRANSSOLAR）、美国热能研究中心（TESS）的共同努力下逐步完善。

TRNSYS 软件是模块化的动态仿真软件，所谓模块化，即认为所有系统均由若干个小的系统（即模块）组成，一个模块实现某一种特定的功能，因此，在对系统进行模拟分析时，只要调用实现这些特定功能的模块，给定输入条件，就可以对系统进行模拟分析。某些模块在对其他系统进行模拟分析时同样用到，此时，无须再单独编制程序来实现这些功能，只要调用这些模块，给予其特定的输入条件就可以了。

TRNSYS 软件最大的特点就是其开放性，TRNSYS 软件是目前能耗模拟软件中最开放的一个软件，它的开放性体现在很多方面，主要体现在如下方面：

（1）源代码开放

TRNSYS 软件组件源代码是开放的。用户可以基于源代码理解算法核心，同时可以参考软件中成熟算法开发独立软件、模块。TRNSYS 程序在重新编译的情形下，可以生成独立于软件的控制台下的程序。

（2）Drop-in 技术支持快捷式的新模块的开发与生成

在暖通空调的模拟计算中，经常会遇到有些模块无法满足要求，于是用户自主开发就显得非常的有必要了，然而很多用户由于不具备编程的能力而无能为力。TRNSYS16、17 区别于 TRNSYS15 的最大特点就是推出了 Drop-in 技术，即可以方便用户进行新模块的编制。在 Drop-in 技术的支持下，用户只需要会一些简单的 FORTRAN 编写一些计算的语句即可以完成新模块，编译完成的模块具有与其他模块完全一致的地位。

（3）与众多软件都有接口

TRNSYS 软件与众多软件都有接口，可以很方便地完成调用和计算。TRNSYS 与 MATLAB 有接口，软件自带的算例中就有调用 MATLAB 的案例。TRNSYS 与 FLUENT 有接口，可以将复杂空间流场计算分配给 FLUENT，自己进行逐时能耗计算。TRNSYS 还可以与 COMIS、CONTAM 等自然通风软件结合完成自然通风计算。TRNSYS 可以识别 WINDOW5 数据库进行窗户动态计算。TRNSYS 可以被 GENOPT 调用进行优化计算。TRNSYS17 还推出一种新语言 W 语言，用户可以按照语言的规定，在记事本里按习惯编写语句，可以被软件识别完成计算。

（4）能进行建筑三维建模

TRNSYS17 与 Google SketchUp 等建筑建模软件有接口，能在建筑建模软件中进行三维建筑建模，建立的模型信息能导入到 TRNSYS17，完成建筑负荷的计算。

（5）可以调用其他能耗数据

TRNSYS 软件可以很方便地调用几乎所有能耗模拟软件的负荷计算结果，完成系统能耗的计算与优化。

（6）可以识别很多格式的气象数据

TRNSYS 软件可以识别很多格式的气象数据，如 TMY、TMY-2、TMY-3、EPW等，甚至是最底层的 TXT 格式的气象数据也可以被识别。

TRNSYS 软件全面性主要体现在它的应用面非常广，它涵盖发电、可再生能源、HVAC 等众多领域的众多方面。在各个领域中的热工问题都有相应的模块。

（1）建筑物全年逐时负荷计算

TRNSYS 软件能进行建筑物全年逐时负荷计算。TRNSYS17 最大的特点就是可以根据建筑的实际造型，在 Google SketchUp 等建筑建模软件中进行三维建模，软件也可以支持很多热区的复杂计算。负荷计算的结果可以很方便地以图表的形式展现出来。

（2）建筑物全年能耗计算以及系统优化

TRNSYS 软件在负荷计算的基础上能进行系统能耗的计算以及系统优化。由于软件本身是模块化的特点，系统的建模能在软件中很全面、精确地展现。软件中提供众多系统模块，用户可以很方便地像搭积木的方式一样完成系统的搭接，修改系统的参数与配置进行系统的优化。

（3）太阳能系统模拟计算

TRNSYS 软件一个很大优势就在于太阳能系统模拟。软件最原始开发方为美国 Wisconsin-Madison 大学 Solar Energy 实验室，软件早期为一个太阳能领域的专业软件。因此，在各种太阳能系统的模拟计算上具有很大优势，涵盖的面较宽。

太阳能热水系统：TRNSYS 软件中关于太阳能热水系统的技术是非常成熟而且得到国际上一些组织公认。TRNSYS 软件中关于集热器的模块非常全面，同时系统中热水系统的辅助热源、蓄热设备以及各种控制方式的模块也是非常的全面。软件计算还可以对建筑等障碍物对集热器的遮挡所造成的集热效果影响进行较为精确的模拟计算。TRNSYS17 还新增了中高温太阳能集热器的模块库，方便用来进行近年来兴起的中高温集热系统的模拟计算。

太阳能光伏系统：TRNSYS 软件中关于光伏组件的库也非常全面，辅助设备逆变器、蓄电池等的模型也非常丰富，方便用户选取。软件还带有风力发电模块，不仅能进行风力发电系统计算，还能进行风光互补发电系统优化计算。

太阳能热发电系统：对于近年来刚刚兴起的太阳能热发电系统 TRNSYS 也是非常的专业，4 种热发电形式（槽式、线性菲涅尔式、碟式、中央接收器）等均有相应的模块。同时由于 TRNSYS17 新增了冷热电三联供库（CHP），结合原有发电模块，TRNSYS 能对太阳能热发电系统甚至复合式的太阳能热发电系统进行全面准确的计算。在这个领域内用 TRNSYS 进行研究已在国外有了很大的发展，在国内也有相关的业绩和案例。

（4）地源热泵系统模拟计算

TRNSYS 软件在中国被很多用户接受都是和地源热泵在中国的发展息息相关的。

TRNSYS 软件中地下模型，尤其是垂直地埋管模型是软件本身的一大特色。TRNSYS 软件采用国际公认的 g-function 算法，可以进行地埋管的换热计算、土壤热平衡校核以及复合式地源热泵系统计算。

TRNSYS 软件的垂直地埋管模型得到了第三方认证，是被权威机构认为最精确的计算模型。目前，国内外也有很多实测的工程来验证 TRNSYS 软件中垂直地埋管模型的准确性，在很多工程项目中，模拟计算和实测值显示出良好的一致性。

（5）地板辐射供暖、供冷系统模拟计算

TRNSYS 软件可以进行地板辐射供暖、供冷系统模拟计算，计算结果的可靠性有相应的实验数据来支撑，可以广泛应用在温湿度独立控制、地板采暖、顶棚冷辐射等工程和项目中。

（6）蓄冷、蓄热系统模拟计算

TRNSYS 软件中关于蓄冷、蓄热的模块较为丰富，各种蓄热模型：水箱、岩石、冰蓄冷等均有对应的模块。TRNSYS 软件中还有地下蓄热等方面各种形式的模块。TRNSYS 软件被广泛应用在短期、季节、甚至长期蓄热项目中。

（7）电力系统模拟计算

TRNSYS 软件中关于电力系统方面的模型较为全面，广泛地被应用在太阳能热发电、普通发电、燃料电池、冷热电三联供等项目和研究中。太阳能热发电在前述已经介绍，这里就不再赘述。

普通发电：TRNSYS 软件中关于发电的模块较为全面，柴油发电机、透平、发电机等模块较为全面，能对发电系统进行全年逐时动态计算。

燃料电池：TRNSYS 软件中同样有较多的燃料电池模型，能进行燃料电池系统的模拟计算。

冷热电三联供：TRNSYS 软件中有专门的冷热电三联供库（CHP），能进行三联供系统逐时动态计算以及系统的优化分析。

TRNSYS 特有功能包括：

（1）能进行建筑三维建模

TRNSYS17 与 Google SketchUp 等建筑建模软件有接口，能在 Google SketchUp 软件中进行三维建筑建模，建立的模型信息能导入到 TRNSYS17，完成建筑负荷的计算。

（2）暖通空调系统方面

TRNSYS 软件在暖通空调系统方面的优势主要是基于软件的方法论，即系统论的观点。软件采用 COM 技术（Component Object Method），暖通空调的各个系统在软件中被拆解为一个个独立的零件，用户只需要用搭积木的方式进行系统的拼接就可以真实再现整个系统。软件可以较大程度地再现 HVAC 系统，模拟输出系统中设备的工况，可以进行系统能耗的计算以及系统的优化。在 TRNOPT 的平台下，软件可以进行 HVAC 系统的最优化计算，得出目标函数下的最优化系统配置。

（3）可再生能源方面

TRNSYS 软件中包含丰富的太阳能计算模块、地源热泵计算模块、风力发电等模块。TRNSYS 软件中这些模块不仅全面而且权威，很多模块得到了国际相关组织的认证和实测数据的支持。

（4）控制系统方面

基于 COM 技术的软件架构非常方便控制系统的真实再现。软件中包含很多基本功能的控制模块，合理的运用模块并进行组合可以得到合适的控制方案。

（5）电力方面

软件在电力系统的应用方面有很多独到之处，目前其他建筑能耗模拟软件还很少涉及这一领域。尤其是冷热电三联供以及太阳能热发电等系统计算具有优势。

（6）复合式系统方面

由于软件是模块化软件，可以方便地进行系统搭接，适合配置较为复杂的复合式系统计算。

4. DeST

DeST 是建筑环境及 HVAC 系统模拟的软件平台，该平台以清华大学建筑技术科学系环境与设备研究所十余年的科研成果为理论基础，将现代模拟技术和独特的模拟思想运用到建筑环境的模拟和 HVAC 系统的模拟中去，为建筑环境的相关研究和建筑环境的模拟预测、性能评估提供了方便、实用、可靠的软件工具，为建筑设计及 HVAC 系统的相关研究和系统的模拟预测、性能优化提供了的软件工具。目前 DeST 有两个版本，应用于住宅建筑的住宅版本（DeST-h）及应用于商业建筑的商建版本（DeST-c）。

DeST-h 主要用于住宅建筑热特性的影响因素分析、住宅建筑热特性指标的计算、住宅建筑的全年动态负荷计算、住宅室温计算、末端设备系统经济性分析等领域。

DeST-c 是 DeST 开发组针对商业建筑特点推出的专用于商业建筑辅助设计的版本。根据建筑及其空调方案设计的阶段性，DeST-c 对商业建筑的模拟分成建筑室内热环境模拟、空调方案模拟、输配系统模拟、冷热源经济性分析几个阶段，对应地服务于建筑设计的初步设计（研究建筑物本身的特性）、方案设计（研究系统方案）、详细设计（设备选型、管路布置、控制设计等）几个阶段，很好的根据各个阶段设计模拟分析反馈以指导各阶段的设计。

DeST-c 具体应用如下：

（1）在建筑设计阶段，为建筑围护结构方案（窗墙比、保温等）以及局部设计提供参考建议；

（2）在空调方案设计阶段，模拟分析空调系统分区是否合理、比较不同空调方案经济性、预测不同方案未来的室内热状况、不满意率情况；

（3）在详细设计阶段，通过输配系统的模拟指导风机、泵设备的选型以及不同输送系统方案的经济性。冷热源经济性分析指导设计者选择合适的冷热源。

（4）DeST-c 现已广泛用于商业建筑设计过程中，并可对商业建筑的空调系统改造进行模拟给出改造方案。

5. ESP-r

ESP-r 是由位于格拉斯哥的斯特拉思克莱德大学能源系统研究中心（Energy System Research Unit）开发的一款综合建筑模拟分析软件。ESP-r 基本的分析方法为 CFD 中的有限容积法（Finite Volume Method），可以对建筑内外空间的温度场、空气流场以及水蒸气的分布进行模拟，因此它不仅可以对建筑能耗进行模拟，还可以对建筑的舒适度，采暖、通风、制冷设备的容量及效率，气流状态等参量作出综合的评估。除此之外，该软件还集成了对新的可再生能源技术（如光伏系统、风力系统等）的分析手段。

ESP-r 是在欧洲应用非常广泛的建筑能耗模拟分析软件。Esp-r 采用了计算流体动力学中常用的有限体积法，不需要对基本传热方程进行线性化处理，相对于反应系数法来说，其具有较高的灵活性和更宽广的适用范围，但同时对硬件要求也有一定程度的提高。Esp-r 是一个集成化的模拟分析工具，除了可以模拟建筑中的声、光、热以及流体流动等现象外，还可以对建筑能耗以及温室气体排放作出评估，其可模拟的领域几乎涵盖了建筑物理及环境控制的各个方面。

以上几款软件的详细功能比较参见表 11-8。

建筑能耗模拟软件比较　　　　　　　　　　　　　　表 11-8

		DOE2.1E	eQUEST	DeST	EnergyPlus	TRNSYS	ESP-r
总特点	算法：顺序计算负荷、系统和设备，无反馈。同时计算负荷、系统和设备	X	X	X	X	X	X
	计算步长用户自选			R	X	X	X
	可由 CAD 导入建筑几何模型		X	X	X		X
	可将建筑几何模型导出 CAD 格式文件				X		X
	表面、热区、系统和设备的个数无限制		X	X	X	X	X
热区负荷计算	热平衡法			X	X	X	X
	建筑材料吸湿和放湿				X	X	
	墙体传热解法：权系数（传递函数）有限差分/元	X	X	X	X	X	X
	热舒适计算：Fanger 模型			X	X	X	X
太阳辐射与日光照明	太阳辐射计算				X	X	X
	考虑外部遮阳装置和周边建筑体的相互反射		X	X	X	X	
	遮阳装置运行日程表设定			X	X	X	
	用户自定义遮阳控制						
	窗	X		X	X	X	X
	可以控制的窗帘/百叶		X		X		X
	电致变色玻璃		X		X	X	
	WINDOW6 计算与数据导入						
	日光照明与控制			X	X	X	X
	用户自定义日光照明控制	X	X	X	X	X	X
	分级或连续的照明控制	X	X	X	X		X
	眩光计算与控制						
渗透、通风与气流分析	单区渗透计算	X	X	X	X	X	X
	自然通风			P	X	O	
	多区气流分析			P	X	O	X
	置换通风				X	O	X

		DOE2.1E	eQUEST	DeST	EnergyPlus	TRNSYS	ESP-r
空调系统与设备	可用户自配置的空调系统 已配置的空调系统 空调系统部件	16 39	24 61	X20 34	X 28 66	X 20 82	X 23 40
	太阳能吸热壁	X	X	P	X	X	X
	太阳能集热器 平板式 真空管式			X P	X	X X	X
可再生能源	光电池		X		X	X	X
	燃料电池				X	X	X
	风电				X	X	X

注：X：完全可用；P：部分可用；R：研究用途；O：可选（标准版本不包括，需另外购买）。

通过以上的比较，可以看到 EnergyPlus 是目前功能较完善、可以满足建筑设计不同阶段的需求，所以采用 EnergyPlus 作为与 BIM 结合的能耗模拟软件是较好的选择。

目前国内外有许多软件工具也以 Energyplus 为计算内核开发了一些商用的计算软件：如 DesignBuilder，OpenStudio，Simergy 等。本指南以 Simergy 为例，说明基于 BIM 的热工能耗模拟计算。

11.5.3 Simergy 基于 BIM 的能耗模拟

图 11-4 为 Simergy 热工能耗模拟计算应用流程。

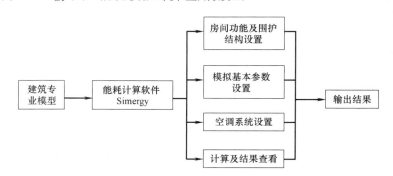

图 11-4 Simergy 热工能耗模拟计算应用流程

1. 导入模型

BIM 模型中包含了很多的建筑信息，数据量非常大。对于能耗模拟计算而言，仅仅需要建筑的几何尺寸、窗洞尺寸和窗洞位置等基本信息，目前的 gbXML 文件格式就是包含这类信息的一种文件，所以直接从 BIM 建模软件中导出 gbXML 文件就可以了。

2. 房间功能及围护结构设置

由于模型传输的过程中有可能会出现数据的丢失，所以需要对模型的进行校对以保证信息的完整。

一栋建筑包含很多不同功能要求的房间，必须分别设置采暖空调房间和非采暖空调房间，对于室内温度要求不一样的房间，也应该进行单独设置。同时，对于大型建筑，某些功能空间在使用功能和室内环境要求一样的房间，为了减少计算资源的占用，需要合并房间时也在该操作中进行。

3. 模拟基本参数设置

在设置空调系统之前，必须对模拟类型和模拟周期等进行设置。所有参数设置完成后，需要将以上设置内容保存为模板以供模拟运行时调用。

4. 空调系统设置

要保证计算能耗值与实际结果的一致性，必须按照实际空调系统的设置情况对空调系统进行配置。具体的容量设置包括：空调类型、空气环路、冷凝水环路、热水环路、冷却水环路等。

11.6　基于 BIM 的声学模拟

11.6.1　绿色建筑设计对声学的要求

根据《绿色建筑评价标准》GB/T 50378—2014 中 8.2.4 的要求，"公共建筑中的多功能厅、接待大厅、大型会议室和其他有声学要求的重要房间进行声学专项设计，满足相应功能需求，评价分值为 3 分"。根据规范的相应要求，需对公共建筑的有声学分析需求的房间进行室内音质模拟分析。

根据《绿色建筑评价标准》GB/T 50378—2014 得分项 4.2.5 的要求："场地内环境噪声符合现行国家标准《声环境质量标准》GB 3096 的有关规定，评价分值为 4 分"。这要求对室外的环境噪声进行模拟分析。

11.6.2　室内外声学模拟软件的选择

室内声学设计主要包括建筑声学设计和电声设计两部分。其中建筑声学是室内声学设计的基础，而电声设计只是补充部分。因此，在进行声学设计时，应着重进行建筑声学设计。常用的建筑声学设计软件有：Odeon、Raynoise 和 EASE。其中，Odeon 只用于室内音质分析，而 Raynoise 兼做室外噪声模拟分析，EASE 可做电声设计。

三种室内声学分析软件都是基于 CAD 输出平台，建模软件可以通过 CAD 输出 DXF、DWG 文件导入软件，或是通过软件自带建模功能建模，但软件自带建模太过复杂，一般不予考虑。从软件的操作便捷来看，Odeon 软件操作更为简便；Raynoise 软件虽然对模型要求较为简单，不必是闭合模型，但导入模型后难以合并，不便操作；EASE 软件操作较为烦琐，且对模型要求较高，较为不便。

从软件的使用功能来看，Odeon 软件对室内声学分析更具权威性，同时覆盖功能更全面，包括厅堂音乐声、语言声的客观评价指标以及关于舞台声环境各项指标，涵盖室内音质分析的各种客观评价指标；Raynoise 软件的优势在于开敞、半开敞空间的声学分析，并可作室外噪声模拟；EASE 在室内音质模拟方面不具权威性，虽然新开发的 Aura 插件包括一些基础的客观声环境指标，但覆盖范围有限，其优势在于进行电声系统模拟。

基于以上分析，Odeon 更适用于与 BIM 结合进行室内声学分析。Odeon 的输出结果一般以 WORD 或 EXCEL 的形式输出，输出图片也可通过电脑常用画图软件输出。输出的脉冲响应文件以".wav"的形式输出，可由 Matlab 等软件读出结果或与干信号卷积进行可听化，或由 Dirac、Audition 等软件读出结果或保存。

室外环境噪声的模拟软件一般是使用 Cadna/A 软件。Cadna/A 可以进行以下模拟：工业噪声计算与评估、道路和铁路噪声计算与预测、机场噪声计算与预测、噪声图。

Cadna/A 软件计算原理源于国际标准化组织规定的《户外声传播的衰减的计算方法》ISO 9613-2：1996。软件中对噪声物理原理的描述、声源条件的界定、噪声传播过程中应考虑的影响因素以及噪声计算模式等方面与国际标准化组织的有关规定完全相同。采用声线模型原理计算，声源可根据设置情况微分成足够小的微元，而后叠加各微元对预测点的影响，预测各微元的影响时必须根据地形、建筑物、绿化、地面衰减、屏障、空气吸收甚至气象等条件综合考虑相应的绕射、透射、反射等衰减。Cadna/A 软件的计算方法和我国声传播衰减的计算方法原则上是一致的。

11.6.3 BIM 与室内外声学模拟软件的对接

基于 BIM 的室内声学分析流程如图 11-5 所示。

图 11-5 基于 BIM 的室内声学分析流程

Odeon 接收三维模型要求墙体及构件必须是单层，同时要求模型是封闭空间，所有面不能是曲面，输出结果最好按照不同材质区分不同图层，便于导入模型后进行材料布置。三维模型尽量简化，应避免在模型中出现细小的面和构件。最后导入软件的模型必须全部是三维面的形式。

导入的三维模型中，窗户、门等构件是以组件的形式存在的，这里必须删去这些组件，再用 3Dface 命令重新定义门窗面。值得注意的是，导出的三维模型的墙体、屋顶以及楼板等都是有一定厚度的，而在 Odeon 软件中不需要一定厚度的墙体等，这里有两种处理方式：一是将双层面删掉外表面部分，只留内表面部分，同时保证整个建筑内表面是一个完整封闭的整体；二是保留该部分，导入 Odeon 以后进行材料参数设置时，只对内表面定义吸声扩散系数，而不去定义外表面。在这里，推荐采用第二种方式。

在实现 BIM 软件与室内声学模拟分析软件的对接过程中，应注意以下几点：

（1）在使用 BIM 软件建立信息化模型时，可忽略对室内表面材料参数的定义，导出模型只存储几何模型；

（2）BIM 模型可以通过 DXF 格式导出，并在 AutoCAD 中处理；

（3）导出的三维模型中的门窗等构件是以组件的形式在 CAD 中显示时，可先删去，再用 3Dface 命令重新定义门窗面；

（4）导出的三维模型的墙体、屋顶以及楼板等都是有一定厚度的，导入 Odeon 等声学分析软件后进行材料参数设置时，只对内表面定义吸声扩散系数。

基于 BIM 的室外噪声分析流程如图 11-6 所示。

在进行道路交通噪声的预测分析时，输入信息包含各等级公路及高速公路等，用户可

图 11-6　基于 BIM 的室外噪声分析流程

输入车速、车流量等值获得道路源强，也可直接输入类比的源强。普通铁路、高速铁路等铁路噪声，可输入列车类型、等级、车流量、车速等参数。

经过预测计算后可输出结果表、计算的受声点的噪声级、声级的时间关系曲线图、水平噪声图、建筑物噪声图等。输出文件为噪声等值线图和彩色噪声分布图。

Cadna/A 软件可以与 word、CAD 软件和 GIS 数据库等 Windows 应用程序进行数据交换。软件可兼容多种数据格式，如 AutoCAd、Arcview、Atlas GIS、Sicad、SOSI、Stratis、Mapinfo、Mitha 等。并允许用户导入 jpg、bmp、gif、png 等多种格式的底图，在底图的基础上绘制声源建筑物及地形等要素，进行噪声预测评估。

在实现 BIM 软件与室外环境噪声模拟分析软件的对接过程中，应注意以下几点：

（1）使用 BIM 软件建模时，需将整个总平面信息以及相邻的建筑信息体现出来；

（2）导出模型时应选择导出 DXF 格式，并在 CAD 中读取；

（3）在 CAD 中简化模型时，应保存用地红线、道路、绿化与景观的位置，同时用 PL 线勾勒三维模型平面（包括相邻建筑），并记录各单栋建筑的高度，最后保存成新的 DXF 文件导入 Cadna/A 软件中；

（4）模拟时先根据导入的建筑模型的平面线和记录的高度在 Cadna/A 软件中建模，赋予建筑的定义。

11.7　基于 BIM 的光学模拟

11.7.1　绿色建筑设计对室内采光的要求

《绿色建筑评价标准》GB/T 50378—2014 的正式实施，要求建筑物主要功能房间的采光系数满足现行国家标准《建筑采光设计标准》GB 50033 的要求如下：

1. 公共建筑

根据主要功能房间采光系数满足现行国家标准《建筑采光设计标准》要求的面积比例，进行评分，如表 11-9 所示。

公共建筑主要功能房间采光评分细则　　　　　　　　　　表 11-9

面积比例 R_A	得分
$60\% \leqslant R_A < 65\%$	4
$65\% \leqslant R_A < 70\%$	5
$70\% \leqslant R_A < 75\%$	6
$75\% \leqslant R_A < 80\%$	7
$R_A \geqslant 80\%$	8

2. 居住建筑

按照卧室、起居室的窗地面积比大小，进行评分。窗地面积比达到 1/6，得 6 分；窗地面积比达到 1/5，得 5 分。

同时，对建筑物内区（一般情况下定义为距离建筑外围护结构 5m 范围外的区域）采光系数也做了相应要求：内区采光系数满足采光要求的面积比例达到 60%，得 4 分。

针对《绿色建筑评价标准》对绿色建筑的要求，可以应用采光模拟软件对建筑物室内采光系数进行模拟计算，优化建筑物的布局，正确选择窗洞口的形式，确定必需的窗洞口面积以及位置，使室内获得良好的光环境。

11.7.2 建筑采光模拟软件选择

按照模拟对象及状态的不同，建筑采光模拟软件大致分为静态和动态两类。静态软件主要有 Radiance、Desktop radiance、Ecotect、Dialux、Agi32 等，它们可以模拟某一时间点建筑采光的静态图像和光学数据。其中，Radiance、Desktop radiance 和 Ecotect 在天然采光模拟方面的性能被广泛认可。

动态模拟软件可以依据项目所属区域的全年气象数据，逐时计算工作面的天然光照度，以此为基础，可以得出全年人工照明产生的能耗，为照明节能控制策略的制定提供数据支持。动态采光模拟软件主要有 Adeline、Lightswitch Wizard、Spot 和 Daysim，前 3 款软件都存在计算精度不足的缺陷，仅有 Daysim 的计算精度较高。

从辅助建筑设计的角度而言，下面对静态模拟软件 Radiance、Desktop radiance、Ecotect 和动态模拟软件 Daysim 的采光模拟软件适用性进行分析比较。

1. Radiance

Radiance 软件由美国劳伦斯伯克利国家实验室和瑞士洛桑联邦理工学院共同开发的。这款软件基于 Unix 系统，其核心算法采用蒙地卡罗反向光线跟踪算法来计算模拟场景的光环境，能在可接受的时间内获取令人满意的计算精度。该软件的特点是计算精度非常高，分析能力十分强大，但对当今大多使用 Windows 的用户而言，这款软件的易用性较差，要求学习者需具备一定的编程能力，这是阻碍建筑师学习、应用这款优秀软件的主要障碍。但是，鉴于 Radiance 在光环境模拟领域出色的表现力和无可辩驳的主导地位，许多第三方公司都以其为核心进行了二次开发，如 Ecotect、Desktop radiance、Daysim、Rayfront 等众多软件都是在 Radiance 基础上研发的。

2. Desktop radiance

Desktop radiance 是由美国劳伦斯伯克利国家实验室、美国太平洋能源中心及美国 Marinsoft 公司合作开发的一款以 Radiance 为计算核心，并内嵌于 AutoCad2000 或 R14 的建筑采光模拟软件，可以模拟任意时间、任意天气条件下的建筑采光状况。与 Radiance 相比，Desktop radiance 在保持计算精确度的同时，其易用性有较大提高，通过图形界面，使用者可以轻松驾驭 Radiance。Desktop radiance 自身没有建模能力，不过，它全面支持 AutoCad 的所有建模命令，对 SketchUp 模型也有较好的兼容性。但是，该软件在 2001 年就停止了研发，因此，它无法内嵌于大多数建筑师习惯使用的 Cad 平台（如 AutoCad2006）。幸运的是，这款软件有一个可选组件 Radiance for Windows，将其安装后可与 Ecotect 结合分析照度、亮度、采光系数等采光数据，而且能生成采光场景的渲染图和伪色图。

3. Ecotect

Ecotect 是 Squar one 公司研发的一款综合建筑性能模拟生态设计软件，可完成对建筑声环境、光环境、热环境、日照、可视度、经济性及环境影响六个方面的建筑性能模拟和分析。该软件采用了 Windows 图形界面，易用性较好，而且 Ecotect 具有一定的建模能力，建模过程直观、简单。另外，软件自身有丰富的数据接口，可将 Ecotect 模型导入 Radiance、Daysim 等软件进行更精准的计算，也可以将 Radiance 和 Daysim 的计算数据导入 Ecotect 进行可视化分析。需要指出的是，与 Desktop radiance 可以任意设定模拟时间和天气环境不同，Ecotect 仅能模拟全云天的自然采光状况。

4. Daysim

Daysim 是由加拿大国家实验室和德国弗劳恩霍夫研究所太阳能研究中心共同开发的一款以 Radiance 为计算核心的天然采光分析软件，采用了 Java 跨平台技术，主要用于分析建筑全年自然采光性能和照明能耗。与 Radiance 不同，Daysim 分别提供了针对 Windows 和 Unix 平台的两种版本。Daysim 不仅能计算采光系数（DF），而且还能计算 Daylight Autonomy （DA） 和 Useful Daylight Illuminances （UDI），并且能够通过设定人员的行为模式及人工照明的控制方式计算全年的照明能耗。Daysim 不具备建模能力，一般与 Ecotect、SketchUp 等软件协同模拟，模拟结果以网页形式展现，无法生成静态的可视化图像文件。

通过对上述软件的简要分析与比较（参见表 11-10），Ecotect 的界面易用性很高，具有很强的适用性，更适用于与 BIM 结合进行分析。

采光软件的各项性能比较

表 11-10

软件名称	易用性	建模能力	图形生成
Radiance	较低	有	可以
Desktop radiance	中等	没有	可以
Ecotect	很高	有	可以
Daysim	中等	没有	不可以

11.7.3　BIM 与 Ecotect Analysis 软件的对接

作为 BIM 在绿色建筑设计中的应用实例之一，BIM 模型与 Ecotect Analysis 间的数据交换是不完全双向的，即 BIM 的模型信息可以导入 Ecotect Analysis 中模拟分析，反之则只能誊抄数据或者通过 DXF 格式文件到 BIM 模型文件里作为参考。从 BIM 到 Ecotect Analysis 的数据交换主要通过两种文件格式进行：gbXML 格式或者 DXF 格式，如图 11-7 所示。

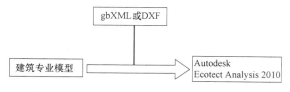

图 11-7　BIM 到 Ecotect Analysis 的数据交换

gbXML 格式的文件是以空间为基础的模型，房间的围护结构，包含"屋顶"、"内墙和外墙"、"楼板和板"、"窗"、"门"以及"窗口"，都是以面的形式简化表达的，并没有厚度，这些外部平面模型可能在数据传递的过程中丢失一部分。DXF 文件是详细的 3D 模型，建筑构件都是有厚度的。

gbXML 格式的文件主要可以用来分析建筑的热环境、光环境、声环境、资源消耗量与环境影响、太阳辐射分析，当然，也可以分析阴影遮挡、可视度等方面。而 DXF 格式的文件适用于光环境分析、阴影遮挡分析、可视度分析，同 gbXML 文件相比，DXF 文件因为其建筑构件有厚度，分析的结果显示效果更好一些，但是对于较为复杂的模型来说，DXF 文件从 BIM 模型导出或者导入 Ecotect Analysis 的速度都会很慢。

1. 通过 gbXML 格式的数据交换

BIM 模型通过 gbXML 格式与 Ecotect Analysis 进行数据交换时，必须对 BIM 模型进行一定的处理。主要是在 BIM 模型中创建"房间"构件：

（1）创建房间边界；

（2）设置房间和面积；

（3）创建房间；

（4）房间的检查。

2. 通过 DXF 格式的数据交换

通过 DXF 格式与 Ecotect Analysis 进行数据交换时，BIM 模型的处理工作主要在于模型的简化。在 BIM 中，建筑模型的一个视图包含很多对象及大量数据。将文件导出前，可仅设置需要导出的对象可见，确保仅导出一个或多个视图中可见的对象。然后再导出 DXF 文件，将 DXF 文件导入 Ecotect Analysis。

11.7.4 采光分析计算

1. 模型的处理

模型导入如图 11-8 所示（简单示例）。

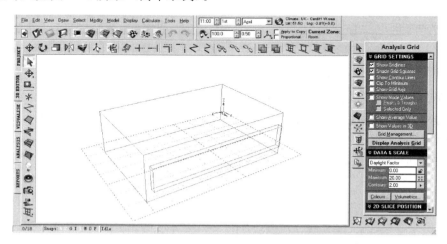

图 11-8　采光分析技术模型导入示例

2. 模型的模拟分析

（1）设置分析网格：单元数量表示了网格的疏密，可根据实际情况设置不同的数值。分析网格显示如图 11-9 所示。

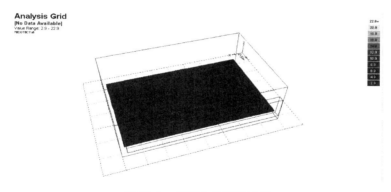

图 11-9 模拟分析网格示例

（2）计算结果如图 11-10 所示。

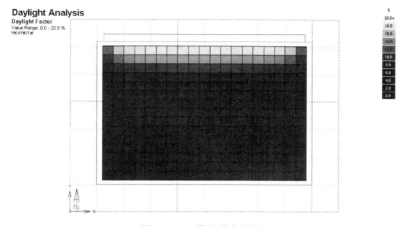

图 11-10 模拟分析结果

（3）数据处理与结果分析：根据不同的需求，可在数据与比例栏（DATA&SCALE）设置数值。在参与绿色建筑评价时，需要确定建筑物主要功能房间采光系数满足现行国家标准《建筑采光设计标准》GB 50033 要求的面积比例。可在报告页面选择百分数分布，看其结果是否满足规定，如图 11-11 所示。

REPORT: GRID ANALYSIS

Description: Percentage of nodes by contour band.

Model: C:\Program Files\Autodesk\Ecotect Analysis 2011\Examples\SimpleLightingModel-Grid.eco

Daylight Factor

Contour Band	Within		Above	
(from-to)	Pts	(%)	Pts	(%)
2-4	148	46.25	320	100.00
4-6	76	23.75	172	53.75
6-8	28	8.75	96	30.00
8-10	17	5.31	68	21.25
10-12	17	5.31	51	15.94
12-14	0	0.00	34	10.62
14-16	16	5.00	34	10.62
16-18	2	0.62	18	5.62
18-20	15	4.69	16	5.00

图 11-11 数据处理与结果分析示例

11.8 其他绿色建筑评价体系

11.8.1 美国 LEED

LEED（Leadership in Energy and Environmental Design）评估体系由美国绿色建筑委员会 USGBC（The U. S Green Building Council）编写，问世于 1995 年，设有针对不同建筑类型和针对不同建筑生命阶段的评估体系。对于新建建筑评价内容主要包括 8 个方面，分别是：选址与交通、可持续场址、用水效率、能源与大气、材料与资源、室内环境质量、创新、地域优先。每部分的内容均包含先决条件和得分点，参评项目需满足标准中所有的先决条件，并依据各个项目的设计对得分点进行得分考核，总得分决定认证等级。评价结果分为认证级（40～49）、银奖级（50～59）、金奖级（60～79）、铂金级（80～110）。

LEED 评价标准相关要求如表 11-11～表 11-16 所示。

选址与交通　　　　　　　　　　　　　表 11-11

得分点	自行车设施	第一类
得分点	停车面积减量	第一类
得分点	绿色机动车	第一类

可持续场址　　　　　　　　　　　　　表 11-12

得分点	降低热岛效应	第一类、第二类
得分点	降低光污染	第一类、第二类

用水效率　　　　　　　　　　　　　表 11-13

得分点	室内用水量	第一类
得分点	冷却塔用水	第一类

能源与大气　　　　　　　　　　　　　表 11-14

得分点	能源效率优化	第二类
得分点	高阶能源计量	第一类
得分点	可再生能源生产	第二类
得分点	增强冷媒管理	第一类

材料与资源　　　　　　　　　　　　　表 11-15

得分点	建筑产品分析公示和优化产品环境要素声明	第一类
得分点	建筑产品分析公示和优化-原材料的来源和采购	第一类
得分点	建筑产品分析公示和优化-材料成分	第一类

材料与资源　　　　　　　　　　　　　表 11-16

得分点	增强室内空气质量策略	第一类
得分点	低逸散材料	第一类
得分点	热舒适	第二类
得分点	自然采光	第二类
得分点	优良视野	第二类

11.8.2　英国 BREEAM

BREEAM 价体系是由英国建筑研究院 Building Research Establishment（BRE）制定的绿色建筑评价标准。BREEAM 是全球最早的绿色建筑评价体系，在世界绿色建筑史上具有重要的地位。BREEAM 评价体系从管理（权重 12%）、健康舒适（15%）、能源（19%）、交通（8%）、水资源（6%）、材料（12.5%）、废弃物（7.5%）、土地利用和生态（10%）、污染（10%）、创新（额外 10%）10 个方面进行评分，认证等级分为合格、良好、优良、优秀、杰出 5 级，如表 11-17～表 11-23 所示。

管理		表 11-17
得分点	生命周期成本与服务性能规划	第二类

健康舒适		表 11-18
得分点	视觉舒适	第二类
得分点	室内环境质量	第二类
得分点	热舒适	第二类

能源		表 11-19
得分点	能耗监测	第一类
得分点	外部照明	第一类
得分点	节能制冷系统	第一类
得分点	节能的人员输送设备	第一类
得分点	节能设备	第一类

交通		表 11-20
得分点	最大停车容量	第一类
得分点	自行车设备	第一类

水资源		表 11-21
得分点	耗水量	第一类
得分点	水量监测	第一类
得分点	节水器具	第一类

材料		表 11-22
得分点	环境友好材料来源	第一类

废弃物		表 11-23
得分点	特定地板和天花板装修	第一类

11.8.3　德国 DGNB

德国可持续建筑认证标准 DGNB（Deutsche Gütesiegel für Nachhaltiges Bauen）是德

国可持续建筑委员会开发编制的绿色建筑评估认证体，于 2008 年首次颁布。DGNB 设有针对办公、商业、酒店、住宅、工业、医院、教育等不同建筑开发类型的评估体系。DGNB 体系包含生态质量、经济质量、社会及功能质量、技术质量、过程质量、场址质量六大方面，共计六十余条分项指标，整个体系有严格全面的评价方法和庞大数据库及计算机软件的支持。根据评价的最后综合得分，认证分为三个等级，从低到高依次为铜级Bronze、银级 Silver 和金级 Gold。总性能指标达到 80%，同时 5 个分类的性能指标均达到 65% 则评定为金级；总性能指标达到 65%，同时 5 个分类的性能指标均达到 50% 则评定为银级；总性能指标达到 50%，同时 5 个分类的性能指标均达到 35% 则评定为铜级，如表 11-24～表 11-27 所示。

生态质量		表 11-24
得分点	负责的采购	第一类

经济质量		表 11-25
得分点	建筑生命周期成本	第一类
得分点	第三方使用的适应性	第一类

社会文化和功能品质		表 11-26
得分点	冬季热舒适	第二类
得分点	夏季热舒适	第二类
得分点	视觉舒适性	第二类
得分点	用户控制	第一类
得分点	空间效率	第一类
得分点	功能转换的适应性	第一类
得分点	自行车设施	第一类
得分点	公众艺术设施集成	第一类

技术质量		表 11-27
得分点	防火	第一类
得分点	围护结构质量	第一类
得分点	易于清洁和维护	第一类
得分点	易于拆除和回收	第一类

11.8.4 我国绿色建筑评价标准与其他绿色建筑评价标准的比较分析

各国家的绿色建筑标准评价体系均根据评价对象的总得分高低将绿色建筑评为不同等级。我国的绿色建筑评价标准将评价内容分为就节地、节能、节水、节材、室内环境、施工、运营方面。美国 LEED、英国 BREEAM、德国 DGNB 评价标准中对土地利用、能源、水资源利用、材料利用、室内环境方面也有相应的体现。不同的是美国 LEED、英国 BREEAM、德国 DGNB 均对建筑生命周期分析提出了要求。在 DGNB 评价体系中更对建筑经济质量、文化响应提出了要求，其对比分析如表 11-28 所示。

主要绿色建筑评价体系评价内容对比 表 11-28

评价内容	我国《绿色建筑评价标准》	LEED	BREEAM	DGNB
土地利用	√	√	√	√
能源利用	√	√	√	√
水资源利用	√	√	√	√
材料利用	√	√	√	√
室内环境质量	√	√	√	√
施工管理	√	√	√	√
运营管理	√	√	√	√
建筑经济质量	—	—	—	√
全生命周期分析	—	√	√	√
文化响应	—	—	—	√

第 12 章
幕墙设计 BIM 应用

12.1　概述

建筑幕墙是由面板与支撑结构体系组成，范围主要包括建筑的外墙、采光顶和雨篷等。随着建筑技术的发展，幕墙构造及功能形式日趋复杂多样化，传统的设计流程难以满足当今的幕墙设计需求。应用 BIM 技术进行幕墙设计，成为一种行之有效的设计解决方案。

幕墙是建筑设计中重要的组成部分，应用 BIM 技术可以进行概念表达、性能分析、专业协调、设计优化、综合出图、明细表及综合信息统计等工作。应用 BIM 软件，可以对建立的幕墙模型进行综合模拟分析及可行性验证，以提高幕墙设计的精确性、合理性与经济性，进而得出最优化的幕墙设计综合成果。

12.2　BIM 应用流程和软件方案

12.2.1　幕墙方案设计流程与软件应用策划

基于 BIM 技术的幕墙方案设计流程主要是从建筑项目的需求出发，依据建筑项目的设计条件与设计目标，研究分析满足建筑功能和性能的幕墙方案，并对方案进行初步的评价、优化和选定。

在幕墙方案设计过程中，可以应用 BIM 技术进行幕墙概念体量参数化设计，设定幕墙主要支承结构方式及密闭形式的总体方案。利用 BIM 软件创建幕墙方案设计模型，整合相关专业方案设计分析模型，进行多专业协调、模拟分析、方案比选和工程量概算统计，并生成幕墙方案设计阶段的三维视图、设计图纸、效果图。

基于 BIM 的建筑幕墙方案设计流程如图 12-1 所示。

方案阶段 BIM 应用软件策划参见表 12-1。

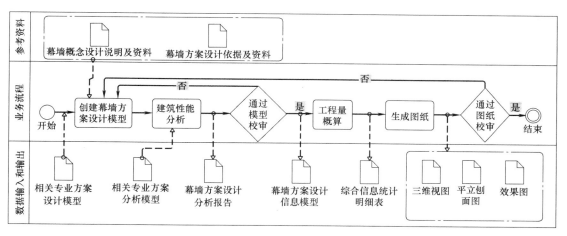

图 12-1　基于 BIM 的建筑幕墙方案设计流程图

幕墙方案设计阶段 BIM 软件策划表　　　　　　　　　表 12-1

应用	软件名称	应用	软件名称
建模	SketchUp、Rhino、Dynamo for Revit	三维表达	Revit、3DMax、Maya、Lumion、Showcase、
曲面优化与参数化	Rhino、Revit	平面表达	Revit、AutoCAD、Adobe Photoshop、Adobe Illustrator
性能分析	Ecotect、IES、eQuest、DOE-2、Green BIM	移动终端	BIM360

12.2.2　幕墙初步设计流程与软件应用策划

　　基于 BIM 技术的幕墙初步设计流程，将提前介入幕墙施工图设计阶段的工作深度。在本阶段，首先应具备相关设计专业的初步设计模型或图纸，在此基础上，通过导入上一阶段幕墙方案设计模型或者重新创建幕墙初步设计模型，来进行幕墙初步阶段的设计工作。

　　在幕墙初步设计过程中，可以应用 BIM 软件完成设计建模、分析计算、信息注释、尺寸标注、专业协调校审、生成综合信息明细表等工作，最后生成平面、立面、剖面、节点详图等初步设计阶段成果。

　　基于 BIM 的建筑幕墙初步设计流程如图 12-2 所示。

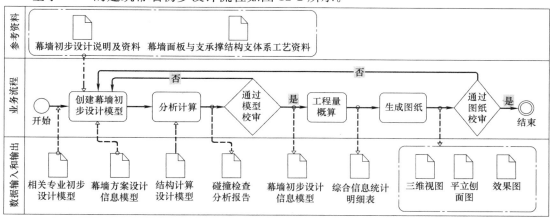

图 12-2　基于 BIM 的建筑幕墙初步设计流程图

初步设计阶段 BIM 应用软件策划见表 12-2。

幕墙初步设计阶段 BIM 软件策划表 表 12-2

应　用	软 件 名 称
建模	Rhino、Revit
曲面优化与参数化	Rhino、Revit、CATIA
性能分析	Ecotect、IES、eQuest、DOE-2、Green BIM
计算分析	CATIA、PKPM、ETABS、TEKLA
三维表达	Revit、3D Max、Maya、Navisworks
平面表达	Revit、AutoCAD
移动终端	BIM360

12.2.3 幕墙施工图设计流程与软件应用策划

基于 BIM 技术的幕墙施工图设计流程，主要是深化初步设计，生成施工图纸，并提出科学合理的施工依据、工艺做法、技术措施，并为幕墙制作、施工安装，工程预算等工作提供完整的图纸信息依据。

在幕墙施工图设计过程中，可以应用 BIM 软件生成幕墙详细构件的施工图设计模型，在此基础上，完善幕墙构造，嵌板与竖梃的类型、数量，各类构件的注释说明，并及时、动态反映幕墙施工图设计阶段的各项技术经济指标。

基于 BIM 的建筑幕墙施工图设计流程如图 12-3 所示。

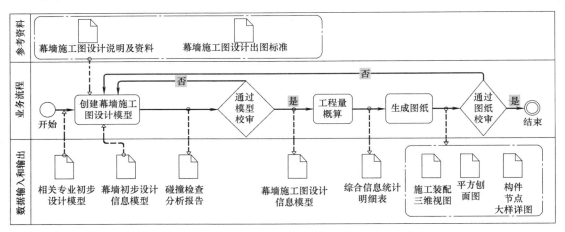

图 12-3 基于 BIM 的建筑幕墙施工图设计流程图

施工图设计阶段 BIM 应用软件策划见表 12-3。

施工图设计阶段 BIM 软件策划表 表 12-3

应　用	软 件 名 称
建模	Revit
曲面优化与参数化	Rhino、Revit、CATIA
性能分析	Ecotect、IES、eQuest、DOE-2、Green BIM
计算分析	CATIA、PKPM、ETABS、TEKLA
三维表达	Revit、Navisworks
平面表达	Revit、AutoCAD、天正
移动终端	BIM360

12.2.4　幕墙专业 BIM 软件应用方案

目前幕墙专业设计的主流 BIM 软件，包括 Revit、ArchiCAD、Rhino3D、CATIA、SketchUp3D 等。软件选用上建议充分顾及项目特点与关联专业的相关要求，在满足幕墙设计需求的前提下，应尽量与其他专业采用统一或可交互的应用软件，以保证数据传输的完整性与便利性。

以 Rhino 进行方案设计和优化辅助，Revit 为核心的 BIM 应用方案见图 12-4 和表 12-4。基于 Revit 深化设计建模数据转换见图 12-5。

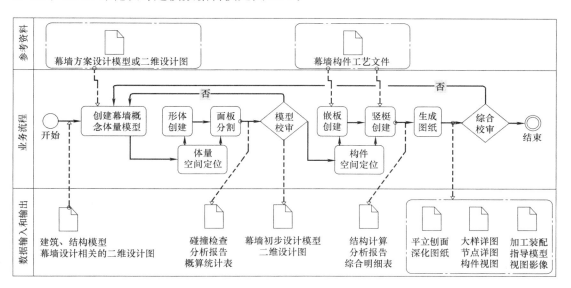

图 12-4　基于 Revit 的幕墙设计应用流程图

以 Revit 为核心的幕墙设计 BIM 应用方案表　　　　　　　　　　　　表 12-4

应用	方案设计阶段	初步设计阶段	施工图设计阶段
概念表达	SketchUp、Rhino、Dynamo for Revit		
性能分析	Ecotect、IES、eQuest、DOE-2、Green BIM		
计算分析	CATIA、PKPM、ETABS、TEKLA		
优化模型	Rhino、Revit	CATIA	
可视化表达	3DS Max、Maya、Lumion、Showcase	Revit、NavisWorks	
数据模型	Revit		
施工图纸		Revit、AutoCAD、天正	
模型集成	Revit	NavisWorks	
移动终端	BIM360		

1. 幕墙概念表达与参数化设计

SketchUp 是最为普及的建筑方案建模软件，具有一定的幕墙参数化设计建模能力，适合在较为简单的常规幕墙方案设计中应用，由于其建模精度低、参数化能力较弱，基于 BIM 技术的幕墙方案设计流程中不建议广泛使用。

Rhino 是一款安装轻便、建模精度高、功能强大的三维建模软件，具有采用程序算法生成模型的 Grasshopper 插件，在幕墙方案设计中使用较为广泛。适合用于较为复杂的幕墙方案设计建模，但中心数据模型管理和施工图设计的能力较弱，因此适合在幕墙方案设计阶段的概念表达、曲面优化、参数化中进行应用。

Dynamo for Revit 是一款基于 Revit 的可视参数化插件，类似于 Grasshopper，在建筑信息管理方面的能力更加出色。具备建筑概念设计、参数化、曲面优化和建筑信息管理等功能，适合在幕墙设计阶段的概念表达、曲面优化、信息管理中进行应用。

CATIA 是一款支持设计、分析、模拟、组装到维护在内的工业设计软件。其拥有极强的几何造型能力和准确的建模功能，同时具备稳定的参数化建模环境，可以方便地将模型生成图纸和提取数据。

SketchUp、Rhino、Dynamo、CATIA 等软件创建的形体数据可通过 SK、SAT、RFA、IFC 等格式导入 Revit 中应用。

2. 幕墙性能分析

Ecotect、IES、eQuest、DOE-2、Green BIM、PKPM、ETABS、CATIA 等建筑性能分析与计算软件，在幕墙性能分析中的应用主要是配合建筑、结构、MEP 专业进行使用的。可以通过 DWG、gbXML 等格式或接口程序与 Revit 模型进行软件对接（详见建筑、结构、MEP 专业 BIM 软件应用方案）。

3. 可视化表达

除了 Revit 本身的可视化功能，还可通过 FBX 格式，将 Revit 模型导入到 3dsMAX、Maya 或 Showcase 等可视化软件，实现多种方式的可视化表达。

4. 数据模型

通过 Revit 数据模型，可以集成各软件建立的幕墙系统概念体量模型，并生成幕墙系统。进行参数化计算与可视化设计表达。可生成幕墙形体、面板、竖梃、龙骨、抓点、五金构件等模型族。并进一步对幕墙系统的物理属性和细部参数进行性能分析和深化设计。实现幕墙设计方案阶段到施工图阶段的信息模型创建及维护。

5. 施工图纸

利用 Revit 生成的幕墙模型，提取幕墙纵横断面详图、明细表等各项数据信息。还可以导出 DWG 格式，在 AutoCAD、天正等制图软件中生成施工二维图。

6. 专业协调

通过 NavisWorks 的实时漫游、碰撞检测等功能，检查各专业冲突问题并协调解决，提高幕墙设计精度与质量。

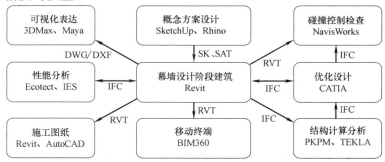

图 12-5 基于 Revit 深化设计建模数据转换

12.3　模型细度

12.3.1　方案设计模型细度

在方案设计阶段，支撑体系和安装构件可不表达，应对幕墙嵌板、竖梃体系建模，并按照设计意图分划，并对幕墙嵌板、竖梃的材质和装饰进行设定。模型细度参见表 12-5。

幕墙方案设计模型细度表　　　　　　　　　　　　表 12-5

幕墙模型元素类型	幕墙模型元素及信息
构造	非几何信息包括： 1. 幕墙各方向网格的连接条件，连续的方式 2. 幕墙的功能属性； 3. 幕墙的自动嵌入方式； 4. 幕墙嵌板的系统类型材料属性。 5. 幕墙竖梃的系统类型材料属性
网格结构	几何信息包括： 1. UV 网格的编号，对正方式，旋转角度，偏移量，区域测量值； 2. 幕墙网格布局的间距、数量、距离，确认是否调整竖梃尺寸。 非几何信息包括： 1. 网格表面的角度，边长，面积值； 2. 不规则表面的变形度； 3. 幕墙的结构材质与装饰材质属性

12.3.2　初步设计模型细度

在初步设计阶段，幕墙系统应按照最大轮廓建模为单一幕墙，不应在标高，房间分隔等处断开。幕墙系统嵌板分隔应符合设计意图。内嵌的门窗应明确表示，并输入相应的非几何信息。幕墙竖梃和横撑断面建模几何精度应为 5mm。应包括必要的非几何属性信息如各构造层、规格、材质、物理性能参数等。模型细度参见表 12-6。

幕墙初步设计模型细度表　　　　　　　　　　　　表 12-6

幕墙模型元素类型	幕墙模型元素及信息
竖梃	几何信息包括： 1. 竖梃的构造轮廓，位置，厚度； 2. 竖梃的两边尺寸标注； 3. 竖梃的约束角度，变形度，偏移量； 4. 幕墙各方向的竖梃类型参数； 5. 幕墙内部与边界的竖梃类型参数； 6. 确认是否具有角竖梃，并创建相应类型参数； 7. 基于建筑结构模型的支撑体系位置和尺寸标注； 8. 基于建筑结构模型的安装构件位置和尺寸标注。 非几何信息包括： 1. 竖梃的构造类型属性； 2. 竖梃材质和装饰的属性； 3. 竖梃的角度，边长，面积值； 4. 不规则竖梃的变形度； 5. 竖梃与嵌板和建筑结构的支撑体系关系属性； 6. 竖梃的构造属性，可见透光率，日光得热系数，热阻值，传热系数

续表

幕墙模型元素类型	幕墙模型元素及信息
嵌板	几何信息包括： 1. 嵌板的约束角度,变形度,偏移量; 2. 嵌板的厚度位置和尺寸标注; 3. 基于竖梃和建筑结构模型的支撑体系位置和尺寸标注; 4. 基于竖梃和建筑结构模型的安装构件位置和尺寸标注; 5. 内嵌门窗的安装构件位置和尺寸标注; 6. 驳接爪,夹片,滑竿,把手的位置和尺寸标注。 非几何信息包括： 1. 嵌板的构造类型属性; 2. 嵌板材质和装饰的属性; 3. 嵌板的角度,边长,面积值; 4. 不规则嵌板的变形度; 5. 嵌板与竖梃和建筑结构的支撑体系关系属性; 6. 嵌板的构造属性,可见透光率,日光得热系数,热阻值,传热系数

12.3.3　施工图设计模型细度

在施工图设计阶段，应满足初步设计阶段建模精细度的要求基础之上进行细度深化。各构造层次均应赋予材质信息。幕墙系统应按照最大轮廓建模为单一幕墙，不应在标高，房间分隔等处断开。幕墙系统嵌板分隔应符合设计意图。内嵌的门窗应明确表示，并输入相应的非几何信息。幕墙竖梃和横撑断面建模几何精度应为 3mm。模型细度参见表 12-7。

幕墙施工图设计模型细度表　　　　　　　　　　　　　　表 12-7

幕墙模型元素类型	幕墙模型元素及信息
竖梃	非几何信息包括： 竖梃的标识数据:类型图像,注释记号,型号,制造商,类型注释,URL,说明,部件代码,成本,部件说明,类型标记,防火等级,成本、编号及标题,代码名称
嵌板	非几何信息包括： 嵌板的标识数据:类型图像,注释记号,型号,制造商,类型注释,URL,说明,部件代码,成本,部件说明,类型标记,防火等级,成本、编号及标题,代码名称
其他	非几何信息包括： 指定参数族图元属性,以及实例和类型的项目参数

12.4　建模方法

根据 BIM 模型的不同用途及每种用途对模型的不同要求，幕墙设计中可以建立各种不同类型的 BIM 模型，一般包括：概念体量模型、设计模型、可视化模型、幕墙分析模型等。其中，设计模型是整个 BIM 应用的重要基础。对设计模型进行适当的修改和调整，可用于创建可视化、幕墙分析模型；对设计模型进行必要的深化，并加入所需的必要信息，就可以创建生成施工模型。

在创建幕墙 BIM 模型时，应重点关注多专业 BIM 模型与幕墙模型的同步协调问题，即 BIM 模型能否自动转化双向关联的多专业 BIM 模型，幕墙结构模型是否可以用于建筑、结构、MEP 专业进行分析计算使用。以及与幕墙相关的分析计算结束后如何更新 BIM 模型。

目前可以进行 BIM 幕墙建模的软件中，Revit 的幕墙建模设计的综合能力和兼容性最为完善，适合作为核心建模软件使用，Rhino 则更偏向幕墙方案设计、复杂曲面建模与分析优化，而最为普及的建筑方案建模软件 SketchUp，更偏向于一些简单常规的幕墙方案设计建模。

12.4.1 幕墙形体的创建

1. 基于 SketchUp 的幕墙形体的创建

（1）导入幕墙设计所需的建筑结构参照模型或 CAD 图纸，进行梳理，并加以图层区分与组件合并。

（2）在组件上建立幕墙模型时，应充分利用矩形命令在平面上形成平面闭合图形，以便进行拉伸平面生成形体。

（3）在体块拉伸高度时候，在建模界面右下侧数据框中可以输入相应的高度，要注意将建立的模型按照实际需要进行清楚的编组。

（4）非整体幕墙形体一般采用分层拉伸建立组块，再进行上下复制拼接，形成幕墙形体。

（5）整体曲面或异性幕墙，可采用 SketchUp 插件完成点线图层的绘制与编辑修改。

2. 基于 Rhino 的幕墙形体的创建

（1）将幕墙设计所需的各层的结构图和幕墙外轮廓导入 Rhino，并设定不同的图层加以区分。

（2）根据结构图所示结构梁的大小和轴线的位置，通过挤出平面曲线形成实体，完成梁和板的建模。

（3）根据幕墙厚度，确定各层幕墙外轮廓线和主要控制点。

（4）通过放样并扫掠外轮廓线生成最终的幕墙形体。

（5）非均匀的曲线形成的双曲面形体，可通过多专业分析模型与建筑主体施工所反馈的结构实测数据与模型进行比对，若误差超出了认可范围，需要对模型进行微调甚至重建，以满足实际需要。

3. 基于 Revit 的幕墙形体的创建

（1）整合建筑专业和结构专业模型，收集创建幕墙所需的相关模型数据，并确保幕墙所需数据的准确性。

（2）根据项目情况所需，针对常规的幕墙形体选择在建筑模型中创建幕墙。依据幕墙创建中的放置高度与深度、定位线、链、偏移量、半径、连接状态等选项进行创建。

（3）当幕墙系统属于复杂、异性的特殊幕墙形体时，可选择通过创建概念体量或内建体量的方式，创建所需的幕墙形状，然后在概念体量面或常规模型上创建所需的幕墙形体。

（4）通过与模型相关联的三维透视图、平面、立面、剖面等检查幕墙形体的创建表达是否准确，幕墙形体是否有遗漏碰撞错误，与相关专业模型构件尺寸和标注是否统一。

12.4.2 幕墙面板的分割

1. 基于 SketchUp 的幕墙面板分割

（1）在体块幕墙形体拉伸完毕之后，再在形体上进行分割开洞。开洞的方法不一，可用墙体边缘线偏移至应该开洞边缘，并删除两端多余部分，或选中形体面上四条线段围合成的区域，向建筑内部进行推拉命令等。

（2）面板分割的制作，在立面中运用形体命令形成闭合嵌板及竖梃平面，之后对其进行拉伸，形成嵌板与竖梃模型，并将其编成组，在项目中通过阵列参数驱动。

（3）在不同退进关系的幕墙面板上制作幕墙材质，并和相对应的竖梃窗框组组合成新的组合，以便移动和分层管理。

（4）在多层的嵌板模型中，上下层材质在竖直方向上在同一面上，应采用顶层至底层通长的整体面板分割方式。

2. 基于 Rhino 的幕墙面板分割

（1）通过 Rhino 软件和附带的嵌板制作插件 PanelingTools，可以在各种形体以及复杂曲面上，通过参数生成不同的嵌板，从而得到形式各异的嵌板、竖梃、龙骨结构。

（2）通过嵌板创建优化插件 EvoluteTools，定义嵌板、竖梃、龙骨的 UV 分割、闭合方式、参数算法，进行幕墙面板的设计与优化。

（3）针对复杂的自由曲面造型，通过 EvoluteTools 对幕墙面板的曲面、网格进行创建，并与方案设计造型进行比对，提供准确的面板尺寸、平直度、匀称度等设计参考数据。

（4）通过参数化定义嵌板、竖梃、龙骨的材质、模数、尺寸，进行幕墙的工程算量统计和设计概算。

3. 基于 Revit 的幕墙面板分割

（1）根据幕墙设计需要的参数属性编辑幕墙类型，包括新建所需的构造参数值、材质和装饰属性、垂直与水平网格的参数值、垂直与水平竖梃的参数值，以及相关的表示数据。

（2）当幕墙分割网格属于复杂、异形的特殊幕墙形体时，可选择通过在概念体量或内建体量中编辑分割表面，通过修改 UV 网格和交点进行表面的分割。同时可以根据幕墙面板的分割样式与图案进行约束、编号、布局、标识数据，实例参数、表面表示来创建所需的幕墙分割形式与填充图案。

（3）当幕墙分割网格需要特定构造的嵌板、竖梃构件样式时，可以通过新建基于公制幕墙嵌板填充图案族、基于填充图案的公制常规模型、自适应公制常规模型等族件，导入体量幕墙模型中，从而完成更为复杂的幕墙面板，竖梃、构件的创建。

（4）通过相关联的三维透视图、平面、立面、剖面等查看幕墙分割是否准确、幕墙形体是否有遗漏碰撞错误，与相关专业模型构件尺寸和标注是否统一。

12.5　分析应用

12.5.1　幕墙概念方案设计

1. 基于 SketchUp 的幕墙概念方案设计

SketchUp 在幕墙概念方案设计比选的应用中，可利用软件便捷的建模能力，快速生成幕墙概念体量，并进行直观的方案比选与输出幕墙设计的概念成果，如图 12-6～图 12-8 所示。

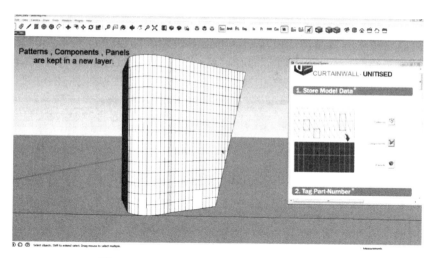

图 12-6　基于 SketchUp 的幕墙概念方案设计

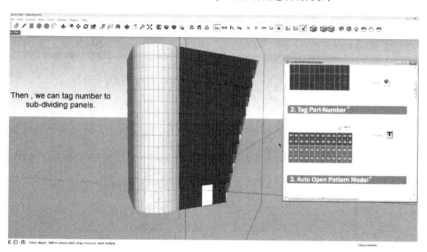

图 12-7　基于 SketchUp 的幕墙概念体量方案设计

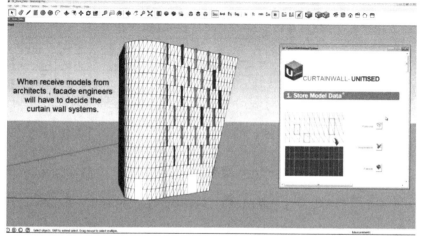

图 12-8　基于 SketchUp 的幕墙概念方案设计

2. 基于 Rhino 的幕墙概念方案设计

Rhino 在幕墙概念方案设计的应用中，可利用软件的参数化建模能力，进行幕墙概念方案设计和数据分析计算，通过其自带的模块插件，可以进行曲面幕墙方案的精准设计建模，并能够完成复杂单元面板的形体创建及优化设计，如图 12-9～图 12-11 所示。

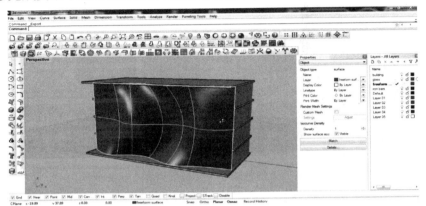

图 12-9　基于 Rhino 的幕墙概念方案设计

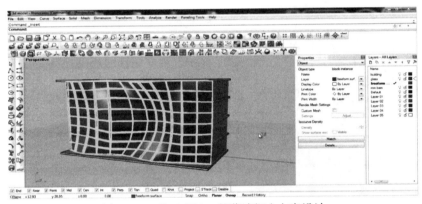

图 12-10　基于 Rhino 的幕墙概念方案设计

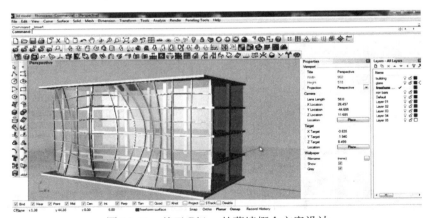

图 12-11　基于 Rhino 的幕墙概念方案设计

3. 基于 Revit 的幕墙概念方案设计

Revit 在幕墙概念方案设计的应用中，可以通过软件的概念体量功能进行幕墙方案的设计。通过形状工具可以生成幕墙系统，进一步可以通过基于概念体量的嵌板族生成特定的幕墙嵌板形式以及参数化的幕墙构件，如图 12-12～图 12-14 所示。

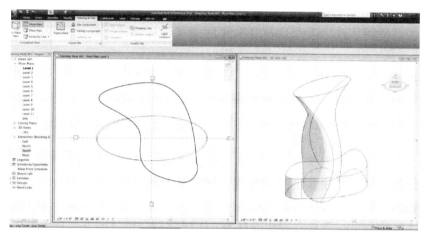

图 12-12　基于 Revit 的幕墙概念方案设计

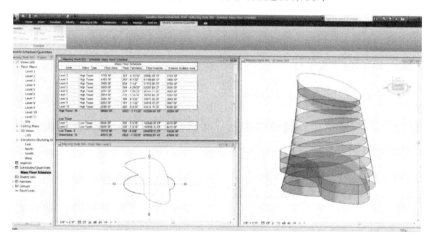

图 12-13　基于 Revit 的幕墙概念方案设计

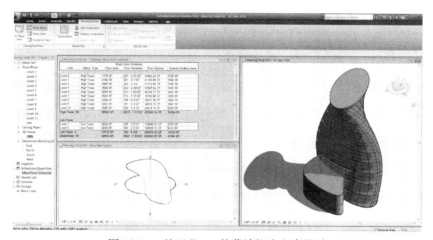

图 12-14　基于 Revit 的幕墙概念方案设计

12.5.2 幕墙参数化设计

参数化设计概念的提出和应用最早是在工业设计领域，用来解决构件的匹配问题。而在建筑设计中，特别是日趋多元化与复杂化的建筑设计领域。参数化设计应用已经十分广泛。

在建筑幕墙 BIM 设计中，建筑师通过在 BIM 软件中输入设计逻辑、建立数理计算模块、设定几何约束等方法生成外形体及幕墙表皮，表皮的肌理呈现复杂的关联性、动态性、非线性、渐变性等特征。可以应用参数化设计实现对幕墙面板形体图元与构件图元的局部变量修改，完成对设计意图的全局变更。

BIM 的参数化设计将建筑幕墙构件的各种真实属性通过参数的形式进行模拟和计算，并进行相关数据统计。在建筑信息模型中，建筑幕墙构件并不仅仅是一个虚拟的几何构件，而且还附加了除几何形状以外的一些非几何属性，如构件的材料、材料的热工性能、构件的造价、采购信息、重量、安装编号等。BIM 参数化设计的意义在于可以针对不同的设计参数，快速进行造型、布局、节能、经济、疏散等的各种计算和统计分析，优先采取最合适的设计方案。这是 BIM 的参数化设计与一般只能实现几何造型的参数化设计不同之处。

1. 基于 Rhino 的参数化设计

Rhino 在幕墙方案设计中使用较为广泛。适合用于较为复杂的幕墙方案设计建模，Rhino 具有采用程序算法生成模型的 Grasshopper 插件，它具有节点式可视化数据操作、动态实时成果展示、数据化建模操作等特点，可以进行幕墙的形体、面板、的参数化设计应用，如图 12-15～图 12-17 所示。

2. 基于 Revit 的参数化设计

Revit 在幕墙的设计中，可以通过参数化设计生成幕墙的形体、分割面板、定位节点、尺寸标注等设计内容。利用其自带的 Dynamo 参数化插件，可以实现幕墙参数化设计与参数化信息管理，如图 12-18～图 12-21 所示。

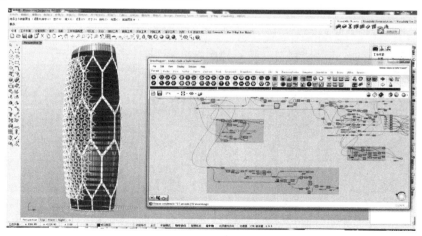

图 12-15　基于 Rhino 的幕墙表皮参数化设计

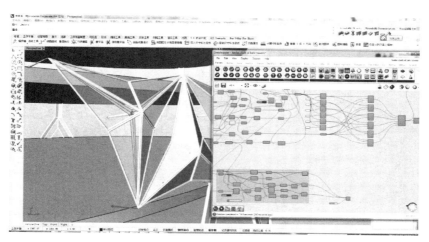

图 12-16 基于 Grasshopper 参数化算法生成的幕墙面板分割模型

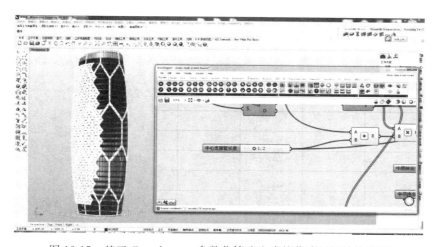

图 12-17 基于 Grasshopper 参数化算法生成的幕墙竖梃结构模型

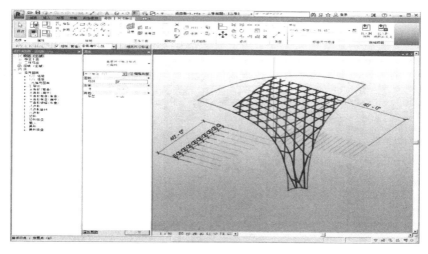

图 12-18 基于 Revit 的幕墙形体参数化设计

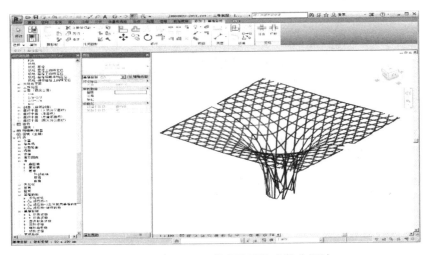

图 12-19　基于 Revit 的幕墙形体参数化设计

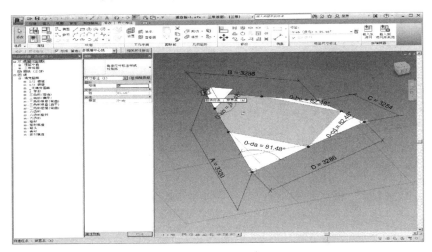

图 12-20　基于 Revit 的幕墙嵌板参数化模型

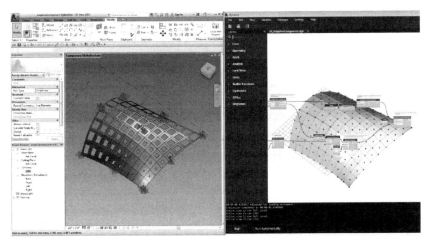

图 12-21　基于 Dynamo for Revit 参数化算法生成的幕墙面板分割模型

3. 基于 CATIA 的参数化设计

CATIA 在幕墙设计过程中，可以对复杂幕墙系统及钢结构组件的参数化设计与计算分析，在方案阶段通过建立的模型进行数据计算分析，对幕墙方案的可行性与工程造价控制等诸多问题进行设计评估。在施工图设计阶段用于单元面板深化设计，构件加工设计出图，辅助下料等，如图 12-22～图 12-25 所示。

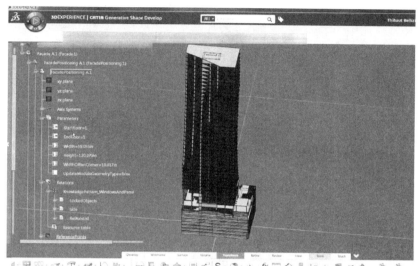

图 12-22　基于 CATIA 的参数化建筑结构模型设计

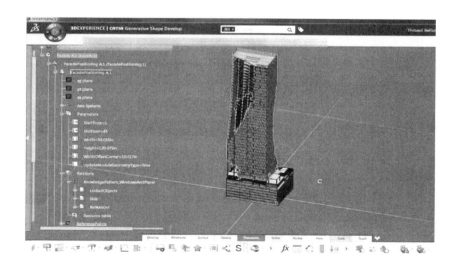

图 12-23　基于 CATIA 的幕墙形体参数化设计

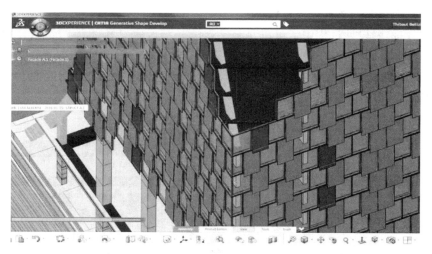

图 12-24　基于 CATIA 的幕墙面板参数化设计

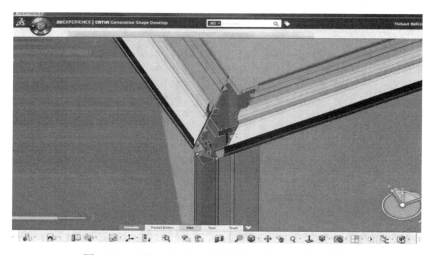

图 12-25　基于 CATIA 的幕墙竖梃构件参数化设计

12.5.3　幕墙可视化分析

基于 BIM 技术的三维虚拟设计环境将设计信息、模拟信息快速地传递给项目协作伙伴，提高了协作方的沟通效率，实现了所见即所得，减少了因设计返工带来的经济损失。可视化可用于诸如幕墙边角、洞口、交界处、梁底收边等细部构造节点的设计交底，此外，通过可视化的展示，可以快速发现各专业之间的矛盾，有助于提高设计的质量。

BIM 的可视化是通过实体构件的信息自动生成的，可以自动生成幕墙模型多个视角的剖面图、轴侧图来传递信息，这种"立体墙身"中的构件之间具有关联性、反馈性。当幕墙工程师修改了某个构件，与该构件相关的所有视图将自动更新，不再需要去分别修改平、立、剖。BIM 的这种"关联"可视化特性，不但提高沟通效率，而且提高了设计工程师的工作效率，解决了长期以来图纸之间的错、漏、缺问题。

基于 BIM 的幕墙可视化分析，相比传统的表现形式减少了重复建模的工作量，提高

了模型的设计精准度与实体构件的吻合
度。表现形式也更加多样化，可以直接输
出各类三维视图，各角度剖切视图，还可
以模拟真实环境下，幕墙的物理能耗。高
度还原真实场景的渲染图及漫游动画，可
对幕墙外形视觉效果进行视觉分析，以便
进行更有效的幕墙优化设计与沟通协调，
如图 12-26 所示。

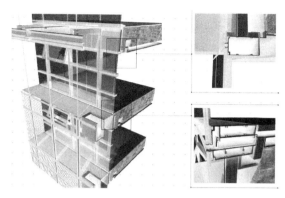

12.5.4　性能计算分析

1. 性能分析

图 12-26　基于 Revit 的幕墙构件可视化分析

幕墙设计的性能分析，主要是围绕建筑综合性能分析展开的。其中，建筑的通风分
析、光环境分析、声环境分析、热环境分析、能耗分析都与幕墙专业息息相关，因此幕墙
BIM 模型可以结合建筑 BIM 模型一起导入到各类分析软件工具中进行各项性能分析的计
算应用。（详见：建筑、结构、MEP 专业的 BIM 性能分析章节。）

2. 计算分析

将幕墙模型导入到计算分析软件中，通过计算对不同方案进行分析数据的比选。计算
分析时，应确保项目数据的统一性，避免反复建模，并以报告的形式交付，如图 12-27～
图 12-29 所示。

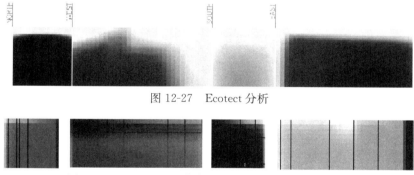

图 12-27　Ecotect 分析

图 12-28　通过立面的像素分析数据调整幕墙面板参数

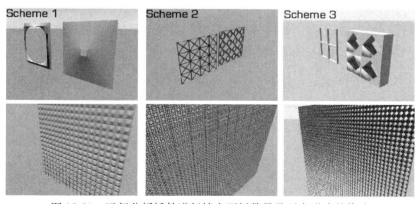

图 12-29　运行分析插件进行填充面板数量及开启形式的修改

12.5.5　幕墙优化设计

建筑幕墙的设计直接影响到建筑造型、结构承载和工程成本。实践证明，幕墙设计在建筑设计中占有十分重要的地位，把握好幕墙的优化设计，可以提升建筑品质、降低工程成本。特别是针对单元式复杂幕墙，可以完成异形曲面面板的优化，通过优化以满足复杂曲面的可加工、运输、安装以及成本的要求。

在设计阶段，利用 BIM 软件参数驱动修改曲面面板的形状，在视觉误差允许的情况下，通过用单曲面代替双曲面、用平板代替单曲，尽量生成标准规格的、简单形状幕墙等方式，同时综合考虑建造成本、施工难易、物理性能、美观（例如需考虑板材规格的供应情况、数控机床加工参数以计算面板规格最大尺寸），逐步优化并达到美观和经济的平衡。

BIM 技术之所以能够进行面板优化，除了利用了它优异的参数化建模能力，还利用了软件的实时的数据提取能力。由于幕墙 BIM 模型中包括面板、龙骨、连接件、支座、预埋件的几何信息、材料信息以及管理信息。每次幕墙形体的改变，都会及时快速地生成相应的料单和造价信息。曲面异形幕墙造价存在更多的不确定性，幕墙形体的调整必然影响到构件成本、加工要求等一系列因素的变化，BIM 将关联这些因素，形成一个动态更新的数据模型。对原有的幕墙曲面 BIM 模型进行持续的改进优化，通过表格化输出的量单，实时对比不同设计方案的造价指标，最终达到美观和成本的平衡。

通过 BIM 软件进行建筑幕墙的参数化分析计算，实现幕墙的优化设计。在实践过程中可以通过以下几个方面的应用来取得最优的设计方案，如图 12-30～图 12-32 所示。

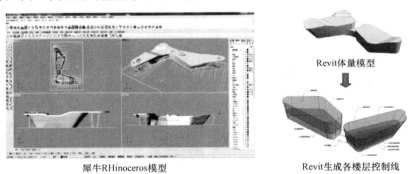

图 12-30　基于 Rhino 的体量模型导入 Revit 进行优化设计

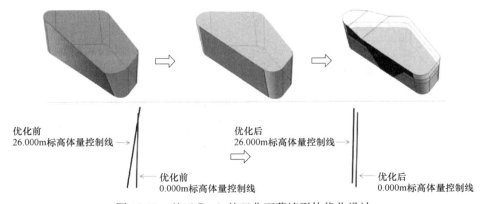

图 12-31　基于 Revit 的双曲面幕墙形体优化设计

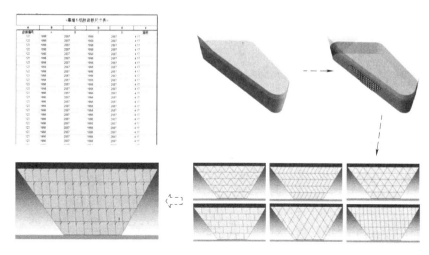

图 12-32　基于 Revit 的幕墙面板优化设计

1. 基于建筑专业的幕墙性能优化

在建筑设计阶段，可应用 BIM 技术辅助进行幕墙优化设计。根据 BIM 多专业协调模型，可以进行建筑性能分析计算，优化幕墙的通风、光环境、热环境、能耗设计。可以配合建筑模型，优化幕墙设计形式和视觉效果。

2. 基于结构专业的幕墙结构优化

幕墙设计可以在建筑与结构专业提供的 BIM 模型基础上进行建模，利用结构软件进行幕墙结构的分析计算和参数化设计建模，优化幕墙结构设计的可行性与支撑结构设计的安全性，优化幕墙受力部件、节点链接设计的稳定性与结构的牢固性。

3. 基于幕墙专业的构件形体优化

在幕墙设计阶段，可应用 BIM 技术优化幕墙形体，面板分割、节点定位的设计方案。对于复杂特殊形体的幕墙，可以借助 BIM 软件实现幕墙形体优化。对双曲线幕墙形体进行有理化处理，可以对嵌板的模数优化。例如：通过对嵌板变形度调整，减少不必要的双曲面嵌板，从而降低幕墙建设的成本。

12.5.6　幕墙空间定位

利用 Revit 的多专业协调模型，设定与幕墙空间定位关联的参照点与参照平面。通过设定幕墙控制点的高程、坐标系等参数值，从而实现幕墙在建筑项目标高、轴网、轮廓上的精确定位。并对生成的幕墙龙骨、预埋构件等模型，进行定位点的参数验证和尺寸标注。

通过 Navisworks 软件进行主体结构与幕墙的模型碰撞检查，确定幕墙龙骨与混凝土结构之间的预留间距是否准确，预埋件、精装部件、机电设备是否有占位冲突。检查大型建筑装饰件以及展板的位置是否与幕墙结构匹配，如图 12-33、图 12-34 所示。

12.5.7　明细表及综合信息统计

传统设计方式很难精确完成大量的幕墙板面构造的综合信息统计工作，运用 BIM 软

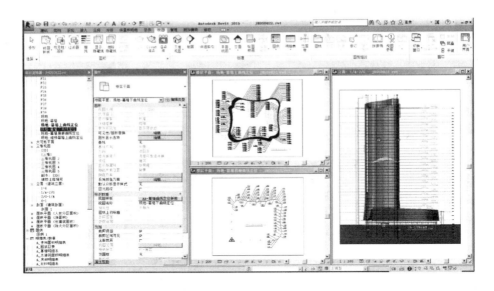

图 12-33　基于 Revit 的幕墙空间定位校审

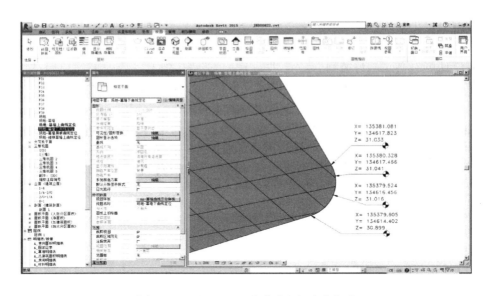

图 12-34　基于 Revit 的幕墙空间定位标注

件的明细表功能，可对幕墙的工程量、面板的尺寸、构件型号等信息进行快速、准确的综合信息统计。对于单元式复杂幕墙，通过对单元面板、龙骨框架、非常规型材这类构件依据数据规划进行自动编号并生成明细表，为后续幕墙下料加工、材料管理，拼装提供指导依据。

在 Revit 平台下，通过设置幕墙构件编号、标记、面板、竖梃等构件的明细表，可以进行幕墙构件的尺寸、造价、工程量等数据的综合信息的统计，如图 12-35、图 12-36 所示。

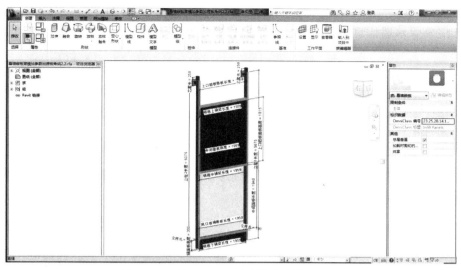

图 12-35　基于 Revit 的建筑幕墙模型标记

图 12-36　基于 Revit 的建筑幕墙明细表

12.6　成果表达

基于 BIM 技术的模型化设计成果表达，可以避免从二维设计图纸到三维加工模型转换这个环节出现的信息损失，精准地把幕墙设计数据传递到数控机床，直接用于幕墙构件加工。设计数据的无损传递、数字化自动加工，不但可以提升建筑品质，而且可以减少从设计到加工各个环节中的巨大浪费，这将是未来幕墙行业的工业化发展趋势。

运用 BIM 技术的幕墙设计成果可分为三维模型表达和二维制图表达两大方面。在进行表达的过程中时应注意以下几个方面的内容：

（1）三维模型中应体现与幕墙设计相关专业的信息数据，碰撞错误检查报告，及优化设计报告。

（2）应确保幕墙信息模型与相关的平面、立面、剖面、三维透视图及动影像表达信息的统一性。

（3）应通过 BIM 软件对幕墙设计的关键部件、节点模型进行三维注释及参数化尺寸标注，如幕墙形体、面板、竖梃、支撑体系、常规构件等。

（4）幕墙形体、分割、定位等重要节点信息应在模型视图与二维图纸中交互体现，并提供相应构件大样示意图与相关尺寸数据模型。

（5）进行专业审核出图时，可以采用三维模型视图配合二维图纸成果共同校审。

（6）应确保三维信息模型与综合信息统计明细表的信息数据统一。

12.6.1 三维模型表达

1. 可视化幕墙分析模型

根据幕墙设计的不同阶段，提供满足各阶段模型细度要求的方案设计模型、初步设计模型和施工图设计模型，如图 12-37～图 12-40 所示。

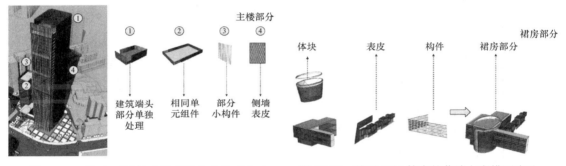

图 12-37　基于 BIM 技术的幕墙方案模型表达　　图 12-38　基于 BIM 技术的幕墙方案模型表达

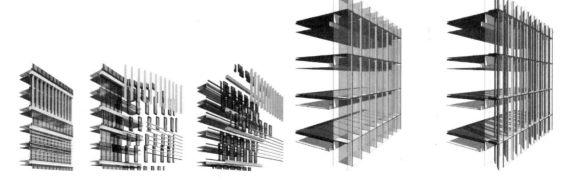

图 12-39　基于 BIM 技术生成的构造爆炸模型　　图 12-40　基于 BIM 技术的幕墙设计模型表达

2. 可视化幕墙展示模型

可以利用 BIM 软件直接生成幕墙设计成果的工作效果图、简易渲染图，进行设计沟通交底使用，如图 12-41、图 12-42 所示。在需要方案成果展示时，可将 BIM 软件中的幕墙设计模型直接导入到专业后期制作软件中进行处理，通过 3DMax、Maya、Lumion、

Showcase 等的可视化软件，可以进一步制作生成渲染图、动态展示图及漫游视频。

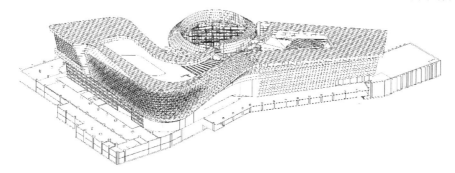

图 12-41　概念透视图

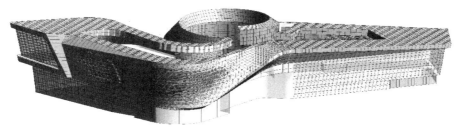

图 12-42　工作透视图

根据幕墙设计成果中的重点部位、局部复杂部件、关键节点生成多种表现形式的三维视图，如图 12-43、图 12-44 所示。

图 12-43　基于 BIM 技术生成的
幕墙构件节点模型

图 12-44　基于 BIM 技术生成的幕墙
构件节点模型

12.6.2　二维制图表达

1. 二维图纸

现阶段 BIM 技术下，模型生成的二维视图不能完全符合现有的二维制图标准，但应根据 BIM 技术的优势和特点，确定合理的 BIM 模型二维视图成果交付要求。BIM 模型生成二维视图的重点，应放在二维绘制难度较大的立面图、剖面图等方面，以便更准确地表达设计意图，有效解决二维设计模式下存在的问题，体现 BIM 技术的价值，如图 12-45～图 12-49 所示。

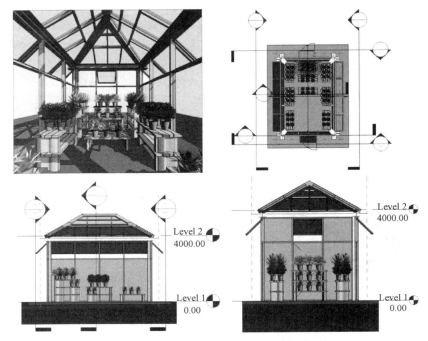

图 12-45　基于 BIM 技术生成的三维透视图、轴测图、剖切图

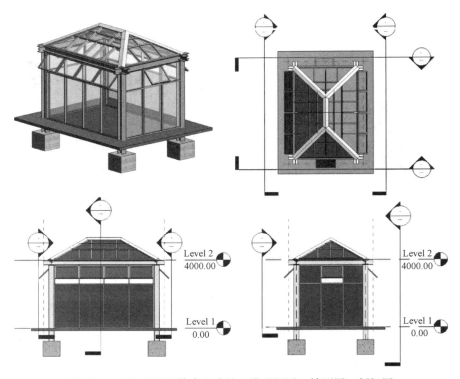

图 12-46　基于 BIM 技术生成的三维透视图、轴测图、剖切图

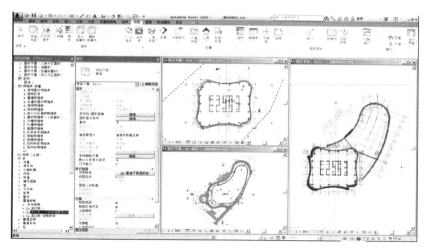

图 12-47 基于 Revit 的建筑幕墙平面图

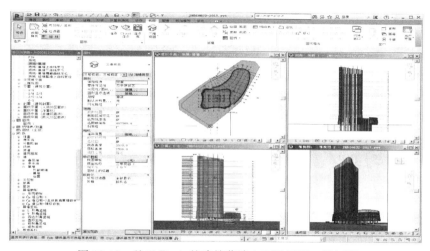

图 12-48 基于 Revit 的建筑幕墙立面透视图、剖切图

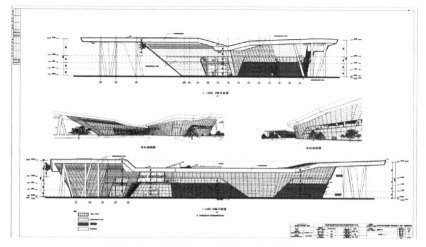

图 12-49 基于 Revit 的外立面幕墙施工图

2. 明细表及信息统计

Revit 明细表的综合信息统计是自动与模型关联的，可以随着设计模型进行自动的信息变更，如图 12-50 所示。明细表及综合信息统计结果还可以导出到 Excel，进行下一阶段的应用，如图 12-51 所示。

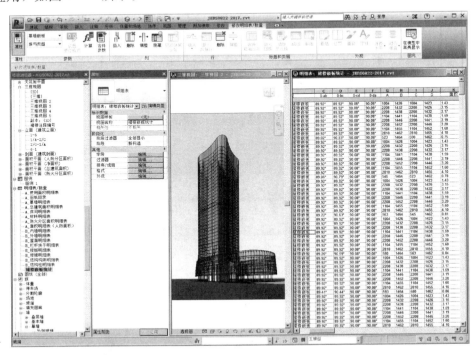

图 12-50　基于 Revit 的建筑幕墙明细表

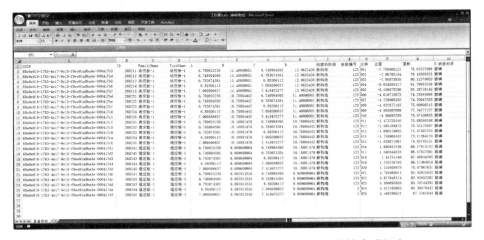

图 12-51　基于 Revit 幕墙设计项目导出到 Excel 的综合明细表

第 13 章
建筑经济 BIM 应用

13.1 概述

工程量计算的高效、准确是工程造价管理的基本要求。工程量计算具有工作量大、工作烦琐、精度要求高等特点，工程量计算从传统的手工算量发展到计算机辅助算量，工程量计算工作得到了质的提升，为建筑经济工作的提质、增效奠定了良好的基础。

随着计算机辅助工程量计算的普及和应用，计算机辅助工程量计算软件得到了快速发展，目前市场主流工程量计算软件包括两大类，一类是基于自主开发图形平台的工程量计算软件（例如：广联达），一类是基于 AutoCAD 平台（例如鲁班，基于 AutoCAD2006、2010）的工程量计算软件。以上两类工程量计算软件在市场中均有一定的市场，但均存在着一个明显的缺点：需要重新输入工程图纸信息并进行图形处理。其工作量相对于手工算量虽得到了大量的减少，但图形输入及处理仍然需要占用工程造价人员相当多的精力，建筑经济专业人员无法将其主要精力投入工程计价与合同管理方面，在一定程度上影响了工程造价工作质量以及效率。从根本上说，就是因为这些软件没有很好地共享设计过程中的产品设计信息。

BIM 技术的特点是辅助工程技术人员建立和使用互相协调的、内部一致的和可运算的信息。基于 BIM 解决方案，三维模型视图、二维图纸、剖面图、平面图、信息表格和工程量估算等都是基于同一个建筑信息模型，能够保持一致。

基于 BIM 技术，工程造价管理相对传统的工作方式具有显著优势，主要体现在以下几个方面：

（1）通过共享建筑信息模型，不需要重新输入图纸信息，可以将主要精力放到计价分析等更有意义的工作上面；

（2）提高了造价管理的工作效率，迅速反馈造价信息，更加有效地指导设计工作；

（3）通过共享建筑信息模型，可以提供造价编制所需的项目构件信息，从而大大减少根据图纸人工识别构件信息的工作量，减少了由此引起的潜在错误。

（4）对于项目实施过程中的变更，可以及时更新建筑信息模型，快速、准确反映工程造价变化。

13.2 BIM 应用流程和软件方案

13.2.1 方案设计阶段

方案设计阶段，根据方案设计 BIM 模型与设计说明，建立方案设计建筑经济 BIM 模型，获取投资建设规模、装修面积与标准、机电安装系统配置等信息作为投资估算的基础数据，汇总出投资估算工程量单。

方案设计阶段主要 BIM 应用参见表 13-1。

建筑经济专业方案设计阶段 BIM 应用主要内容 表 13-1

应用阶段	应用成果	应用内容
方案设计阶段	投资估算工程量单	(1)获取投资估算经济指标,计算汇总投资估算工程量单 (2)协同建筑经济与各专业,提高成果文件精度

方案设计阶段操作流程如图 13-1 所示。

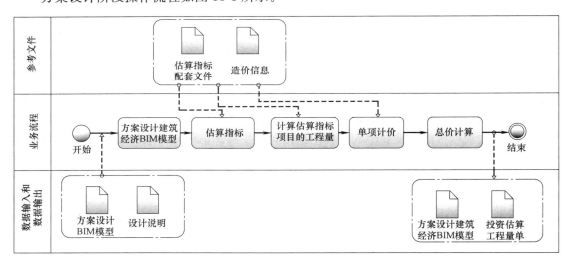

图 13-1 方案设计阶段操作流程图

方案设计阶段 BIM 软件参见表 13-2。

建筑经济专业方案设计阶段 BIM 策划应用 表 13-2

建筑经济专业	BIM 策划应用
土石方工程	Civil 3D、Revit
土建装饰工程	(1)Revit＋广联达 (2)Revit＋斯维尔 (3)Revit＋鲁班
机电工程	(1)Revit MEP/ MagiCAD ＋广联达 (2)Revit MEP ＋斯维尔 (3)Revit MEP/ MagiCAD ＋鲁班

建筑经济专业	BIM 策划应用
钢结构工程	Tekla
幕墙工程	Rhino

广联达、鲁班、斯维尔等软件的交互应用流程如图 13-2 所示。

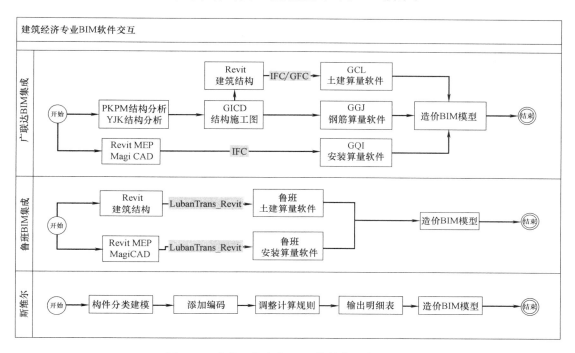

图 13-2　建筑经济专业 BIM 软件交互应用流程

13.2.2　初步设计阶段

初步设计阶段，将建筑、结构、给水排水及消防、强电、弱电、暖通等专业创建的初步设计 BIM 模型导入建筑经济专业 BIM 应用软件（广联达、鲁班等），并根据建筑工程设计文件编制深度规定，以及工程量清单计价定额等相关资料的要求，对初步设计建筑经济BIM 模型进行二次处理，使其满足初步设计概算的编制要求，其余部分数据资料（包括安装设备表）由设计专业直接提供工程量单，并据此形成建筑经济专业初步设计模型，具体的二次处理包括以下内容：

（1）对模型中的缺失或者原模型中无法支持的构件进行补充或者修改；

（2）对 BIM 模型无法表达或未表达的内容进行补充完善（如圈梁、过梁、构造柱、装饰工程等，概算阶段钢筋工程量以混凝土工程量为基础按照工程经验估算，此处不需要补充钢筋信息）；

（3）根据建筑经济专业 BIM 模型细度要求，补充工程量清单计量计价规则、定额计量计价规则等建筑经济专业信息。

初步设计阶段主要应用内容见表 13-3。

建筑经济专业初步设计阶段 BIM 应用主要内容　　　　　　　　表 13-3

应用阶段	应用成果	应用内容
初步设计阶段	初步设计工程量单	（1）模型汇总工程量，减少重复性的工作量 （2）规避翻模工作所可能带来的模型错误 （3）工程量和指标对比分析，迅速反馈模型异常信息及错误 （4）快速完成概算成果文件，指导限额设计

初步设计阶段操作流程如图 13-3 所示。

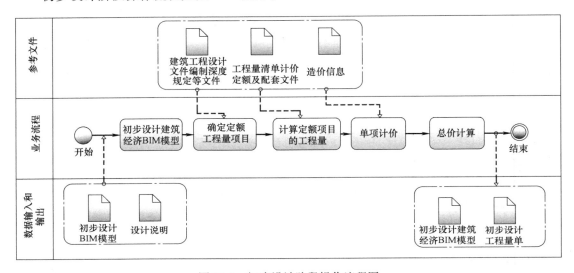

图 13-3　初步设计阶段操作流程图

初步设计阶段 BIM 软件参见表 13-4。

建筑经济专业初步设计阶段 BIM 策划应用　　　　　　　　表 13-4

建筑经济专业	BIM 策划应用
土石方工程	Civil 3D、Revit
土建装饰工程	（1）Revit＋广联达 （2）Revit＋斯维尔 （3）Revit＋鲁班
机电工程	（1）Revit MEP/ MagiCAD ＋广联达 （2）Revit MEP ＋斯维尔 （3）Revit MEP/ MagiCAD ＋鲁班
钢结构工程	Tekla
幕墙工程	Rhino

　　目前限额设计最有效的管理环节是在初步设计阶段。所谓限额设计，就是要按照批准的设计任务书及投资估算控制初步设计，按照批准的初步设计总概算控制施工图设计。

　　限额设计首先是进行目标分解，即将投资目标和主要工程量先分解到各专业，然后再分解到各单位工程和分部工程。各专业在保证使用功能的前提下，根据限定的投资额度进行方案筛选和设计，并且严格控制技术设计和施工图设计得不合理变更，以保证总投资不被突破。基于 BIM，可实现设计与算量的同步，BIM 模型实时反应设计内容，并自动、快速地统计工程量，从而指导、实现限额设计。具体应用流程如图 13-4 所示。

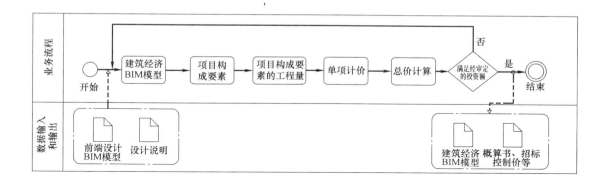

图 13-4　限额设计流程

13.2.3　施工图设计阶段

施工图设计阶段，将建筑、结构、给水排水及消防、强电、弱电、暖通等专业施工图设计 BIM 模型导入建筑经济专业 BIM 应用软件（如广联达、鲁班等），并根据工程量清单计价规范等相关资料的要求，对建筑经济 BIM 模型进行二次处理，使其满足施工图设计预算的编制要求，并据此形成建筑经济专业施工图设计模型，具体包括以下内容：

（1）对模型中的缺失或者原模型中无法支持的构件进行补充或者修改；

（2）对 BIM 模型无法表达或未表达的内容进行补充完善（如钢筋、圈梁、过梁、构造柱、装饰工程等）；

（3）根据建筑经济专业 BIM 模型细度要求补充工程量计算规范，以及工程量清单计价定额等计算规则，计算清单工程量以及定额工程量，并结合相应的造价信息，编制出招标控制价、投标报价单等施工图阶段预算文件。

施工图设计阶段主要应用内容见表 13-5。

建筑经济专业施工图设计阶段 BIM 应用主要内容　　　　表 13-5

应用阶段	应用成果	应用内容
施工图阶段	施工图预算书	（1）模型汇总工程量,减少重复性的工作量 （2）规避翻模工作所可能带来的模型错误 （3）工程量和指标对比分析,迅速反馈模型异常信息及错误 （4）快速完成预算成果文件,指导限额设计

施工图设计阶段操作流程如图 13-5 所示。

施工图设计阶段 BIM 软件参见表 13-6。

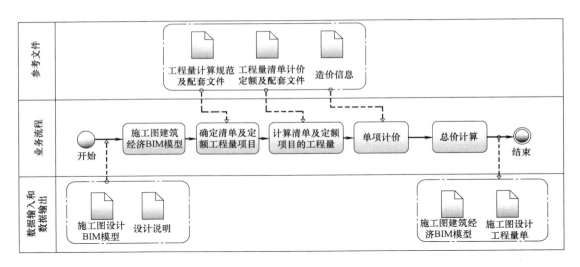

图 13-5　施工图设计阶段操作流程图

建筑经济专业施工图设计阶段 BIM 策划应用　　　　　　　　　　　　表 13-6

建筑经济专业	BIM 策划应用
土石方工程	Civil 3D，Revit
土建装饰工程	(1) Revit＋广联达 (2) Revit＋斯维尔 (3) Revit＋鲁班
机电工程	(1) Revit MEP/ MagiCAD ＋广联达 (2) Revit MEP ＋斯维尔 (3) Revit MEP/ MagiCAD ＋鲁班
钢结构工程	Tekla
幕墙工程	Rhino

13.3　模型内容以及模型细度

13.3.1　模型内容

　　建筑经济 BIM 模型的内容应该不仅包含 BIM 设计模型的基础模型，同时还应该补充相应的造价信息。同时由于方案设计阶段、初步设计阶段、施工图阶段对算量精度的要求有所不同，所以对于相应的建筑经济 BIM 模型的内容要求也有所区别。

　　1. 方案设计阶段建筑经济 BIM 模型内容要求

　　方案设计阶段对模型精度要求较低，主要需要建设工程的主要经济指标以及相应的设计标准作为估算的基础数据，其 BIM 模型的内容参见表 13-7 要求。

　　2. 初步设计阶段建筑经济 BIM 模型内容要求

　　初步设计阶段对模型要求较高，土建专业需要对建筑的主要构件的工程量进行一定精度的计算，机电专业没有算量要求，主要根据同类型工程经验对管道、管线、管件、阀门及附件等相关数据进行估算，其 BIM 模型的内容参见表 13-8 要求。

方案阶段模型内容   表 13-7

模型内容类型	模型内容信息
BIM 设计模型	方案设计阶段 BIM 模型基本内容信息
土建装饰工程	建筑功能布置、结构基础与结构主体设计、投资规模、装修面积及标准
机电安装工程	机电系统及标准
建筑经济专业信息	估算指标、市场价信息、建设工程取费标准

初步设计阶段模型内容   表 13-8

模型内容类型	模型内容信息
BIM 设计模型	初步设计 BIM 模型基本内容信息
土建装饰工程	土建工程信息：建筑结构主体构件的主要规格及布置范围、混凝土浇筑方式（现浇、预制）、预应力钢筋布置范围等； 装饰工程信息：主要部位的基本做法及布置范围、装饰材料的基本信息等
机电安装工程	机电设备规格、型号，大型设备应具有相应的荷载信息
建筑经济专业信息	概算定额/工程量清单计价定额及配套文件、建筑工程设计文件编制深度规定等相关文件、市场价信息、建设工程取费标准、工程量定额项与模型构件的对应关系

3. 施工图阶段建筑经济 BIM 模型内容要求

施工图阶段对模型要求非常高，需要依据工程量清单计价规范对所有的构件工程量进行计算，其 BIM 模型的内容参见表 13-9 要求。

施工图阶段模型内容   表 13-9

模型内容类型	模型内容信息
BIM 设计模型	施工图 BIM 模型基本内容信息
土建装饰工程	土建工程信息：建筑结构所有构件的规格及布置范围、混凝土浇筑方式（现浇、预制），混凝土添加剂、混凝土搅拌方式、所有钢筋型号及布置、钢筋连接方式、预应力钢筋张拉方式（先张、后张）及粘结类型（有粘结、无粘结）等，二次构件的规格型号及布置、脚手架类型、模板类型及材质； 装饰工程信息：所有部位的详细做法及布置范围，装饰材料的详细信息等
机电安装工程	机电设备规格、型号、安装方式，管道线缆的安装、敷设方式，大型设备应具有相应的荷载信息
建筑经济专业信息	工程量清单计价定额及配套文件、建筑工程设计文件编制深度规定等相关文件、市场价信息、建设工程取费标准、定额项目与模型构件的对应关系

13.3.2 模型细度

建筑经济 BIM 模型是在设计模型的基础上，进行二次加工处理并补充工程量计算规则、计价规范、造价信息等基本信息。根据《建筑工程设计文件编制深度规定》，方案设计估算、初步设计概算、施工图预算深度要求，建筑经济专业 BIM 模型细度有所不同，具体如下：

1. 方案设计阶段 BIM 模型细度要求

根据方案设计阶段的深度要求，完善设计模型的相关模型，同时还应该补充方案设计阶段所需要的造价相关信息，参见表 13-10。

方案设计阶段 BIM 模型细度要求　　　　　　　　　表 13-10

构成要素	模型细度	
	物理信息	建筑经济专业信息
土建工程	BIM 设计模型、建设规模	建设规模、估算指标
装饰工程	BIM 设计模型、装修标准	建设规模、估算指标
给水排水工程	BIM 设计模型、建设规模	建设规模、估算指标
消防工程	BIM 设计模型、装修标准	建设规模、估算指标
通风空调工程	BIM 设计模型、建设规模	建设规模、估算指标
电气工程	BIM 设计模型、装修标准	建设规模、估算指标
弱电工程	BIM 设计模型、建设规模	建设规模、估算指标
电梯工程	BIM 设计模型、装修标准	电梯数量、估算指标

2. 初步设计阶段 BIM 模型细度要求

根据初步设计阶段的深度要求，完善设计模型的相关模型，同时还应该补充初步设计阶段所需要的造价相关信息，参见表 13-11。

初步设计阶段 BIM 模型细度要求　　　　　　　　　表 13-11

构成要素	模型细度	
	物理信息	建筑经济专业信息
土石方工程	BIM 设计模型、开挖方式、土石比例等	定额计算规则、定额编号、定额项目
基础工程	BIM 设计模型、混凝土强度等级等	定额计算规则、定额编号、定额项目
砌体工程	BIM 设计模型、规格、材质等	定额计算规则、定额编号、定额项目
钢筋混凝土工程	BIM 设计模型、混凝土强度等级、钢筋等级等	定额计算规则、定额编号、定额项目
金属结构工程	BIM 设计模型、材料设备规格型号等	定额计算规则、定额编号、定额项目
木结构工程	BIM 设计模型、材料设备规格型号等	定额计算规则、定额编号、定额项目
防水、保温工程	BIM 设计模型、材料设备规格型号等	定额计算规则、定额编号、定额项目
装饰工程	BIM 设计模型、材料设备规格型号等	定额计算规则、定额编号、定额项目
给水系统	BIM 设计模型、材料设备规格型号等	定额计算规则、定额编号、定额项目
污废水系统	BIM 设计模型、材料设备规格型号等	定额计算规则、定额编号、定额项目
雨水系统	BIM 设计模型、材料设备规格型号等	定额计算规则、定额编号、定额项目
中水处理系统	BIM 设计模型、材料设备规格型号等	定额计算规则、定额编号、定额项目
其他给水排水工程	BIM 设计模型、材料设备规格型号等	定额计算规则、定额编号、定额项目
消火栓系统	BIM 设计模型、材料设备规格型号等	定额计算规则、定额编号、定额项目
自动喷水灭火系统	BIM 设计模型、材料设备规格型号等	定额计算规则、定额编号、定额项目
气体灭火系统	BIM 设计模型、材料设备规格型号等	定额计算规则、定额编号、定额项目
消防烟系统	BIM 设计模型、材料设备规格型号等	定额计算规则、定额编号、定额项目

续表

构成要素	模型细度	
	物理信息	建筑经济专业信息
防排烟系统	BIM 设计模型、材料设备规格型号等	定额计算规则、定额编号、定额项目
火警报警系统	BIM 设计模型、材料设备规格型号等	定额计算规则、定额编号、定额项目
其他消防工程	BIM 设计模型、材料设备规格型号等	定额计算规则、定额编号、定额项目
通风系统	BIM 设计模型、材料设备规格型号等	定额计算规则、定额编号、定额项目
水冷式系统	BIM 设计模型、材料设备规格型号等	定额计算规则、定额编号、定额项目
VRV 空调系统	BIM 设计模型、材料设备规格型号等	定额计算规则、定额编号、定额项目
精密空调系统	BIM 设计模型、材料设备规格型号等	定额计算规则、定额编号、定额项目
其他通风空调工程	BIM 设计模型、材料设备规格型号等	定额计算规则、定额编号、定额项目
变配电系统	BIM 设计模型、材料设备规格型号等	定额计算规则、定额编号、定额项目
电力系统	BIM 设计模型、材料设备规格型号等	定额计算规则、定额编号、定额项目
照明系统	BIM 设计模型、材料设备规格型号等	定额计算规则、定额编号、定额项目
其他电气工程	BIM 设计模型、材料设备规格型号等	定额计算规则、定额编号、定额项目
弱电工程	BIM 设计模型、材料设备规格型号等	定额计算规则、定额编号、定额项目
电梯工程	BIM 设计模型、楼层数等	定额计算规则、定额编号、定额项目

3. 施工图阶段 BIM 模型细度要求

根据施工图阶段的深度要求，完善设计模型的相关模型，同时还应该补充施工图阶段所需要的造价相关信息，参见表 13-12。

施工图阶段 BIM 模型细度要求　　　　　　　　　表 13-12

构成要素	模型细度	
	物理信息	建筑经济专业信息
土石方工程	BIM 设计模型、开挖方式、土石类别等	清单计量规范/定额工程量计算规则、编码、清单/定额项目、项目特征
基础工程	BIM 设计模型、基坑处理方式、混凝土强度等级等	清单计量规范/定额工程量计算规则、编码、清单/定额项目、项目特征
砌体工程	BIM 设计模型、规格、材质等	清单计量规范/定额工程量计算规则、编码、清单/定额项目、项目特征
钢筋混凝土工程	BIM 设计模型、混凝土强度等级、钢筋等级、连接方式等	清单计量规范/定额工程量计算规则、编码、清单/定额项目、项目特征
金属结构工程	BIM 设计模型、规格、材质、加工方式等	清单计量规范/定额工程量计算规则、编码、清单/定额项目、项目特征
木结构工程	BIM 设计模型、规格、材质、加工方式等	清单计量规范/定额工程量计算规则、编码、清单/定额项目、项目特征
防水、保温工程	BIM 设计模型、规格、材质、做法等	清单计量规范/定额工程量计算规则、编码、清单/定额项目、项目特征

续表

构成要素	模型细度	
	物理信息	建筑经济专业信息
装饰工程	BIM 设计模型、规格、材质、做法等	清单计量规范/定额工程量计算规则、编码、清单/定额项目、项目特征
措施项目	BIM 设计模型、规格、材质、施工方案等	清单计量规范/定额工程量计算规则、编码、清单/定额项目、项目特征
给水系统	BIM 设计模型、材质、规格、连接形式等	清单计量规范/定额工程量计算规则、编码、清单/定额项目、项目特征
污废水系统	BIM 设计模型、材质、规格、连接形式等	清单计量规范/定额工程量计算规则、编码、清单/定额项目、项目特征
雨水系统	BIM 设计模型、材质、规格、连接形式等	清单计量规范/定额工程量计算规则、编码、清单/定额项目、项目特征
中水处理系统	BIM 设计模型、材质、规格、连接形式等	清单计量规范/定额工程量计算规则、编码、清单/定额项目、项目特征
其他给水排水工程	BIM 设计模型、材质、规格、连接形式等	清单计量规范/定额工程量计算规则、编码、清单/定额项目、项目特征
消火栓系统	BIM 设计模型、材质、型号、规格等	清单计量规范/定额工程量计算规则、编码、清单/定额项目、项目特征
自动喷水灭火系统	BIM 设计模型、材质、型号、规格等	清单计量规范/定额工程量计算规则、编码、清单/定额项目、项目特征
气体灭火系统	BIM 设计模型、材质、型号、规格等	清单计量规范/定额工程量计算规则、编码、清单/定额项目、项目特征
消防烟系统	BIM 设计模型、材质、型号、规格等	清单计量规范/定额工程量计算规则、编码、清单/定额项目、项目特征
防排烟系统	BIM 设计模型、材质、型号、规格等	清单计量规范/定额工程量计算规则、编码、清单/定额项目、项目特征
火警报警系统	BIM 设计模型、材质、型号、规格等	清单计量规范/定额工程量计算规则、编码、清单/定额项目、项目特征
其他消防工程	BIM 设计模型、材质、型号、规格等	清单计量规范/定额工程量计算规则、编码、清单/定额项目、项目特征
通风系统	BIM 设计模型、规格、型号、安装形式等	清单计量规范/定额工程量计算规则、编码、清单/定额项目、项目特征
水冷式系统	BIM 设计模型、规格、型号、安装形式等	清单计量规范/定额工程量计算规则、编码、清单/定额项目、项目特征
VRV 空调系统	BIM 设计模型、规格、型号、安装形式等	清单计量规范/定额工程量计算规则、编码、清单/定额项目、项目特征
精密空调系统	BIM 设计模型、规格、型号、安装形式等	清单计量规范/定额工程量计算规则、编码、清单/定额项目、项目特征

续表

构成要素	模型细度	
	物理信息	建筑经济专业信息
其他通风空调工程	BIM 设计模型、规格、型号、安装形式等	清单计量规范/定额工程量计算规则、编码、清单/定额项目、项目特征
变配电系统	BIM 设计模型、型号、容量、电压等	清单计量规范/定额工程量计算规则、编码、清单/定额项目、项目特征
电力系统	BIM 设计模型、规格、材质、敷设方式等	清单计量规范/定额工程量计算规则、编码、清单/定额项目、项目特征
照明系统	BIM 设计模型、型号、规格、类型等	清单计量规范/定额工程量计算规则、编码、清单/定额项目、项目特征
其他电气工程	BIM 设计模型、材质、规格、型号等	清单计量规范/定额工程量计算规则、编码、清单/定额项目、项目特征
弱电工程	BIM 设计模型、材质、规格、型号等	清单计量规范/定额工程量计算规则、编码、清单/定额项目、项目特征
电梯工程	BIM 设计模型、楼层数、规格、型号等	清单计量规范/定额工程量计算规则、编码、清单/定额项目、项目特征

13.4　建模方法

13.4.1　以 Autodesk Revit 为核心的建模方法

通过 Revit 软件对构件的划分，建立土建、机电专业 BIM 模型，利用软件的明细表功能对构件进行分类和汇总，完成相关构件的工程量统计。

13.4.2　以 Autodesk Revit＋广联达为核心的建模方法

建筑经济专业模型创建，需制定建筑经济专业 BIM 模型应用策划，选择相应建筑经济专业 BIM 应用软件，结合建筑经济专业清单计量规范/定额工程量计算规则对构件进行定义或使用替代构件。本部分以将 Revit 模型导入广联达软件为例，进行建模方法介绍。

1. 基本规定

（1）建模方式：在 Revit 中尽量不要使用体量与内建模型建模；不推荐使用草图编辑。

（2）定位坐标：为了更好地进行图纸的导入、Revit 链接、协同工作、模型整合及向下游进行传递，各专业在建模前就统一原点坐标。

（3）构件建模要求：构件遵循统一命名规则。尽量按照构件所属楼层，分层创建各楼层构件。

（4）楼层建模要求：按照实际项目的楼层，分别定义楼层的标高或层高，所有参照标高使用统一的标高体系。

2. 构件总体绘制规则

（1）同一类构件不应重叠；

（2）线性图元封闭：线性图元只有中心线相交，才是相交，否则算量软件中都视为没有相交，无法自动执行算量扣减规则；

（3）附属构件和依附构件必须绘制在他们所附属和依附的构件上，否则会因为找不到父图元而无法计算工程量。

（4）Revit 的草图编辑非常灵活，例如墙的编辑轮廓。编辑轮廓的时候可以在墙体内开洞，也可以在墙体外再增加局部墙，虽然导出标准可以处理，但会转化为异形墙，导出后属性不可以编辑。

（5）绘制图元时，应使用捕捉功能并捕捉到相应的轴线交点或者相交构件的相交点或相交面，严禁人为判断相交点或相交面位置，以免视觉误差而导致图元位置有所偏差，造成工程量的偏差。

3. 构件命名规则

加强与规范 Revit 中构件的命名，可以保证 Revit 构件导出到广联达软件中可以获取更准确的构件分类。

（1）土建构件命名规则参见表 13-13。

GCL 与 Revit 构件对应表 表 13-13

GCL 构件类型	Revit 对应族名称	Revit 族类型	
		必须包含字样	禁止出现字样
筏板基础	结构基础	筏板基础	
条形基础	条形基础		
独立基础	独立基础		承台/桩
基础梁	梁族	基础梁	
垫层	结构板	垫层	
集水坑	结构基础	集水坑	
桩承台	结构基础/独立基础	桩承台	
桩	结构柱/独立基础	桩	
现浇板	结构板		垫层/桩承台/散水/台阶/挑檐/雨篷/屋面/坡道/天棚/楼地面
柱	结构柱		桩/构造柱
构造柱	结构柱	构造柱	
柱帽	结构柱	柱帽	
墙	墙	弧形墙/直形墙	
梁	梁族		连梁/圈梁/过梁/基础梁/压顶/栏板
连梁	梁族	连梁	圈梁/过梁/基础梁/压顶/栏板
圈梁	梁族	圈梁	连梁/过梁/基础梁/压顶/栏板
过梁	梁族	过梁	连梁/基础梁/压顶/栏板
门	门族		
窗	窗族		

续表

GCL 构件类型	Revit 对应族名称	Revit 族类型	
		必须包含字样	禁止出现字样
飘窗	窗族	飘窗	
楼梯	楼梯	楼梯	
坡道	坡道/板	坡道	
幕墙	幕墙		
雨篷	楼板	雨篷	
散水	楼板	散水	
台阶	楼板	台阶	
挑檐	楼板边缘	挑檐	
栏板	墙	栏板	
压顶	墙	压顶	
墙面	墙	墙面/面层	
墙裙	墙饰条	墙裙	
踢脚	墙	踢脚	
楼地面	楼板面层	楼地面	
墙洞	直墙矩形洞		
板洞	楼板洞口剪切		
天棚	楼板面层	天棚	
吊顶	天花板	吊顶	

（2）机电专业构件命名按"类型-材质-规格"的格式进行命名。也可以在"类型-材质-规格"的基础上进行扩展，如图 13-6 所示。

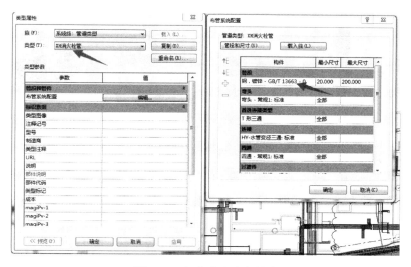

图 13-6　机电专业命名格式

4. 土建专业构件绘制规则

墙图元绘制规则：

（1）墙的绘制方式：墙支持直线、矩形、内接多边形、外接多边形、圆形、起点-终点-半径弧、圆心-端点弧、相求端点弧、圆角弧。

（2）墙属性设置：墙族类型中严禁出现"保温墙/栏板/压顶"字样；功能属性值选择外部、基础墙、挡土墙、檐底板，导入 GCL 之后为外墙；功能属性值选择内部、核心竖井，导入 GCL 之后为内墙。非功能墙（即基本墙）绘制的时候，功能属性只能选择内部和外部。

以下方式绘制的墙图元导出均是不规则的且属性不可以编辑：

（1）编辑墙轮廓：墙的任意一边是用样条曲线绘制的，导入 GCL2013 之后墙是不规则体；墙的任意一边是用椭圆、半椭圆绘制的，导入 GCL2013 之后墙是不规则体；在墙上用编辑轮廓开洞口。

（2）墙附着板、屋顶之后，墙的顶面或者底面会被板切成带斜坡的，导入 GCL2013 之后墙是不规则体。如图 13-7 所示。

（3）墙上绘制非标准矩形、非标准圆形、非标准拱形门窗时，导出之后墙也是不规则体、不可以编辑。

（4）多种草图编辑形式在一起使用的时候，导致墙形状比较复杂，墙导出之后也是不规则、不可以编辑的，如图 13-8 所示。

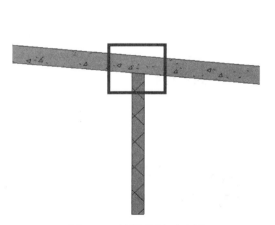

图 13-7　墙附着板顶示例

图 13-8　多种草图编辑的复杂墙示例

板图元绘制规则：

（1）板的绘制方式：板支持直线、矩形、内接多边形、外接多边形、圆形、起点-终点-半径弧、圆心-端点弧、相求端点弧、圆角弧、样条曲线、椭圆、半椭圆、拾取线、拾取墙、拾取支座。

（2）板属性设置：族类型中严禁出现"垫层/桩承台/散水/台阶/挑檐/雨篷/屋面/坡道"的字样；板结构层厚度不应该设置为零，且不应该勾选包络选项，板厚输入范围应该是在（0，10000）之间的整数。

（3）板上洞口绘制规则：在板上可以用竖井、楼板洞口剪切（按面、垂直）、直接绘制带洞口的板，推荐画法用直接绘制带洞口的板，如图 13-9 所示。

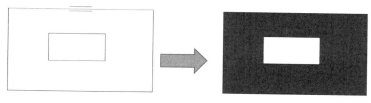

图 13-9　板布洞口绘制示例

板图元绘制注意事项：在 Revit 中设置的斜板导入到 GCL 之后显示和 Revit 不一致，这样做的目的是将板导出标准的可以编辑的，对工程量没有影响。

梁、圈梁、连梁、过梁绘制规则：

（1）梁的绘制方式：梁支持直线、起点-终点-半径弧、圆心-端点弧、相求端点弧、圆角弧、样条曲线、半椭圆、拾取线。

（2）梁属性的设置：族类型中严禁出现"连梁/圈梁/过梁/基础梁/压顶/栏板"的字样。矩形截面梁，截面高度、截面宽度的数值应该设置在（0，200000）之间的整数。圆形截面梁，梁的板半径数值应该设置在（1，5000）之间的整数。

梁、圈梁、连梁、过梁绘制注意事项：梁与板相交时，尽量不要用修改/连接命令，连接之后可能导致图元截面很复杂，导出之后为不规则体属性不可以编辑。

柱图元绘制规则：

（1）柱的绘制方式：放置柱（垂直柱、斜柱），还有在建筑柱中心放置结构柱。

（2）柱属性的设置：族类型中严禁出现"桩"的字样。矩形截面柱、截面高度、截面宽度的数值应该设置在（1，50000）之间的整数。圆形截面柱、梁的半径数值应该设置在（1，50000）之间的整数。

柱图元绘制注意事项：Revit 中的斜柱导入 GCL 之后不会和 GCL 中斜柱进行匹配，会导成不规则柱。柱顶部、底部附着楼板、屋顶、天花板、梁等构件时，导入 GCL 按未附着之前形状导入。

门窗图元绘制规则：

（1）门窗绘制方式：按照墙点式布置。

（2）门窗属性设置：在 GCL 当中门窗必须依赖于墙的存在而存在，所以要求门窗框的厚度不能超出墙的厚度，门窗的底标高不能超出墙高的范围，否则门窗非法，无法导入 GCL。

门窗图元绘制注意事项：

（1）在 Revit 中门窗的显示比较形象，但 GCL 中只是门窗洞口的实际洞口的尺寸，门窗框和造型不会导入到 GCL 中，但是不影响工程量的计算。

（2）如果门窗所在的墙是不规则体，那么无论门窗本身是否是标准构件，导入 GCL 之后均是不规则门窗属性不可以编辑。飘窗（目前软件只解析了凸窗中的凸窗-斜切）导入之后只有顶板、底板和窗，窗台板不会导入。

（3）如果窗族中的模型在墙上有空心融合，且没有洞口，需要在类型名称标注"装饰作用"字段。

楼梯绘制规则：

（1）楼梯绘制方式：按照构件绘制楼梯（推荐采用）；按照草图绘制楼梯。楼梯构件包含（上下梯段板，梯段梁，休息平台，及休息平台下平台梁）。上述构件在 Revit 中创建组并命名。

（2）楼梯属性设置：按照 revit 中的属性值设置即可。

楼梯绘制注意事项：

（1）楼梯与楼层相连处楼板单独绘制，归于楼板。

（2）楼梯间楼层板下梁属于结构梁。

（3）楼梯柱归属结构柱。

（4）如果使用"多层顶部标高方式"复制楼梯，这种方式暂时不支持自动拆分为多个楼层的楼梯，需解组按层单独命名。

（5）在 Revit 中按照草图绘制的楼梯，导入 GCL 之后不会拆分梯段、梯梁和休息平台，导入之后显示一个整体，且是不规则的属性不可以编辑。

装饰构件绘制规则：建议装饰装修构件在 GCL 软件中进行绘制，GCL 提供了智能布置等多种布置方式，可以快速完成绘制。所以在此不再赘述装修构件的绘制规则。

独立基础图元绘制规则：

（1）基础的绘制方式：点式绘制，或者按柱、桩绘制独立基础。

（2）独立基础属性设置：按照 Revit 属性值范围设置即可。

独立基础图元绘制注意事项：

（1）族类型中严禁出现"柱帽"的字样。

（2）独立基础导入之后都是异形的，不会去匹配 GCL 中已有的参数化的独立基础。

条形基础图元绘制规则：

（1）条形基础的绘制方式：直线绘制，或者按墙绘制条形基础。

（2）条形基础属性设置：按照 Revit 属性值范围设置即可。

条形基础图元绘制注意事项：条形基础导入之后都是异形的，不会去匹配 GCL 中已有的参数化的条形基础。

桩承台图元绘制规则：

（1）桩承台的绘制方式：点式绘制，或者按柱、桩绘制独立基础绘制。

（2）桩承台属性设置：按照 Revit 属性值范围设置即可。

桩承台图元绘制注意事项：桩承台导入之后都是异形的，不会去匹配 GCL 中已有的参数化的桩承台。

桩基础绘制规则：

（1）桩基础绘制方式：同柱的绘制方式。

（2）桩属性设置：桩的深度输入 [50，1000000] 之间的整数。

桩基础绘制注意事项：导入 GCL 之后都是异形，属性不可以编辑。

筏板基础绘制规则：

（1）筏板基础的绘制方式：支持直线、矩形、内接多边形、外接多边形、圆形、起点-终点-半径弧、圆心-端点弧、相求端点弧、圆角弧、样条曲线、椭圆、半椭圆、拾取线、拾取墙、拾取支座。

（2）筏板基础属性设置：筏板的厚度的范围应该在 [50，50000] 之间的整数。

集水坑图元绘制规则：

（1）集水坑的绘制方式：点式绘制，要求集水坑必须绘制在筏板基础或者桩承台上面，其他绘制方式绘制不能导入 GCL 软件中。

（2）集水坑属性设置：按照 Revit 中族属性值设定即可。

集水坑图元绘制注意事项：任何方式绘制的集水坑导入 GCL 之后都是不规则的，不可以编辑的。

垫层图元绘制规则：

（1）垫层的绘制方式：支持直线、矩形、内接多边形、外接多边形、圆形、起点-终点-半径弧、圆心-端点弧、相求端点弧、圆角弧、样条曲线、椭圆、半椭圆、拾取线、拾取墙、拾取支座。

（2）垫层属性设置：垫层的厚度值输入（10，10000］之间的整数。

垫层图元绘制注意事项：一般情况下垫层需要绘制在结构基础、设备基础的下方。

挑檐图元绘制规则：

（1）挑檐的绘制方式：支持直线、矩形、内接多边形、外接多边形、圆形、起点-终点-半径弧、圆心-端点弧、相求端点弧、圆角弧、样条曲线、椭圆、半椭圆、拾取线、拾取墙、拾取支座。

（2）挑檐属性设置：挑檐的厚度值应该在（0，2000］之间的整数。

挑檐图元绘制注意事项：挑檐导入之后都是异形挑檐，不会匹配面式挑檐。

雨篷图元绘制规则：

（1）雨篷的绘制方式：支持直线、矩形、内接多边形、外接多边形、圆形、起点-终点-半径弧、圆心-端点弧、相求端点弧、圆角弧、样条曲线、椭圆、半椭圆、拾取线、拾取墙、拾取支座。

（2）雨篷属性设置：雨篷厚度值应该在（0，2000］之间的整数。

栏板、压顶图元绘制规则：

（1）栏板、压顶的绘制方式：同墙或者梁的绘制方式（取决于代替构件是墙，则画法同墙，否则同梁）。

（2）栏板、压顶属性设置：栏板的截面高度和截面宽度值输入（0，50000］之间的整数。压顶的截面宽度值输入（0，10000］之间的整数，截面高度值输入（0，5000］之间的整数。

栏板、压顶图元绘制注意事项：同墙或者梁（取决于代替构件是墙，则画法同墙，否则同梁）。

散水图元绘制规则：

（1）散水的绘制方式：支持直线、矩形、内接多边形、外接多边形、圆形、起点-终点-半径弧、圆心-端点弧、相求端点弧、圆角弧、样条曲线、椭圆、半椭圆、拾取线、拾取墙、拾取支座。

（2）散水属性设置：散水的厚度输入（0，10000］之间的整数。

散水图元绘制注意事项：设置坡度的散水导入 GCL 之后为不规则体，属性不可以编辑。

台阶图元绘制规则：

（1）台阶的绘制方式：支持直线、矩形、内接多边形、外接多边形、圆形、起点-终点-半径弧、圆心-端点弧、相求端点弧、圆角弧、样条曲线、椭圆、半椭圆、拾取线、拾取墙、拾取支座。

（2）台阶属性设置：台阶的高度值输入（0，5000〕之间的整数。

台阶图元绘制注意事项：台阶导入之后均为不规则体，属性不可以编辑。

栏杆扶手图元绘制规则：

（1）栏杆扶手绘制方式。方式一：支持直线、矩形、内接多边形、外接多边形、圆形、起点-终点-半径弧、圆心-端点弧、相求端点弧、圆角弧、拾取线。方式二：放置在主体上（踏板、梯边梁）。

（2）栏杆扶手属性设置：扶手截面高度、截面宽度输入（0，5000〕之间的整数。栏杆截面高度、截面宽度输入（0，5000〕之间的整数。栏杆间距输入（0，5000〕之间的整数。

栏杆扶手图元注意事项：栏杆扶手导入 GCL 之后都是不规则，属性不可以编辑。

坡道图元绘制规则：

（1）坡道绘制方式。方式一：直线、圆心端点弧。方式二：同板的绘制方式。

（2）坡道属性设置：用板代替绘制的同板的属性设置。

坡道图元绘制注意事项：坡道导入 GCL 之后都是不规则构件，属性不可以编辑。

机电专业构件绘制规则：

（1）因 Revit 与广联达的交互是通过类型名称进行构件关系的对应。所以构件不要使用一个族类型绘制多个专业设备与管道。

（2）设备尽量与管线直接连接，尽量不通过管件再与管道连接。

（3）避免多构件绘制在一个族里面。

（4）管道附件必须依附在管道上，否则会找不到父图元而无法计算工程量。

（5）管道附件尽量与管线直接连接，尽量不通过管件再与管道连接。

13.4.3 以广联达为核心的建模方法

就目前实践而言，如果将设计模型导入建筑经济专业 BIM 软件，导致其准确性和可靠性低，或者需要改动的工作量比较大，建议还是采用 CAD 导入广联达，通过广联达的快速翻模建立建筑经济专业算量模型。

13.5 分析应用

13.5.1 基于 Revit 体量功能进行投资估算工程量的提取

在概念方案设计期间，使用体量楼层划分体量可以快速生成每个体量楼层的面积、体量楼层向上到下一体量楼层的外表面积及每个体量体量楼层的周长，并通过对这些数据的梳理可以作为投资估算依据，并据此按指标法编制投资估算。如图 13-10 所示。

13.5.2 工程量量单的提取

以 Autodesk Revit＋广联达为核心的建模方法为例，通过广联达 GFC 软件导出 Revit

图 13-10　基于 Revit 投资估算工程量的提取

模型，再导入广联达 GCL 软件生成建筑经济模型，并生成工程量量单。

1. Revit 中导出 GFC 文件

（1）双击打开 Revit 项目文件，选项卡【广联达 BIM 算量】，如图 13-11 所示。

图 13-11　广联达 BIM 算量功能示意

（2）批量修改族名称：使族类型名称符合"构件命名规则"的要求，以及使相同族类型名称关键字前后统一，方便建立 Revit 与 GCL 构件之间转化关系及调整转化规则，如图 13-12 所示。

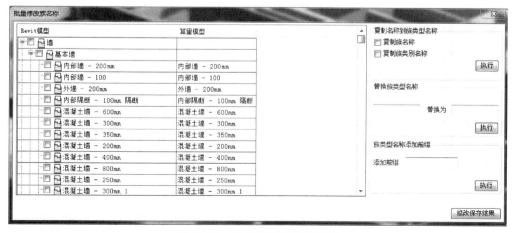

图 13-12　批量修改族名称示意

（3）模型检查：保证模型在源头就符合"构件命名规则"的要求，避免在导出导入过程中丢失图元，又因下游 GCL 模型修改不能联动源头 Revit 模型修改，故先模型检查可避免重复修改模型工作。综上建议在导出前做模型检查，如图 13-13 所示。

图 13-13　模型检查示意

（4）导出 GFC：为实现由 Revit 模型到 GCL 模型转化，需要针对 Revit 与 GCL 在楼层概念及构件归属上的差别，在导出过程时设置楼层归属，以及设置构件转化关系和规则。综上形成一个中间转化模型 GFC，从 Revit 导出，再导入 GCL 中，如图 13-14 所示。

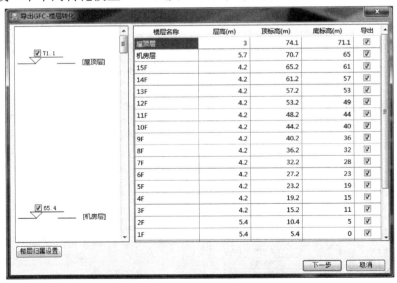

图 13-14　模型导出示意

2. GFC 文件导入到 GCL

（1）新建 GCL 工程，选项卡【BIM 应用】-【导入 Revit 交换文件 GFC】-【单文件导入】，如图 13-15 所示。

图 13-15 GFC 文件导入

（2）GFC 文件导入 GCL：为实现由 GFC 文件导入到 GCL，需选择导入范围及规则，如图 13-16 所示。

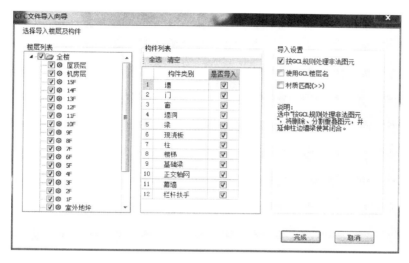

图 13-16 GFC 导入向导示意

（3）查看工程：通过三维可形象的对比 GCL 模型与 Revit 模型的差别，通过查看构件 ID 号可针对性查找问题，通过查看构件列表及属性列表，可清楚构件转化情况及属性后续的可编辑性等，如图 13-17 所示。

图 13-17 模型查看示意

（4）完善模型：通过 GCL 智能布置等功能补充 BIM 模型无法表达或未表达的内容（如圈梁、过梁、构造柱、装饰工程等），如图 13-18 所示。

（5）通过补充工程量计算规范以及工程量清单计价定额等计算规则，可以实现少画图

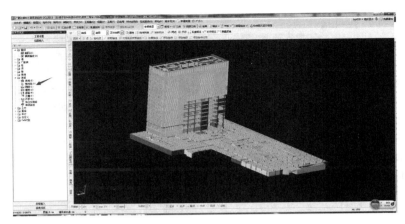

图 13-18　完善模型

多出量的目的，如图 13-19 所示。

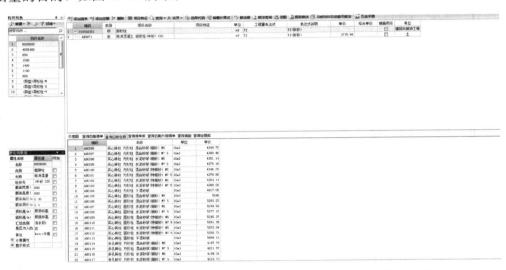

图 13-19　补充工程量计算规范以及工程量清单计价定额等计算规则

（6）汇总计算及模型调整，如图 13-20 所示。

（7）查看工程量汇总报表，如图 13-21 所示。

13.5.3　限额设计

限额设计师基于模型实时反应设计内容，并自动、快速的统计各类构件工程量，并与限额目标进行对比分析，并根据分析结果进行优化设计，确保投资控制在限额目标范围内。

以 Autodesk Revit＋广联达为核心的建模方法为例，通过广联达 GFC 软件导出 Revit 模型，再导入广联达 GCL 软件生成建筑经济模型，并生成工程量量单。限额设计步骤如下：

（1）通过广联达 GFC 软件导出 Revit 模型，再导入广联达 GCL 软件生成建筑经济模型，并生成工程量量单（表 13-14）。根据 BIM 模型工程量单，某项目总体混凝土工程量为 7012.30m³，单方含量为 0.539 m³/m²，本项目混凝土限额设计目标为 0.50 m³/m²，混凝土单方指标超限额目标 0.039m³/m²，根据对比情况提出建议对结构进行优化设计。

（2）结构专业根据优化设计建议进行优化设计，并将调整后 BIM 模型提交建筑经济专业，如图 13-22 所示。

（3）通过广联达 GFC 软件导出优化后的 Revit 模型，再导入广联达 GCL 软件生成建筑经济模型，并生成工程量量单（表 13-15）。总体混凝土工程量为 6486.45m³，单方含量为 0.499m³/m²，达到限额设计目标。

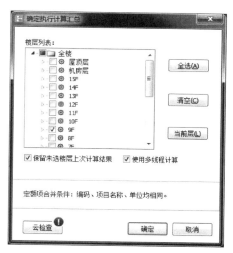

图 13-20　汇总计算及模型调整

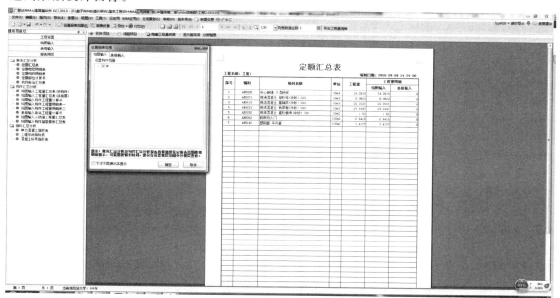

图 13-21　查看工程量汇总报表

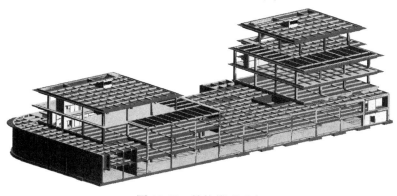

图 13-22　结构模型示意

建筑经济模型与工程量量单（m³）　　　表 13-14

序号	类别	构件名称	工程量名称	工程量
1		柱	柱体积	331.08
2		墙	墙体积	1106.35
3		梁	梁体积	1406.32
4		板	板体积	1502.36
5	主体结构	筏板	筏板体积	1406.51
6		条基	条基体积	308.44
7		独基	独基体积	501.97
8		垫层	垫层体积	449.27

优化后工程量量单（m³）　　　表 13-15

序号	类别	构件名称	工程量名称	工程量
1		柱	柱体积	271.53
2		墙	墙体积	1001.58
3		梁	梁体积	1313.07
4		板	板体积	1443.99
5	主体结构	筏板	筏板体积	1213.6
6		条基	条基体积	303.44
7		独基	独基体积	498.97
8		垫层	垫层体积	440.27

13.6　成果表达

13.6.1　二维成果表达

根据 BIM 的优势与特点，BIM 模型可以方便、快捷的生成二维视图。二维视图可以体现房间、房间面积等信息。根据房间面积可以方便、快捷的统计出地面、天棚面积等工程量。如图 13-23 所示。

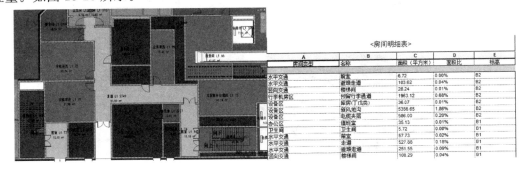

图 13-23　BIM 模型二维视图表达

13.6.2　模型成果

在设计的不同阶段，提供满足各阶段模型细度的方案阶段建筑经济 BIM 模型、初步设计阶段建筑经济 BIM 模型（图 13-24）、施工图阶段建筑经济 BIM 模型（图 13-25）。

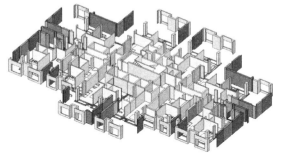

图 13-24　建筑经济初步设计 BIM 阶段模型

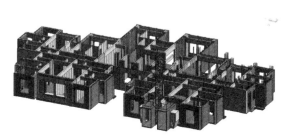

图 13-25　建筑经济施工设计阶段 BIM 模型

13.6.3　文档成果

文档类成果主要是指建筑经济专业 BIM 应用软件所产生的各种由 Excel、Word 格式的投资估算书工程量量单（图 13-26）、初步设计概算书工程量量单、施工图预算工程量量单等文件（图 13-27）。

投 资 估 算 表

序号	项 目 名 称	单位	数 量
一、	建安工程费	m2	126194
（一）	地下室	m2	31879
1	土建工程	m2	31879
2	装饰工程	m2	31879
3	给排水及消防工程	m2	31879
4	强电工程	m2	31879
5	弱电工程	m2	31879
6	通风工程	m2	31879
（二）	住宅	m2	83700
1	土建工程	m2	83700
2	初装工程	m2	83700
3	给排水及消防工程	m2	83700
4	强电工程	m2	83700
5	弱电工程	m2	83700
6	通风工程	m2	83700
7	电梯	m2	83700
（三）	配套商业	m2	10615
1	土建工程	m2	10615
2	初装工程	m2	10615
3	给排水及消防工程	m2	10615
4	强电工程	m2	10615
5	弱电工程	m2	10615
6	通风工程	m2	10615
7	电梯	m2	10615
（四）	室外工程	m2	11166
1	铺装、道路	m2	5414
2	绿化	m2	5752
5	水电管网、景观照明	m2	11166
7	小品、挡墙及其他零星	m2	11166

图 13-26　投资估算工程量量单

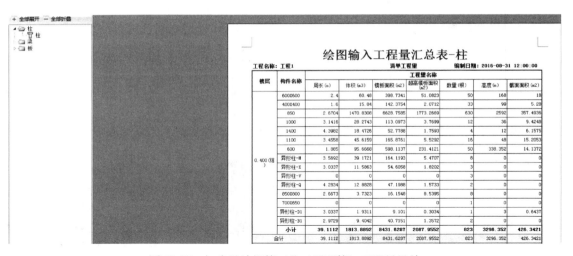

图 13-27　初步设计概算（施工图预算）工程量量单

第 14 章
设计牵头工程总承包 BIM 应用

14.1 概述

设计牵头的工程总承包 BIM 应用目的：通过信息化技术手段及方法，充分发挥设计优势，体现项目早期投资控制要求，实现设计与施工的深度融合，优化设计，减少设计变更，优化资源配置，提升项目整体控制与管理水平。

设计牵头的工程总承包 BIM 应用范围：涵盖设计阶段的 BIM 应用、施工阶段的 BIM 应用，因而均具有两个阶段应用的业务特征和应用点需求。同时，由于两阶段整合以后项目模式变化、业务综合度增加、合同风险承受度不同等因素，导致产生了新的 BIM 应用特性，主要表现在以下五个方面：

1. 设计牵头总承包 BIM 应用融合性要求更高

通过设计与施工信息共享与传递，有条件控制基础模型各阶段的深度和超前加载更多技术、经济信息，为项目各阶段技术风险控制提供足够的分析条件和决策依据。通过 BIM 模型早期融合，实现业务链勘察、设计、施工、采购、专业分包等全过程项目管理工作交叉融合。

2. 设计牵头的工程总承包 BIM 应用可更好实现投标风险控制

通过发挥设计能力优势，在投标阶段创建投标模型。由于招标人提供的技术经济文件信息的有限性和不确定性，导致投标人技术经济决策选项多样，技术方案与报价具有强关联性，投标人需通过创建满足深度信息要求的投标 BIM 模型进行技术仿真，以选择多因素作用条件下的最优技术解决方案。同时，基于该 BIM 模型基础，通过风险仿真分析，实现进度和成本风险量化控制，选择风险最小的最佳投标方案。

3. 设计牵头的工程总承包 BIM 应用逆向控制设计更为有效

通过创建各阶段费用目标分解经济模型和可建造性施工技术模型，逆向输入设计 BIM 建模条件，约束设计技术方案选择和设计技术细节，使方案设计深化、初步设计、施工图设计在满足建筑产品技术要求的前提下，实现层级费用控制和工期控制等多维度目标。

4. 设计牵头的工程总承包 BIM 应用前置特征更明显

突出模型超前可视化特性，顺应项目运行流程规律，容易从源头开始就实现模型传递和模型层级深化，有效发挥模型的层层控制和共享功能，有效避免设计返工、模型重建等资源消耗，费效比较低，充分体现了 BIM 技术的超前、可视、验证、分析、集成、共享的优势特征。

5. 设计牵头的工程总承包 BIM 应用协同性更高

设计牵头的工程总承包管控重点是设计控制、项目"总控"管理和工作包控制，基于 BIM 的项目管理，更关注协同性和资源的整合。项目实施阶段在有业主、监理、施工总包分包、专业分包等多方参与情况下，BIM 应用重点应是制定规则、验证控制、可视化沟通协调、目标跟踪比对、数据交换、轻量化模型移动应用等工作。而在施工图模型完成后的进度、质量、安全等现场控制及模型延伸应用交由施工总包完成。

14.2 设计牵头工程总承包 BIM 应用工作模式

基于设计牵头工程总承包项目特性，当应用 BIM 进行总承包项目管理时，需建立有别于单纯设计阶段或施工阶段 BIM 应用的工作模式。由于工程总承包项目特点各异及地方相关管理制度未统一，其组织架构与运行模式也非一成不变，因此针对 BIM 技术的应用，可能存在多种工作模式。但是，无论总承包项目采用何种 BIM 应用的工作模式，其对项目管理总体策略的要求始终一致，即对项目实施过程中各专业、各阶段的融合性、预见性要求更高。

以下，基于典型设计牵头工程总承包模式结合 BIM 技术应用的特点，提出 BIM 工程总承包（B-EPC）工作模式，作为本指南的典型应用范例。

14.2.1 B-EPC 总体工作流程

根据 B-EPC 模式实施管理需要，典型工作流程制定要点如下：

（1）以编制《B-EPC 实施指导书》为起点，先行确定总体工作思路与重点；

（2）基于投标 BIM 模型，综合项目特点，建立项目级 BIM 中心模型；

（3）基于 BIM 中心模型，制定 BIM 信息传递机制；

（4）随项目进展逐步深化 BIM 中心，保证中心模型的实时性与准确性；

（5）项目设计、成本、建造等工作的实施，皆基于唯一的 BIM 中心模型开展；

（6）项目的管理沟通工作皆基于统一的 BIM 中心模型实施。

典型的 B-EPC 项目总体工作流程如图 14-1 所示。

14.2.2 B-EPC 实施指导书

鉴于设计牵头工程总承包项目的自身特性差异，需依据国家相关文件，于项目实施前期编制符合项目具体需求的《B-EPC 实施指导书》，以规范总承包项目的 BIM 实施管理体制，实现科学化、标准化，建立统一信息存储与协同交互基准线和通用原则。

《B-EPC 实施指导书》的内容主要包括五个方面：目标与应用点、BIM 模型的实施管理、项目控制、成果交付要求、平台协同要求。其主要目的是满足项目信息的集成与处理需要，保证项目实施信息的精确传递，实现模型与信息的有效管理与使用。

1. 目标和应用点

项目总承包方依据与业主签订的总承包合同，完成合同规定的内容。针对项目的特

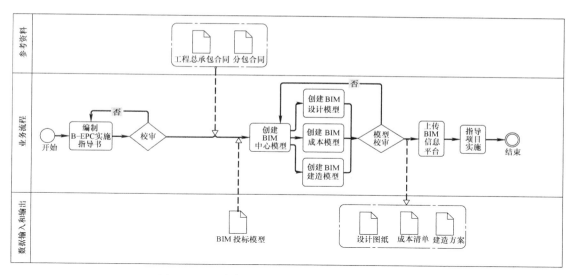

图 14-1 设计牵头总承包 B-EPC 总体工作流程图

点，通过应用 BIM 技术解决项目实施过程中的问题，实现预先了解、预先判断、预先解决。

2. BIM 模型的实施管理

具体内容主要包含项目文档管理、样板文件和模型命名管理、模型拆分和整合管理、模型出图样式管理、单位坐标设置、模型信息传递和权限管理等。

3. 项目控制

为确保在每一个项目管理阶段顺利应用 BIM 工具，总承包方必须预先计划每个 BIM 项目模型的内容、拆分原则、详细程度，并且负责更新模型。每个 BIM 模型都应安排固定负责人来具体协调，协助总承包管理团队解决可能出现的问题，并制定具有项目特点的 BIM 管理模式及人员架构。

4. 成果交付要求

项目各参与方应根据总承包合同约定的 BIM 应用内容，按节点要求按时提交相应成果，并保证交付成果符合相关合同范围及标准要求。项目各参与方提交 BIM 成果时，相关 BIM 负责人应将 BIM 成果交付函件、签收单、BIM 成果文件一并提交总承包 BIM 负责人。项目各参与方提交 BIM 应用成果前，应遵守总承包方的总体管理安排并接受监督。

5. 平台协同要求

在 BIM 协同工作中，需依靠项目 BIM 中心模型，确保 BIM 信息数据的统一性与准确性，提升 BIM 模型数据传输效率及质量，提高各参与方协作效率，为项目的设计、施工、运营、维护提供数字化基础。项目 BIM 应用的软硬件使用版本和标准需根据项目自身特性与各参与方的条件来确定。

14.2.3 组织架构

采用设计牵头工程总承包模式的项目通常参与单位众多，管理协调工程量巨大，因而在应用 BIM 进行项目管理时，往往数据共享受限，不能完全发挥 BIM 技术的信息化管理优势。因此，项目前期必须对参与单位、组织架构、工作职能进行详细策划，合理分配信息分享层级与权限。B-EPC 项目管理基本组织架构如图 14-2 所示。

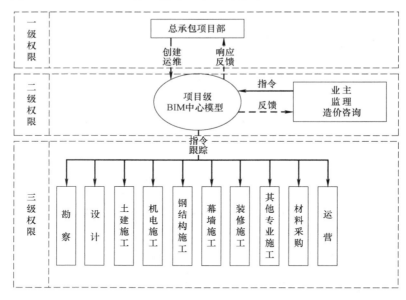

图 14-2　B-EPC 项目管理基本组织架构图

一级权限：由总承包项目部负责创建、运营、维护项目级 BIM 中心模型，并全权负责组织 BIM 模型对项目运行信息的处理，对信息的传递与反馈具有最高处理权限。

二级权限：向项目业主、监理及咨询机构提供，可分享大部分项目运行信息并具有次高级处理权。

三级权限：向勘察、设计、各施工单位、材料设备供应商提供，仅可分享与该单位自身工作相关的具体信息，对信息的处理主要为响应指令与反馈工作状态。

14.2.4　职能分工

建设单位：提出项目需求及建设标准，并参与重大技术方案的审核与决策。

总承包项目部：牵头组建项目管理团队，负责牵头统筹项目的设计、采购及现场实施；负责策划项目的 BIM 应用范围，明确项目级 BIM 中心模型的建设要求，并负责 BIM 中心模型的管理、维护。

设计团队：负责完成项目的设计工作。当具备三维协同设计能力时，负责完成 BIM 数据基础模型的搭建工作；不具备三维协调设计能力时，对 BIM 技术团队搭建的信息模型进行审核确认。

分包实施团队：为项目实施执行主体，负责管理合同范围内各项工作的具体实施，并深化、完善 BIM 信息模型，利用 BIM 模型进行项目管理应用。同时，各分包团队需设立专业 BIM 技术岗位，负责对接、响应 BIM 信息，并为分包项目提供 BIM 应用技术支持。

14.2.5　项目级 BIM 中心模型

作为总承包 BIM 应用工作的核心，总承包项目团队须自设计阶段将各专业成果模型整合，成为项目级 BIM 中心模型，建立供各专业工作参照、比对、修正、整合的核心中

枢。这种工作方式具有文件共享性、信息统一性的特点，保证各专业可得到最新且信息对
等的模型。各专业模型对自身的专业流程、成果及其衍生工作负责，对 BIM 中心模型提
供最新的项目信息。各专业之间不具有直接沟通性，只可通过中心模型进行信息中转，以
此保证专业之间的信息统一性。项目级 BIM 中心模型的组织逻辑关系详见图 14-3。

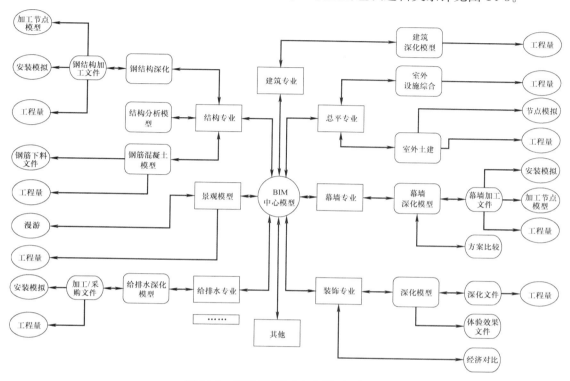

图 14-3　项目级 BIM 中心模型逻辑图

14.2.6　设计牵头工程总承包 BIM 应用内容指引

基于以上工作模式，本指南将区别于传统项目实施模式的 BIM 应用内容，针对设计
牵头工程总承包项目特点，着重介绍以下几方面内容：

（1）设计牵头工程总承包投标控制 BIM 应用；

（2）设计牵头工程总承包设计控制 BIM 应用；

（3）设计牵头工程总承包项目实施控制 BIM 应用。

除此之外，设计牵头工程总承包模式的 BIM 应用同样包含与传统设计及施工模式相
似的应用内容，例如：

（1）总图与全专业施工图设计 BIM 应用；

（2）绿色建筑设计 BIM 应用；

（3）装饰与景观设计 BIM 应用；

（4）建筑经济 BIM 应用；

（5）场平与基坑施工 BIM 应用；

（6）土建工程施工 BIM 应用；

（7）机电工程施工 BIM 应用；

（8）钢结构施工 BIM 应用；

（9）施工管理 BIM 应用；

（10）质量安全管理 BIM 应用等。

该部分内容详见本指南相关设计与施工篇章，本章不再具体描述。

14.3 设计牵头工程总承包投标控制 BIM 应用

14.3.1 应用原则

1. BIM 应用目的

根据招标文件建立"投标模型"，验证招标技术要求，完成项目技术风险分析，确定项目重大方案，并提供成本测算数据模型，按照"四级"分解（单位工程、单项工程、分部工程、分项工程）原则，结合其他类似工程的经验数据，编制项目总造价估算，最终形成"投标风险控制模型"，分析、评估并降低总承包投标的不确定性，于源头控制设计牵头总承包项目的总体风险。

2. BIM 应用范围与内容

总平（含场地周边状况）、建筑、结构、给水排水、强电、弱电、暖通、幕墙、景观，以及本项目的重、难点专项设计（例如：医用气体及净化、舞台工艺设备、体育工艺设备等）、重、难点专项建造方案。

3. 应用数据来源

招标技术要求、概念设计方案、招标控制价、招标清单以及招标人提供的其他资料。

14.3.2 BIM 应用流程

总承包投标控制的 BIM 应用操作流程详见图 14-4。

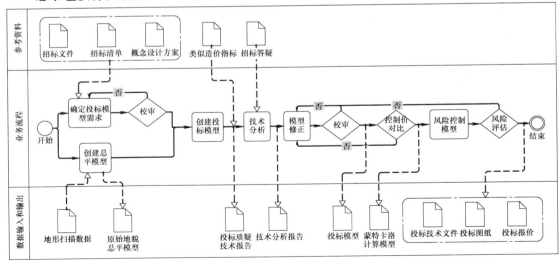

图 14-4 总承包投标控制 BIM 应用流程图

首先，研究招标文件以及概念设计方案，针对项目本身特点、投标文件要求、投标的周期，确定本项目"投标模型"需求。然后，根据招标文件要求，创建初始"投标模型"，对招标文件进行验证，并向发包人提出《投标质疑》。再根据发包人的《招标答疑》进行技术分析，同步进行模型修正、优化工作，并确定完成"投标模型"。

基于投标模型，借助第三方软件计算工程量，并参考类似项目造价指标，测算项目总造价。结合项目重、难点专项设计与施工方案，应用风险模拟算法建立"投标风险控制模型"。基于风险模拟算法，风险控制模型可给出项目的风险范围，识别出明确的技术、商务等层面的项目风险因素。项目团队以此为依据制定风险控制措施，并可确定以下投标策略：

（1）采用总价包干的投标项目，工程总承包投标人将估算与招标控制价进行对比。若控制价偏低，则成本人员与各专业设计人员进行联动分析，在满足招标技术要求的前提下合理优化（同时做好记录），并相应动态压缩调整 BIM 模型及估算，直至估算满足招标控制价要求。

（2）采用单体建筑面积单方造价包干的投标项目，工程总承包投标人可将依据 BIM 模型得到的各单项工程估算总额及建筑面积反算成单方造价，为报价的相对准确性及报价策略（如采用不平衡）提供依据。

（3）采用清单固定综合单价报价（自主或填报整体下浮率）的投标项目，一般对实体成本关注较多，但容易疏漏措施费用，成本人员可通过 BIM 模型虚拟建筑，梳理重大技术难点，为提前编制专项施工方案、计取额外或特殊措施费用提供理论依据。

将项目总造价与招标控制价进行对比分析，若超出招标控制价，则对投标模型进行优化，直至满足招标技术要求的同时，造价可控。若通过投标模型分析项目造价始终大于招标控制价，则可考虑放弃投标。

最后，根据招标文件要求，完成《投标技术文件》、《投标图纸》和《投标报价》的编制工作。

14.3.3 模型细度

设计牵头工程总承包投标 BIM 模型细度详见表 14-1。

投标 BIM 模型细度表 表 14-1

专业	模型元素	模型元素信息要求
总平面	1. 保留的地形和地物	准确的外形和位置,其余不做要求
	2. 场地四周原有及规划的道路、绿化带的位置和主要建筑物及构筑物	准确的外形、位置、距离,其余不做要求
	3. 建筑物、构筑物的位置（人防工程、地下车库、油库、贮水池等隐蔽工程）与各相邻建筑物之间的距离	准确的建筑物、构筑物外形、位置、距离,其余不做要求
	4. 道路、广场、停车场、消防车道及高层建筑消防扑救场地的布置	准确的道路、广场、停车场、消防车道以及扑救场地布置及标高,其余不做要求

续表

专业	模型元素	模型元素信息要求
建筑	1. 主要结构和建筑构配件、外围护结构、房间功能布局	主要结构和建筑构配件的外形、位置，房间名称，房间装饰措施，其余不做要求
	2. 主要建筑设备的位置，如水池、卫生器具等与设备专业有关的设备的位置	近似外形，布置方式，其余不做具体要求
	3. 有特殊要求或标准的厅、室的室内布置，如家具的布置，典型的标准层单元和标准间的室内布置图	室内布置要求近似外形，注明名称，其余不做具体要求
结构	1. 基础及主要基础构件的截面尺寸、材料类型及参数指标、特殊大样	较准确外形，预估含钢量
	2. 楼层、结构主要构件的截面尺寸、材料类型及参数指标、特殊大样	较准确外形，预估含钢量
	3. 结构主要或关键性节点、支座示意图	较准确外形
	4. 抗震的关键构件、普通构件、耗能构件	布置位置、数量，近似外形，其余不做具体要求
	5. 特殊构件、大跨空间结构节点	较准确外形和节点外形
	6. 大跨度钢结构及支座节点	较准确外形
	7. 特种结构和构筑物、材料类型及参数指标	较准确外形
	8. 预制构件、材料类型及参数指标、特殊大样	较准确外形
	9. 特殊大样	较准确外形
强电	1. 变、配、发电站（户内、户外或混合）	几何信息： 尺寸大小等形状信息。 非几何信息： 规格型号、材料和材质信息、数量、技术参数等产品信息、价格。 系统类型、连接方式、安装部位、安装要求、施工工艺等安装信息
	2. 主干电缆、母干线、桥架	几何信息： 近似外形。 非几何信息： 电缆规格、母干线规格、价格
	3. 配电箱、控制箱、照明灯具	几何信息： 近似外形。 非几何信息： 配电箱、控制箱预估规格，灯具技术参数、价格
	4. 电气火灾监控点位、主机	非几何信息： 电气火灾监控系统、预估规格，预估数量、价格
	5. 火灾探测器、报警探测器、手动报警按钮、控制、火警广播等设备	非几何信息： 火灾自动报警系统图、预估规格，预估数量、价格

续表

专业	模型元素	模型元素信息要求
强电总图	1. 高压线路及其他系统线路走向,型号规格及敷设	几何信息: 线路走向,近似外形。 非几何信息: 长度、价格
	2. 架空线杆、路灯、庭院灯、配电箱、室外箱式变电站	几何信息: 近似外形。 非几何信息: 预估数量、规格参数、位置、价格
给水排水	1. 给水排水专业干管	几何信息: 近似外形、位置。 非几何信息: 管径、数量、材质、连接方式
	2. 主要设备机房(水池、水泵房、热交换站、水箱间、水处理间、游泳池、水景、冷却塔、热泵热水、太阳能和屋面雨水利用等)设备	几何信息: 设备的近似外形、水泵基础的近似外形。 非几何信息: 1. 水箱总容积、有效容积参数 2. 冷却塔循环流量、耗电功率 3. 热交换器材质、换热面积 4. 其他设备的设备参数
给水排水总图	1. 干管的管径、阀门井、消火栓井、水表井、检查井、化粪池等和其他给水排水构筑物	几何信息: 近似外形、位置。 非几何信息: 构筑物的容积、管井的规格参数
	2. 室外给水、排水管道和城市管道系统连接点	非几何信息: 连接点位置
供暖通风与空气调节	1. 供暖通风与空气调节、防排烟系统的主要设备:制冷制热主机、热水机组、空调冷热循环水泵、各种系列风机、新风机组、柜式或组合式空调机组、风机盘管、热交换机组、多联机空调机组、散热器(项目若有)等	几何信息: 参考外形尺寸、服务区域等信息。 非几何信息: 规格类型、设备编号、数量、供电要求、技术性能参数等产品信息
	2. 供暖通风与空气调节系统的风管、高大空间的特殊风口	几何信息: 风管尺寸、特殊风口等信息,主要干管的标高、特殊风口的位置等信息。 非几何信息: 数量、材料和材质信息、技术性能参数等产品信息
	3. 防排烟等系统的风管、排烟口等	几何信息: 风管尺寸、风口等信息,主要干管的标高等信息。 非几何信息: 数量、材料和材质信息、技术性能参数等产品信息
	4. 空调风管、供暖管道的保温材料	几何信息: 风管尺寸。 非几何信息: 数量、材料和材质信息、技术性能参数等产品信息

续表

专业	模型元素	模型元素信息要求
供暖通风与空气调节	5. 空调、通风系统的空气净化装置	非几何信息： 规格类型、数量、供电要求、技术性能参数等产品信息
热能动力	1. 热水循环系统、蒸汽及凝结水系统、水处理系统、给水系统、定压补水方式、排污系统的管道、保温材料等 2. 柴油发电房供油系统、燃气调压站房、气体站房、气体瓶组站房的管道、保温材料等	几何信息： 管道近似尺寸。 非几何信息： 数量、材料和材质信息、技术性能参数等产品信息
	3. 锅炉房、辅助间的主要设备（蒸汽锅炉、承压热水机组、热交换机组、热水循环水泵）及烟囱等	几何信息： 参考外形尺寸。 非几何信息： 规格类型、设备编号、数量、供电要求、技术性能参数、服务区域等产品信息
	4. 柴油发电房供油系统、燃气调压站房、气体站房、气体瓶组站房的主要设备（油罐、供油泵、调压器、分子筛制氧机、空气压缩机、液氧储罐、医用气体汇流排、医用真空机组等气体主要设备）等	几何信息： 参考外形尺寸。 非几何信息： 规格类型、设备编号、数量、供电要求、技术性能参数、服务区域等产品信息
热能动力总图	室外动力管道、阀门、保温材料等	几何信息： 管道管径、阀门的尺寸等信息。 非几何信息： 数量、材料和材质信息、技术性能参数等产品信息
边坡与深基坑支护及降水地基处理设计	基坑周边地下管线	几何信息： 近似外形尺寸、埋置深度及管线与开挖线的距离。 非几何信息： 类型、参数
	基坑周边建（构）筑物结构形式、基础埋深和周边道路交通	几何信息： 近似外形尺寸
	支护方案	近似外形尺寸
人防设计	主要节点	近似外形尺寸
室内装修	1. 重要节点空间和典型功能空间： 1）天、地、墙造型； 2）材质及构造做法； 3）龙骨布置； 4）装饰门窗、固定家具； 5）灯具、开关、插座、风机盘管、风口、喷淋等； 6）主要设备，譬如 LED 屏、医院设备带等； 7）卫生间布置	几何信息： 尺寸大小等形状信息。 平面位置，标高等定位信息。 非几何信息： 规格型号、材料和材质信息、技术参数等产品信息。 连接方式、安装部位、施工工艺等安装信息
	2. 主要复杂节点	
弱电智能化	各个弱电系统图	非几何信息： 各个系统的主要设备及末端设备的规格、型号、参数、预估数量

续表

专业	模型元素	模型元素信息要求
幕墙设计	1. 各类幕墙的基本节点（固定和开启窗的横竖剖节点） 2. 防火、防雷节点及周边收口的节点	1. 比较准确的近似外形和外轮廓尺寸。 2. 主要分格、幕墙面板材料
景观绿化	主要景观、小品、雕塑、喷泉、园林道路（消防道路、消防扑救面、园区人形道路）等	近似外形尺寸，区域划分
光彩工程（景观照明及立面泛光照明）	灯具、配电箱	几何信息： 灯具、配电箱近似外形尺寸。 非几何信息： 设备规格、参数、预估数量
机械停车	标准单元的停车设备、配电箱	近似外形尺寸
交通标识标线设计	无	无
标识导向系统设计	主要设备	近似尺寸，位置
厨房设计	厨房主要设备、风机、配电箱、电缆	几何信息： 设备近似外形尺寸。 非几何信息： 设备规格参数、预估数量
医院建筑的医疗气体系统及其站房设计	医用气体站房、气体瓶组站房的主要设备（分子筛制氧机、空气压缩机、液氧储罐、医用气体汇流排、医用真空机组等气体主要设备）等	几何信息： 参考外形尺寸、服务区域等定位信息。 非几何信息： 规格类型、设备编号、数量、供电要求、技术性能参数等产品信息
游泳池深化设计	主要设备	几何信息： 近似尺寸，位置。 非几何信息： 相关处理设备的规格、参数、预估数量
擦窗机、停机坪设计	主要设备	近似尺寸，位置
水处理	主要设备	几何信息： 近似外形、位置。 非几何信息： 处理规模、格栅、调节池、提升设备、生物处理设备、消毒池的参数和预估数量
冷库	冷库的主要制冷设备（制冷机组、蒸发器盘管、冷凝器，通风辅助设备）等	几何信息： 参考外形尺寸，服务区域等定位信息。 非几何信息： 规格类型、设备编号、数量、供电要求、技术性能参数等产品信息

续表

专业	模型元素	模型元素信息要求
冷库	制冷系统的管道、保温保冷材料等	几何信息： 管道管径、阀门的尺寸等信息。 非几何信息： 数量、材料和材质信息、技术性能参数等产品信息
室内特殊照明设计	灯具、配电箱	几何信息： 灯具、配电箱近似外形尺寸。 非几何信息： 设备规格、参数、预估数量
舞台机械工艺设计	主要设备	近似尺寸，位置
体育工艺设计	主要设备	近似尺寸，位置
会展工艺设计	主要设备	近似尺寸，位置
外电设计	高压进线开关站、高压电缆线路	几何信息： 开关站的位置、主要设备的近似外形尺寸、高压电缆走向。 非几何信息： 主要设备及电缆的规格尺寸、参数、预估数量
燃气设计	调压柜、管道	几何信息： 管道走向。 非几何信息： 调压柜参数、管道规格参数、预估数量
抗震支架	支架	非几何信息： 支架的规格参数、预估数量

14.3.4 BIM 软件解决方案

针对总承包项目投标阶段的 BIM 应用软件方案有多种选择，本指南以 Revit 系列软件以及附加的 Dynamo 软件为例进行介绍。

1. 基于 Revit 的 BIM 应用软件方案

在 Revit 软件中，利用事先建好的模块化、参数化全专业族块（Revit＋Dynamo），进行建筑项目模型的拼装，将拼装后的全专业模型进行参数化处理后，再行进行专业拆分，形成单专业拆分模型。将投资总价进行分专业分解，对每个专业进行设计限额控制指标，通过将专业模型导入到广联达等软件中，进行指标的分解控制分析，针对分析结果对单专业的拆分模型进行调整、分析，直至整个项目达到控制值后，最终形成适合本项目的投标风险控制模型，提出风险控制报告。

2. 应用展望

在未来的一段时间里，期望通过软件的深度开发或第三方软件协同实现限额设计的智能控制分析。

（1）在 Dynamo 软件中，通过其自身的开发，满足全模块的成本参数设置要求，并能够具备数据逆向控制、数据智能分析、数据智能汇总等的功能。

（2）基于 Dynamo 软件，开发第三方协同软件。如广联达、鲁班等造价软件单独开发基于 Dynamo 的协同软件通过协同作业的模式实现，最终达到限额设计智能控制（如：数据逆向控制、智能汇总分析等）的目的。

3. 应用流程和示意

应用流程图如图 14-5 所示。

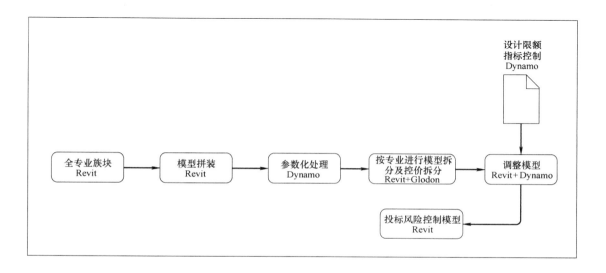

图 14-5　总承包投标控制软件应用流程图

相关软件截图如图 14-6 所示。

14.3.5　BIM 应用成果

1. 原始总平地貌 BIM 模型

通过 3D 扫描技术，生成和创建项目范围原始地貌模型，同时可通过"数字城市"或业主提供的其余输入条件（如项目周边市政资料、地质勘查报告等）创建项目"原始总平地貌模型"（如图 14-7 所示），为项目竖向设计、土方平衡设计、建筑总平布置方案以及基坑开挖方案提供基础模型。

2. 投标设计 BIM 模型

基于招标文件及招标人提供的其他输入资料，建立投标设计 BIM 模型，准确体现项目的功能需求、体量规模等范围性指标，为建造及成本投标模型提供技术基础，如图 14-8 所示。

3. 投标建造 BIM 模型

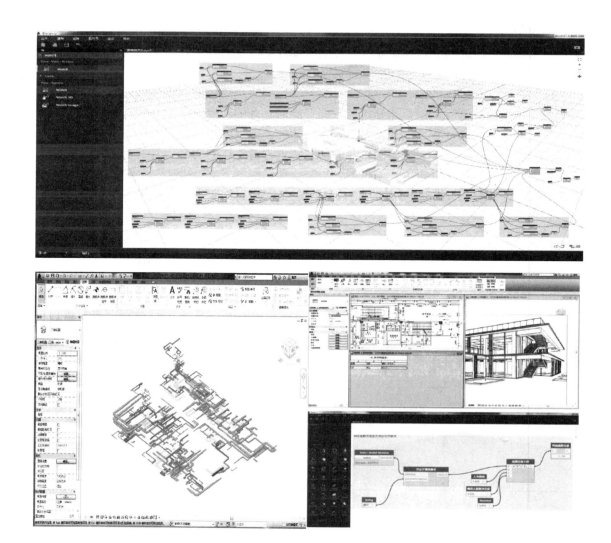

图 14-6　总承包投标软件应用示意

依据投标设计 BIM 模型及招标资料，建立投标建造 BIM 模型（图 14-9），对项目的建造过程及施工方案先行进行预研，于投标阶段准确识别项目建造过程的重点难点，提出相关技术措施方案，为投标报价提供依据。

4. 投标成本 BIM 模型

基于投标设计、建造 BIM 模型及招标资料，建立投标成本 BIM 模型（图 14-10），于成本层面准确反映项目的技术特点，使投标团队可针对项目成本做出准确、全面的分析，为投标报价提供清晰、完善的成本依据。成果导出：《项目投标成本分析报告》，《项目投标报价书》。

5. 投标风险模拟 BIM 模型

区别于传统项目投标，应用 BIM 技术可基于投标设计、建造、成本 BIM 模型，综合风险模拟计算方法，建立项目投标风险模拟 BIM 模型，于投标阶段预先识别项目风险，形成直观、清晰的成果，为项目团队提供预判与管控依据，如图 14-11 所示。

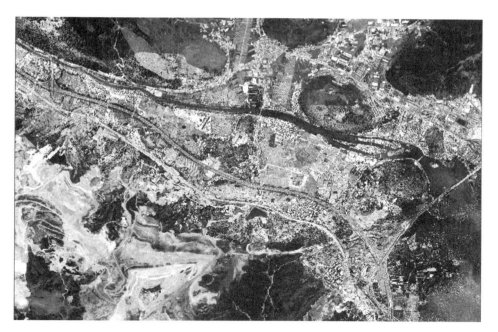

图 14-7　原始总平地貌示意

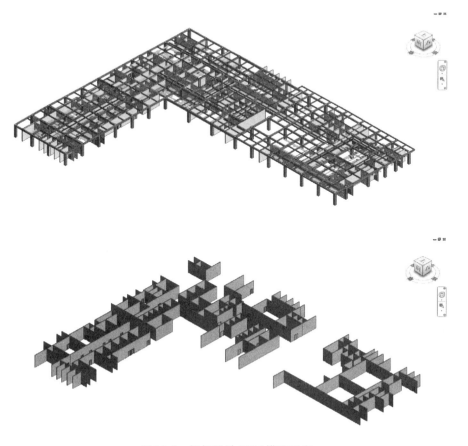

图 14-8　投标设计 BIM 模型示意

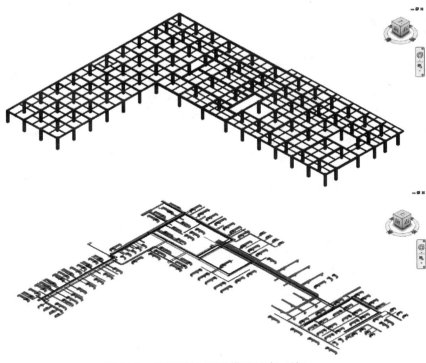

图 14-8　投标设计 BIM 模型示意（续）

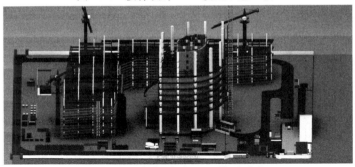

图 14-9　投标建造 BIM 模型示意

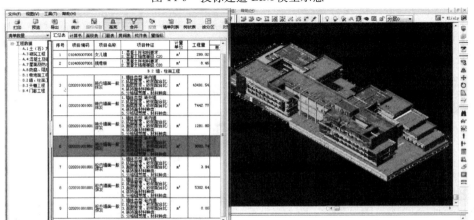

图 14-10　投标成本 BIM 模型示意

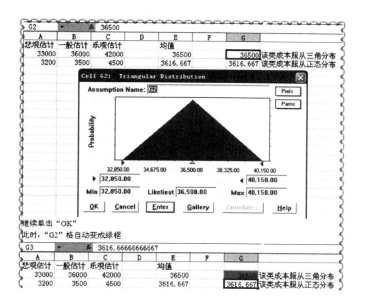

继续单击"OK"

此时，"G2"格自动变成绿框

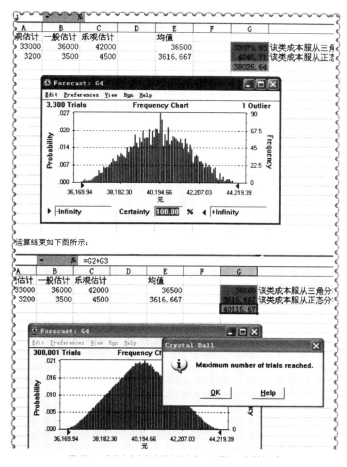

图 14-11　投标风险模拟示意

风险模型数学函数表达，如图 14-12 所示。

	方案一			方案二			方案三		
---	LOLP/%	X_{max}/MW	EENS/(MWh/a)	LOLP/%	X_{max}/MW	EENS/(MWh/a)	LOLP/%	X_{max}/MW	EENS/(MWh/a)
节点2	0	0	0	0	0	0	0.00010	20	17.52
节点3	0.00544	45	573.78	0.00584	45	583.63	0.00584	85	828.89
节点4	0.00190	5	90.23	0.00190	25	100.74	0.00298	45	166.44
节点5	0.00078	20	136.66	0.00360	20	140.67	0.00086	20	146.29
节点6	0.00202	20	251.41	0.00228	20	262.95	0.00252	20	344.27
系统	0.00925	45	1052.08	0.01000	45	1087.99	0.01046	85	1501.21
	方案四			方案五			文献[7]		
	LOLP/%	X_{max}/MW	EENS/(MWh/a)	LOLP/%	X_{max}/MW	EENS/(MWh/a)	LOLP/%	X_{max}/MW	EENS/(MWh/a)
节点2	0.00038	20	86.58	0.00040	20	30.66	0.0062	20	121.93
节点3	0.00608	85	906.69	0.00636	85	928.99	0.0082	80	824.50
节点4	0.02020	40	206.74	0.00396	40	237.90	0.0065	40	254.67
节点5	0.00148	20	280.32	0.00170	20	297.84	0.0002	20	2.75
节点6	0.0374	20	521.22	0.00414	20	589.55	0.0012	20	199.74
系统	0.01270	85	1981.51	0.01526	85	2082.05	0.01044	85	1413.60

图 14-12　风险模型数学函数表达示意

风险模型参数化图标表达如图 14-13 所示。

6. 二维投标视图表达

根据招标文件的投标要求，通过投标模型生产的二维视图，用于项目投标，如图 14-14 所示。

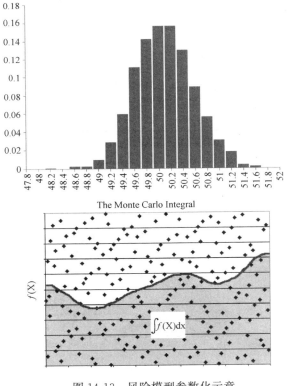

图 14-13　风险模型参数化示意

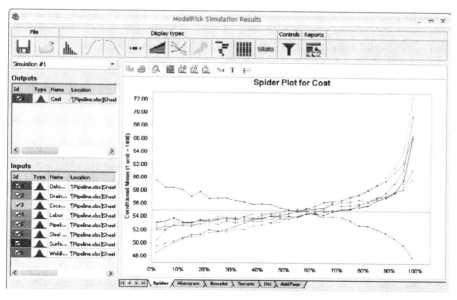

图 14-13　风险模型参数化示意（续）

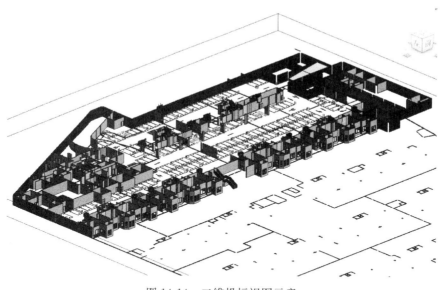

图 14-14　二维投标视图示意

14.4　设计牵头工程总承包设计控制 BIM 应用

14.4.1　应用原则

1. BIM 应用目的

通过创建"设计验证模型"、"成本验证模型"、"施工验证模型"，验证招标技术要求，实现工程总承包方组织设计管理团队、成本管理团队以及施工管理团队参与设计过程，对设计过程的实时验证和监控，提高设计完成度，同时减少设计变更的出现。通过 BIM 中心模型将设计与造价进行整合与分析，提前将构件造价信息内置于模型中，一级目标"数据共享"、二级目标"即画即用"。利用软件强大的运算和分析能力，可高效把握设计优化和多方案比选等设计过程中需关注重点，大大缩短成本整合与分析周期，提高工作效率。

深化专项设计，建立"卫星"模型，通过验证后合并入"中心模型"，并根据项目招采计划，拆分"中心模型"，输出"招标模型"及"招标图"。

2. BIM 应用范围与内容

总平（含场地周边状况）、建筑、结构、给水排水、强电、弱电、暖通、幕墙、景观，以及本项目的重、难点专项设计（例如：医用气体及净化、舞台工艺设备、体育工艺设备等）。

边坡与深基坑支护及降水、地基处理设计、室内装修、弱电智能、弱电总图、幕墙设计、景观绿化、光彩工程（景观照明及立面泛光照明）、机械停车、交通标识标线设计、标识导向系统设计、厨房设计、医院建筑的医疗气体系统及其站房设计、游泳池深化设计、擦窗机、停机坪设计、污水处理站设计、室内特殊照明设计、外电设计等。

3. 应用数据来源

工程总承包合同、投标文件、工程清单。

14.4.2 BIM 应用流程

总承包设计控制的 BIM 应用操作流程详见图 14-29、图 14-31。

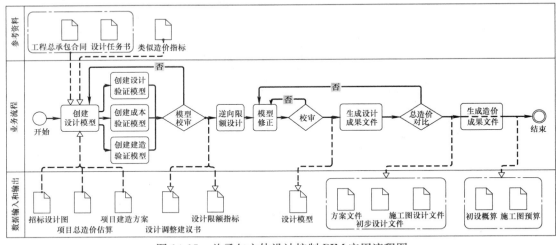

图 14-15　总承包主体设计控制 BIM 应用流程图

首先，根据工程总承包合同、投标文件、工程清单，向项目设计团队下达《设计任务书》，创建"基础模型"，相关创建流程及要求详见本指南设计篇。在设计过程中，同步创建"验证模型"，从设计、成本、建造角度对设计成果进行实时监控，并形成《设计调整建议书》，确保设计成果满足工程总承包任务的多重要求。

然后，结合设计团队提供的设计任务分解，成本团队直接于 BIM 模型中直观分解各专业设计的实施范围，进而高效、准确分解各单项单体工程的收入或预算经济指标，用于

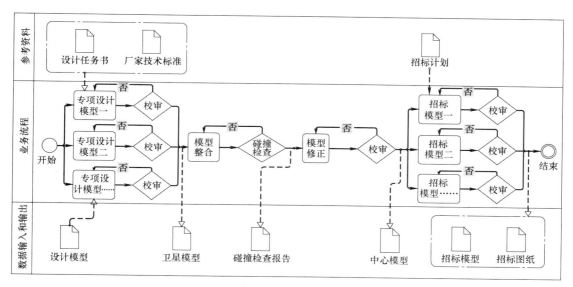

图 14-16　总承包专项设计控制 BIM 应用流程图

指导限额设计。在未来 5 年里，通过软件自身开发或第三方协同实现一旦超出限额指标，通过数据信息的逆向作用，无需以往漫长的"PCDA"被动控制，软件将直接发出报警信号实时反馈给设计人员提醒调整。

BIM 成本模型各构件内置收支单价和利润等价格且信息同步更新，设计人员仅需根据设想自主组合选择、直观展示设计效果，成本人员即可实时、高效进行多方案经济对比分析，并向设计人员提供设计优化建议。公司对多方案的选择即可评价现状，亦可于第一时间清楚各方案经济优劣，为效益最大化提供决策依据。

成本人员可通过内置价格进行收入与支出费用的对比，快速高效地实现成本分解与分析。且各单项单位工程的成本分解将更科学、精确，方便项目部进行成本测算并编制成本策划及控制目标，以指导项目测算考核指标、落实目标责任、实现费用目标。

最后，通过"基础模型"轻量化，删除设计过程中用于技术分析模型内容，按照国家和地方标准转换生产"方案文件"、"初步设计文件"、"施工图设计文件"，并按照当地技术和行政审批流程，完成设计成果审批工作。

初步设计及施工图设计一旦出图完成，概算及施工图预算将同步完成，并直接进行估算、概算或施工图预算的两算及三算对比分析，节约大量的人力资源。

项目发包人或设计师为实现预期的建筑整体效果，对打样要求较高，项目设计过程中可能面临纷繁复杂的打样过程。BIM 模型采用虚拟现实技术对项目进行全方位互动性的展现，通过发布电子版样板做法，降低设计损耗，减少实际样板做法的费用投入。

在专项设计工作中，根据设计任务书和厂家技术标准，创建"卫星模型"，模型验证的方式同设计阶段。将完成验证的"卫星模型"和"基础模型"进行模型整合，注意对模型直接的界面和接口进行详细核对，并完成碰撞检查，形成完整的项目模型——"中心模型"。

然后，根据项目招采计划，对"中心模型"进行拆分，形成"招标模型"，对"招标模型"模型的验证需注意界面清晰，拆机必须完整，所有的"招标模型"叠加应等于"中心模型"。

14.4.3 模型细度

设计牵头工程总承包设计 BIM 模型细度详见表 14-2、表 14-3。

主体设计 BIM 模型细度表

表 14-2

专业	模型元素	模型元素信息
总平面	1. 保留的地形和地物	准确的外形和位置，其余不做要求
	2. 场地四周原有及规划的道路、绿化带的位置和主要建筑物及构筑物的位置、名称、层数、间距	准确的外形、位置、距离，其余不做要求
	3. 建筑物、构筑物的位置（人防工程、地下车库、油库、贮水池等隐蔽工程）与各相邻建筑物之间的距离	准确的建筑物、构筑物外形、位置、距离，其余不做要求
	4. 道路、广场、停车场、消防车道及高层建筑消防扑救场地的布置	准确的道路、广场、停车场、消防车道、高层建筑的外形、位置，其余不做要求
	5. 绿化、景观及休闲设施的布置示意，并表示出护坡、挡土墙、排水沟等	绿化、景观外形，注明要求，护坡、挡土墙、排水沟外形、位置，其余不做要求
建筑	1. 主要结构和建筑构件，如非承重墙、壁柱、门窗（幕墙）、天窗、楼梯、电梯、自动扶梯、中庭（及其上空）、夹层、平台、阳台、雨篷、台阶、坡道、散水明沟、檐口（女儿墙）、屋顶、栏杆、主要装饰线脚等	主要结构和建筑构配件的外形，位置，其余不做要求
	2. 主要建筑设备的位置，如水池、卫生器具等与设备专业有关的设备的位置	近似外形，注明名称，其余不做具体要求
	3. 有特殊要求或标准的厅、室的室内布置，如家具的布置，典型的标准层单元和标准间的室内布置图	室内布置要求近似外形，注明名称，其余不做具体要求
结构	1. 基础及主要基础构件的截面尺寸、材料，如果采用预制柱和杯型基础时，画出大样，外侧墙，基础节点大样	准确的定位和外形，预制柱需要画出钢筋，外侧墙画出配筋
	2. 楼层，结构主要构件的截面尺寸、材料和配筋、后浇带定位及大样	准确的定位和外形，钢筋的定位和材料、参数，核对预制构件施工顺序
	3. 结构主要或关键性节点、支座详图，楼梯大样，预留预埋件	准确的定位和外形，钢筋的定位和材料、参数，核对预制楼梯施工顺序
	4. 升缩缝、沉降缝、防震缝、施工后浇带的位置和宽度	准确的定位和外形，节点外形、配筋及材料和参数
	5. 抗震的关键构件、普通构件、耗能构件	准确的外形，配筋及材料和参数以及连接件
	6. 特殊构件、大跨空间结构节点，钢梁的平面位置及其与周边混凝土构件的连接构造详图	准确的定位和外形，节点外形、配筋及材料和参数
	7. 大跨度钢结构及支座节点	准确的定位和外形，标高，节点外形、配筋和参数
	8. 特种结构和构筑物	准确的定位和外形，标高，特殊节点外形、配筋及材料和参数
	9. 预制构件，特殊大样	预制构件准确的外形钢筋布置，材料及参数，特殊节点外形、配筋及材料和参数

续表

专业	模型元素	模型元素信息
强电	1. 变、配电站	变压器、发电机、开关柜、控制柜、直流及信号柜、补偿柜、支架、地沟、接地装置准确的形状、尺寸、定位各个设备编号、规格型号、设备参数、品牌、安装要求
	2. 配电箱(或控制箱)、灯具、开关、插座、电缆、电线、桥架	准确形状、尺寸、定位； 配电箱编号、规格型号、电缆电线编号、品牌、安装要求
	3. 接闪杆、接闪器、等电位端子板	准确形状、尺寸、定位； 规格型号、品牌、安装要求
	4. 电气火灾监控	监控主机的准确形状、尺寸、位置监控点的名称、位置、品牌、安装要求
	5. 火灾自动报警	设备及器件(火灾探测器、报警探测器、手动报警按钮、控制器、火警广播)的准确形状、尺寸、定位； 报警主机的准确形状、尺寸、定位、品牌、安装要求
强电总图	1. 变、配电站；变压器；发电机；室外配电箱；室外照明灯具	准确形状、尺寸、大小、定位； 规格型号、材料和材质信息、技术参数、品牌、安装要求
	2. 架空线路、避雷器	准确形状、尺寸、大小、定位、杆高； 规格型号、杆位编号、回路编号、品牌、安装要求
	3. 电缆线路、母线	准确形状、尺寸、大小、定位； 规格型号、回路编号、品牌、安装要求
	4. (手)孔井	准确的形状、位置； 型号、安装要求
给水排水	1. 管道系统	管道布置、管径、数量、材质、连接方式
	2. 主要设备机房(水池、水泵房、热交换站、水箱间、水处理间、游泳池、水景、冷却塔、热泵热水、太阳能和屋面雨水利用等)设备和管道	设备和管道均为近似外形，标注管道管径； 水泵基础尺寸； 水箱总容积、有效容积参数、重量冷却塔循环流量、重量、耗电功率、噪声指标； 热交换器材质、换热面积、传热系数、运行重量
给水排水总图	1. 干管的管径、阀门井、消火栓井、水表井、检查井、化粪池等和其他给水排水构筑物	近似外形、位置； 构筑物的容积
	2. 室外给水、排水管道和城市管道系统连接点	管道规格、阀门及阀门井、检查井、雨水口的位置、标高
	3. 消防系统、中水系统、冷却循环水系统、重复用水系统、雨水利用系统的管道	管道规格、消火栓点位、洒水栓位置
	4. 取水构筑物	近似外形、位置、标高、方位
	5. 水处理厂(站)	近似外形、位置、方位； 处理规模； 管道系统

续表

专业	模型元素	模型元素信息
供暖通风与空气调节	1. 供暖通风与空气调节、防排烟系统的主要设备：制冷制热主机、热水机组、空调冷热循环水泵、各种系列风机、新风机组、柜式或组合式空调机组、风机盘管、热交换机组、多联机空调机组、散热器等	几何信息： 参考外形尺寸、运行重量等信息；安装位置、服务区域等定位信息。 非几何信息： 规格类型、设备编号、数量、供电要求、技术性能参数等产品信息。 安装部位、安装方式（吊装或落地安装）等安装信息
	2. 供暖通风与空气调节系统的风管、水管、风管管件及阀门、水管管件及阀门、氟管、风口、消声器及其主要附件、仪表、管道设备支吊架等	几何信息： 风管尺寸、氟管、水管管径、阀门和风口、消声器的尺寸等信息，需要控制的电动阀门安装位置，主要干管的标高，支吊架的规格类别等信息。 非几何信息： 数量、材料和材质信息、技术性能参数等产品信息。 连接方式、安装要求、施工工艺等安装信息
	3. 防排烟等系统的风管、风管管件及阀门、风口、消声器及其主要附件、管道设备支吊架等	几何信息： 风管尺寸、阀门和风口、消声器的尺寸等信息，需要控制的电动阀门、风口安装位置，主要干管的标高，支吊架的规格类别等信息。 非几何信息： 数量、材料和材质信息、技术性能参数等产品信息。 连接方式、安装要求、施工工艺等安装信息
	4. 空调风管、水管及供暖管道的保温材料	几何信息： 保温材料的规格尺寸等信息。 非几何信息： 数量、材料和材质信息、技术性能参数等产品信息
	5. 空调、通风系统的空气净化装置	几何信息： 外形尺寸等信息，安装位置、服务区域等定位信息。 非几何信息： 规格类型、数量、供电要求、技术性能参数等产品信息
热能动力	1. 热水循环系统、蒸汽及凝结水系统、水处理系统、给水系统、定压补水方式、排污系统的管道、阀门及其主要附件、仪表、保温材料、管道设备支吊架等。 2. 柴油发电房供油系统、燃气调压站房、气体站房、气体瓶组站房的管道、阀门及其主要附件、仪表、保温材料、管道设备支吊架等	几何信息： 管道管径、阀门的尺寸等信息，需要控制的电动阀门安装位置，支吊架的规格类别等信息。 非几何信息： 数量、材料和材质信息、技术性能参数等产品信息。 连接方式、安装要求、施工工艺等安装信息
	3. 锅炉房、辅助间的主要设备（蒸汽锅炉、承压热水机组、热交换机组、热水循环水泵）及烟囱等	几何信息： 参考外形尺寸、运行重量等信息，安装位置、服务区域等定位信息。 非几何信息： 规格类型、设备编号、数量、供电要求、技术性能参数等产品信息。 安装部位、安装方式（吊装或落地安装）等安装信息

续表

专业	模型元素	模型元素信息
热能动力	4. 柴油发电房供油系统、燃气调压站房、气体站房、气体瓶组站房的主要设备（油罐、供油泵、调压器、分子筛制氧机、空气压缩机、液氧储罐、医用气体汇流排、医用真空机组等气体主要设备）等	几何信息： 参考外形尺寸、运行重量等信息，安装位置、服务区域等定位信息。 非几何信息： 规格类型、设备编号、数量、供电要求、技术性能参数等产品信息。 安装部位、安装方式（吊装或落地安装）等安装信息
热能动力总图	室外动力管道、阀门及其主要附件、仪表、保温材料等	几何信息： 管道管径、阀门的尺寸等信息，需要控制的电动阀门安装位置等信息。 非几何信息： 数量、材料和材质信息、技术性能参数等产品信息。 连接方式、安装要求、施工工艺等安装信息

专项设计 BIM 模型细度表

表 14-3

专业	模型元素	模型元素信息
边坡与深基坑支护地基处理设计	1. 基坑周边环境	几何信息： 基坑周边的地下管线的详细尺寸、埋设深度、位置； 基坑周边建筑物结构详细外形尺寸、基础外形尺寸、基础埋深。 非几何信息： 标注地下管线的类型、管线与开挖线的距离。 标注周边道路交通负载量。 标注下室外墙线与红线、基坑开挖线及周边构筑物的关系
	2. 基坑周边地层	几何信息： 基坑周边不同地层的详细外形
	3. 基坑布置	几何信息： 支护结构详细尺寸和定位； 内支撑和立柱的详细尺寸和定位； 支护体系的支护类型的详细尺寸和定位。 非几何信息： 标准支护结构计算分段； 标注混凝土强度等级、防水混凝土的抗渗等级、混凝土耐久性的基本要求； 钢筋、钢绞线种类、钢材牌号和质量等级及所对应的产品标准，各种钢材的焊接方法及所采用的焊材的要求； 水泥型号、等级
	4. 基坑降水（排水）	几何信息： 降水井的详细尺寸、定位； 降水井、观测井、排水沟、集水坑大样图。 非几何信息： 单井出水量

续表

专业	模型元素	模型元素信息
边坡与深基坑支护地基处理设计	5. 构件详图	构件的详细尺寸
	6. 预埋件	几何信息： 预埋件的详细尺寸和定位。 非几何信息： 钢材和锚筋的规格、型号、性能和焊接要求
	7. 栈桥	几何信息： 栈桥的详细尺寸和定位、配筋
	8. 土方开挖	几何信息： 挖土的土方详细尺寸。 非几何信息： 基坑出图顺序和出图走向
	9. 地下室底板和楼板的换撑	非几何信息： 换撑材料和做法，有后浇带时注明后浇带换撑做法
人防设计	主要节点	近似外形尺寸
室内装修	所有功能空间： 1. 天、地、墙造型及细部做法 2. 天、地、墙、线脚材质及构造做法 3. 天、地、墙龙骨布置 4. 固定家具布置 5. 主要机电末端点位，譬如灯具、开关、插座、风机盘管、风口、烟感喷淋、检修口等 6. 主要设备，譬如 LED 屏、医院设备带等 7. 装饰门窗、室内防护栏板、装饰物件等 8. 材料交接、吊顶关系等 9. 卫生间布置 10. 电梯、轿厢、扶梯等装修设计细节 11. 建筑防火门、消火栓、风口等装修细部做法 12. 所有节点详图，不仅要表达图纸上画出的详图做法，还应表达出设计图纸选用的图集具体做法	几何信息： 尺寸大小等形状信息； 平面位置、标高等定位信息。 非几何信息： 规格型号、数量、材料和材质信息、技术参数等产品信息； 连接方式、安装部位、施工工艺等安装信息
弱电智能化	1. 智能化集成管理系统	几何信息：无。 非几何信息： 各系统联动要求、接口要求、集成形式要求
	2. 通信网络系统	几何信息： 电话机房的详细尺寸和定位、通信接入机房外线接入预埋管详细尺寸和定位； 所有末端点位的详细尺寸和定位。 非几何信息： 所有设备的名称、规格、单位、详细参数、安装要求

续表

专业	模型元素	模型元素信息
弱电智能化	3. 计算机网络系统	几何信息： 　楼层交换机、核心交换机的详细尺寸和定位，详细端子排布； 　传输线路的外形尺寸和敷设。 非几何信息： 　所有设备的名称、规格、单位、详细参数、安装要求
	4. 综合布线系统	几何信息： 　所有末端点位的详细尺寸和定位； 非几何信息： 　所有设备的名称、规格、单位、详细参数、安装要求
	5. 有线电视机卫星电视接收系统	几何信息： 　卫星接收天线的外形尺寸、基座尺寸和定位； 　末端插座的外形尺寸和定位。 非几何信息： 　所有设备的名称、规格、单位、详细参数、安装要求
	6. 公共广播系统	几何信息： 　所有末端扬声器的详细尺寸和定位； 　传输线路的外形尺寸和敷设。 非几何信息： 　所有设备的名称、规格、单位、详细参数、安装要求
	7. 信息引导及发布系统	几何信息： 　信息发布屏的详细尺寸和定位； 　主机设备的详细尺寸和定位； 　传输线路的外形尺寸和敷设。 非几何信息： 　所有设备的名称、规格、单位、详细参数、安装要求
	8. 会议系统	几何信息： 　投影设备、扩声设备、摄像设备等等相关设备的外形尺寸和定位； 　传输线路的外形尺寸和敷设。 非几何信息： 　所有设备的名称、规格、单位、详细参数、安装要求
	9. 时钟系统	几何信息： 　子钟、母钟的详细尺寸和定位； 　传输线路的外形尺寸和敷设。 非几何信息： 　所有设备的名称、规格、单位、详细参数、安装要求

续表

专业	模型元素	模型元素信息
弱电智能化	10. 专业工作业务系统	几何信息： 商业建筑-POS 机的详细尺寸； 酒店建筑-客房控制设备详细尺寸和定位、VOD 点播设备的详细尺寸和定位； 医疗建筑-医用排队叫号系统、病房呼叫系统、重症探视系统、婴儿防盗系统等等的主机设备和末端设备的详细尺寸和定位； 体育建筑：场地扩声、计时计分及现场成绩处理、现场影像采集及回访、电视转播和现场评论、售检票、升旗控制、储物柜管理、比赛集成管理等的主机设备和末端设备的详细尺寸和定位； 文化建筑、教育建筑、交通建筑、媒体建筑等其他建筑类型：工作业务系统的主机设备和末端设备的详细尺寸和定位。 非几何信息： 办公建筑-专业工作业务管理要求； 商业建筑-商场管理要求，客流统计分析； 酒店建筑-酒店管理要求、客房控制、VOD 点播的分析； 医疗建筑-医院信息管理要求； 体育建筑、文化建筑、教育建筑、交通建筑、媒体建筑等的信息管理要求
	11. 物业运营管理	几何信息：无。 非几何信息： 系统功能和软件架构图
	12. 智能卡应用系统	几何信息：无。 非几何信息： 智能卡的应用范围、一卡通功能、网络结构、卡片类型
	13. 建筑设备管理系统	几何信息： 控制器与被控设备的详细尺寸、连接线路、外接端子详细尺寸和定位； 监控系统模拟屏的详细尺寸和定位。 非几何信息： 监控原理图、监控点表、监测点及控制点的名称、类型、控制逻辑要求，设备明细、外接端子表
	14. 安全技术防范系统	几何信息： 机房详细尺寸，设备详细尺寸和定位； 控制台、显示屏的详细尺寸和定位； 传输线缆的外形尺寸和敷设； 视频安防监控、入侵报警、出入口管理、访客管理、对讲、车库管理、电子巡查等设备的详细尺寸和定位。 非几何信息： 安全防范区域的划分原则及设防方法； 所有设备的名称、规格、类型、详细参数、安装要求； 视频安防监控系统的图像分辨率、存储时间及储存容量

续表

专业	模型元素	模型元素信息
弱电智能化	15. 机房工程(消防监控中心机房、安防监控中心机房、信息中心设备机房、通信接入设备机房、弱电间)	几何信息: 　机房的详细尺寸和定位,智能化设备的详细尺寸和定位; 　机房装修、消防、配电、空调通风、防雷接地、漏水检测、机房监控的所有的设备的详细尺寸和定位; 　屏幕墙体及控制台详图。 非几何信息: 　主要设备名称、规格、单位、数量、安装要求
	16. 其他系统	几何信息: 　本系统涉及的所有主机设备和末端设备的详细尺寸和定位; 　传输线路的详细尺寸和敷设路径。 非几何信息: 　设备规格、传输线路的敷设要求;设备名称、规格、单位、数量、安装要求
弱电总图	1. 室外总平的末端设备(摄像机、电子围栏、室外广播、避雷器等)	准确形状、尺寸、大小、定位; 规格型号、主要参数、品牌、安装要求
	2. 弱电线路	线路的近似形状、尺寸; 规格型号、回路编号、品牌、安装要求
	3. 人(手)孔井	准确的形状、位置; 型号、安装要求
	4. 总配线间、分配线间	几何信息: 　总配线间、分配线间的具体尺寸和位置;室外前端设备的详细尺寸。 非几何信息: 　总配线间、分配线间的编号,室外前端设备的规格及安装方式
	5. 架空线路	几何信息: 　架空杆和线路的详细尺寸;重复接地、避雷器的详细尺寸。 非几何信息: 　线路的规格、杆位编号
幕墙设计	1. 各类幕墙的基本节点(固定和开启窗的横竖剖节点)、与主体结构的连接节点、各类幕墙的交接节点。 2. 防火、防雷节点及周边收口的节点、解决前几个阶段遗留的特殊部位节点的安装工艺性。 3. 完成各个专业与幕墙之间安装的配合节点。雨篷、入口门厅等相关节点	准确的外形和外轮廓尺寸,准确的分格尺寸、幕墙面板材料。 细化各类节点连接件和各种材料的真实的规格和尺寸。 根据建筑测量的实际外轮廓尺寸,对模型进行修正,调整幕墙外表面的放尺,充分满足施工要求,同时对施工过程中的局部调整进行模型修正
景观绿化	1. 园林道路(消防道路、消防扑救面、园区人形道路)位置、大小、标高、构造做法。 2. 景观绿化,植物配置;软景种类、大小、色彩等。 3. 景观硬景色的分区、造型、材质、大小、颜色、构造做法等	能够根据场地道路标高,计算出土方量数据表。 准确外形尺寸、材料参数、可导出树苗表、材料表、构造详图

续表

专业	模型元素	模型元素信息
光彩工程（景观照明及立面泛光照明）	照明灯具、配电箱、配电电缆、控制电缆	准确形状、尺寸、定位；配电箱编号、规格型号、电缆电线编号、品牌、安装要求
钢结构加工图设计	主要钢结构构件	近似外形尺寸，位置
机械停车	标准单元的停车设备、配电箱	近似外形尺寸
交通标识标线设计	无	无
标识导向系统设计	主要设备	近似尺寸，位置
厨房设计	主要设备	近似尺寸，位置
医院建筑医疗气体系统及其站房设计	1. 医用气体站房、气体瓶组站房的主要设备（分子筛制氧机、空气压缩机、液氧储罐、医用气体汇流排、医用真空机组等气体主要设备）等	几何信息：参考外形尺寸、服务区域等定位信息。非几何信息：规格类型、设备编号、数量、供电要求、技术性能参数等产品信息。连接方式、安装要求、施工工艺等安装信息
	2. 医用气体管道与附件、管道设备支吊架等	几何信息：管道管径、阀门的尺寸、支吊架的规格类别等信息。非几何信息：数量、材料和材质信息、技术性能参数等产品信息。连接方式、安装要求、施工工艺等安装信息
游泳池深化设计	主要设备水处理系统：毛发聚集器、加压设备、过滤器、消毒设备、加热设备、水质监测设备及管道系统等	设备近似尺寸，位置流量、压力、耗热量、过滤面积、滤速等参数。泳池给水口、回水口规格、位置。管道系统布置、规格、型号
擦窗机、停机坪设计	主要设备	近似尺寸，位置
污水处理	主要设备：格栅、调节池、提升设备、生物处理设备或构筑物、消毒接触池	近似尺寸，位置格栅、调节池、提升设备、生物处理设备、消毒池的具体参数管道布置、规格
冷库	1. 冷库的主要制冷设备（制冷机组、蒸发器盘管、冷凝器，通风辅助设备）等	几何信息：参考外形尺寸、服务区域等定位信息。非几何信息：规格类型、设备编号、数量、供电要求、技术性能参数等产品信息。连接方式、安装要求、施工工艺等安装信息
	2. 制冷系统的管道与附件、保温保冷材料、管道设备支吊架等	几何信息：管道管径、阀门的尺寸、支吊架的规格类别等信息。非几何信息：数量、材料和材质信息、技术性能参数等产品信息。连接方式、安装要求、施工工艺等安装信息

续表

专业	模型元素	模型元素信息
室内特殊 照明设计	照明灯具、配电箱、配电电缆、控制电缆	准确形状、尺寸、定位； 配电箱编号、规格型号、电缆电线编号、品牌、安装要求
舞台机械 工艺设计	主要设备	近似尺寸，位置
体育 工艺设计	主要设备	近似尺寸，位置
会展 工艺设计	主要设备	近似尺寸，位置
外电 设计	1. 高压进线开关站	高压开关柜、控制柜、支架、地沟、接地装置准确的形状、尺寸、定位； 各个设备编号、规格型号、设备参数、品牌、安装要求
	2. 从市变电站引来的电缆	准确形状、尺寸、大小、定位； 规格型号、回路编号、品牌、安装要求

14.4.4　BIM 软件解决方案

针对总承包项目设计阶段的 BIM 应用软件方案有多种选择，本指南以 Revit 系列软件以及附加的 Dynamo 软件为基础，附加绿色建筑分析系列软件、天宝公司系列软件、其他常用的软件为例进行介绍。

1. 基于 Revit 的 BIM 应用软件方案

在 Revit 软件中，将投资控制模型进行细化，得出初步的基础模型，利用系列绿色建筑分析软件进行模型的分析和处理，包括：

（1）Autodesk Ecotect Analysis（简称 Ecotect）：采光与照明分析、热工分析、声学分析、太阳能辐射分析等；

（2）德国的 CadnaA：室外噪声分析；

（3）Fluent：风环境分析；

（4）清华斯维尔节能设计软件 BECS2012：围护结构热工计算、热桥部位结露验证；

（5）建筑能耗分析：EnergyPlus；

（6）室内声学分析：丹麦国家的 Odeon；

（7）Pathfinder：火灾疏散模拟。

利用其他软件进行模型的梳理，辅助 Dynamo 参数化设计，构建逻辑化关联模型，包括：

（1）PKPM、Ansys、盈建科、Midas Gen：结构设计分析、结构模型协作；

（2）鸿业科技 BIM Space：BIM 协同设计、建模、计算分析；

（3）Rhino＋Grasshopper：参数化设计、异性曲面、幕墙设计、外观造型建模。

再次将模型导入到广联达等专业软件中进行控价分析，根据分析结果调整模型，或提交超设计限额分析报告；生成最终的设计 BIM 模型。

2. 应用展望

在未来的一段时间里，期望通过软件的深度开发或第三方软件协同实现限额设计的智能控制分析。

（1）在 Dynamo 软件中，通过其自身的开发，满足全模块的成本参数设置要求，并能够具备数据逆向控制、数据智能分析、数据智能汇总等的功能。

（2）基于 dynamo 软件，开发第三方协同软件。如广联达、鲁班等造价软件单独开发基于 dynamo 的协同软件通过协同作业的模式实现，最终达到限额设计智能控制（如：数据逆向控制、智能汇总分析等）的目的。

3. 应用流程

应用流程如图 14-17 所示。

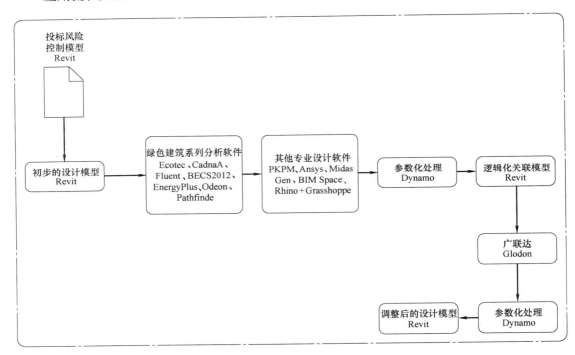

图 14-17　总承包设计控制软件方案示意

14.4.5　BIM 应用成果

1. 基础模型

为项目建筑主体工程设计模型，由主体工程设计师创建，并通过总承包方、监理、业主验证、完善的设计成果模型，如图 14-18 所示。

2. 卫星模型

为各个相对独立、完整的子项或者专项设计模型，由专业设计师或专业厂家创建，并通过总承包方、主体工程设计师、监理、业主共同验证、完善的设计成果模型，如图 14-19 所示。

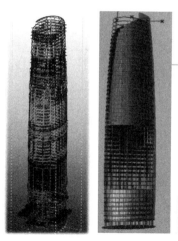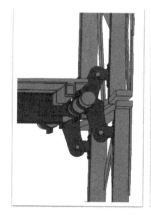

图 14-18　基础模型示意　　　　　　　　图 14-19　卫星模型示意

3. 中心模型

由基础模型和卫星模型整合而成，由总承包方 BIM 工程师负责整合，形成项目完整的数据模型，同时为成本及现场管理提供基础数据库，如图 14-20 所示。

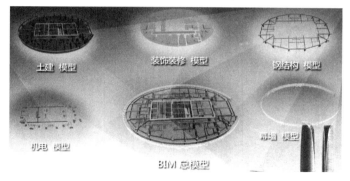

图 14-20　中心模型示意

4. 招标模型

根据招标计划设置的分包范围模型，是对招标范围说明最直观的展示，如图 14-21 所示。

5. 项目经济模型

基于设计、建造 BIM 模型，建立项目经济模型，使项目经济信息不再局限于文字与数据形式的施工图预算，于 BIM 模型中直观反映，使项目团队对项目成本进行清晰、准确地管控，如图 14-22 所示。导出成果：《项目经济指标分析报告》。

6. 设计验证模型

通过创建验证规则，对设计成果进行验证，例如创建车辆模型，验证车位尺寸以及行动路径；创建大型设备模型，验证机房的布置和空间设计；或者根据《设计任务书》要求创建更多的验证模型，对招标技术要求的响应度进度验证。同时，利用设计协同平台，跟踪设计进度，检查设计完成度，实现"BIM＋"的管理效益，如图 14-23所示。

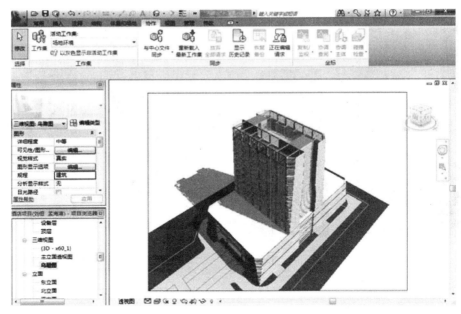

图 14-21　招标模型示意

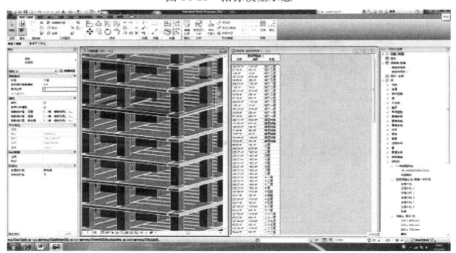

图 14-22　项目经济模型示意

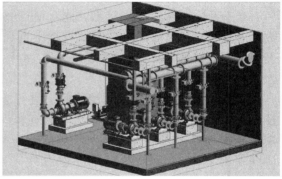

图 14-23　设计验证模型示意

7. 成本验证模型

借助于项目投标阶段完成的成本分析报告，对成本控制目标分解，分专业分系统逐级下达限额设计目标。并建立材料和设备对应的成本库，设定预警和报警阈值，及时反馈成本状态，如图 14-24 所示。

图 14-24　成本验证模型示意

8. 建造验证模型

通过创建施工总平、复杂（特殊）施工工艺模拟、大型设备运输通道等方面模型，实现施工组织预研，逆向检验基础模型，确保设计成果的可行性和可操作性，如图 14-25 所示。

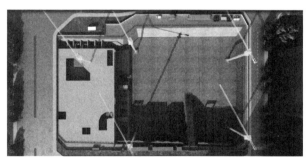

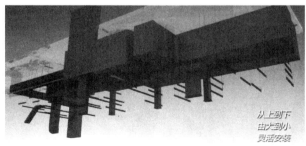

图 14-25　建造验证模型示意

9. 二维视图表达

通过中心模型或卫星模型生产的设计方案、初设、施工图二维设计成果，如图 14-26 所示。

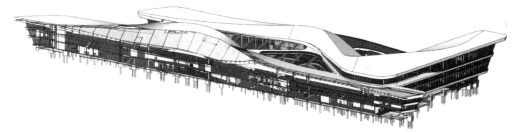

图 14-26　二维视图表达示意

14.5　设计牵头工程总承包项目实施控制 BIM 应用

14.5.1　应用原则

1. BIM 应用目的

通过整合变更模型、施工进度模型以及招采进度模型，快速明确变更影响范围和现场招采和施工情况，为设计变更的决策提供准确的基础资料。在设计变更过程中，通过"变更模型"整合，及时发现对"中心模型"的影响，并通知相关工程分包和材料供应商。

BIM 模型创建完成，即可准确快速计算工程量，且由于模型的数据粒度达到构件级，可以按楼层、区域、进度、专业分包等任意条件快速生成报表。采购过程中成本人员可通过协同软件快速分段统计、自动生成各分包招标工程量清单，并通过 BIM 三维交底梳理工作界面划分，确保清单项完整、清单量准确，有效避免漏项和错算等情况，避免建造过程中变更难以控制、结算费用超计超付的被动局面。

2. BIM 应用范围与内容

设计变更影响范围。

3. 应用数据来源

设计变更申请、中心模型、分包采购范围文件。

14.5.2　BIM 应用流程

总承包项目实施控制的 BIM 应用操作流程详见图 14-27。

首先，根据参建单位（可能为行政主管部门、发包人、监理、设计、材料/设备供应

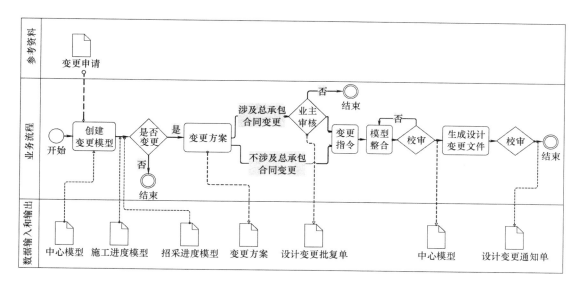

图 14-27 总承包项目实施控制 BIM 应用流程图

商、施工分包）提出的变更申请，创建"变更模型"，并确定其影响范围。结合"施工进度模型"和"招采进度模型"，快速提取现场施工及招采进度，确定变更方案。根据总承包合同条款约定，若涉及《工程总承包合同》变更的，则需上报业主审核确定，并获得业主变更确认。

然后，由总承包方根据变更审批的意见，下发"变更指令"，将"变更模型"整合进"中心模型"进行校审，之后完成"设计变更通知单"。

14.5.3 模型细度

项目实施控制 BIM 模型深度详见专项设计 BIM 模型细度表 14-3。

14.5.4 BIM 软件解决方案

针对总承包项目实施控制的 BIM 应用软件方案有多种选择，本指南以 Revit 系列软件以及附加的 Dynamo 软件为例进行介绍。应用流程如图 14-28 所示。

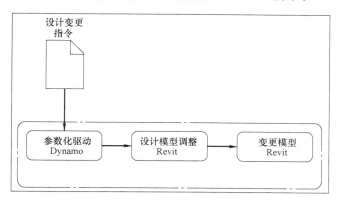

图 14-28 总承包项目控制软件方案流程

14.5.5 BIM 应用成果

1. 项目变更模型

根据变更申请说明的变更范围和变更内容，创建的局部调整模型。变更方案确认后，变更模型需整合进"中心模型"，进行综合校审，如图 14-29 所示。导出成果：《设计变更通知单》，通过"变更模型和""中心模型"型转换输出的二维设计成果。

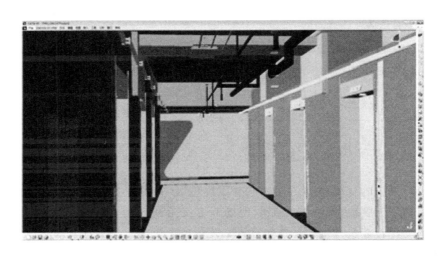

图 14-29　项目变更模型示意

2. 项目变更成本管理

利用 BIM 模型强大的多维度计量与分析能力，简化管理程序，减少交流环节，提前发现成本风险，避免错误决策，保证项目经济效益。应用 BIM 技术改变以往依赖人工协调项目内容和分段交流的"隔断式"管理方式，既从源头上减少变更的发生，且在建造过程即使发生变更，通过共享 BIM 模型的协调综合功能与设计模型文件数据关联和远程更新，建筑信息模型随设计变更而即时更新，消除信息传递障碍，减少设计人员与成本人员间的信息传输和交互时间，实现对设计变更的有效管理和动态控制，从而使索赔签证管理更有时效性、可溯性。

同时，设计人员将设计变更内容导入建筑信息模型中，模型支持构建几何运算和空间拓扑关系，快速汇总工程变更所引起的相关工程量变化、造价变化及进度影响并自动反映出来。项目以此为依据及时调整工料机资源的分配，有效控制变更所导致的进度、成本变化，实现造价的动态控制和有序管理。

3. 项目费用偏差控制

在建造过程中，为确保项目成本可控，利用 BIM 的 5D 数据库，将进度、价格等均与模型关联，及时分析已完工程计划费用（BCWP）与已完工程实际费用（ACWP）并进行数据合成、分析和共享，将计划与实际情况进行动态比较，绘制现金流控制曲线，分析费用偏差（CV）产生的原因，并采取有效措施控制费用偏差，提前预警，监控资金流量和流向，实现工程费用的动态监控，降低财务成本，如图 14-30 和图 14-31 所示。

投 资 估 算 表

序号	项 目 名 称	单 位	数 量
一、	建安工程费	m2	126194
（一）	地下室	m2	31879
1	土建工程	m2	31879
2	装饰工程	m2	31879
3	给水排水及消防工程	m2	31879
4	强电工程	m2	31879
5	弱电工程	m2	31879
6	通风工程	m2	31879
（二）	住宅	m2	83700
1	土建工程	m2	83700
2	初装工程	m2	83700
3	给水排水及消防工程	m2	83700
4	强电工程	m2	83700
5	弱电工程	m2	83700
6	通风工程	m2	83700
7	电梯	m2	83700
（三）	配套商业	m2	10615
1	土建工程	m2	10615
2	初装工程	m2	10615
3	给水排水及消防工程	m2	10615
4	强电工程	m2	10615
5	弱电工程	m2	10615
6	通风工程	m2	10615
7	电梯	m2	10615
（四）	室外工程	m2	11166
1	铺装、道路	m2	5414
2	绿化	m2	5752
5	水电管网、景观照明	m2	11166
7	小品、挡墙及其他零星	m2	11166

图 14-30　投资估算工程量量单

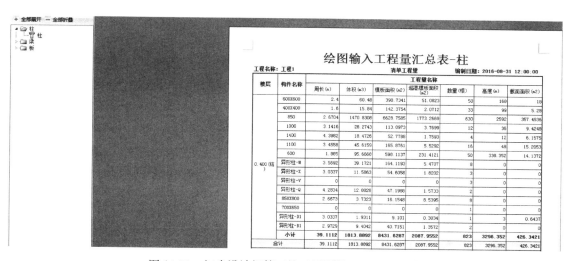

图 14-31　初步设计概算（施工图预算）工程量量单

附录 A
BIM 计划模板

××项目 BIM 计划

1. 概述

为成功在本项目中应用 BIM，项目组制定此 BIM 计划。本项目 BIM 计划详细定义了将在本项目中应用的 BIM（如深化设计建模、成本估算和专业协调），以及在项目全生命期应用 BIM 的详细过程。

通过应用 BIM，项目组计划达到降低工程造价××%、缩短工期××d，争取××奖。

2. 项目信息

项目的基本信息如下：

项目业主：××

项目名称：××

项目地址：××

承包类型：××

项目简述：占地面积××m²，建筑面积××m²，建筑高度××m 等。

BIM 应用简述：BIM 应用特点和需求。

项目工期：项目启动××××年××月××日，计划于××××年××月××日竣工交付使用。其他重要的时间节点见表 A-1。

项目重要时间节点表 表 A-1

项目阶段/里程碑	计划开始时间	计划结束时间	主要参与方
土建深化设计			
机电深化设计			
幕墙设计			
专业协调			
进度计划制定			

3. 主要人员信息（表 A-2）

主要人员信息表　　　　　　　　　　　　　　　　　　表 A-2

角色	单位	姓名	地址	E-MAIL	电话
项目经理					
BIM 经理					
专业负责人					

4. BIM 应用目标

为实现 BIM 应用目标（多方案比选、全生命期分析、施工计划、成本估算等），需充分应用 BIM（深化设计建模、施工过程模拟、4D 建模等）。

BIM 应用目标筛选分析见表 A-3。

BIM 应用目标筛选分析表　　　　　　　　　　　　　表 A-3

优先级（高、中、低）	BIM 应用目标	BIM
中	提高施工效率	设计审查 3D 协调
高	提高施工效率	深化设计建模 设计审查 3D 协调
低	面向运维精准 3D 竣工模型	竣工模型 3D 协调
低	提高项目绿色节能指标	工程分析 LEED 评估
中	跟踪优化项目进度	4D 建模
中	设计变更下快速核算成本	成本估算
高	消除现场冲突	3D 协调

BIM 应用筛选分析见表 A-4。

BIM 筛选示例表　　　　　　　　　　　　　　　　表 A-4

BIM	应用价值（高、中、低）	负责单位	对负责单位的价值（高、中、低）	需要的条件（高、中、低）			需要额外的资源	备注	是否应用
				资源	能力	经验			
成本估算	中	总包	高	中	低	低			否
4D 建模	高	总包	高	高	中	中	需要购买软件和培训	在施工阶段对业主价值很大	是
专业协调（施工）	高	总包	高	高	高	高			是
		分包	高	低	高	高	需要培训		
		设计	中	中	高	高			
专业协调（设计）	高	建筑师	高	中	中	中	需要购买软件	可由总包推动	是
		结构工程师	高	中	中	低			
		MEP 工程师	中	中	中	低			

BIM 应用总体计划见表 A-5。

BIM 应用总体计划表

表 A-5

深化设计	施工管理	运维
土建深化设计建模 钢构深化设计建模 机电深化设计建模 专业协调	数字化加工 成本估算 4D 建模	建筑系统分析 空间管理 运维管理

5. 各组织角色和人员配备

项目 BIM 计划的主要任务之一就是定义项目各阶段 BIM 计划的协调过程和人员责任，尤其是在 BIM 计划制定和最初的启动阶段。确定制定计划和执行计划的合适人选，是 BIM 计划成功的关键。

6. BIM 应用流程设计

以流程图的形式清晰展示 BIM 的整个应用过程，具体制定步骤和要点可参考本指南 3.5 节。

7. BIM 信息交换

以信息交换需求的形式，详细描述支持 BIM 应用，模型信息需要达到的细度。具备制定步骤和要点可参考本指南 3.6 节。

8. 协作规程

详细描述项目团队协作的规程，主要包括：模型管理规程（例如：命名规则、模型结构、坐标系统、建模标准，以及文件结构和操作权限等），以及关键的协作会议日程和议程。

9. 模型质量控制规程

详细描述为确保 BIM 应用需要达到的质量要求，以及对项目参与者的监控要求。

10. 基础技术条件需求

描述保证 BIM 计划设施所需硬件、软件、网络等基础条件。

11. 项目交付需求

从业主的角度，描述对最终项目模型交付的需求。项目的运作模式（如：DBB 设计-招标-建造、EPC 设计-采购-施工、DB 设计-建造、EP 设计-采购、PC 采购-施工、BOT 建造-运营-移交、BOOT 建造-拥有-运营-移交、TOT 转让-运营-移交等）会影响模型交付的策略，所以需要结合项目运作模式描述模型交付需求。

附录 B
典型 BIM 应用

buildingSMART 的 "BIM Project Execution Planning Guide" 通过专家访谈、案例分析、文献综述等方式，总结了项目各阶段可应用的多项典型 BIM 应用，见表 B-1 和图 B-1。本指南按表 B-1 全文翻译了对各项 BIM 应用点的描述，包含：概述、BIM 应用价值、需要的资源、团队应具备的技能等，见后文。项目团队在选定 BIM 应用目标和技术时，可参考相关的信息。

BIM 典型应用点　　　　　　　　　　　　　　　　　　　　　　　　　表 B-1

序号	BIM 应用	英　文
1	建筑维护计划	Building (Preventative) Maintenance Scheduling
2	建筑系统分析	Building System Analysis
3	资产管理	Asset Management
4	空间管理和追踪	Space Management/Tracking
5	灾害计划	Disaster Planning
6	记录模型	Record Modeling
7	场地使用规划	Site Utilization Planning
8	施工系统设计	Construction System Design
9	数字化加工	Digital Fabrication
10	3D 控制和规划	3D Control and Planning
11	3D 协调	3D Coordination
12	设计建模	Design Authoring
13	能量分析	Energy Analysis
14	结构分析	Structural Analysis
15	LEED 评估	Sustainability (LEED) Evaluation
16	规范验证	Code Validation
17	规划文件编制	Programming
18	场地分析	Site Analysis
19	设计方案论证	Design Reviews
20	4D 建模	4D Modeling
21	成本预算	Cost Estimation
22	现状建模	Existing Conditions Modeling
23	工程分析	Engineering Analysis

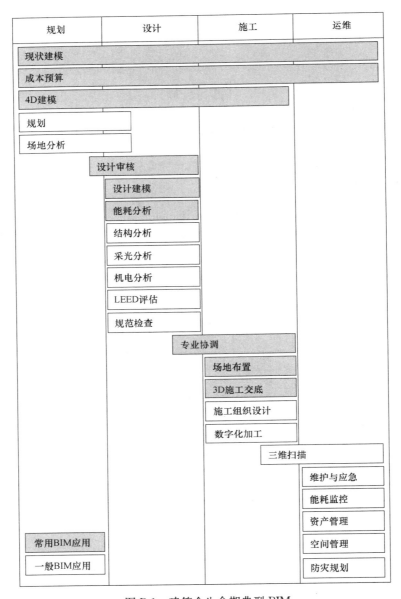

图 B-1　建筑全生命期典型 BIM

1. 建筑维护计划

为维持建筑的正常使用，在建筑的全生命期对建筑结构（墙、楼板、屋顶等），以及建筑设备（机械、电气、管道等）的持续维护工作。良好的建筑运维管理将改善建筑性能、减少维修工作和维护成本。

BIM 应用价值：

• 有前瞻性地制定维护计划，合理分配维护人力；

• 跟踪维修历史；

• 减少不必要的调整和突发维护；

• 通过让维修人员快速熟悉和掌握设备和系统的位置和信息，提高维修人员的生产效率；

• 通过维护多方案必选，降低维护成本；

• 为维护经理提供一个可靠的集中管理环境，支持维护工作的决策。

需要的资源：

• 用于查看竣工模型和构件的设计审核软件；

• 可以与竣工模型关联的建筑自动化控制系统；

• 可以与竣工模型关联的建筑运维管理系统；

• 可以与竣工模型关联的建筑运维主控界面，提供建筑性能信息和（或）其他用于引导业主的信息。

需要的团队能力：

• 能够理解和操作基于竣工模型的运维管理系统和自动化控制系统；

• 理解典型的设备操作，并能实际维护；

• 操作、浏览和检查 3D 模型。

2. 建筑系统分析

建筑系统分析是将实际测量的建筑性能与设计目标不断比对的过程，这包括电气系统的运行和建筑能耗。其他的分析还包括：通风分析、照明分析、内外部的 CFD 气流分析和太阳能分析等。

BIM 应用价值：

• 确保建筑按照设计目标运行，并符合节能标准；

• 确定改善、提升系统运转的方案；

• 在建筑修缮时，模拟改变材料时的建筑性能。

需要的资源：

• 建筑系统分析软件（能耗、照明、电气等）。

需要的团队能力：

• 通过记录模型，掌握操作计算机维护管理系统（Computerized Maintenance Management Systems，CMMS）和建筑控制系统；

• 典型设备的操作和维护能力；

• 操作、浏览和检查 3D 模型。

3. 资产管理

通过与记录模型的双向链接，辅助设备和资产高效维护和操作。这些资产都是业主和用户需要高效操作、运行和维护的资产，包括：建筑物、系统、周围环境和设备等。从经济的角度，资产管理可以辅助短期和长期规划决策，并按计划生成工作订单。资产管理利用记录模型中的数据，确定维护和升级资产的成本，达到合理资产减值和避税的目的，实现企业资产综合价值的最大化。与记录模型的双向链接还允许用户通过可视化手段查看模型，在资产维修时缩短服务时间。

BIM 应用价值：

• 为业主快速生成运维用户手册和设备规范；

• 快速评估和分析设备、资产情况；

- 维护更新设施和设备数据，包括：维护时间表、质保信息、成本信息、升级更换赔偿等维护记录、制造商信息和设备功能信息等；
- 为业主、维护团队和财务部门，提供一个全面的建筑资产运维跟踪使用记录；
- 从公司资产中自动提取准确的数量，辅助生成财务报告、招标，以及估计未来资产的升级或更换成本；
- 在建筑升级、替换、维护后，在记录模型中显示最新的资产信息；
- 通过增强的可视化手段，辅助财务部门有效地分析不同类型的资产；
- 提升建筑使用期的监测和验证的手段；
- 为维护团队自动生成计划工作单。

需要的资源：

- 资产管理系统；
- 在资产管理系统与记录模型之间的双向链接。

需要的团队能力：

- 操作、浏览和检查 3D 模型（建议，但非必须具备）；
- 操作资产管理系统的能力；
- 税收及相关财务软件的知识；
- 建筑运维的工程知识（替换、更新等）；
- 有关设备跟踪、运维，以及掌握业主需求的知识。

4. 空间管理和追踪

应用 BIM 技术，有效地分配、管理和跟踪建筑的空间和设施内相关资源。通过设施建筑信息模型，支持设施管理团队来分析现有的使用空间，以及设计空间使用变化的过渡计划。在建筑部分改造，而其余部分正常使用时，空间管理和跟踪将起到重要作用。在建筑的全生命期，空间管理和跟踪可确保空间资源合理分配。应用记录模型，有利于空间管理和追踪。空间管理和追踪需与空间跟踪软件进行集成。

BIM 应用价值：

- 更容易标示和合理分配建筑使用空间；
- 提升空间过渡计划制定和管理的效率；
- 跟踪当前的空间和资源的使用效率；
- 协助规划未来空间设施需求。

需要的资源：

- 双向操作三维模型；
- 与记录模型进行软件集成；
- 空间映射和管理输入软件。

需要的团队能力：

- 操作、浏览和检查记录模型；
- 访问当前空间和资产的能力，管理未来需求的能力；
- 物业管理应用程序的知识；
- 能够有效地整合记录模型和设施管理的应用程序，应用软件满足客户的需求。

5. 灾害计划

紧急救援人员通过灾害计划软件访问建筑信息模型和信息系统。BIM 为救援人员提供关键的建筑信息，提高反应的效率，降低安全风险。动态建筑信息将提供的楼宇自动化系统（Building Automation System，BAS），而静态的建筑信息，如楼层分布和设备示意图，将保存在 BIM 模型里。紧急救援人员将这两个系统通过无线连接进行集成。BIM 加上 BAS 能够清晰地显示紧急情况在建筑物内的位置，可行救援路线，提醒建筑物内任何其他有害物的位置。

BIM 应用价值：

- 为警察、消防、公共安全等急救人员提供实时至关重要的信息；
- 提升应急反应的效率；
- 降低应急人员的风险。

需要的资源：

- 查看记录模型和组件的设计评审软件；
- 与记录模型链接的楼宇自动化系统（Building Automation System，BAS）；
- 链接记录模型的物业管理系统。

需要的团队能力：

- 为设施升级而具备操作、浏览和检查 BIM 模型的能力；
- 通过 BAS 理解动态建筑信息的能力；
- 应急期间作出适当决策的能力。

6. 记录模型

通过竣工建模精确描述建筑的实际条件、环境和资产，至少要包含建筑、结构和 MEP 构件信息。竣工模型将运维信息和资产数据与竣工模型（由设计、施工、4D 协调模型、专业分包模型）关联起来，是所有模型的综合。竣工模型面向业主或运维管理单位。如果业主需要，竣工模型也应该包括设备和空间规划信息。

BIM 应用价值：

- 辅助未来既有建筑改造的 3D 建模和设计协调过程；
- 提升档案环境，为未来改造和历史档案追踪打下基础；
- 辅助审批过程；
- 减少设施运维纠纷（例如：将历史数据与合同关联，突出显示预期与最终产品的比较）；
- 随着改造或设备更新，不断嵌入新数据；
- 为业主提供准确的建筑、设备和空间模型，为与其他 BIM 的协同应用打下基础；
- 减少建筑运营所需的信息，以及信息的存储空间；
- 更好地满足业主需求，有助于培养和提升双方关系；
- 更容易多角度地评估客户需求数据（例如：从设计阶段、竣工后、实际运营阶段的环境性能或空间利用的数据）。

需要的资源：

- 3D 模型的操作工具；
- 创建竣工模型的建模工具；
- 读写电子格式的关键信息；
- 可访问资产和设备的元数据数据库。

需要的团队能力：

- 操作、浏览和检查 3D 模型；
- 应用建模工具更新建筑信息；
- 清晰理解设备操作流程，确保输入正确的信息；
- 与设计、施工和运维管理团队进行有效沟通的能力。

7. 场地使用规划

通过 BIM，用图形化的方式表达施工现场各阶段的永久和临时设施。通过与工程任务计划相结合，可以表达空间和时序要求。劳动力资源、材料入场、设备定位可以以附加信息的形式纳入模型。因为 3D 模型组件可以直接与场地使用规划相关联，可以完成可视化规划、现场周转计划，以及不同空间和临时资源的优化管理等现场管理功能。

BIM 应用价值：

- 有效地生成现场使用临时设施布局，适用于装配工业化和材料交付等各阶段的建设；
- 快速识别潜在的和重要的空间和时间冲突；
- 为施工安全，准确评估场地布局；
- 可行施工方案评选；
- 与所有相关团队有效沟通施工顺序和布局；
- 方便更新场地组织反应施工进展；
- 缩短执行计划和场地利用的规划时间。

需要的资源：

- 设计建模软件；
- 规划软件；
- 4D 模型集成软件；
- 详细的既有条件下场地规划。

需要的团队能力：

- 操作、浏览和检查 3D 模型；
- 通过 3D 模型，操作和访问施工计划；
- 掌握典型施工方法；
- 将现场知识转换为施工工艺流程。

8. 施工系统设计

应用 3D 系统设计软件设计和分析复杂建筑体系的施工过程，提高计划的质量，例如：模板、幕墙、吊装等分析。

BIM 应用价值：

- 提高复杂建筑体系的施工能力；
- 提高施工效率；
- 保障复杂建筑体系的施工安全；
- 减少语言沟通障碍。

需要的资源：

- 3D 系统设计软件。

需要的团队能力：

- 操作、浏览和审查三维模型的能力；
- 通过使用 3D 系统设计软件做出适当的工程决策的能力；
- 对每种构件具有相应工程经验和知识。

9. 数字化加工

应用数字化信息完成建筑材料的制造或装配，例如：金属加工、钢结构制造、管道切割、设计意图原型制作等。数字化加工有助于确保建筑业的上游阶段，以更少的歧义、更多的信息和最少的浪费来加工制造。BIM 模型也适合用于将零件组装成成品。

BIM 应用价值：

- 确保信息质量；
- 减少机器制造公差；
- 提高制造效率和安全性；
- 缩短交货时间；
- 适应后期设计变化；
- 减少对 2D 图纸的依赖。

需要的资源：

- 设计建模软件；
- 数控设备可读的数据格式；
- 机械加工技术。

需要的团队能力：

- 理解和创建制造模型的能力；
- 操作、浏览和审查三维模型的能力；
- 从 3D 模型提取数字化加工信息的能力；
- 应用数字化信息制作建筑构件的能力；
- 掌握典型数字化加工方法的能力。

10. 3D 控制和规划

应用信息模型创建详细的控制点，辅助设施布置，以及自动控制设备的运动和位置。例如：应用预设点通过全站仪控制墙的放样，使用 GPS 坐标来确定适当的挖掘深度。

BIM 应用价值：

- 通过模型连接真实全局坐标，减少放样错误；
- 通过减少测量时间，提高效率和生产力；
- 从模型直接接受控制点，减少返工；
- 减少、消除语言沟通障碍。

需要的资源：

- 带有 GPS 功能的机器；
- 数字放样设备；
- 模型转换软件（从模型中转换有用的信息）。

需要的团队能力：

- 操作、浏览和审查三维模型的能力；

- 能够从模型数据中抽取适当的布局和设备控制信息。

11. 3D 协调

通过使用冲突检查软件，比较多专业 3D 模型，协调现场冲突。通过在实际施工前检测主要系统冲突，减少返工和错改。

BIM 应用价值：

- 通过模型协调建筑项目；
- 减少和消除现场冲突，与传统方法比较大量减少返工；
- 通过可视化手段完成施工交底；
- 提高现场生产效率；
- 降低施工成本，减少工程变更；
- 缩短工期；
- 形成更加精准的竣工文档。

需要的资源：

- 设计建模软件；
- 模型浏览软件；
- 模型冲突检测软件。

需要的团队能力：

- 专业间冲突的协调能力；
- 3D 模型的操作、浏览和审核能力；
- 模型更新方法的知识。

12. 设计建模

通过应用 3D 建模软件，基于建筑设计规范创建 BIM 模型的过程。设计建模软件是应用 BIM 的第一步，也是最重要的一步。设计建模软件在三维模型的基础上，增加丰富的数量、方法、成本和计划等信息。

BIM 应用价值：

- 为项目所有参与方提供了清晰、直观的设计方案；
- 更好地控制设计、成本和计划的质量；
- 提供有力的设计可视化手段；
- 为项目参与者和 BIM 用户提供一个良好的相互间协作环境；
- 提高质量控制和保障的水平。

需要的资源：

- 设计建模软件。

需要的团队能力：

- 3D 模型的操作、浏览和审核能力；
- 施工工艺和方法的知识；
- 设计和施工经验。

13. 能量分析

应用 BIM 完成设施能耗分析是设施设计阶段的一项基本任务。通过应用一个或多个建筑能源仿真程序，适当调整 BIM 模型，评估当前建筑设计的能源情况。使用 BIM 的核心目标是检查建筑物符合能耗标准的情况，寻找最优设计方案，降低建筑物全生命期的运行成本。

　　BIM 应用价值：

- 从 BIM 模型自动获得系统信息，避免手动输入数据，节省时间和成本；
- 从 BIM 模型自动建筑几何、体积等精准信息，提高建筑物能耗预测精准度；
- 辅助完成建筑能耗规范检查；
- 优化建筑设计，实现更优建筑性能，降低建筑全生命期运行成本。

　　需要的资源：

- 建筑能耗模拟和分析软件；
- 调整好的建筑 BIM 模型；
- 详细的当地天气数据；
- 国家或当地建筑能耗标准。

　　需要的团队能力：

- 基本的建筑能耗系统知识；
- 相关的建筑能耗标准知识；
- 建筑系统设计知识和经验；
- 操作、浏览和审查三维模型的能力；
- 通过分析工具评估模型的能力。

　　14. 结构分析

　　结构模型分析软件利用 BIM 设计模型，分析一个给定结构系统的性能。通过设定结构设计与建模所需的最低标准，可以优化结构分析过程。在此基础上，分析结构设计软件可以进一步发展和增强功能，创建高效的结构体系。创建的这些信息是数字化建造和建筑系统设计的基础。

　　结构分析不仅可在设计的开始阶段应用，在施工阶段也可应用，例如：安装设计、施工验算、吊装等。通过结构分析软件的性能模拟，可以显著提高建筑全生命期的设计、性能和安全。

　　BIM 应用价值：

- 节省创建额外模型的时间和成本；
- 扩展 BIM 建模工具的应用范围；
- 提高设计公司的专业服务能力；
- 通过严格的分析，实现高效的优化设计方案；
- 通过更快的投资回报与审计和分析工具申请工程分析；
- 通过审查和分析工具，使工程实现更快的投资回报；
- 提高设计分析的质量；
- 缩短设计分析的周期。

　　需要的资源：

- 设计建模工具；
- 结构工程分析工具和软件；
- 设计标准和规范；

- 足够的允许程序的硬件。

需要的团队能力：

- 操作、浏览和审查三维结构模型的能力；
- 通过工程分析工具评估模型的能力；
- 施工方法知识；
- 分析建模技术的知识；
- 结构分析和设计的知识；
- 设计经验；
- 将专业技术与建筑系统集成为一个整体的能力；
- 结构施工的经验。

15. LEED 评估

LEED 评估是基于 LEED 或其他可持续标准，对 BIM 项目进行评估的过程。LEED 评估可以在项目各个阶段（规划、设计、施工和运维）应用，但在规划和早期设计阶段效果更好，可以对后期设计产生很大的影响，从成本和进度的角度也会提高工程效率。LEED 评估是一个全面的过程，需要更多的专业尽早提供有价值的信息和意见，特别是在规划阶段最好通过合同形式固定相互之间的配合。除了实现可持续发展目标，LEED 评估过程还可以实施计算、生成文档和审核。如果责任清晰，信息可以很好地共享，能耗模拟、计算和生成文档可以在一个集成的环境下完成。

BIM 应用价值：

- 在项目的早期，通过促进互动和协作，有利于项目可持续发展目的的实现；
- 在项目早期，可对多方案进行可靠的评价；
- 在项目的早期得到准确的信息，有助于解决成本核算和进度协调问题；
- 通过早期的设计决策，缩短实际的设计过程，提升设计效率和效益，使设计团队能够承揽更多工程；
- 使工程交付质量得到提升；
- 由于已事先为验证准备好了计算资料，可以减轻后期编写设计文档的负担，加速认证过程；
- 通过能耗性能的提升，优化能源管理，降低后期运营成本；
- 增强了环保意识，有利于可持续设计技术的发展；
- 辅助项目团队对未来项目运行进行全生命期比对和优化。

需要的资源：

- 设计建模软件。

需要的团队能力：

- 创建和检查 3D 模型的能力；
- 最新 LEED 认证的知识；
- 组织和管理数据库的能力。

16. 规范验证

应用规范验证软件，基于专业规范对模型参数进行检查。当前规范验证 BIM 应用还处于初期阶段，没有被广泛采用。随着模型检查工具的不断发展，越来越多的规范条文可以通过软件来验证。

BIM 应用价值：

• 通过 BIM 模型，验证建筑设计符合特定的规范，例如：残疾人通道设计、人员疏散等；

• 在项目设计的早期应用规范验证技术，可以降低设计错误、遗漏或疏忽的几率，避免后期设计和施工的返工在工期和成本上的浪费；

• 通过规范验证，可以在设计阶段对设计方案符合规范的情况给出持续的反馈；

• 通过 3D BIM 模型，减少本地规范检查人员的时间投入，减少规范检查会议投入，以及现场访问，快速解决违反规范问题；

• 节省合规检查的时间和成本，提升设计效率。

需要的资源：

• 地方规范知识；

• 模型检查软件；

• 3D 模型处理软件。

需要的团队能力：

• 能够使用 BIM 建模工具进行设计，应用设计模型审查工具；

• 能够使用规范验证软件，以及规范检查的知识和经验。

17. 规划文件编制

利用 BIM 空间规划程序高效、准确地评估空间需求和设计性能。通过 BIM 模型，允许项目团队分析空间需求，并能很好地理解空间的复杂性。在设计关键的决策阶段，通过与客户讨论需求来选择最好的方法进行分析，给项目带来最大的价值。

BIM 应用价值：

• 为业主高效、准确评估设计性能和空间需求。

需要的资源：

• 设计建模工具。

需要的团队能力：

• 3D 模型的操作、浏览和审核能力。

18. 场地分析

利用 BIM／GIS 工具评价给定区域的性能，以此来确定未来项目最优的施工场地。通过收集场地数据，为优化建筑定位和朝向等确定关键条件。

BIM 应用价值：

• 通过计算和决策，综合考虑技术因素和财务因素，确定满足项目需求的潜在最优场地选址；

• 降低工程和拆迁成本；

• 提升能耗效率；

• 减少采用有害材料的风险；

• 最大化投资回报。

需要的资源：

• GIS 软件；

- 设计建模软件。

需要的团队能力：

- 3D 模型的操作、浏览和审核能力；
- 拥有当地环境的知识（GIS、数据库信息）。

19. 设计方案论证

相关人员通过浏览 3D 模型，对多个设计方案给出反馈意见，包括满足规划需求的评估，空间美学和空间布局的预研，采光、安全、人体工程学、材质、颜色的预览和评估。BIM 技术的应用环境既包括计算机软件，也可以包括特殊虚拟模拟设施，如计算机辅助虚拟环境（Computer Assisted Virtual Environment，CAVE）和身临其境的实验室。根据项目需求可以建立不同细节水平的虚拟原型。例如：为项目的某一部分创建精细的模型，以便快速评估设计问题，解决设计和施工问题。

BIM 应用价值：

- 改变传统建筑实物模型建造的代价昂贵和不及时的问题；
- 可以很容易地对不同设计方案建模，在设计方案论证阶段，基于用户和业主需求，可以快速修改方案；
- 设计和论证过程更短、更高效；
- 设计评估更加高效，更加容易迎合建筑标准和业主需求；
- 提升项目健康、安全和幸福指数，例如，应用 BIM 技术可以分析和比较防火疏散条件、自动喷淋设计、不同楼梯布局；
- 简化业主、施工团队和最终用户之间有关设计的沟通；
- 对业主需求、空间美学需求给出快速反馈；
- 提升不同团队之间的沟通效率，为产生更佳设计决策打下基础。

需要的资源：

- 设计审查软件；
- 交互评估空间；
- 处理大场景的硬件。

需要的团队能力：

- 操作、浏览和审查 3D 模型的能力；
- 为模型照片提供纹理、颜色，并利于在不同软件或插件上浏览；
- 较好的协调能力，理解不同团队成员的责任和角色；
- 建筑各系统集成的知识。

20. 4D 建模

通过 4D 建模（3D 模型加上时间），高效地编制工程各阶段计划，为施工顺序和施工场地需求提供全新的技术手段。4D 建模是一个有力的可视化沟通工具，可以使项目组（包括业主）对工程计划和里程碑有更深入的理解。

BIM 应用价值：

- 使业主和项目参与方对各阶段计划有更好的理解，展示项目的关键路径；
- 在实际施工前，发现并解决空间冲突，为空间冲突展现更多的解决方案；
- 通过 BIM 模型将人、材、机计划更好地整合在一起，实现更好的计划和成本效益；

- 达到更好的营销目的和宣传效果；
- 快速标示计划、工序或定位问题；
- 使工程项目具有更好的可施工性、可操作性和可维护性；
- 为监视项目过程提供技术手段；
- 提高现场的生产率，减少浪费；
- 为项目复杂空间运输提供计划信息，支持其他运输分析。

需要的资源：

- 设计建模工具；
- 计划编制软件；
- 4D 建模软件。

需要的团队能力：

- 工程计划编制和一般施工过程的知识；
- 4D 模型和进度计划软件链接技巧；
- 操作、浏览和审查 3D 模型的能力；
- 4D 软件知识，包括：几何输入、计划链接，以及动画制作。

21. 成本预算

应用 BIM 技术，辅助工程人员准确计算工程量，并估算项目成本投入。在项目的各个阶段，辅助项目组评估工程变更带来的成本变化，避免超支。特别是在设计早期，通过应用 BIM 技术带来的额外效益（工期和成本）。

BIM 应用价值：

- 准确计算工程量；
- 通过快速计算工程量，辅助决策；
- 快速成本预算；
- 为估算项目和构件提供可视化表达；
- 在早期设计阶段为业主提供项目的全生命期成本预算，以及工程变更带来的成本变化；
- 通过快速提取工程量，节省成本预算人员的时间；
- 允许成本预算人员将精力放在高附加值的活动上，例如：价格和风险分析；
- 为工程计划提供准确信息，使工程技术人员能够全程跟踪成员预算；
- 在业主预算范围内，寻找更多方案；
- 为特定对象快速估算成本；
- 通过可视化手段，更容易培训新的成员预算人员。

需要的资源：

- 基于模型的预算软件；
- 设计建模软件；
- 准确的设计模型；
- 成本数据（包括：分类和定额数据）。

需要的团队能力：

- 在特定设计建模过程中，快速、准确提取工程量；

- 在不同阶段，给出适当的成本预算的能力；
- 操作模型，获取估算用工程量的能力。

22. 现状建模

通过创建 3D 模型，记录既有建筑、场地、设施信息。基于特定需求和准确性要求，模型创建有多种方式，包括：激光扫描、传统测量。通过创建的模型，可以为新建工程或改建工程提供信息。

BIM 应用价值：

- 提升既有建筑文档的准确性，以及查询的效率；
- 为未来应用提供素材；
- 辅助未来建模和 3D 设计协调；
- 为完成项目提供一个精确的表示；
- 从财务的角度，提供一个实时和准确的数量；
- 提供详细的规划信息；
- 提供灾害规划信息；
- 提供灾后记录信息；
- 提供可视化手段。

需要的资源：

- BIM 建模软件；
- 激光扫描点云处理软件；
- 3D 激光扫描仪器；
- 传统测量装备。

需要的团队能力：

- 操作、浏览和审查 3D 模型的能力；
- BIM 建模工具的知识；
- 3D 激光扫描工具的知识；
- 常规测量工具和装备的知识；
- 3D 激光扫描海量数据处理的能力；
- 对模型细度的把握能力；
- 从测量的 3D 激光扫描或测量数据创建 BIM 模型的能力。

23. 工程分析

通过应用智能分析软件，基于 BIM 模型和工程规范判定最佳工程方法。工程分析结果将传递给业主和（或）运维管理，用于建筑系统（例如：能耗分析、结构分析、紧急疏散计划等）。这些分析工具和性能模拟工具能显著提高建筑和设备的设计性能，以及未来建筑全生命期能源消耗。

BIM 应用价值：

- 通过自动化分析，减少时间和成本投入；
- 相对于 BIM 建模软件，分析工具更加容易学习和应用，对已有工作流程的影响较小；
- 提高专业设计公司的专业知识和服务能力；

- 通过应用各种严格的分析，实现最佳节能设计方案；
- 通过审查和分析工具，使工程实现更快的投资回报；
- 提高设计分析的质量，缩短设计分析的周期。

需要的资源：

- 设计建模软件；
- 工程分析工具和软件。

需要的团队能力：

- 操作、浏览和审查 3D 模型的能力；
- 通过工程分析工具评估模型的能力；
- 施工技术和方法的相关知识；
- 设计和施工经验。

附录 C
BIM 应用流程图符号

为使 BIM 应用流程图制作风格统一、信息准确，参考 buildingSMART "BIM Project Execution Planning Guide" 里的流程图制作方法，采用业务流程建模标记方法（Business Process Modeling Notation，BPMN[1]）规范流程图的制作。其符号定义和说明如表 C-1。

BIM 应用流程图符号　　　　　　　　　　　　　　　　表 C-1

元素	说　　明	符号
事件	表示业务流程的事件有三种：开始、中间和结束	○
任务	任务是工程人员执行的工作或活动	▭
判定	判定用来控制流程的分支	◇
顺序流	顺序流用于表示任务的前后衔接顺序（前置任务和后置任务）	→
关联	关联用于连接信息、数据对象和任务，箭头表示信息输入或输出	⇢
泳道	泳道用于将流程图分割（垂直或水平）为不同的部分，特别是将信息和任务分离	
数据对象	数据对象通过关联与任务相连，用于表示任务产生或需要的信息	
分组	分组用于将相同或相近的信息组合在一起	

---

[1] 更多信息参考 http://www.bpmn.org/

参 考 文 献

［1］ 建筑工程设计 BIM 应用指南. 北京：中国建筑工业出版社，2014

［2］ 中华人民共和国住房和城乡建设部. 建筑工程设计文件编制深度规定，2016

［3］ 张建平，刘强，张弥，王修昌. 建设方主导的上海国际金融中心项目 BIM 应用研究. 施工技术，2015，44（6）

［4］ 马智亮，毛娜. 基于建筑信息模型自动生成施工质量检查点的算法. 2016，同济大学学报（自然科学版），2016，44（5）

［5］ 何关培，何波，王轶群等. BIM 多软件实用疑难 200 问. 北京：中国建筑工业出版社，2016

［6］ 美国国家标准. National Building Information Modeling Standard（Version 3），2015

［7］ BIM Project Execution Planning Guide（Version 2.1），2011，Computer Integrated Construction Research Program. The Pennsylvania State University，University Park，PA，USA.

［8］ 美国总承包商协会. THE CONTRACTORS＇GUIDE TO BIM 2nd Edition，2010

［9］ 美国总承包商协会. Level of Development Specification Version：2013

［10］ 英国国家标准. 面向 Autodesk Revit 的 AEC（UK）BIM 标准，2010